물리학의 길

물리학의 길

초판 1쇄 인쇄 2021년 9월 06일
초판 1쇄 발행 2021년 9월 13일

지음 티모시 페리스 옮김 오세웅

펴낸이 이상순 주간 서인찬 영업 지원 권은희 제작이사 이상광

펴낸곳 (주)도서출판 아름다운사람들
주소 (10881) 경기도 파주시 회동길 103
대표전화 (031) 8074-0082 팩스 (031) 955-1083
이메일 books777@naver.com 홈페이지 www.book114.kr

생각의길은 (주)도서출판 아름다운사람들의 인문 교양 브랜드입니다.

ISBN 978-89-6513-718-4(03420)

....

이 도서의 국립중앙도서관 출판예정도서목록(CIP)은 서지정보유통지원시스템 홈페이지(http://seoji.nl.go.kr)와
국가자료종합목록시스템(http://www.nl.go.kr/kolisnet)에서 이용하실 수 있습니다. (CIP제어번호 :
CIP2019009352)

파본은 구입하신 서점에서 교환해 드립니다.

시 간 과　공 간 을　짓 다

Coming of Age in the Milky Way

별자리 시대에서 양자물리학까지 우주확장의 역사

물리학의 길

티모시 페리스 지음　오세웅 옮김

생각의길

캐롤린에게

만일 그대의 눈이 얼마나 아름다운지
글로 쓸 수 있다면,
생생한 숫자로 그대의 우아함을 셀 수 있다면,
다가올 세대는 말하리라.
이 시인은 거짓말쟁이라고
그처럼 천국 같은 감촉은 결코 지구의 얼굴을
어루만지지 않는다고.

- 셰익스피어

　자주 회자되는 말이지만, 만일 책을 쓰는 것이 출산과 비슷하다면, 책이 세상에 나오는 것은 아이의 대학 졸업을 지켜보는 것과 비슷한 심정일 것이다. 저자는 자신의 책이 건강하게 자라고, 세상으로 나아가, 더 이상 부모의 도움이나 보살핌을 필요로 하지 않기를 원한다. 책이 오랫동안 잘 지낼수록 저자의 걱정은 줄어든다.

　책과 저자는 아이와 부모의 관계와 마찬가지다. 이 저자는 이 아이를 자랑스럽게 여길 기회가 있었다. 첫 출판된 지 15년 동안 이 책은 튼튼한 다리로 그 길을 걷기 시작했다. 비평가들은 친절했고, 교수들은 이 책을 학생들에게 가르쳤다. 그리고 세상의 독자들도 만족해한다는 사실을 증명해주었다. 그런데 왜 저자는 아버지가 딸의 결혼식에서 스포트라이트를 무턱대고 받는 것처럼, 자신을 재조명하려는 걸까. 천문학, 우주론에서 15년은 긴 기간이기 때문이다. 그동안에 새롭고 흥분되는 사실들이 태어난다. 어떤 독자는 특히 교수들은 내게 공간과 시간의 본질에 대해 인류가 조사하고 연구해서 밝혀진 사실을 추가, 갱신할 새로운 버전이 준비되었느냐고 물었다. 물론 그 이유로 나는 여기에 있다. 몇 가지 잘못된 값, 저작권의 불충분한 부분을 빼고 수정할 내용은 거의 없다. 이와는 반대로 신문의 열광적인 헤드라인은 오늘날 확립된 과학이 연구자에게 우주에 대한 '그들의 기본적인 개념을 재고할 것'을 의무 짓는 '혁명'을 경험할 조짐은 거의 없다고 써대고 있다. 하지만 몇 가지 놀랄만한 사실이 있었고, 그중에는 심오한 잠재력을 지닌 결과도 있었다. 우주론에서는 우주의 역사와 진화를 정밀하게 조사하는 능력이 크게 향상되었고, 우주의 새로운 전망을 열어줄 경이로운 발견, 또한 이 모두를 특징으로 하는 새로운 시대에 돌입했다고 여겨진다. 무엇보다 최고의 뉴스는 무지와 무지가 조장하는 두려움, 분노, 그리고 탐욕으로 인해 여전히 깨어나지 못한 세상에서 밝게 빛나는 등대처럼 시간과 공간에 관한 인간의 지식은 계속 확장된다는 점이다. 어둠을 탓하고 싶을 때, 우리는 빛의 테두리가 계속 커지고 있음을 기억해야 한다. 유명한 과학자를 비롯해 가끔은 손에 몇 개의 램프를 들고 있을지도 모르는 이름 없는 교사까지 영웅이 될 소질은 누구나 갖고 있다. 그들의 존재가 없었다면 이 책을 결코 쓸 수 없었다.

우리는 얼마나 한숨을 쉬었던가.
역사에 속았다고 느낄 때마다.

- 토마스 모어

나는 이 책에서 우리 인류가 과학적 성과를 바탕으로 어떻게 지금
처럼 우주 공간의 크기와 시간의 길이에 도달했는지를 말하고 싶
었다. 이 주제는 대단히 그 범위가 넓어서 이 책이 그 수준에 미치지
못한다는 것은 말할 나위도 없다. 알다시피 책의 공간은 한정되어 있
지 않은가. 칼리마코스Kallimachos(고대 헬레니즘 시대의 시인 - 옮긴이)
는 "큰 책은 큰 악마와 같다."라고 말했다. 그의 의견을 존중해서 나도
간결하게 정리하려고 애썼지만, 그 때문에 미처 싣지 못한 내용도
많다. 우선, 이 책은 많은 내용을 담지 않았다. 그런데 일반적 과학 지
식을 언급할 때, 가령, 슈뢰딩거를 빼놓고 양자역학을 논한다면 바보

같은 짓일 것이다. 그는 혁신적이고 유익한 학문의 창시자 중 한 사람이기 때문이다. 내가 기본적인 원칙을 지켰던 까닭은 이 책이 과학 일반에 관한 내용이 아니기 때문이다. 이 책은 인류가 우주의 광활한 시공에 눈뜨게 되는 과정을 이야기해준다. 그래서 그 주제를 깊이 파헤쳤다. 반면에 되도록 생략하고 요약하는 바람에 역사적 기술은 짧아졌다. 그래서인지 실제 역사보다 심층적으로 보이기도 한다. 과학의 실제 역사는 미로투성이다. 대개의 오솔길은 가다가 막히고, 모든 길 위에는 오해와 실패, 실수의 파편이 나뒹군다. 하지만 이 책에서는 그런 모든 것을 가볍게 취급하지 않았다. 나중에 가서야 더욱 중요하다고 증명된 생각, 관측도 제대로 실었다. 과학의 실패만 줄곧 엮어댄 책을 누가 읽겠는가. 수수께끼가 완전히 풀린 것은 하나 어쩌면 둘 정도다. 대개는 탐정이 범인을 궁지에 몰아넣기 전에 업종을 바꾸는 것 같은 단편 추리 소설을 읽는 묘한 기분일 것이다. 마찬가지로 영구적인 개념이 오랫동안 어떻게 개발되고 진척되었는지를 논할 때는 그 당시 당사자들이 연구하고 있는 것이 그 개념과 어떤 관련이 있는지를 몰랐던 그들을 어디까지나 그들이 알고 있는 것처럼 쓰는 경향이 있다. 그래서 맥스웰James Clerk Maxwell은 통일장이론의 대부, 프라운호퍼Joseph von Fraunhofer는 천체물리학의 창시자, 아인슈타인Albert Einstein은 팽창하는 우주를 예측한 이론가가 되었다. 하지만 그들 중 누구도 자신이 그렇게 되리라고 생각한 적은 없다. 토머스 칼라일Thomas Carlyle이 썼듯이 "시대가 변하려는 시기에 시간이라는 시계 속에서 우주 전체로 울려 퍼지는 벨은 없었다. 사람들은 자신의 손에 뭘 쥐었는지도 이해하지 못한다." 역사는 앞으로 나아가지만, 그것을 오히려 반대 방향으로 이해할 수 있다. 우리는 자신의 램프를 갖고 앞서 산 사람들에게 그 빛을 비추고 있다.

간소화는 쉽다는 의미가 있다. 이 책은 일반 독자가 대상이기에 수학, 전문용어는 최소한으로 줄였다.(꼭 언급할 필요가 있는 전문용어는 본문과 주석에서 자세히 설명하고 있다.) 그러한 과정에서 설명하려는 개념 그 자체가 왜곡된 경우도 있다. 너무 왜곡되거나 잘못된 경우라면 모두 내 책임이겠지만, 대부분은 바라보는 시각이 다르기 때문이다. 상대성이론과 양자역학과 우주론은 실제로 과학에 종사하는 사람이 느끼는 것보다 아마추어의 눈에는 확실히 다르게 보인다. 여객선의 손님으로서 대서양을 건너는지 혹은 보일러실의 기관사로서인지의 차이가 아닐까 싶다. 한편 나로서는 너무 쉽게 쓰지 않도록 신경을 썼다. 난해한 개념을 자잘하게 풀어서 시시한 결말을 보여주기보다는 난해한 대로 몇 차례씩 내놓았다. 우리의 지적재산에 관한 사실과 그 해석을 둘러싸고 애매하거나 불일치한 것이 나올 때도 마찬가지 태도로 임했다. 과학사에서 갈릴레오Galileo Galilei는 왜 로마 가톨릭교회로부터 박해받았는지, 특수상대성이론을 수립할 때 아인슈타인은 마이컬슨-몰리의 실험Michelson—Morley's experiment을 염두에 두었는지 등등의 문제를 두고 많은 논쟁이 있다. 그 근본적인 이유를 여러모로 조사하면서 나는 그것을 연구하기로 선택한 학자들에게 마음속으로 경탄을 금치 못했다. 그럼에도 나는 그들이 전개하는 상대적 논의에 대해 시시콜콜 파고 들어가지 않았다. 주어진 결론이 정확한지의 여부는 내가 정확하다고 지지할 수 있거나 날조된 시점이 명시된 경우에만 그 정확성을 따졌다. 간결함을 원칙으로 하면 길을 멀리 돌아갈 수가 없겠지만 변명이라고 여겨주길 바라며 내 고백을 마칠까 한다.

> 긴 생애에서 내가 배운 것 중 하나는 현실에 비추어 평가할 수 있는 모든 과학은 원시적인 어린 티가 난다는 것이다. 하지만 우리에게는 매우 중요하다.
>
> - 알버트 아인슈타인

> 사원의 깃발이 펄럭이고 있었다. 두 승려가 그것을 두고 다투었다. 한 사람은 바람이 깃발을 움직인다고 주장했고, 다른 사람은 깃발이 바람을 움직인다고 우겼다. 둘의 다툼은 끝날 줄 몰랐다. 이를 보고 혜능 선사는 "바람이 깃발을 움직이는 것도 아니고, 깃발이 바람을 움직이는 것도 아니다. 너희 마음이 움직일 뿐이다."라고 말했다.
>
> - 육조단경六祖壇經

차례

개정판 서문 ··· 6

들어가며 ··· 8

제1장

우주
SPACE

○ Chapter 1   하늘의 돔 ··· 18

○ Chapter 2   천정점을 높이고 낮춘다 ··· 37

○ Chapter 3   지구의 발견 ··· 55

○ Chapter 4   태양의 숭배자 ··· 74

○ Chapter 5   후퇴하는 세계 ··· 105

○ Chapter 6   뉴턴의 추구 ··· 134

○ Chapter 7   태양에 수직인 선 ··· 162

○ Chapter 8   심오한 우주 ··· 188

○ Chapter 9   섬우주 ··· 212

○ Chapter 10   아인슈타인의 하늘 ··· 234

○ Chapter 11   우주의 팽창 ··· 272

제2장

시간
TIME

○ Chapter 12   돌의 가르침 ⋯ 288

○ Chapter 13   지구의 나이 ⋯ 306

○ Chapter 14   원자와 별의 진화 ⋯ 340

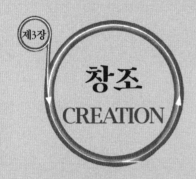

제3장

창조
CREATION

○ Chapter 15   양자의 불만 ⋯ 380

○ Chapter 16   완전하다는 거짓말 ⋯ 399

○ Chapter 17   역사의 중심축 ⋯ 445

○ Chapter 18   우주의 기원 ⋯ 464

○ Chapter 19   정신과 물질 ⋯ 489

○ Chapter 20   끝없는 미스터리 ⋯ 508

개정판에 부치며 ⋯ 519

우주의 간략한 역사 ⋯ 529

1장

우주 SPACE

존재는 앎을 통해 우주에서 빛난다.

- 우파니샤드

당신은 인간의 음악을 들을지는 모르지만, 대
지의 음악은 듣지 않을 것이다. 당신은 대지의
음악은 들을지는 모르겠지만 하늘의 음악은
듣지 않을 것이다.

- 장자

우리가 별, 태양 그리고 하늘을 본 적이 없다
면, 우주를 말하는 언어가 태어나지 않았을 것
이다. 낮과 밤, 달과 일 년의 주기를 관찰함으
로써 우리는 수數라는 개념을 만들어냈고, 시
간의 개념을 얻었으며, 우주의 본질에 대해 질
문할 힘을 갖추었다. 그것들을 토대로 철학이
생겼다. 철학은 필히 죽음이 찾아올 운명을 지
닌 인간에게 신들이 하사한 최대의 선물이다.

- 플라톤

1. 하늘의 돔

우리 선조에게 하늘은 머리 위에서 가까운 데 있었다. 고대 수메르, 중국, 조선의 천문학자들은 하늘을 연구하려고 돌로 만든 피라미드 형태의 탑 계단을 올라갔다. 그러면 별이 꽤 가까워지기에 보다 나은 관측이 가능하다고 생각했다. 오늘날의 천문학자도 마찬가지로 높은 장소에 올라가지만, 먼지나 공기의 난류를 조금이나마 피하기 위해서지 별에 가깝게 가기 위해서는 아니다. 이집트인은 하늘을 대지의 사방에 있는 산이 받쳐준 텐트 덮개처럼 생각했다. 산은 그만큼 높지 않기에 그들은 하늘도 비교적 가깝다고 느꼈을 것이다. 이집트인은 잠든 아이에게 입맞춤하려고 고개를 숙인 엄마처럼 거대한 우주 공간이 인간의 머리 위를 덮고 있다고 생각했다. 그리스의 태양은 너무 가까워서 이카로스의 날개를 고정한 밀랍이 녹는 바람에 불과 천 미터 정도 올라간 후에 녹았고 불쌍하게도 이카로스는 비정한 에게해에 추락

하고 말았다. 그리스의 별들은 그리 가깝지 않았던 모양이다. 파에톤이 태양이 끄는 마차를 몰다가 통제력을 잃고는 길거리 이정표에 부딪히듯 마차는 별들 속에서 미쳐 날뛰다가 땅에 떨어질 뻔했다.(이때 너무 땅에 가깝게 다가가는 바람에 에티오피아인의 피부가 새까매졌다고 한다.)

우주의 저 멀리까지는 거의 이해하지 못했다 쳐도 우리의 선조는 별이나 행성이 평면적인 하늘을 어떻게 움직이는지 꽤 알고 있었다. 그런 움직임을 연구함으로써 머지않아 우주의 저편까지 생각하게 되었다. 고대 수메르의 시대부터 아니 그 이전부터 밤하늘의 연구자가 있었음이 틀림없다. 그들은 눈을 가늘게 뜨고 하늘을 쳐다보거나, 목재로 만든 사분의(망원경 이전의 천체 관측기구 – 옮긴이) 혹은 단지 다섯 개의 손가락만으로 하늘을 관측하는 고독한 작업에 자신의 시간을 바치고 자신들이 본 것을 꾸준하게 기록했다. 이 작업은 매우 힘들었다. 그런데도 왜 그들은 일부러 고생을 택했을까. 사람을 어떤 방향으로 몰고 가는 이유 중에는 지금이나 예전이나 변함없이 별과 인간의 관계를 표현하고 싶은 불가사의하면서 뿌리 깊은 막연한 동경이 자리 잡고 있기 때문이리라. 코페르니쿠스Nicolaus Copernicus가 말했듯 별에 대한 경외심은 인간의 깊은 의식에 자리 잡고 있는데 언어에도 잘 나타나 있다. 그는 "하늘보다 고귀한 것이 있을까. 하늘Caelum은 아름답게 조각되었다는 의미이고 세계Mundus는 순수하고 우아하다는 의미다."라고 썼다. 천문학에 관심이 없었던 소크라테스Socrates조차 하늘을 연구했는데 "영혼이 순결해지고 새로운 힘을 얻는다."라고 했다.

하늘을 관측한 실제적인 동기도 있었다. 그중 하나가 항해술이다.

뱃사람들은 북극성의 고도를 관측해서 배의 위도를 거의 알아맞혔고 별의 위치에 따라 시간을 알 수 있었다. 이러한 실질적 이점이 충분히 인식된 것은 문자 문명이 시작되기 훨씬 이전으로 뱃사람들에게 전승되어온 시, 신화를 보면 알 수 있다. 호메로스Homeros는 곰은 결코 자신의 몸에 물을 뿌리지 않는다고 했지만, 이는 큰곰자리에 대해 뱃사람이 알고 있는 지식이었을 것이다. 북두칠성이 있는 것으로 유명한 큰곰자리는 지중해 부근의 위도에서는 주극성좌周極星座가 되고 수평선 밑으로 저물지 않기 때문이다. 그 밖에도 달력을 만든다는 실용적인 동기도 있었다. 고대의 농민들은 움직이는 하늘을 보고 달력을 만들었다. 나무나 돌에 새겨진 달력을 보면서 언제 곡물을 심을지, 수확할지를 정했다. 자신의 시가 문자가 된 가장 오래된 시인 중 한 사람인 헤시오도스Hesiod의 서사시에는 계절을 알려면 하늘을 어떻게 읽을지에 대한 많은 조언이 들어있다.

큰 오리온이 뜨면 노예들에게 준비를 시켜라.
데메테르Demeter에 바치는 성스런 곡물을 분리하려면
편안한 마루 위에서 작업하고…
그리고는 노예를 쉬게 하라; 작업하는 사람들을 해산시켜
라.
하지만 오리온과 시리우스가
하늘 가운데로 옮겨가고
아크투루스가 분홍빛으로 물드는 새벽을 보고,
페르세우스를 보면 포도를 따서 집으로 가져가라…

큰 오리온이 저물면 경작할 때가 온 것이다.

그와 동시에 낡은 해도 사라져간다.

농민보다 앞서서 사냥꾼들도 하늘을 달력으로 삼았다. 다음은 1920년대, 캘리포니아에 살던 인디언 카월러가 조사대에게 말한 내용이다.

"나이 든 사람들은 유심히 별을 관찰했어요. 그 방법으로 계절이 언제 시작되는지 알았지요. 그들은 의식을 행하는 장소에 모여서 별이 언제 나타날지를 논의하고 가끔은 예측도 했지요. 별이 언제 나타날지는 꽤 중요했어요. 그 별이 나타나면 그해의 수확 시기를 판단했거든요. 며칠 밤이고 주의 깊게 관찰한 후에 그 별이 나타나면 나이 든 사람들은 의식을 행하는 장소에서 뛰어나와 큰소리를 지르거나 때로는 춤을 추었지요. 봄에는 그런 풍경이 더 잦았지요… 산에서 먹거리가 될만한 식물을 찾을 수도 있거든요. 그들은 그 별을 볼 때까지 결코 산에 가려고 하지 않았어요. 가봤자 먹거리를 찾지 못할 걸 알고 있었지요."

스톤헨지는 수천 개나 되는 고대의 시계 중 하나인데, 시간을 알려주는 부분은 모두 하늘 속에 있었다. 기자의 피라미드는 북극성과 일직선이 되도록 건설되었는데 피라미드의 그림자가 어디로 지느냐에 따라 계절을 알 수 있다. 고대 유카탄에 살던 마야족은 언제 일식이 발생할지, 언제 금성이 태양 근처로 떠오를지를 예상하는 언어를 돌판에 새겨놓았다.(금성은 '떠오르는 별'로서 태양의 서쪽에 나타난다.) 북미의 평원에 살던 인디언의 돌에도 떠오르는 별이 오르는 위치가 새겨져 있는데 어느 계절에 방목지로 이동하면 좋을지를 알려준다. 인디언인 샤이엔족과 수우족도 주술과 병치료에 사용하는 28개의 기둥에 태음력의 날짜를 기록했다. 오글랄라 수우족의 성자로 칭송받는 블랙 엘크는 "태양 춤을 추는 성스런 오두막(그 안에 28개의 기둥이 있다. — 옮긴이)을 세우는 것은 우주를 창조하는 것과 다름없다."라고 말했다.

하늘의 주기적인 움직임을 관찰하려고 했던 고대인의 노력은 정치적 의미도 있었다고 추측된다. 예측이 가능하다는 것은 하늘을 지배한다고 위세를 떠는 것과 마찬가지였다. 달력을 지배함으로써 마야족의 신관들은 정치에 권모술수를 부렸다. 크리스토퍼 콜럼버스 Christopher Columbus는 중미 인디언을 위협해서 굶주림에 시달리던 부하들에게 식량을 주게 만들었다. 그렇지 않으면 "달이 격노하게 불타올라 신이 너희들에게 재난을 퍼부을 것이다."라고 겁박했기 때문이다. 콜럼버스의 아들인 페르디난도 Ferdinand는 1504년 2월 29일 자 일지에 이렇게 적었다.

"달이 뜨면서 일식이 시작되었다. 달이 높이 뜰수록 한층 일식이 심해졌다. 그 광경을 본 인디언들은 너무 두려워서 비통한 소리를 지르며 우리가 탄 배로 식량을 잔뜩 가져왔다. 그러더니 선장에게 어떡하든 신을 달래서 신의 노여움이 자신들에게 향하지 못하도록 막아달라고 애걸했다. 그러면서 신이 필요로 하는 모든 것을 주겠다는 약속까지 했다… 그 후 그들은 우리가 필요한 모든 것을 주었고 기독교의 신을 찬미했다."

유사 이전의 천문학자가 밤하늘에서 발견한 주기적인 움직임을 알면 알수록 그 움직임이 꽤 복잡하다는 것도 깨달았다. 황도12궁을 한 바퀴 도는데 달은 28일, 태양은 365일과 4분의 1일이 걸리고, 육안으로 보이는 행성(영어 planet의 어원은 방랑자라는 뜻의 그리스어)은 다리가 빠른 수성의 88일에서 느릿하게 걷는 토성의 29.5년까지 여러 종류가 있다. 하지만 이처럼 간단한 주기와는 별도로 다음처럼 복잡한 움직임은 그들을 당혹하게 만들었다. "행성이 가끔은 궤도 위에서 정지하거나 '역행'하면서 뒤로 움직였다. 각각의 행성의 궤도가 대충 쌓아 올린 접시처럼 기울어져 있다. 하늘의 북극이 흔들리면서 2만 6천 년에 걸쳐 천천히 한 바퀴를 돌듯이 원을 그리고 있다." [1]

당시는 몰랐지만, 그 복잡한 움직임을 해석할 때의 문제점은 행성을 보고 있는 우리가 있는 지구 그 자체가 행성이고, 지구도 움직이고 있다는 사실이다. 지구는 기울어진 축의 주위를 자전하면서 태양 주

---

1 춘분점 세차운동이라고 불리는 이 현상을 고대 그리스인은 이미 알고 있었지만, 발견된 것은 그보다 이전이라고 여겨진다. 조르지아 드 산틸라나Georgio de Santillana는 저서인 '햄릿의 맷돌'에서 그 현상을 암로디(Amlodhi, 나중에 Hamlet이 됨)의 신화에서 비롯되었다고 쓰고 있다. 햄릿은 항해 중에 바다의 끝에 가라앉고 만 거대한 맷돌의 소유주였다. 그 맷돌은 계속 돌고 돌았고, 하늘을 향해 소용돌이를 일으켰다. 이 현상이 물리적이냐 아니냐는 따로 떼어놓아도 햄릿의 맷돌은 확실히 살아남았다. 나는 9살 때 플로리다에 있는 학교 운동장에서 왜 바닷물은 짠맛이 나는지를 설명하는 어린 여자아이에게 처음으로 그 이야기를 들었으니까.

위를 돌고 있기에 일정한 위도를 바라볼 때, 어떤 별이 떠오르고 지는 시각이 밤마다 바뀐다. 지구의 절구 형태의 운동 때문에 하늘의 북극 위치가 천천히 바뀐다. 또한, 행성이 역행하는 움직임은 지구와 다른 행성의 상대적 움직임에 의해 생긴다. 육상경기에서 안쪽 트랙을 달리는 선수처럼 지구가 바깥쪽의 행성을 추월하기 때문이다. 첫 주자로 달린 행성을 지구가 추월하면서 하늘에서 갑자기 멈추거나 역행하는 것처럼 보인다. 게다가 각각의 행성의 궤도가 서로 상대적으로 기울어져 있기에 남북 그리고 동서로 행성이 휘어지게 보인다. 마치 저주받은 것처럼 보이는 이러한 복잡한 움직임을 오래 관찰하면 우주 전체를 연구하는 학문인 '우주론'에 행운을 가져다주는 셈이다. 만일 하늘의 움직임이 단순하다면 고대의 우주론처럼 간단하고 시적인 이야기로 모든 게 설명될지도 모른다.

그런데 너무 복잡해서 이해하기 어려웠기에 태양, 달, 행성이 실제로 3차원 공간 속에서 어디를 어떻게 움직이는지에 대한 물리적 현실을 구축하지 않는 이상 정확한 예측을 할 수 없다는 것을 알았다. 진실은 아름답지만 아름답다고 모두 진실은 아니다. 수메르인은 별, 행성은 평탄한 지구의 지하를 흐르는 강을 통해 매일 서쪽에서 동쪽으로 헤엄쳐갔다가 되돌아온다고 생각했다. 심미적인 통찰이지만 화성이 역행하거나 달이 목성을 가리는 현상을 설명하기엔 아무런 도움이 되질 않는다. 그 사실을 알게 되면서 사람들은 적절한 우주 모델은 노래나 시가 아닌 관측 데이터에 따라서 정확한 예측을 해야 한다고 인식하기 시작했다. 이러한 사고방식이 주류를 이루면서 우주론의 유년기는 종말을 고했다.

화성의 역행 운동은 지구가 바깥쪽을 천천히 움직이면서 화성에 근접할 때 발생한다. 그 결과 화성이 하늘에서 역행하듯이 보인다.

어른이 되기 위한 통과의례가 대충 비슷하듯이, 우주의 정확한 모델을 만들려는 노력도 고생길이었다. 많은 불확실성에 더해 근면함까지 요구되기에 처음에는 소수의 사람만 종사했다. 그중 한 사람이 소아시아의 크니도스Knidos 출신의 에우독소스Eudoxos였다. 그는 아테네를 향해 배를 탄 기원전 385년 여름쯤의 역사에 등장한다. 선착장에서 가까운 숙소에 단출한 짐 보따리를 놔둔 채, 아테네 북서쪽 교외에 있는 플라톤Plato의 아카데미아를 향해 먼지투성이인 8킬로미터의 길을 걷고 있었다. 아카데미아Academy는 아름다운 곳으로 맹인이 된 오디푸스를 모시는 성지 콜로누스 근처의 성스런 올리브 나무 숲속, 그러니까 본디 '아카데미아의 숲'이라고 부르는 곳에 있었다. 거기서는 백양목 잎이 바람에 흔들려 은색으로 빛나고 밤낮을 가리지 않고 나이팅게일이 지저귀었다. 플라톤의 스승인 소크라테스는 아카데미아의 숲을 매우 아꼈다. 소크라테스를 조롱한 아리스토파네스Aristophanes조차도 "마음을 평안하게 해주는 향기가 떠돌고 평화로운 분위기가 곳곳에 넘쳤다."라고 말할 정도였다. 아름다움 그 자체가 아카데미아의 중요한 연구대상이었다. 말하자면 추상적인 종류의 아름다움이었다. "기하학을 모르는 자는 이곳에 들어오지 말라."는 경고가 정문 위에 걸려있었다. 기하학 형태의 우아함이야말로 최고의 매력이었다. 본디 기하학(geo-metry, 대지의 측량)은 실용적으로 발전한 학문이었다. 이집트처럼 매년 나일강이 범람하면 농지의 경계가 어딘지 모르곤 했는데 경계 구분을 확실히 하려고 측량사가 사용한 방법이었다. 하지만 플라톤과 그의 제자들에 의해 기하학은 신학의 영역에 근접할 만큼 숭배되었다. 플라톤에게 추상적인 기하학은 우주였고, 물질은 그 불완전한 그림자에 불과했다. 불완전한 것보다 완전한 것에 흥미가 많은 플라톤은 별을 찬양했지만, 그 별을 관찰하려고 밤에 바깥으로 나가지는 않았다. 머리가 좋고 돈도 많은 플라톤의 개인적 권위가 다른 사람의 우주론에도 많은 영향을 끼쳤다. 그는 그리스 사교계를 후원하는 귀족으로 모친은 입법가인 솔론의 혈통이고, 부친은 아테네 초대 왕의 후손이었다. 게다가 사람의 눈을 끄는 잘생긴 남자였다. 플라톤은 '어깨가 넓다'라는 뜻인데 이스토모스 제전에서 레슬링을 했던 젊은 시절에 체조 선생이 붙여준 별명이라고 한다.

에우독소스는 강렬한 인상을 받았다. 그 자신도 일류 기하학자였다. 유클리드 기하학의 기초를 도와주었고 우아하고 아름다운 비율인 '황금분할(파르테논 신전에서 몬드리안의 그림까지 모든 곳에서 감상할 수 있다.)'을 정의한 사람이다. 하지만 에우독소스는 플라톤과는 달리 자신의 추상적인 수학적 추론을 물리적인 사실에 대한 정열로 이끌었다. 이집트를 여행하면서(많은 그리스 사상가는 기하학 지식의 중심인 이집트 순례에 나섰다. 하지만 플라톤이 순례에 나섰다는 기록은 없다.) 기하학 연구를 하는 한편 그 지식을 별에 응용했다. 나일강변에 천문대를 만들고 거기서 하늘의 지도를 작성했다. 원시적이었지만 "이 천문대는 우주의 이론이야말로 시간을 초월한 묵상이었고, 쉬지 않고 움직이는 우주라는 현실에 해답을 부여했다."라고 그는 신념을 밝히고 있다. 자신의 제자를 거느리면서 저명한 학자가 된 에우독소스는 아카데미아에 돌아와 우주의 모델 작성을 시작했다. 그는 플라톤의 취향을 만족시켜줄 뿐 아니라 경험적으로도 확실한 모델을 만들 셈이었다. 이 모델은 그 자체가 구(球)의 형태인 지구를 중심으로 그 주위

를 동심원이 몇 겹으로 둘러싼 우주의 이미지였다.[2]

플라톤은 이 모델에 흡족했을 것이다. 왜냐하면, 그는 주어진 체적을 그보다 더 작은 표면적으로 감쌀 수 있는 구의 형태를 기하학 입체에서는 '최고로 완전한 것'으로 생각했기 때문이다. 하지만 에우독소스는 그 우주를, 관찰되는 현상에 더 잘 맞춰야 했다. 그렇기에 일은 복잡하게 흘러갔다. 100년 전에 파르메니데스Parmenides가 내놓은 단순한 구 형태의 우주에 에우독소스가 더 많은 구 형태를 추가했다. 새로운 구는 태양, 달, 행성을 끌어당기거나 끌고 감으로써 그 궤도와 속도를 바꾸는 역할을 했다. 에우독소스는 구의 회전 속도를 바꾸거나 축의 경사를 바꾸면 역행 운동이나 그 밖의 하늘의 복잡한 움직임을 다소 설명할 수 있다는 것을 알았다. 제대로 설명하려면 전부 27개의 구가 필요했다. 플라톤은 그만큼 복잡한 것을 좋아하지 않았지만, 에우독소스의 모델은 그 이전 모델에 비해 관측 데이터를 더 잘 설명해주었다. 순수하고 추상적인 아름다움의 주도권은 물질세계의 집요한 맹공격에 서서히 퇴각할 준비를 하고 있었다. 하지만 에우독소스의 복잡한 우주 모델로도 불충분하다는 사실이 밝혀졌다. 데이터베이스는 점점 개선되었다. 기원전 330년, 알렉산드리아 대왕의 바빌로니아 정복으로 그때까지 그리스인이 알지 못했던 내용을 기록한 바빌로니아의 천문기록이 손에 들어왔고, 꾸준하지는 않았지만, 그리스인도 관측을 계속했기 때문이다. 이렇게 더욱 풍부하고 세련된 정보 덕분에 밝혀진 사실은 에우독소스의 모델로 설명할 수 없었다. 아무리 위

---

2 에우독소스가 살던 시대에는 교양 있는 그리스인은 월식 중에 달에 새겨진 지구의 그림자 형태 등을 증거로 삼아 지구는 구의 모양을 하고 있다는 사실을 받아들였다.

대한 이론이라도 그것을 파괴하는 경험적 데이터의 인질로 사로잡힌다는 과학으로서의 우주론의 숙명적인 순환이 태동하고 있었다.

이번에 언급할 내용은 좋고 나쁨을 떠나서 아리스토텔레스 Aristoteles의 손에 맡겨질 수밖에 없다. 관념론자인 플라톤에 대한 경험론자로서 늘 교과서에 이름이 거론되는 아리스토텔레스는 실제로 꽤 많은 시간을 관측했다. 가령 신혼여행 중에도 바다 생물의 표본을 채집했다고 한다. 하지만 그는 애매함을 받아들이지 않고 그 설명에 빠지기 쉬운 인물이었다. 그 자질은 과학의 입장에서는 유익하지 않다. 의사의 아들로서 태어난 아리스토텔레스는 환자가 걱정돼서 물어보는 모든 질문에 자신을 갖고 안심하게 해주는 대화 방식을 이어받았다. 이러한 정신구조는 뭔가를 믿기 쉽고(여성의 치아는 남성보다 그 수가 적다고 단언했다.) 무의미할 만큼 극단적인 분류로 치달았다. 가령 '동물은 세 부분으로 나뉜다. 먹는 부분, 배설하는 부분, 그 중간의 부분'이라고 말하고 있다. 아리스토텔레스는 논리학, 수사학, 시, 윤리학, 경제학, 정치학, 물리학, 형이상학, 자연사, 해부학, 생물학, 기상에 관한 책을 쓰거나 강연을 했다. 그의 지식은 상당했지만 '모르겠다'라는 말을 쉽게 꺼내는 타입은 아니었다. 그는 억지스러운 사람으로 그의 손에 닿는 것은 모두 마비시키는 경향이 있었다. 뭐든지 아는 사람은 사람들이 싫어한다. 아리스토텔레스는 학계 정치의 최초의 희생자로서 알려져 있다. 아카데미아의 졸업생이자 가장 유명한 스승이며 플라톤의 뒤를 잇기에 가장 적합한 사람이라는 평판에도 불구하고 그는 두 번 다시 아카데미아로 돌아가지 않았다. 다른 데서 가르치려고 해도 당시는 아카데미아 말고는 학술적 연구소가 없었기에 스스로 창설할 수밖에 없었다. 그래서 '리케이온'을 창설했다. 우주의 구조를 논하기 위해 아리스토텔레스는 에우독소스의 모델을 기초로 삼았다. 온화한 성격, 천문학에 관해서는 누구도 따라올 수 없는 업적을 이룬 에우독소스를 아카데미아 시절부터 존경했기 때문이다. 아리스토텔레스는 우주연구론을 위한 조수로서 에우독소스가 양자로 간 소아시아의 시지쿠스 출신의 천문학자인 칼리포Callippus를 선택했다.

아리스토텔레스와 칼리포는 그때까지 허점투성이였던 우주론들을 제치고 역사상 가장 영향력을 끼쳤다고 여겨지는 하나의 모델을 작성하기 시작했다. 이 모델은 사고의 대상만으로 바라본다면 모순이 없는 대칭을 갖는 광활하고 우아한 모델이었다. 아리스토텔레스의 '천체론De Caelo'이라는 책에 실린 이 모델은 그로부터 몇 세기 동안 세계를 기만했고 잘못된 방향으로 이끌고 갔다. 자세한 내용은 생략하겠지만, 아리스토텔레스는 가장 바깥의 구 너머로는 아무것도 공간조차 존재할 수 없다는 인식론적 입장을 관철했다. 그 중심에는 이 모델의 빛나는 왕관이자 치명적인 결점인 부동의 지구가 존재했다.

이론과 관측 사이에는 필연적으로 불일치가 생긴다. 지구중심가설의 입장에서 연구하는 우주론 학자들은 그들의 모델을 더욱 복잡하게 하는 방법밖에 없었다. 그렇기에 우주론은 그 모델의 미로에 빠져서 무려 천 년 이상이나 거기서 빠져나오지 못했다. 그들을 대표하는 인물은 클라우디오스 프톨레마이오스Klaudios Ptolemaeos이다. 그는 2세기, 나일강변의 프톨레마이오스에서 태어나 천문학 연구를 위한 자금을 알렉산드리아 박물관을 통해 프톨레마이오스 왕조에게 받았다. 어떤 결점이 있다 해도(그중에는 데이터의 일부를 몰래 고쳐 쓴 증거도 있다.)

아리스토텔레스의 우주는 몇 개의 동심구로 이루어져 있다. 그 축과 회전 방향은 하늘에서 관측되는 태양, 달, 별의 움직임에 대체로 맞춰져 있었다.(척도가 적용되지 않았다.)

그는 근면한 천문학자였다. 그는 서재의 책상머리가 아니었다. 알렉산드리아 동쪽 24킬로미터 지점에 있는 카노푸스(마을에 별의 이름이 붙여졌다)의 천문대에서 별지도를 작성했다. 대기의 굴절작용, 빛이 흡수하는 현상, 주의 깊은 관측자를 고민하게 만드는 문제도 잘 알고 있었다. 우주론에 관한 저서에서 그는 '수학적 집대성'이라는 제목을 붙였지만 현재는 아라비아어로 '가장 위대한 것'을 의미하는 '알마게스트Almagest'라는 이름으로 알려져 있다. 그의 모델이 그 이전의 모델보다 훨씬 뛰어난 점은 태양, 달, 별 운동의 예측이었다.

프톨레마이오스가 이론과 관측을 일치하려고 사용한 주전원epicycle, 이심원eccentric circle은 페르가 출신의 기하학자인 아폴로니오스Apollonios of Perga가 도입해서 천문학자인 히파르코스Hipparchus가 개량한 것이다. 주전원은 생성의 궤도에 겹쳐진 작은 원 궤도를 말한다. 아리스토텔레스가 그린 행성은 밧줄에 묶인 코끼리처럼 지구 주위를 돈다. 이심성은 천구의 중심이라고 추정되는 곳을 우주 중심의 한 방향으로 움직임으로써 밤하늘에서 관측되는 사실과 이론이 일치하도록 더욱 개량한 것이다. 여기에 프톨레마이오스는 행성의 구의 중심에 의한 원운동을 추가했다. 이러한 이심원으로 코끼리를 묶은 기둥 그 자체가 구(球)시스템 전체를 이끌면서 우주 중심의 둘레를 돈다는 것이다. 또한, 주전원이 왕복하면서 처음에 지구에 근접한 행성이 지구에서 멀어져 가는 것도 가능하다는 것이다.

이 시스템은 조리가 안 맞았지만, 그런대로 작동했다. 하지만 아리스토텔레스의 미학은 천구를 받아들인 이유인 바로 그 대칭성을 거의 상실했다. 루브 골드버그(미국의 만화가)의 만화처럼 이리저리 아무렇게나 움직이거나 돌려보면서 관측된 거의 모든 행성의 움직임을 예측하듯이 프톨레마이오스의 우주에 손을 댔을 뿐이다. 잘 안되면 일치하도록 데이터를 조작했다. 그 집착과 함께 후세의 천문학자들이(그들도 어쩔 수 없었다) 더욱 세련되게 만들어 충분히 정확한 예측이 가능해져서, 프톨레마이오스의 시대에서 르네상스까지 하늘의 움직임을 예측하는 '최고의' 지침서로서 평판을 유지할 수 있었다.

프톨레마이오스의 모델로 인해 후세 학자들이 치른 대가는 그것이 물리적 현실을 나타낸다는 주장을 철회하는 것이었다. 프톨레마이오스의 시스템은 우주의 기계적인 모델이 아닌 유익한 수학적 허구라고 여겼다. 원 안에 있는 모든 원이 실제로 공간에 존재하지는 않는다. 가령, 알렉산드리아의 토지관리국에 기록된 기하학적 경계선이 나일강을 따라 진흙투성이인 농지에 그어진 실제적인 선을 나타내는 것과 마찬가지다. 5세기에 신(新)플라톤학파인 프로클로스Proklos는 "이러한 원은 생각 속에서만 존재한다… 그들은 자연에 존재하지 않는 것을 사용해 자연의 움직임을 설명하고 있다."라고 언급했다. 프톨레마이오스조차 모델의 복잡함은 단지 하늘에 보이는 것을 반영하기 위해서라는 입장을 취했다. 만일 해답이 우아하고 아름답지 않으면 그 문제도 마찬가지라고 쓰고 있다.

> "우리가 정리한 이 모델에 따르는 한, 각종 운동의 합성, 그 연속성이 매끄럽지 않다는 것은 알고 있다. 각자 멋대로 움직이면서 각종 운동이 생긴다고는 보기 어렵다. 하지만 하늘에서 일어나는 현상을 연구하다 보면 이처럼 움직임이 교차하는 것은 전혀 신경 쓰지 않게 된다."

그의 이론은 우주의 실제 움직임을 서술하는 게 아닌 단지 '현상을 보존한다'는 것이었다. 그의 견해를 야유하는 사람은 프톨레마이오스를 비난의 대상으로 삼지만, 오늘날의 과학에서도 확실하지 않은 추상적 개념만을 의지하는 게 많다. 일반상대성이론에 나오는 '시공의 연속체', '하전스핀'으로 부르는 양자수 등이 바로 그렇다. 그래도 이 두 가지는 관측한 세계에서 일어나는 일을 꽤 정확히 예측하고 설명도 가능하다. 프롤레마이우스의 변명 중에는 적어도 자신의 이론에는 한계가 있음을 인정하는 용기가 있었다고 역사에 적혀야 옳았다. 최초로 '현상을 보존한다'는 용어를 쓴 사람은 플라톤이었다. 프톨레마이오스의 우주로 인해 한 차원 높아졌다는 것은 플라톤학파의 관념론의 승리와 경험적 귀납의 패배를 뜻했다. 플라톤은 스승인 소크라테스와 마찬가지로 대상이나 현상을 연구함으로써 인간이 자연을 이해할 수 있게 된다는 것은 전혀 생각하지 못했다. 일리수스 강변을 산책하면서 소크라테스가 친구인 파이드로스Phaidros에게 말했다. "델피 신전의 비문이 요구하듯이 너 자신을 알라는 것이 내게는 여전히 안 된다. 나 자신도 모르는데 그 외의 것에 대해 질문하는 것조차 우둔한 것처럼 느껴진다."

여기서 '그 외의 것'에 속하는 것으로 우주의 구조에 대한 질문도 들어있다. 아리스토텔레스는 플라톤을 찬미했지만, 플라톤이 거기에 충분히 보답했다고는 보기 어렵다. 두 사람의 차이는 철학에 그치지 않고 삶의 방식마저도 달랐다. 플라톤은 간소한 복장을 했지만, 아리스토텔레스는 특별 주문한 옷을 입고, 손가락에 금반지를 끼고 돈이 많이 들어가는 이발소에서 이발을 했다. 아리스토텔레스는 책을 귀하게 여겼지만 플라톤은 책에 무게를 두는 사람을 경계했다.[3]

---

3 플라톤은 '파이돈'에서 소크라테스가 이집트 전설의 왕인 타모스가 문자를 가르치려는 테우스 신의 요청을 어떻게 사양했는지를 말해주는 오래된 이야기를 자세히 말하고 있다. '당신이 발견한 것은 기억을 위한 게 아닌, 기록을 위한 것이다. 당신이 당신의 신봉자들에게 제공하는 것은 참된 지식이 아닌, 그 모조품에 불과하다. 가르치려고 들지는 않고 많은 것에 대해 그들에게 말로만 한다면, 그들은 많은 것을 안 것처럼 생각하게 된다. 하지만 그 대부분에 대해 그들은 아는 게 없다. 지식이 아닌 지식 모조품을 많이 익힌 탓에 그들은 오히려 다른 사람들에게 방해만 될 뿐이다.'라고 타모스 왕은 말하고 있다. 이는 읽고 쓰는 능력의 위험성에 대해 유사 이래로 언급된 것 중에 제일 뛰어난 예언적인 고발의 하나다. 지금 시대에도 얼마든지 통한다. 물론 이러한 이야기가 알려진 것은 문자에 의해서였다.

플라톤은 아리스토텔레스를 '두뇌the brain'라고 불렀다고 전해진다. 경험적 학문을 했음에도 아리스토텔레스는 플라톤의 불멸의 기하학 형태의 아름다움에 대한 애정을 버리지 않았다. 투명한 구(球)로 구성되는 그의 우주는 지상에서는 일종의 천국이었다. 그의 혼과 플라톤의 혼은 거기서 평화롭게 공존했을 것이다. 아리스토텔레스가 이루지 못한 것을 지금의 과학이나 철학도 아직 이루지 못했다. 그 결과, 아리스토텔레스의 유령과 플라톤의 유령이 철학, 과학 잡지의 맨 위에 실리고 수천 곳의 연구소와 교실에서 계속 논쟁 중이다. 오늘날의 과학자들은 소립자는 결정론적으로 작동할지 어떨지, 10차원의 시공은 최초의 우주였던 실제의 모습을 나타낼지 아니면 해석상의 방편인지, 등등의 문제로 씨름하고 있다. 이럴 때 그들은 어떤 의미에서 어깨가 넓은 노인과 똑똑하지만 경솔한 학생인 '두뇌'을 화해시키고 있을지도 모른다.

사모스의 아리스타르코스는 다음처럼 생각
했다.
하늘은 움직이지 않고, 지구는 기울어진
원 궤도에서 움직이면서, 동시에 자신의
축 주위를 돈다.

— 플루타르코스

자연의 모든 비밀을 찾아 밝히려는 마음
이,
밤에 사로잡힌 사람이 되어 엎드려 있는 것
을 보라.

— 보에티우스

2. 천정점을 높이고 낮춘다

에우독소스, 아리스토텔레스, 칼리포, 프톨레마이오스의 지구를 중심으로 생각한 우주는 오늘날 기준으로 보면 매우 작다. 그중에서 프톨레마이오스의 우주가 가장 크다. 그는 우주가 정말 장대하다고 생각했다. 큰 숫자를 다루는 걸 좋아하는 천문학자 중 한 사람인 그는 자신의 우주에서는 지구는 하늘에 있는 작은 '한 점'에 불과하다고 즐겨 서술했다. 천체는 작고, 손이 닿을 만큼 가까운 곳에 있다고 여긴 당시의 기준에서 보면 그의 우주는 말도 안 되게 크다. 헤라클레이토스Heraclitus of Ephesus, 루크레티우스Titus Lucretius Carus는 태양은 방패 정도의 크기라고 생각했고, 태양은 펠로폰네소스반도보다 클지도 모른다고 넌지시 비춘 원자론자인 아낙사고라스Anaxagoras는 불경죄에 몰려 추방당했기 때문이다. 그럼에도 프톨레마이오스의 우주의 반경은 8천만 킬로미터 정도로 태양 주위를 맴도는 지구 궤도에 쏙 들어

갈 만큼의 크기밖에 되지 않았다. 초기 우주 모델의 스케일이 작았던 이유는 지구는 우주의 중심이고 움직이지 않는다고 가정했기 때문이다. 만일 지구가 움직이지 않는다면 별이 움직여야 마땅하다. 시간대로 머리 위에서 별을 움직이게 하려면 별의 구(球)가 하루 한 번 그 축 주위를 돌아야만 하고, 구가 크면 클수록 그 회전이 더욱 빨라져야 한다. 장엄한 우주는 천구가 생각할 수 없을 만큼 빠르게 회전할 것을 요구한다. 프톨레마이오스의 우주에서도 별은 시속 1,600만 킬로미터 이상의 속도로 움직이지 않으면 안 된다. 그보다 100배 큰 천구에서는 광속을 능가한다. 아인슈타인을 등장시키지 않아도, 아직 빛의 속도를 몰라도 직관적으로 너무 빠르다는 것을 알 수 있다. 16세기에 접어들 무렵에 우주론 학자는 이 점에 대해 고민했다. 모든 게 지구 중심, 움직이지 않는 지구론은 우주의 본디 크기를 아는데 장애가 될 수밖에 없었다. 지구를 움직이면 우주는 넓어지겠지만, 과격한 첫걸음이었고 직관에 반하는 것처럼 여겨졌다. 지구가 돌고 돈다고는 느껴지지 않았고 그것을 증명하는 관측적 증거도 없었다. 만일 지구가 축의 주위를 돈다면 아테네와 거기 사는 모든 시민도 시속 몇천 킬로미터 속도로 동쪽 방향으로 내팽개쳐질 것이다. 즉 강한 동풍이 늘 세계 전체에 휘몰아치는 셈으로 올림픽 경기에서 멀리 뛰기 선수는 디딤대에서 한참 멀리 떨어진 서쪽의 관람석에 착지하게 될 것이라고 그리스인들은 추측했다. 그런 일은 관측된 적이 없기에 그리스인 대다수는 지구가 움직이지 않는다는 결론을 내렸다. 문제는 그리스인들이 관성의 개념을 절반밖에 몰랐다는 것이다. 그들은 정지한 물체는 계속 정지하려는 성질을 이해했다. 하지만 멀리 뛰기 선수, 지구의 대기처럼 움직이는 물체도 계속 움직이려 한다는 것은 깨닫지 못했다. 완전한 관성의 개념이 확립된 것은 갈릴레오, 뉴턴의 시대에 와서였다.(아인슈타인이 수정했고, 초통일장이론의 발전으로 다른 사람의 연구가 있었음에도 관성의 개념은 아직 많은 수수께끼를 남기고 있다.)

관성의 법칙을 이해하지 못한 점은 고대 그리스인들에게 불리하게 작용했다. 하지만 그런 사실과 더불어 합리, 비합리를 따지지 않는 지구중심론자와 많은 교과서에서 다루는 종교적 편견과는 별개의 문제였다. 나아가 지구가 그 축 주위를 자전할 뿐 아니라 태양 주위를 돈다고 생각하면 예상되는 우주의 크기는 더욱 커진다. 왜냐하면 지구가 태양의 주위를 돌면 별이 있는 천구의 한편에서 볼 때 지구가 멀어졌거나 가까워지게 된다. 만일 천구가 작다면 거리의 변화가 황도(지구에서 볼 때 태양이 하늘을 1년 동안 이동하는 경로 – 옮긴이) 부근의 별의 외견상 밝기의 변화로서 나타나야만 한다. 가령, 지구가 스피카(처녀자리에서 가장 밝은 별 – 옮긴이)에 가까운 궤도 위를 움직이는 여름은 궤도 반대편의 있는 겨울보다. 근접한 거리만큼 스피카가 밝게 보인다. 그런데 이 같은 현상은 관측되지 않기에 지구가 태양 주위를 돈다면 별은 대책 없이 멀어지게 된다. 그렇다면 물리학, 천문학 지식이 한정된 것을 고려해도 놀라운 사실은 그리스인들이 생각한 지구 중심의 우주를 모두가 그렇게 생각한 게 아니라는 점이다. 그 위대한 예외가 아리스타르코스Aristarchos였다. 그의 태양중심우주론은 코페르니쿠스Nicolaus Copernicus의 이론보다 무려 1,700년이나 앞섰다. 아리스타르코스는 소아시아의 해안 근처, 나무로 뒤덮인 섬, 그 보다 300년 전에 피타고라스가 모든 것은 수(數)라고 최초로 선언한 사모스 출신이다. 아리스토텔레스가 창설한 소요학파의 대표인 람프사코스 Lampsakos 출신의 스트라토Strato의 제자였던 아리스타르코스는 제3의 차원을 직관적으로 판단할 수 있는 숙련된 기하학자였다. 그는 마음 속에서 그 공간이나 깊이가 훨씬 광활한 기하학 모양을 상상했다. 젊은 시절의 그는 태양의 크기와 거기까지의 거리는 모두 달의 19배라고 서술한 책을 냈다. 그 결론은 양적으로 틀렸지만 그 방식은 옳았다.(실제로 태양의 크기와 거기까지의 거리는 달에 비해 400배다.) 아리스타르코스는 그 연구를 하려고 태양을 중심으로 한 우주를 생각했을 것이다. 태양은 지구보다 크다는 결론을 내린 그는 거대한 태양이 그보다 작은 지구 주위를 회전하려면, 자신의 체중의 100배나 되는 해머를 던지는 사람과 마찬가지로 직관적으로 불합리하다는 점을 깨달았을 것이다. 하지만 그의 이론이 어떻게 전개되었는지는 태양중심설에 대해 논한 그의 책이 소실되는 바람에 확인할 길이 없다. 우리는 그의 논리를 기원전 212년 쯤 기하학자인 아르키메데스Archimedes가 쓴 논문을 통해서만 알 수 있다. '모래알 세어보기'라는 제목의 논문을 그가 쓴 목적은 자신이 개발한 수학적 기수법을 사용하면 아무리 큰 수라도 가능함을 제시하기 위해서였다. 그걸 증명하려고 아르키메데스는 우주를 가득 채우는데 필요한 모래알의 수에 대해서도 그가 계산할 수 있음을 보여주고 싶어서였다. 친구이자 친척인 시라큐사Syracuse의 왕 겔론 2세Gelon Ⅱ에 말을 걸듯 써진 논문은 궁정의 여흥거리 혹은 일반인 상대의 과학 책까지 염두에 두었다. 그 논문이 오늘날 대단히 중요한 이유는 되도록 큰 수를 끌어내려고 했던 아르키메데스가 그때 까지 자신이 들었던 것 중에서 가장 거대한 우주의 크기를 자신의 계

작은 태양 중심의 우주에서 지구는 겨울보다 여름에 스피카처럼 여름별에 근접하는데, 스피카의 밝기는 시기에 따라 당연히 변해야 한다. 1년을 통해 별의 밝기에 변화가 관측되지 않기에 아리스타르코스는 별들은 지구에서 꽤 멀리 떨어진 곳에 있다는 결론을 내렸다.

산의 기초로 삼았다는 점이다. 그 우주는 사모스의 아리스타르코스의 신묘한 이론에 따른 것이었다. 단호한 견해를 지닌 아르키메데스는 '무한'이라는 애매한 말을 싫어했다. 그는 '모래알 세기'의 서두에서 세상의 모든 바다에 있는 모래 알은 방대하지만 동시에 유한한 것으로 얼추 계산할 수가 있다고 겔론 2세에게 말하고 있다. '내가 거론한 숫자에는… 지구를 가득 채우는 양의 모래의 수뿐 아니라 우주를 가득 채우는 모래의 양도 넘어서는 큰 수인 것을 이해시키기 위해 기하학의 증명을 사용해 설명하겠다.' 위의 논조로 쭉 말을 이어간 아르키메데스는 일반적인 우주론학자가 상상한 비교적 협소한 우주가 아닌, 아리스타르코스의 새로운 이론에 나온 훨씬 장대한 우주를 가득 채우려면 모래알이 얼마나 필요할지 계산해보자고 덧붙였다.

사모스의 아리스타르코스는 몇 개의 가설이 담긴 책을 냈다. 그중 어떤 전제의 결과로 지금 사람들이 생각하는 우주보다 훨씬 큰 우주가 나온다. 그의 가설에 따르면 항성과 태양은 움직이지 않고 지구가 태양이 중심인 원의 둘레를 돈다. 역시 태양을 중심으로 한 항성의 천구는 너무 커서 지구가 회전한다고 가정하면 원의 반경과 항성까지의 거리 비율이 구의 중심과 그 표면적의 비율과 같아진다.[4]

그런데 아르키메데스가 문제에 부딪쳤다. 아리스타르코스는 우주 크기가 지구 궤도보다 훨씬 크다고 다소 과장되게 말했던 것이다. 아르키메데스는 이렇게 말하고 있다. '이건 있을 수 없다. 왜냐하면 구의 중심에 크기가 없어서 구면에 대한 어떤 비율도 가질 수 없기 때문이다.' 이 모델에 구체적 숫자를 끼워 맞추려고 아르키메데스는 지구가 우주에 크기에서 차지하는 비율은 지구 궤도가 별의 천체 크기에서 차지하는 비율과 동일하다고 아리스타르코스는 주장하려 했던 것

---

4 아르키메데스는 아리스타르코스의 우주를 가득 채우려면 10^{60}개의 모래알이 필요하다고 결론지었다. 미국의 우주론학자인 에드워드 해리슨은 10^{63}개의 모래알은 10^{80}개의 원자핵 즉 '에딩턴 수'와 똑같다고 말한다. 1930년대의 영국의 천체물리학자인 아서 스탠리 에딩턴이 계산한 우주의 질량이다. 따라서 아르키메데스는 우주 크기를 과소평가했지만 훨씬 큰 물질 밀도를 상상했고, 에딩턴이 20세기에 실시한 대략적인 계산과 거의 동일한 우주 물질의 총량에 도달했다.

같다는 해석을 내렸다. 그렇다면 계산이 가능하다. 당시 상상한 천문학적 거리와 합해서 아르키메데스는 별의 천구까지의 거리를 현대 용어로 말하자면 약 1광년(9.5조 킬로미터) 정도라고 계산했다. 당시는 상상을 초월하는 숫자였다. 프톨레마이오스가 태어나기 400년도 더 전에 그의 모델보다 반경이 10만 배 이상 큰 태양 중심의 우주를 생각했으니까!

오늘날 우리는 1광년이 가장 가까운 별까지의 거리의 4분의 1이며 관측되는 우주 반경의 100억분의 1 이하라는 사실을 알고 있지만, 그 옛날 아리스타르코스의 모델도 인간이 상상할 수 있는 우주의 크기가 엄청나다는 점을 제시했다. 그의 가설에 사람들이 귀를 기울였다면, 우리는 코페르니쿠스 혁명 대신에 과학의 아리스타르코스 혁명이라고 불렀을 테고, 우주론은 1천 년이나 틀린 상태로 있진 않았을 것이다. 하지만 아리스타르코스의 연구는 모두에게 잊혀지고 말았다. 100년 후 바빌로니아인 셀레우코스가 아리스타르코스의 이론을 옹호했지만, 그의 노력은 단발로 끝났다. 그 후 프톨레마이오스의 작은 지구 중심의 우주, 그리고 정지한 세계가 명목적 승리를 거두었다.

'모래알 세기'는 아르키메데스의 마지막 일 중 하나였다. 그는 시칠리아의 남동 해안에 위치한 고향의 시라쿠사에 살고 있었다. 이 마을은 그리스 문화 중심지였지만 그 무렵 로마의 장군 마르쿠스 클라우디우스 마르켈루스Marcus Claudius Marcellus에 의해 포위되었다. '용맹한'이라는 의미의 성을 갖고 '로마의 검'이라는 별명도 지닌 마르켈루스였지만 좀체 시라쿠사를 함락하지 못했다. 그가 거느린 군대가 옴짝달싹 못했던 이유는 아르키메데스가 설계한 무서운 병기 때문이었다. 접근하려던 로마의 배는 아르키메데스의 거대한 기중기에 붙잡혀 하늘로 높이 들어올려지자, 선원들은 대단히 겁을 집어먹고 바위에 간신히 붙어있었다. 육지 공격을 감행하려던 부대는 아르키메데스의 돌화살이 비오듯 쏟아지면서 감히 대항할 엄두도 못 냈다. 플루타르코스Plutarchos가 공격하는 장면을 묘사했듯이 로마 군인들은 머지않아 후회하게 되었다. '짤린 로프, 나무 파편만 보여도 아르키메데스가 우리가 모르는 병기를 날리고 있다며' 비명을 지르고 등 돌려 도망치기 급급했다. 공격이 번번이 무산되자 마르켈루스는 화가 뻗쳐 '아르키메데스가 대체 어떤 놈이냐!'고 물었다. 좋은 질문이었다. 세상 사람들은 그가 '유레카!(드디어 알아냈어!)'라고 소리치면서 길거리를 벌거벗은 채 뛰어다닌 사람으로 알고 있다. 목욕탕에 몸을 담그고 있던 그가 황금으로 만든 왕관(히에로 2세 왕이 받은 선물인데 혹여 불순물이 섞이지 않았는지 의심스러웠다.)의 비중을 재려면 물에 담근 후에 넘치는 물의 양을 재면 된다는 사실을 발견한 직후에 생긴 에피소드다. 그는 지금도 펌프에 널리 사용되는 아르키메데스 나선 양수기의 발명자이기도 하다. 그는 '설 수 있는 장소만 주어진다면 지구를 움직여보겠다.'라고 히에로 2세Hiero II 왕에게 자랑했다고 알려져 있다. 왕은 실생활에서 그것을 시연해보라고 주문했다. 아르키메데스는 화물과 사람이 가득 찬 배를 준비시켰다. 자신이 디자인한 몇 개의 도르래를 사용해 누구의 도움도 빌리지 않고 배를 끌어당겼다. 상식적으로 수십 명의 힘센 사내들이 필요한 일이다. 감명 받은 왕은 로마인을 격퇴한 바로 그 병기의 제작을 그에게 맡겼다. 플루타르코스는 이렇게 묘사했다. 기술이 뛰어나기로 유명했지만 아르키메데스는 뭔가를 만들 때 단지 사용하거나 도움이 된다는 의미의 기술을 경멸했고 순수한 수학에 전념하는 쪽을 택했다. 플루타르코스는 다음 처럼 첨부했다.

"마르켈루스의 공격은 시라쿠사 주민들이 제전을 벌일 때 시작되었다. 제전 때는 주민들이 늘 술을 많이 마셨다. 마르켈루스는 일반시민은 다치게 하지 말도록 명령했다. 하지만 많은 전우들이 아르키메데스의 병기에 희생되는 것을 본 그의 부하들은 관대한 기분이 아니었다." 전해진 바에 따르면 로마 군대가 다가와 명령조로 말했을 때 아르키메데스는 계산에 몰두하고 있었다고 한다. 75살의 그는 누구와 다투는 걸 좋아하지 않았지만 최고로 자유로운 사람으로서 명령받는 것에 익숙하지 않았다. 모래 위에 기하학 도형을 그리던 그는 병사들에게 비키라고 손짓했는지, 말로 했는지 아니면 실제로 쫓아내려고 했는지는 몰라도 화가 난 병사가 그를 칼로 베었다. 마르켈루스는 그 병사를 "살인죄로 처벌했다"라고 플루타르코스는 적었다. 또한 "아르키메데스의 죽음은 마르켈루스를 고통스럽게 하진 않았다."라고 첨부했다.

그리스의 과학도 수명이 있었다. 아르키메데스가 죽을 무렵에 세계의 지적 생활의 중심은 이미 아테네에서 알렉산드리아로 옮겨졌다. 알렉산드리아는 100년 전, 그리스의 이상에 추종한 학문연구의 도시로서 알렉산더 대왕Alexandros the Great의 칙허로 건설된 곳이었다.(아마 어릴 적 가정교사였던 아리스토텔레스의 영향을 받았을 것이다.) 마케도니아의 장군으로 알렉산더 대왕의 전기를 쓴 프톨레마이오스 1세 Ptolemaios I Soter는 제국의 부를 쏟아부어 여기에 광대한 도서관, 박물관을 세웠다. 거기서 과학자, 학자는 연구를 계속했고 나라에서 급료를 받았다. 유클리드 기하학 원론을 쓴 것도, 프톨레마이오스가 이심원 우주를 구축한 것도, 에라토스테네스Eratosthenes가 실제의 값과 몇 퍼센트 차이밖에 나질 않는 지구의 원주와 태양까지의 거리를 계산한 것도 모두 알렉산드리아에서 이루어졌다. 아르키메데스도 알렉산드리아에서 배웠고 가끔 시라쿠사에 책을 보내달라고 도서관에 부탁했다. 하지만 과학의 나무는 알렉산드리아의 토지에서는 제대로 성장하지 못했고 100년, 200년쯤 지나서는 가짜 과학이 사는 고목이 되어버렸다. 학자들은 과거의 위대한 책에 주석을 달고 필경사는 고생하면서 그걸 베꼈다. 역사가들은 알렉산드리아 도서관의 무명 직원들에게 은혜를 입었지만, 그들은 과학의 관이 운반될 때 곁에서 시중들었던 사람들로 계몽가는 아니었다. 로마인은 세계 정복을 기원전 30년, 프톨레마이오스 왕조의 마지막 계승자인 클레오파트라Cleopatra VII가 자신의 가슴을 독사로 물게 한 날에 완성시켰다. 로마 문화는 과학적은 아니었다. 로마는 권력을 숭배했지만, 과학은 자연 이외의 권력에는 눈도 돌리지 않는다. 로마는 법률의 실행은 뛰어났지만, 과학은 전례가 없는 새롭고 신기한 가치를 발굴하려고 애쓴다. 로마는 실질적이고 기술을 숭배했지만 최첨단 과학은 그림이나 시처럼 비실용적이다. 가령, 아르키메데스의 돌화살보다는 그의 정리가 증명하듯이. 로마의 측량기사는 해시계로 시간을 알렸기에 태양의 크기를 알 필요도 없었다. 또한 로마의 갤리선 방향을 인도하는 수로안내인은 가고자 하는 밤의 지중해를 달이 비추어주면 달까지 거리가 얼마인지 머리를 싸맬 이유가 없었다. 로마의 우아한 식당의 천장은 도자기로 된 별이 장식되었지만 진짜 별은 무슨 재료로 만들어졌는지를 물었다면,

그 집 주인의 테이블 위에 놓인 익힌 돼지고기를 보고 돼지를 어떻게 죽였는지 묻는 것과 마찬가지로 무례한 질문이었을 것이다. 제자가 기하학이 무슨 도움이 되는지 의아해하자 유클리드는 그의 노예에게 말했다. "저 제자에게 돈을 줘라. 자신이 배우는 것으로부터 뭘 얻는지 알아야 하니까." 이 에피소드는 로마에서는 전혀 통하지 않았다.

로마의 지배는 학대받는 자들에게 물질적 부에 대한 경멸을 불러일으켰다. 도덕적 가치에 대한 관심이 높아지고 로마인의 땅에서 받은 수난은 앞으로 다가올 더 좋은 세상을 위한 기쁨으로 받아들이기 시작했다. 이 본질적인 정신적 내세 지향의 사고방식과 로마의 무신경한 실용주의 사이에서 벌어진 알력은 냉혹함을 갖추고 법률에 정통한 유명한 폰티우스 필라투스Pontius Pilatus(본디오 빌라도 - 옮긴이)가 유대인 예언자인 예수에게 한 질문에 잘 나타나 있다.

빌라도는 예수에게 물었다.

"넌 유대인의 왕이냐?"

"내 왕국은 이 세상에 존재하지 않는다."라고 예수가 대답했다.

"그러면 네가 왕이냐?"

"당신이 내가 왕이라고 말할 뿐이다."라고 예수가 말했다.

"이 세상의 종말에 내가 태어났다. 그 이유로 나는 이 세상에 태어났다. 나는 진실한 증인이 되어야 한다. 진실한 사람 모두가 내 목소리를 들을 것이다."

"진실이 대체 뭔가?"라고 빌라도가 물었다.

예수는 아무 말도 하지 않고 처형대로 끌려갔고, 그의 소수 신자는 지하로 잠적했다. 하지만 200년도 지나지 않아 그의 침묵은 로마의 언어를 잠재우고 기독교는 로마 제국의 국교가 되었다. 하지만 과학은 불신자인 로마인과 마찬가지로 기독교 신자와 사이가 좋지 않았다. 금욕, 영성, 내세를 진실로 받아들이도록 강조하는 기독교는 본질적으로 물질적인 것의 연구에 무관심했다. 만일 세상이 멸망할 운명에 처해졌다면 세상이 편평하게 이루어졌던 둥글던 아무런 차이도 없으니까. 4세기에 성 암브로스St. Ambrose가 적었듯이 '지구의 본질, 위치에 대해 논해도 우리 앞에 놓인 삶에 아무런 도움도 되질 않는다.' 기독교로 개종한 테르툴리아누스Quintus Septimius Florens Tertullianus는 다음처럼 적고 있다. '우리에게 이미 호기심은 불필요하다.' 기독교 신자에게 로마의 몰락은 현세의 것에 신뢰를 두는 게 무의미하다는 증명 이외의 아무것도 아니었다. "환희와 더불어 세상이 우리와 굳게 맺어진 시기였다."라고 성 도미니크 지하납골당에서 행해진 미사에서 수많은 촛불이 둘러싼 대리석 의자에 앉은 로마 교황 그레고리 1세Gregory I는 웅변을 토했다. 6세기 말쯤(이때까지도 로마는 다섯 차례 약탈을 저질렀다.)이었다. 그는 이어서 "지금 우리는 무서운 역경에 처해 있지만, 그것은 우리를 신의 집으로 데려가기 위해서다. 잔치의 끝은 그것이 어이없다는 것을 알려줄 뿐이다."라고 말했다. 또한 엄숙한 태도의 참석자들을 향해 "여러분의 마음속에 있는 사랑을 영원을 향해 비약시켜라. 지상의 높은 지위에 집착하지 않으면 주 예수 그리스도에 대한 신앙으로 얻게 될 영광의 자리에 여러분은 앉게 될 것이다."라고 조언했다. 열광적 기독교 신자가 알렉산드리아 도서관에 있는 이교도의 책을 불태웠고, 이슬람교 신자도 기독교에 관한 책을 불태웠다고 전해진다. 하지만 그러한 대죄의 역사적 기록은 각각 논쟁의 표적이 되고 있다. 어쨌든 책은 연기가 되어 사라졌다. 이미 대부분이 쇠퇴의 길로 접어든 학문과 철학의 오래된 연구소는 변화의 바람이 강했던지 붕괴했다. 플라톤의 아카데미는 529년에 유스티니아누스 1 세Justinianus I에 의해 폐쇄되었고, 학문의 중심지였던 알렉산드리아의 사라페움은 391년에 기독교 신자에 의해 완전히 파괴되었다. 415년에는 알렉산드리아 박물관의 마지막 회원이라고 알려진 인물의 딸로서 기하학자인 히파티아가 기독교 신자에 의해 살해되었다.(그들은 그녀를 벌거벗겼다, 라고 목격자가 증언한다. 그들은 그녀의 피부를 칼로 도려내고 뾰족한 조개껍질로 숨이 끊어질 때까지 그녀의 몸을 도륙했다. 그 후 그들은 그녀의 몸을 4등분 내서 시나론이라고 부르는 곳으로 옮겨 태워서 재로 만들었다.) 학자들은 알렉산드리아와 로마로부터 도망쳐 비잔티움으로 향했다.(곧 이어 로마 황제가 그곳으로 갔기에 그 마을은 그의 이름을 따서 콘스탄티노블이라고 부르게 되었다.) 그리고 과학의 추구는 이슬람 세계에 맡겨지게 된다. 자연의 연구taffakur와 기술을 통해 자연에 정통해지는 것taskheer의 실행에 대해 코란을 통해 고무된 이슬람 학자들은 서양에서 잊어버린 그리스 과학과 철학 고전을 연구함으로써 더욱 정밀한 것에 전념했다. 그들이 천문학을 연구했다는 증거는 별의 이름에 나타나있다. 알데바란(Al Dabaran, 따르는 자), 리겔(Rijl Jauzab al Yusra, 거인의 왼발), 데네브(Al Dhanab al Dajajab, 암탉의 꼬리)는 각기 아랍어에서 유래했다. 하지만 아랍인은 프톨레마이오스에 심취하는 바람에 보다 큰 우주를 상상하지 못했다. 천문학적 거리에 관한 아리스타르코스의 논문은 10세기 초에 퀘스타 이븐 루카Questa ibn Luqa라는 이름의 시리아−그리스의 학자에 의해 번역되었다. 또한 '순결형제'라고 알려진 아랍의 비밀 결사가 꽤 큰 수의 행성까지의 거리를 게재했지만 부정확한 아리스타르코스의 범위를 벗어나지 못했다. 하지만 그 이외는 광활한 우주라는 개념에 관심을 두지 않았다. 오늘날 우리가 태양계라고 부르는 크기에 관한 권위자로서 일반적으로 인정되는 인물은 9세기의 천문학자 알 파르가니Al-Farghani이다. 프톨레마이오스의 주전원은 행성의 구의 사이에 베어링처럼 딱 들어맞는다(그는 하늘의 틈에는 빈 곳이 없다고 단언했다.)고 가정했고, 당시 알려진 것 중에 가장 외측의 행성인 토성까지의 거리를 1억 2800만 킬로미터라고 추산했다. 하지만 실제 거리는 그 10배 이상이다. 하지만 프톨레마이오스를 경애하는 이슬람인들은 프톨레마이오스의 추상개념을 실재하는 유형의 천구와 주전원이라고 믿고 그들이 소중히 여기는 우주론 그 자체를 자신도 모르게 해치고 말았다. 순수한 상징으로서만 바라보면 경탄할 수 있는 복잡하고 부자연스러운 시스템도 실제로 거기에 행성이 돌고 있다는 진실의 메커니즘으로 제시되면 그대로 받아들이기가 어렵다. 13세기의 카스티야의 군주 알폰소Alfonso는(지혜의 왕)는 프톨레마이오스의 모델을 요약한 문장에서 '만일 신이 진짜로 이처럼 우주를 만들었다면 신은 더 훌륭한 충고를 해주었을 것.'이라고 적었다고 전해진다. 하지만 그것은 오랜 암흑 세월이 몇백 년 지나서야 밝혀지게 된다.

서양의 가장 오래된 고전적 학자는 아니키우스 보이티우스Ancius Boethius였다. 그는 권력 투쟁의 패자 쪽에 서는 바람에 옥살이를 하기 전까지는 고트인으로서 황제인 테오도리쿠스Theodoric의 궁전에서 권력과 명성을 자신이 원하는 대로 누렸다. 옥살이를 하면서 그는 '철학의 위안'을 집필했다. 저물어가는 태양의 저편에 빛이 비추는 정신생활을 묘사한 내용이었다. 그 안에 보이티우스는 변함없는 별과 예측할 수 없는 인간의 운명을 대비시키고 있다.

> 별이 빛나는 하늘의 창조주
> 영원히 이어지는 왕좌의 군주
> 당신의 힘은 움직이는 하늘을 회전시키고
> 별들은 정해진 법칙에 따른다.
> ···
> 당신은 모든 것을 명확한 경계 속에서 유지하고
> 인간의 행위만 부인된다.
> 당신은 모든 것의 군주로서 탁월하게 지배한다.
> 왜 그 이외의 것은 변덕스러운 운명의 여신에 좌우될까
> 무죄인 사람을 압박하는 징벌에는
> 그야말로 징벌이 어울린다.

그리스의 스토아 철학자들이 들었다면 틀림없이 고개를 끄덕였을 말이다. 철학의 신(뮤즈)는 보이티우스에게도 자기 연민을 불러일으켰을 것이다. '만일 운명의 여신이 당신에 대해 태도를 바꾼다고 생각하면 당신이 틀린 것'이라고 그녀는 그에게 말한다. '바뀌는 것은 운명의 여신이 늘 하는 행동이고 본질입니다. 바뀐다는 그 행위가 있기에 운명의 여신은 당신에 대해 그녀의 독특한 영원함을 지니게 되는 것입니다.' 보이티우스에게 프톨레마이오스의 우주는 운명의 쉴 새 없는

변덕에 대해 포기한 상징으로 축소되어 있다.

"이처럼 명성이 부질없는 것으로, 중요하지 않다는 것을 생각해보라. 하늘의 넓음에 비하면 지구의 원주는 점의 크기밖에 되질 않는다고 익히 알려져 있듯이 천문학자가 증명한 것을 들어봤을 것이다. 즉, 천구의 크기에 비하면 아무것도 없는(無) 상태라고 생각하는 게 옳을 것이다. 그러면 세계의 표면은 아주 작은 데다 지리학자 프톨레마이오스가 배웠듯 우리가 알고 있는 생물이 살고 있는 곳은 그 중 약 4분의 1에 불과하다. 마음속에서 그 4분의 1에서 바다, 늪지, 물기가 없는 사막을 빼보면 인간이 살 수 있는 영역은 겨우 조금뿐이다. 이토록 작은 점에 틀어박혀 있다. 게다가 갇힌 상태의 작은 점이다. 거기서 당신은 자신의 소망을 넓히고 명성을 더 크게 가지려고 애쓴다."

보이티우스는 524년에 처형되었다. 마지막 촛불이 꺼지고 어둠이 찾아왔다. 암흑시대의 기후는 말 그대로 추웠고, 태양은 인간세계에 흥미를 잃은 듯 보였다. 지속적으로 숫자에 흥미를 가져온 불과 얼마 되지 않은 서양의 학자는 삼각형의 내각의 정의 같은 극히 초보적인 사실을 생각해내려고 서로 편지를 주고받으며 고민했다. 보수적 성직자들은 모세의 장막을 흉내 내 우주 모델을 만들었다. 하늘이 이전의 화려하게 빛나는 천장에서 낮은 텐트의 천장으로 그 위치가 낮아졌다. 행성은 천사에 떠받들려 돌고 있었기에 기하학적 혹은 기계적 모델을 사용해 하늘의 움직임을 예측할 필요가 전혀 없었다. 오만한 둥근 지구도 아스라이 빛나는 태양도 그 기세를 잃었다. 하늘 저편에는 영원한 천상계가 있으며, 거기는 죽으면 가는 곳이었다.

우리를 얽매였던 속박을 대양이 풀어주고,
광대한 육지가 나타날 때가 언젠간 오리라.
…그리고 북극의 땅(Thule)은 훨씬 멀리 떨어진 나라
에서는 이미 사라졌음이 틀림없으니.

- 세네카

바다는 강 같은 것이었다.

- 크리스토퍼 콜럼버스

3 지구의 발견

　르네상스에 관련한 우주론적 공간의 과학적 탐구의 부활은 마르코 폴로Marco Polo가 중국으로 모험을 떠난 13세기에 시작되었고, 200년 후인 콜럼버스의 아메리카 대륙 발견으로 최고조에 이른 지구탐험의 시대에 그 뿌리가 있다. 천문학과 지구의 탐험은 이전부터 밀접한 관계였다. 항해자들은 수천 년 동안 별을 보면서 키를 잡았다. 그 증거를 찾아보자면, 중국인은 밑바닥이 낮은 배를 '별의 뗏목'으로 부르는 습관이 있었고, 그리스 신화를 보면 아르고를 타고 전설의 황금 양모를 찾으러 간 이아손Iason은 밤하늘을 기억하려고 최초로 별자리를 이용한 인물이었다. 마젤란Ferdinand Magellan이 태평양을 횡단할 때, 그는 수천 년도 전에 오스트레일리아, 미크로네시아, 뉴기니아에 이주한 사람들이 건넜던 바다를 항해했다. 카누에 탄 모험가들은 이아손처럼 머릿속에 별지도를 갖고 있었다. 베르길리우스Publius Maro

Vergilius는 아이네이아스Aeneas의 로마 건설에 관해 기술하면서 별을 보는 것이 얼마나 중요한가를 강조하고 있다.

몇 시간이나 지났을까. 밤은 아직 반도 오지 않았다.
늘 조심성이 많은 팔리누루스Palinurus는 자리에서 일어나
모든 바람을 조사하고 그의 귀로 산들바람을 낚아챈다.
침묵하고 있는 하늘에서, 헤엄치는 모든 별을 기록한다.
아르크투루스, 히아데스성단, 쌍둥이 곰에, 황금 갑옷을 입
은 오리온,
구름 없는 하늘에 모든 것이 온화하게 흘러간다.
선미에서 신호를 보낸다.
텐트를 접고 다시 항해 방향을 재보고 돛을 펼친다.
별이 사라지면서 동시에 이미 새벽이 빨갛게 물든다.
멀리 희미하게 언덕이 보인다.
이탈리아, 이탈리아다!

메마른 토지를 모험하는 탐험대도 별이 도움이 된다는 걸 알았다. 숲속에서 길을 잃은 아메리칸 인디언은 성스런 아버지 하늘의 존재를 경애하고 백조자리와 사수자리를 가르는 은하수의 커다란 틈을 성스런 아버지의 손으로 여겼다. 조지아와 미시시피의 숲을 빠져나와 북쪽으로 향하는 도망친 노예들은 북두칠성을 의미하는 '국자'를 반드시 보라는 충고를 받았다. 프톨레마이오스는 천문학 연구를 뒷받침하려고 지리학 지식을 꽤 사용했다. 지구는 천구에 비하면 점처럼 작다고

단언한 그였다. 남쪽의 중앙아프리카 혹은 북쪽의 북극으로 모험을 떠난 여행자들이 아무리 가도 그 하늘의 영역에 있는 별이 가까워졌다는 증거가 없었다고 보고한 기록으로 볼 때 프톨레마이오스의 추론은 꽤 쓸모가 있었다.

유럽인들 사이에 새로운 탐험의 열기가 끓어오른 것은 주로 경제적 이유였다. 유럽의 모험가들은 동쪽으로 항해했고, 동방에 도착하면 거대한 부를 거머쥐었다. 선동자의 한 사람이 천문학자라고 한들 놀랄 일도 아니었다. 그는 피렌체 출신의 파올로 달 포초 토스카넬리 Paolo Toscanelli dal Pozzo라는 긴 이름을 가졌는데 동방에 가면 재화뿐 아니라 지식도 얻을 수 있다고 주장했다. 토스카넬리는 크리스토퍼 콜럼버스Christopher Columbus를 유혹하는 편지를 쓴다.

> "아시아는 라틴인이 탐험할 가치가 있는 장소입니다. 그 이유는 금, 은, 모든 종류의 보석과 더불어 지금까지 본 적이 없는 향신료를 얻을 수 있을뿐더러 박식한 사람들, 현명한 철학자, 점성술사가 있기 때문입니다. 그처럼 광활한 영역을 그들은 그러한 재능과 기술로 지배하고 있습니다."

마르코 폴로가 쓴 책은 서양인이 지닌 동방에 대한 로맨틱한 분위기를 잘 나타내고 있다. 그는 베네치아 출신으로 결코 촌구석에서 온 게 아니었다. 하지만 중국의 항주 같은 곳은 생각해본 적도 없었나 보다. 그는 항주를 1276년에 찾아왔는데 그 쇼크에서 평생 벗어나지 못했다. 항주를 '세계 최대의 도시'라고 불렀는데 '거기는 도처에 즐거움이 깔려 있고 마치 천국에 있는 듯 했다.'라고 술회했다. 항주는 안개가 자욱한 많은 산이 둘러싼 호숫가에 있었다. 그 땅을 있는 그대로 묘사한 송나라의 풍경화는 서양인의 눈에는 아직도 너무 황홀해서 진짜 존재하는지조차 의심이 갈 정도다. 그는 다음처럼 적고 있다.

> "호수 중앙에는 섬이 두 개 있는데, 각각의 섬에는 믿을 수 없을 만큼 방이 많고 별도의 누각이 있는 호화스러운 건물이 서 있다. 결혼피로연 혹은 대연회를 열 때는 이들 궁전의 하나를 사용하는 게 일상이었다. 접시, 냅킨, 테이블보, 그 외의 모든 필수 비품이 거기에는 상비되어 있었다. 그 비품은 그 건물과 그 목적을 위해 건축한 시민들이 갹출해서 공통 경비로 사용되고 유지된다."

"화려한 장식, 조각이 새겨진 목선을 언제든 빌릴 수도 있었다. 큰 배의 옆에 바싹 붙듯이 따라붙는 작은 배에는 소규모 악단과 밝은색 비단을 입은 '가희sing-song girls'가 타고 있고, 배 앞쪽에는 밤, 멜론 씨앗, 연근, 사탕, 과자, 구운 닭, 신선한 어패류를 팔고 있다. 다른 배에는 살아 있는 조개, 거북이 쌓여 있고 불교도의 습관에 따라 사람들은 그것을 사서는 살아 있는 채로 호수에 다시 놓아주었다. 호수는 공해 방지를 엄격히 해서 차분하고 깨끗했고 주변은 공공의 공원으로 이용되고 있다." 이는 항주를 사랑한 소동파가 남긴 글이다. 그는 재능 있는 시인이었지만, 가끔 당국과의 마찰을 일으켰다. 그는 이렇게 적고 있다.

술을 마시면 나는, 노란 풀이 가득한 언덕을 올라간다.

경사면에는 양 무리처럼 둥근 돌이 여기저기 퍼져 있다.

언덕 꼭대기에 돌 위에 누워

끝도 없는 하늘에 떠 있는 하얀 구름을 본다.

내 노래는 오랜 가을의 바람에 실려 계곡으로 사라진다.

지나던 사람이 하늘을 올려보더니 다시 남동쪽을 바라본다.

손뼉을 치며 박장대소한다.

'당신은 미친 것 같구려.'

이 모든 것은 북유럽의 차가운 돌벽, 평범한 노래를 비롯해 베네치아의 활기 띤 상업, 교활함에서 멀고도 멀리 떨어진 곳의 풍경이었다. 여행자들의 말을 증명하는 것은 육로로 유럽에 운반된 비단, 칠기 상자, 향신료, 의약품 같은 아시아의 번영을 확실히 보여주는 물건들이었다. 하지만 그 보물들을 실크 로드를 통해 운반하려면 중간상인인 대상(隊商)에 막대한 돈을 지불해야 했다. 그뿐만 아니라 약탈자도 있었다. 게다가 페스트가 유행했고, 이슬람 제국의 확대로 인해 몽골 제국이 후퇴하면서 실크 로드는 축소의 길을 걸었다. 15세기에는 유럽 열강이 해로를 이용해 자력으로 동방에 도착할 정도였다. 이러한 대담하고 새로운 시도의 진원지는 르네상스의 케이프 캐너버럴(미국의 우주선은 대부분 이곳에서 발사된다. – 옮긴이)에 버금가는 곳으로 바다 가운데 툭 튀어나온 유럽 최남서의 땅 끝 마을인 사그레스Sagres다. 1419년, 항해왕자로 알려진 엔리케Henry of Portugal는 그곳에 선단 기지를 건설했다. 엔리케는 고행자가 입는 뻣뻣한 옷을 입고 있었다. 신앙심 깊고 편집증적인 기독교 신자로 그의 눈은 과로와 빛 때문에 충혈되어 있었다. 아프리카 해안을 탐색시키고, 그곳의 풍부한 금, 사탕, 노예를 차지한 것도, 아프리카를 돌아 아시아로 향하는 해로를 개척한 것도 그가 최초였다. 사그레스의 도서관에는 마르코 폴로의 책(방랑기질이 있는 그의 형 페드로가 번역했다.)을 비롯해 아프리카를 빙글 돌아 동방으로 향하는 해로를 개척할 수 있다는 엔리케의 신념을 보여주는 다른 책도 많다. 비록 단편적 증거이지만 기대를 품게 만든다. 기원전 5세기에 헤로도토스Herodotos는 페니키아의 원정대가 동쪽에서 아프리카를 돌아서 서쪽으로 항해하려는데 태양이 오른쪽에 보였다는 일화에 대해 적고 있다.(그 자신은 믿지 않았던 모양이다). 어쨌든 엔리케는 그 현상을 페니키아 원정대가 적도의 남쪽에 있다는 것을 뜻한다고 이해했다. 200년 후, 키지코스의 에우독소스Eudoxus of Cyzicus(천문학자와는 무관계)는 에티오피아에서 원주민들이 서쪽에서 타고 왔다는 난파선의 조각된 뱃머리를 발견했다.(지리학자인 스트라본 Strabon이 쓴 책에 나와 있다). 에우독소스는 그 뱃머리를 모국인 이집트로 가져갔는데, 고향의 선원과 상인들에게 그것은 헤라클레스Heracles의 기둥(지브롤터 해협의 별명. 유럽의 서쪽 끝을 뜻했다 - 옮긴이) 사이를 통과한 후 소식이 끊긴 배의 것이라는 말을 들었다. 또한 에우독소스는 1세기에 적힌 저자 불명의 지리학서 '에리트라해 안내기'에서 '라프타 마을에 도착했는데(잔지바르 섬의 반대쪽) 아직 탐험의 발길이 닿지 않는 해안이 서쪽으로 굽어져 있고, 서쪽 바다와 이어지고 있었다.'라고 적힌 것을 읽어보았다. 이에 힘입은 그는 사그레스의 곶 위에 바람받이를 치고 천문대와 항해학교를 건설했다. 그곳의 직원으로는 독일인 수학자, 이탈리아인 지도제작자, 지구의 원주를 측정해 개량한 지도를 그리는 일을 하는 유대인과 이슬람의 학자들을 고용했다. 엔리케는 항해의 지표로서뿐 아니라 정신적으로도 별에 매혹되었다. 그가 미지의 땅을 정복할 운명이라고 점성술사가 예언했기 때문이다. 본인이 항해에 나서진 않았지만 한 무리의 원정대를 아프리카 해안을 따라 바다로 내보냈다. 선장들은 공포에 떨면서도 항해에 나섰지만 그 심정을 충분히 이해할 수 있다. 고대의 지리학자가 말한 대로 따르면 열대는 참을 수 없을 만큼 덥지만, 연중 안개에 휩싸인 암흑 속의 녹색 바다에 의해 보호되고 있다고 믿었기 때문이다. 현실이라고 전설보다 더 낫진 않았다. 카나리 섬의 반대편, 케이프 논의 바다는 접시처럼 빨간색을 띠고 있지만(해안 근처의 사막에서 빨간 모래가 바람에 실려 날아왔다), 남쪽 바다는 녹색을 띠고 있었다. 게다가 안개가 너무 심했다. 고대인이 '세상의 종말'이라고 부른 보자도르 곶은 항구가 전혀 없어 보이는 절벽이 길게 뻗쳐 있었다. 탐험가들이 탄 범선은 15미터나 되는 파도에 주비 곶의 바위에 처박힐 위험도 컸다. 상륙한 탐험대 중 일부는 인간의 크기만한 코끼리의 말라붙은 똥을 봤으며 다른 탐험대는 원주민의 독화살 습격을 받고 25명의 선원 중 5명만 간신히 살아남았다. 몇 명의 선장은 돌아왔지만 엔리케는 그들을 엄하게 꾸짖고는 재차 장비를 갖춰 다시 바다로 내보냈다.

1455년, 엔리케가 고용한 베네치아인 카다모스토Alvise Ca da Mosto는 유럽의 선원 모두가 의지하는 북두칠성이 북쪽의 수평선에 가라앉는 것을 걱정스럽게 바라보고 있었다. 하지만 그는 마치 그것을 메우려는 듯 '6개의 커다랗고 밝은 별'인 남십자성이 나타난 것을 보고는 기운이 났다. 엔리케 왕자의 사후 28년인 1488년, 바르톨로메우 디아스Bartolomeu Diaz(포르투갈 탐험가 - 옮긴이)는 마침내 희망봉에 망원경을 돌렸다. 그로부터 10년 후, 폭풍우에 휩쓸리면서도 10개월 12일이 걸린 1만 5300킬로미터의 항해 끝에 바스코 다 가마Vasco da Gama는 인도에 도착했다. 무엇을 찾아왔느냐는 질문에 그는 '기독교도와 향신료'라고 대답했다고 한다. 항해에 투자한 돈은 충분히 회수했고, 그 세기가 끝날 무렵에 포르투갈인은 매년 700킬로그램의 금과 1만 명의 노예를 아프리카에서 수입했다. 그들은 밀가루를 금으로 교환했고, 노예는 거저 얻는 게 상식이었다. 급습대에 참가한 엔리케의 부하는 다음처럼 회상했다.

"산티아고 산 호르에 포르투갈!'이라고 소리치면서 우리는 그들을 습격했고, 닥치는 대로 죽이든가 사로잡았습니다. 아이를 부리나케 껴안는 엄마, 아내를 급하게 끌어당기는 남편, 모두 나름대로의 최선을 다해 도망치려고 했습니다. 어떤 자는 바다로 뛰어들었으며 혹은 오두막 구석에 숨거나, 아이를 장작 밑에 감추는 자도 있었습니다. …그런 장소에서 우리가 그들을 찾아냈으니까요. 우리 모두에게 당연한 축복을 내리시는 주님께서 마침내 적에게 승리할 날을 주셨습니다. 주님께 봉사하는 마음으로 165명의 남녀, 어린이를 잡아왔습니다. 이 중에 죽인 자는 한 명도 없습니다."

모두 합쳐 100만 명이 넘는 노예가 포르투갈인에 의해 사로잡혔고

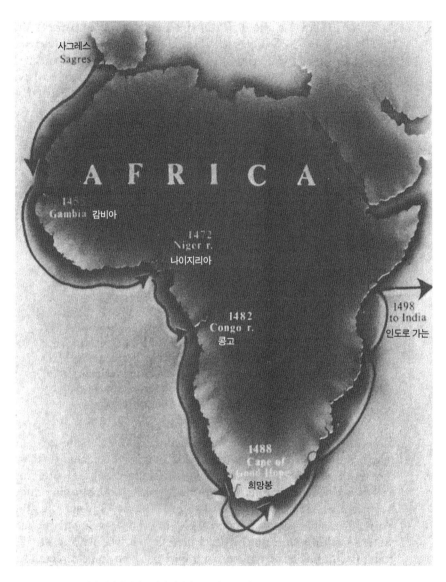

항해 왕자 엔리케의 아프리카 탐험대 1455년~1498년

유럽으로 끌려왔다. 유럽인들은 몰랐지만 전설적 동양에서 최대의 국토를 지배한 중국인도 포르투갈인이 서해안을 탐험하고 있을 때, 아프리카의 동해안에서 슬금슬금 무역을 하고 있었다. 그 방식은 폭력적이 아니었다. 존경할 가치가 있었다. 중국인들은 각기 포르투갈 범선의 다섯 배가 넘는 커다란 함대에 수천 명의 원정대를 태웠고, 그 규모만으로 평화적 협상이 가능했다. 100년 동안의 탐험기간 중에 그들이 폭력을 행사한 기록은 세 번뿐이다. 하지만 중국인은 모험을 좋아하는 황제 영락제의 죽음과 동시에 항해를 관두었다. 바스코 다 가마Vasco da Gama가 인도에 도달했을 무렵에는 중국의 탐험을 반대하는 일부 무리가 중국 배의 제조를 금하는 법률을 제정하고 배의 항해일지를 '기괴한 것에 대해 오해를 불러일으키는 과장'된 내용이 포함되어 있다는 이유로 모두 불태웠다. 그중에는 중국인들이 태평양을 건너 미국까지 갔다는 항해에 대한 기록도 있을 것이라고 추정된다.(그런데 기괴한 것에 대한 오해를 불러일으키는 과장된 표현은 서양의 비평가가 마르코 폴로의 중국 여행기에 대해 사용한 것으로 완전히 똑같은 표현이다.) 중국인과는 대조적으로 포르투갈인은 인원수는 적었지만 무서웠고 칼과 횃불을 지참했다. 포르투갈의 최초 식민지 마데이라에 최초로 들어간 곤살베스Joad Goncalves는 섬에 불을 질렀다. 다 가마와 그의 후계자인 페드로 카브랄Pedro Cabral은 '무력한 어부를 고문했다.'라고 R. S 화이트웨이Whiteway의 저서 '인도에서 포르투갈 솟아오르다'에서 밝히고 있다. 화이트웨이는 다음처럼 덧붙였다.

"알메이다Almeida는 목숨을 위협받는다고 느낀 나머지 안전통행권을 지참한 나이어인Nair의 눈을 도려냈다. 알부케르케는 아라비아의 해안에서 그의 지배 아래 들어온 여자들의 코를 자르고 남자들의 손도 잘랐다. 전투원이 아닐 적이 더 많은 불운한 사람들의 사체가 배에 주렁주렁 매달려 인도의 항구에 들어온 이유는 알메이다처럼 가차 없는 인간이 존재한다는 사실을 뽐기기 위해서였다.”

콜럼버스는 호전적인 인물이었다. 그가 중국인보다는 포르투갈인에 가까운 성향이라는 것은 굳이 들춰보지 않아도 되었다. ‘자신의 운명은 1476년 8월 13일에 결정되었다.’라고 그는 느꼈다. 성 빈센트 곶의 전투에서 자신이 탄 배가 난파해서 불탔을 때, 노에 의지하며 배를 뒤로 한 그는 사그레스의 엔리케 왕자의 항해학교에서 조금 북쪽의 해안에 표류 중이었다.(그는 포르투갈 측에 서서 고향인 제노바와 싸웠다.) 사그레스에서 가까운 해변에서 바닷물에 흠뻑 젖은 셔츠를 쥐어짜는 광경은 그가 믿는 신의 손길에 의해 인도된 삶에서 예상할 법한 일이라고 말할 수 있을 것이다. 그는 자신의 이름에 큰 의미를 부여했고 자신을 ‘기독교의 운반책christophoros’이라고 여겼다. 그 사명은 ‘새로운 하늘과 땅’을 발견하는 것이라고 믿었다. 그는 그때 이미 시대착오적 발상을 하고 있었다. 항해도와 항해설비가 개량된 시대에 추측항법으로 항해하는 사람, 바다에서의 폭력을 점차 전매특허로 삼는 나라가 늘어나는 시대의 해적, 전문가가 넘치는 세상의 아마추어 학자 같았다. 아시아라고 굳게 믿었던 아메리카 발견에 대해 그는 “이론, 수학, 지도는 내게 도움이 되질 않았다.”라고 적고 있다. “도움이 된 것은 선지자 이사야의 말뿐이었다." 그는 성서의 이사야서 11장 11절을 암송하고 있었다. "그날에 주께서 다시 그의 손을 펴사 그의 남은 백성을 아수르와 애굽과 바드로스와 구스와 엘람과 시날과 하맛과 바다 섬들에서 돌아오게 하실 것이라."

'바다 섬'은 콜럼버스에게는 생동감 넘치는 구절로 인도 제도를 의미하며 '돌아오게 하실 것이라'는 구절은 포르투갈의 노예상인이 아프리카에서 한 짓으로 잃어버린 영혼을 주님을 위해 교화시키는 것이었다. 단기적으로는 가혹한 행위일지 몰라도 최종적으로는 유의미한 것으로 생각했다. 연대기 편찬자인 고메즈Gomez Eannes de Azurara는 "고집스러운 말에 탄 엔리케 왕자가 포르투갈의 라고스 광장에서 실로 극심한 상태에 처한 223명의 남녀, 아이들 중에서 아버지와 아들, 남편과 부인, 형제를 뿔뿔이 흩어놓으려고 자신도 46명의 노예를 골랐는데 그는 잃어버린 영혼을 구원하는 큰 기쁨을 나타냈다. 그의 기대가 배신당하지는 않았다. 왜냐면… 우리의 말을 이해하게 되면서 곧장 그들은 큰 수고도 들이지 않고 기독교도가 되었기 때문이다."라고 적고 있다.

콜럼버스도 비슷한 개혁운동을 신세계에서 행했다. 그가 동쪽으로 가는 것을 열망한 이유는 거기에 풍요로운 대륙이 있었고, 그것을 정복하는 것은 부와 영광과 지혜마저 손에 넣는 것을 의미했기 때문이다. 원정자금을 조달하려고 그가 스페인 여왕인 엘리자베스를 설득한 대담하고 무책임한 근거는 '세상은 둥글다'가 아닌 (교양 있는 사람은 누구나 알고 있었다.) '지구는 작다'라는 것이었다.[5]

---

5 콜럼버스가 세계 일주를 하려고 항해에 나섰다는 신화는 사실 130년이나 지나서야 덧붙여졌고 그 후 워싱턴 어빙에 의해 널리 퍼졌다.

'지금까지 저는 지리학, 역사, 철학 그 밖의 과학에 대해 서술한 책을 모두 읽을 계획을 세워 실행 중이었습니다.'라고 콜럼버스는 말했다. 하지만 그가 말하는 학습 계획은 지구의 크기를 극단적으로 작게 축소한 지도, 오래된 지리학 같은 좁은 범위일 뿐이었다. 또한 실제보다 지구는 작고 아시아를 크게 그린 지리학을 정리한 결과, 그는 카나리 제도에서 인도 제도까지의 거리가 3550 항해 마일이라는 엉터리 결론에 도달했다. 이는 실제 거리의 3분의 1에도 못 미친다. "우리 주님은 여기부터 인도 제도로 향하는 항해가 가능하다고 말씀하시고, 이 계획을 실행할 뜨겁게 타오르는 희망을 저에게 주셨다."라고 그는 적고 있다. 그의 견해는 간단했다. 신은 옳으며, 지리학자는 틀렸다는 것이다.

그의 계획은 지구 크기에 대해 현실적 감각을 가진 사람에게는 당연히 무모하게 보였다. 카스티야의 궁정 지리학자가 콜럼버스를 설득했듯이, 서쪽 우회 항로로 아시에 가려면 약 3년이 걸렸을 것이다. 그곳에 도달한 무렵에는 그와 그의 부하들도 굶어죽던가 괴혈병에 걸려 모두 죽었을 것이다.[6]

리스본 교외에 사는 무어인 탐험가와 제노아의 비발디 형제에 의해 13세기에 두 번 그런 항해가 이루어졌지만 그 이후 모두 연락이 끊겼다. 콜럼버스는 유럽의 궁전에 있는 지리학자가 그 사례를 들어 반

---

6 페르디난드 마젤란이 이룬 지구 일주 항해는 지리학자들이 옳았음을 증명했다. 3년에 걸친 가혹한 항해 도중에 마젤란은 살해당하고 그의 부하도 대부분이 죽었다. 또한 그의 동료인 천지학자(cosmographer - 하늘과 땅을 모두 설명하는 학자 - 옮긴이) 루이 파렐리오Rui Faleiro는 미치고 말았다. 태평양을 건너면서 겪은 가혹한 경험으로 마젤란의 부하 안토니오 피가베타Antonio Pigafetta는 "두 번 다시 그 같은 항해를 할 사람이 있다고는 생각하지 않는다."라고 썼다.

대하는 것을 10년이나 참아냈다. "내 계획을 아는 모든 사람은 비웃으면서 거부했다."라고 그는 적었다. 하지만 그의 운명을 이끌 빛은 꺼지지 않고 살아있었다. 그는 전문가의 비웃음에 대해 자신이 수집한 작은 지구가 표시된 지도로 대응했다. 아리스토텔레스는 "헤라클레스의 기둥 지역과 인도의 일부가 연결되어 있다."라고 단언했고, 세네카Lucius Annaeus Seneca는 "광활한 토지는 세계의 끝자락Ultima Thule 저편에 있다."라고 예언했다. 콜럼버스는 두 현자의 말에 확신을 가졌다. 그가 남긴 글을 아무리 살펴봐도 그가 회의적이고 경험을 중시하는 과학자라는 증거는 어디에도 없다. 그는 바다의 제독이었고 남쪽으로 그리고 동쪽으로 항해해 가볍게 도달한 포르투갈인보다 아시아의 부를 차지하려면 보다 짧은 해로를 서쪽에 개척할 작정이었다.[7]

여왕은 시험 항해를 허락했고, 1492년, 불굴의 사나이 콜럼버스는 출항했다. 그는 태양의 남쪽 중앙을 관측, 소북두칠성의 위치를 기록함으로써(부정확하게) 모래시계를 맞추고 나침반을 보면서(정확하게) 항해했다. 그는 북두성이 궤도의 최동단과 최서단에 있을 때의 양쪽을 관측해서 자기의 진북(眞北)의 변화를 수정했다. 이 예방조치는 콜럼버스 자신이 개발한 것으로 1492년에는 지금보다 훨씬 중요했다. 지금은 지구 축의 세차 운동으로 인한 진북의 오차는 1도 내외인데, 이

---

7 콜럼버스는 사실 책을 중요하게 여기지 않았다. 항해가 성공한다고 그가 믿은 것은 오래된 지리서 말고도 뭔가 이유가 있었을 것이다. 뭔지는 모르겠지만 희망봉을 돌려고 하다가 바람에 밀려 서쪽으로 흘러가 남미의 해안을 본 어부의 말을 들었거나, 꽤 가까운 곳에 대륙이 있다는 증거로 신선한 누에콩 같은 것이 실려 동쪽으로 흘러가는 멕시코만류(대서양 난류의 하나)에 대해 알고 있었을지도 모른다. 탐험가 토르 헤위에르달Thor Heyerdahl은 콜럼버스가 레이프 에이릭손Leif Erikson(11세기 무렵의 스칸디나비아의 항해자)의 아메리카 발견을 바티칸 사람들 혹은 콜럼버스가 아이슬란드 방문 중에 들었을지도 모른다고 적었다.

때는 북극성이 극에서 3.3도나 떨어져 있기 때문이다. 운명의 길을 따라 출항한 콜럼버스가 목적을 흐트러지지 않도록 굳게 결심했지만 항해한 지 한 달 후에 선원들이 반란을 일으켜 그를 위협했다. 그의 아들인 페르디난드Ferdinand가 기록했듯이 콜럼버스는 선원들에게 이렇게 말했다. "불평, 불만을 터뜨려도 소용없어. 주님의 도움을 얻어 인도 제도로 가야만 하니까. 발견할 때까지 우리는 항해를 계속하는 수밖에 없어." 만일 그 중간에 아메리카 대륙이 없었다면 그는 선원들을 죽음으로 내몰았을 것이다. 그 대신 1492년 10월 12일 오전 2시, 핀타 호에서 당직을 서던 로드리고 드 트리아나Rodrigo de Triana가 밝은 별인 데네브가 지고 있는 서쪽을 바라보는데 여명 속에서 멀리 육지가 보였다. 그는 "Tierra! Tierra! 육지다! 육지야!"라고 소리치며 인도제도를 처음 발견한 보수를 요구했다. 새벽이 밝아오자 콜럼버스가 이끄는 3척의 배를 본 원주민은 이쪽 원두막에서 저쪽 원두막으로 요란스레 뛰어다니며 "하늘에서 내려온 사람을 보러 가자!"라며 난리법석을 떨었다. "그들은 무기를 갖고 있지 않았고, 무기가 어떤 것인지도 몰랐다."라고 콜럼버스는 기록했다. "왜냐하면 내가 검을 보여주니 그들은 검의 날을 맨손을 쥐면서 무지하게도 자신에게 상처를 입혔기 때문이다."

그는 원주민을 '친절하게' 대하도록 주장했지만 돈벌이는 돈벌이다. 이윽고 그 마을의 많은 원주민들은 쇠사슬에 엮여 자신들이 살고 있던 신세계에서 구세계로 끌려갔다. 콜럼버스의 그 후의 항해는 천국과 지옥을 오갔다. 지구상에서 가장 아름다운 섬을 몇 곳 봤지만 굶주리고 목말랐으며 '인디언'의 공격에 시달렸다. 세월이 흐르면서 실제의 지구 크기를 증명하는 증거를 모으게 되었지만, 콜럼버스는 가설에만 편중했다. 지구는 그가 돌아서 온 북쪽의 부분이 작게 되어 있지만, 그 외의 부분은 크다고 믿었다. 아마 세계는 "들던 바처럼 둥글지 않고 먹는 서양 배 같은 형태일 것, 돌출한 곳에 가까운 주변 이외는 둥글거나 혹은 둥근 공 형태이지만 어느 한 곳은 여성의 유두처럼 되어 있어서 유난히 높고 하늘과도 가깝다."라고 그는 썼다. 다른 항해자가 지구의 원주를 측정한 부분이 가슴이고 콜럼버스가 항해한 곳은 '유두… 하늘과도 가까운' 곳이었다는 말이다. 인생이 슬슬 끝나갈 무렵, 신세계의 해안을 탐사하는 그의 광기는 대단했다. 자신의 배 선미에 교수대를 설치해 반항하는 자를 밧줄에 매달아두었다. 교수대는 빈번히 사용되었다. 그의 최후의 항해에 동행한 승무원들은 선장이 관절염 때문에 휘어진 몸으로 배 위를 조심스럽게 걷는 모습을 주의 깊게 지켜보았다. 흐트러진 머리칼 아래로는 끝없이 이어지는 해안선에 갠지스 강의 하구가 있는지를 찾아보려는 광기어린 눈이 도사리고 있었다. 그는 인도에 있다는 사실을 부정하는 선원은 누구라도 밧줄에 매달겠다고 위협했다. 그는 배 한 척에 가득 실은 노예(여왕도 놀랐다)와 가득 실린 금(그도 여왕도 놀랐다)을 여왕에게 보냈다. "정말 훌륭한 금이다. 금을 가진 자는 자신이 원하는 것을 손에 넣고 자신의 생각을 세상에 반영시켜 영혼을 천국에 보내는 것을 도와줄 수도 있는 보물을 갖고 있는 셈"이라고 그는 썼다. 하지만 그는 가난하게 죽었다. 탐사사업의 회계장부에서 별보다는 금이 이겼다. 아즈텍 황제인 몬테수마 2세Montezuma Ⅱ는 태양을 나타내는 바퀴 정도의 크기의 금으로 된 원반과 달을 나타내는 은의 원반을 코르테즈Cortez에게 보냈지만 머지않아 코르테즈의 포로가 되면서 그 후 얼마 안 가 죽었다. 페루의 아타우알파Atahualpa는 높은 곳에 작은 방을 지어 그 안에 금을 쌓아놓았지만 스페인 정복자 피사로는 그를 교살했다. 아타우알파가 세례를 받지 않았다면 피사로는 그를 화형에 처했을 것이다. 신대륙의 손실은 구대륙의 이득이었다. 상인, 탐험가들이 바랐듯이 포르투갈과 스페인(그리고 스페인을 통한 영국과 네덜란드)은 아프리카와 아메리카 덕분에 번영했다. 하지만 최대의 이익은 금화가 아닌 지식, 도구, 비전에서 얻어냈다. 바깥쪽 바다를 항해하려면 개량한 항해용 장치와 지구, 바다, 하늘에 관한 보다 훌륭한 지도가 필요했다. 그 모두가 지리학과 천문학을 촉진했기 때문이다. 항해술을 가르치는 학교가 포르투갈, 스페인, 영국, 네덜란드, 프랑스에 개설되고 졸업생들은 응용수학과 별을 이용해 배의 키를 잡는 방식을 익혔다. 전문가들도 뛰어들었다. 독립심이 왕성하고 자신감이 있는 모험가 정신이 뿌리를 내리면서 고대의 권위에 대한 중세의 신뢰감이 옅어졌다. 엔리케 왕자의 선장 중 한 명은 이렇게 적고 있다. "저명한 프톨레마이오스께 심심한 경의를 표하지만, 우리가 보는 것은 모두가 그의 가르침과는 정반대였다."

무엇보다 중요한 것은 대탐험에 의해 인간의 상상력이 활짝 열렸고 서양의 사상가는 대륙이나 바다뿐 아니라 지구 전체를 더 큰 시점으로 바라보게 되었다는 점이다. 알려진 세상의 크기는 1600년까지는 2배가 되었고, 그에 호응하듯 마음속의 우주도 커졌다. 오래된 권위가 기울어지고, 콜럼버스나 다른 탐험가의 모험 정신에 고무된 르네상스의 학자들은 지구 표면을 스스로 건너는 데 그치지 않고 우주 공간으

로 갈 상상을 품기 시작했다. 레옹 프로베니우스는 다음처럼 썼다,
"우리의 시야는 이미 이 지구의 표면에 국한되지 않는다, 지구 전체를
내려다보고 있다…"

　니콜라스 쿠사Nicholas of Cusa는 '위'와 '아래'는 상대적 언어임을 지
적하고 각각의 별은 스스로의 중력의 중심이라고 가정함으로써 우리
가 다른 행성에 살고 있다 해도 자신이 우주의 중심에 있다고 생각할
것이라고 말했다. 콜럼버스가 대륙에 도달했을 때, 레오나르드 다빈
치Leonardo da Vinci는 40살이었다. 아메리카 대륙에는 다빈치의 친구
인 아메리고 베스푸치Amerigo Vespucci라는 이름이 들어있다. 다빈치는
콜럼버스를 설득한 천문학자 파오로 토스카넬리Paolo Toscanelli의 친구
이기도 했다. 탐험대의 상상력을 갖춘 다빈치는 마음의 눈을 하늘로
돌려 멀리서 지구를 보면 달처럼 보일 것이라고 상상했다.

　　"달에 가면 지구의 바다는 태양의 빛을 반사해 밝게 빛나
　　고, 육지는 물의 중간에 있어 달의 어두운 부분처럼 어둡게
　　보일 것이다. 지구에 있는 인류가 보는 달처럼 달에 살고 있
　　는 사람의 눈에는 지구가 그렇게 보이겠지."

　콜럼버스가 인도 제도에 상륙했을 때, 코페르니쿠스Nicolaus
Copernicus는 크라쿠프대학의 학생이었고, 마젤란의 배가 지구 일주를
완성했을 때는 49살이었다. 그는 마음속에서 태양으로 여행을 떠났고
거기서 본 바에 따르면 지구는 항해하는 배라고 여겼다. 그는 사모스
의 아리스타르코스의 시대 이후로는 상상할 수도 없었던 우주로 대항
해를 시작했다.

태양 아래, 새로운 것은 아무것도 없다.

- 전도서

놀랐다. 너무 놀라 나는 망연자실하게 서서 한참 그
것을 바라보았다…
그 같은 별이 지금까지 빛나지 않았다는 것은 어찌
어찌 알겠지만 눈앞에 벌어진 일이 믿을 수 없어 내
눈을 의심했다.

- 티코, 1572년 초신성에 대해서

4. 태양의 숭배자

위대한 천문학자로 존경받는 코페르니쿠스는 명성에 걸맞게 열심히 천체관측을 하진 않았다. 학생 때 볼로냐의 천문학교수인 도미니크 마리아 드 노바라Domenico Maria de Novara의 조수로 달에 의해 알데바란(황소자리 알파 — 옮긴이)이 가려지는 것을 보거나, 나중에 자신의 서재 외벽에 새겨진 그래프의 연속선상에 태양을 반사시키는 자신이 고안한 장치로 태양 관측을 한 정도였다. 하지만 그런 관측은 주로 프톨레마이오스의 시스템이 부정확해서 예측이 몇 시간 때로는 며칠도 틀리는 경우가 종종 있다는 이미 상식적인 내용을 확인하기 위한 것에 불과했다. 코페르니쿠스는 별보다 책에서 많은 힌트를 얻었다. 그런 의미에서 그는 시대의 총아였다. 그가 태어나기 30년 전에 갓 발명된 인쇄기는, 그 충격이 20세기 후반에 컴퓨터가 가져온 변화에 버금갈 만큼 정보혁명을 불러일으켰다. 수 세기 동안 그리스, 로마의 고전이 이슬람 세계에서 유럽으로 흘러들어와 계몽적인 영향을 끼쳤다.(최초의 대학은 주로 책을 수집, 그 내용을 공부하려고 설립되었다.) 하지만 손으로 하나씩 필사한 책 자체가 희귀했고, 고가였으며 가끔은 잘못 옮겨 적었다. 그런데 값싸고 질 좋은 종이(중국기술이 가져다 준 선물)와 인쇄기의 출현으로 전부 바뀌었다. 플라톤, 아리스토텔레스, 아르키메데스 혹은 프톨레마이오스처럼 신뢰가 높은 책이 대량으로 복사되었다. 덕분에 모든 도서관에 분배할 수 있었고 많은 학자, 적지 않은 농부, 주부, 상인도 책을 소유할 수 있었다. 책이 보급되면서 읽고 쓰기에 열심을 냈고, 읽고 쓰는 사람이 많아지자 책의 시장도 커졌다. 코페르니쿠스가 30살이 될 무렵에는 3만 5천 권 이상의 책이 합계 600만 권에서 900만 권까지 출판되고 인쇄소는 빗발치는 수요에 맞추려고 매일 잔업을 했다.

코페르니쿠스는 열렬한 독서가로 자연철학은 물론 법률, 문학, 의학까지 정통했다. 1473년에 북폴란드에서 태어난 그는 나중에 바르시아의 주교가 된 권모술수에 능통한 백부 루카스Lucas Waczenrode가 책을 사주고 대학까지 보내주었다. 그는 크라쿠프대학에 들어갔고 나중에는 볼로냐대학과 파도바대학에서 배우려고 남 르네상스 중심지역으로 여행을 떠났다. 플라톤, 플루타르코스, 아리스토텔레스, 유클리드, 아르키메데스, 그리고 아르키메데스의 묘를 복원한 키케로Marcus Tullius Cicero의 책도 읽었다. 고대 문학과 과학에 심취했기에 니콜라스 코페르니쿠스Nicolaus Copernicus라는 라틴어 이름으로 바꾸고 고향으로 돌아왔다고 전해진다. 아리스토텔레스처럼 코페르쿠스도 책을 수집했지만, 아리스토텔레스 정도의 재력은 필요하지 않았다. 인쇄기 덕분에 그저 그런 수입의 학자라도 집에서 여러 분야의 책을 읽을 수 있었다. 독서대에 책이 단단히 묶여져 있는 멀리 떨어진 학문기관에 허가를 구할 필요도 없었다. 코페르니쿠스는 자택 서재에서 인쇄된 책으로 연구했다. 최초의 학자 중 한 명이라도 불러도 좋을 것 같다. 그가 특히 열심히 연구한 책은 프톨레마이오스의 '알마게스트'였다. 그는 프톨레마이오스를 위대한 인물로 칭송했다. 수학적으로 세련되었고 우주 모델을 관측되는 현상과 일치시키려고 노력한 프로천문학자로서 존경했다. 지구가 태양 주위를 돌게 만들고, 프톨레마이오스를 지상으로 끌어내리게 한 코페르니쿠스의 책 '천구의 회전De Revolutionibus'은 지동설 빼고는 프톨레마이오스의 '알마게스트'의 완전 묘사판이라고 봐도 무방하다.

코페르니쿠스가 태양중심이론을 제시한 것은 프톨레마이오스의 모델의 부정확함을 정정하기 위해서였다고 전해진다. 대학생 때는 몰랐다고 쳐도 성숙해진 그의 눈에는 프톨레마이오스의 시스템이 그다지 훌륭하지 않았음을 깨달았을 것이다. '천구의 회전' 서문에는 다음처럼 적혀 있다. "수학자는 태양과 달의 움직임을 잘 모르기에 1년이 일정한 길이라는 사실을 설명하거나 관찰할 수 없다."

인쇄기가 출현하기 전에는 프톨레마이오스의 '알마게스트'의 잘못된 점을 복사 실수나 번역 실수 탓이라고 돌릴 수 있겠지만, 꽤 정확히 인쇄된 책이 출판되면서 그런 변명은 통하지 않았다. 코페르니쿠스가 적어도 두 권의 다른 버전인 '알마게스트'를 갖고 있었고 그 밖의 다른 버전도 도서관에서 읽었다. 프톨레마이오스의 모델을 제대로 이해할수록 그 결함이 우연이 생긴 게 아니라 이론 자체의 결함임을 알게 되었다. 정확함을 추구하려면 새로운 방법이 필요하다고 생각했을 것이다. 하지만 '새로운'이라는 말은 르네상스의 코페르니쿠스에게 대개는 뭔가 오래된 것의 재발견을 의미했다. 르네상스는 '부흥, 재생'을 뜻하는데 르네상스의 예술과 과학 일반은 혁신이라기보다는 고전 전통에서 비롯되었다. 젊은 시절의 미켈란젤로가 처음으로 만든 조각은 고전적 수법으로 조각되었고, 진흙을 덧붙여 그리스 유물이라고 이름 붙였기에 처음으로 파리에서 팔렸다. 르네상스의 창시자로 일컬어지는 페트라르카가 꿈꾼 것은 미래가 아닌 '우리의 자손이 과거의 고결한 휘황찬란한 빛 속으로 돌아가는' 날이었다. 70세의 페트라르카가 철야 공부회를 마치고 책상에 엎드려 죽은 모습이 발견되었을 때, 그의 머리는 동시대인이 쓴 책 위가 아닌 애독하는 시인 베르길리우스의 라틴어 버전에 놓여 있었다. 베르길리우스는 1400년도 전의 시인이다. 코페르니쿠스도 마찬가지로 고대 그리스, 로마인에게 경외심을 품었다. 당시 시작된 대부분의 자연철학과 마찬가지로 그의 업적은 플라톤과 아리스토텔레스의 학문적 대화의 연속적 선상에 놓여 있었다. 서양에서 재발견된 최초의 그리스인 아리스토텔레스는 널리 존경을 받았고 '철학자'라면 그를 가리켰다. 셰익스피어 William Shakespeare의 애호가가 그를 '시인'이라고 부르는 것과 마찬가지다. 아리스토텔레스의 철학은 대개 로마 가톨릭교회의 세계관에 도입되었다.(그중에서 뛰어난 인물이 토마스 아퀴나스Thomas Aquinas일 것이다. 적어도 1273년 12월 6일의 아침 나폴리에서 미사를 거행할 때 계시를 받고는 지금까지 내가 쓴 책은 이미 쓰레기나 별반 없다. 지금은 죽기를 기다릴 뿐이라고 선언할 때까지는) 코페르니쿠스는 아리스토텔레스에게 투명한 구(球)로 구성된 우주에 대한 정열을 배웠다. 하지만 아리스토텔레스처럼 그도 구가 실제로 존재하는지, 그저 유용한 추상 개념인지를 결정짓지 못했다. 그는 플라톤이나 중세 사상을 쓸데없이 부풀리거나 난해하게 만든 신플라톤주의 철학자의 책을 읽고 우주에는 기초가 되는 간단한 구조가 틀림없이 있을 것이라는 플라톤주의의 신념을 받아들였다. 프톨레마이오스의 우주에 유일하게 빠진 것은 그러한 통합적 아름다움이었다.

"프톨레마이오스의 우주는 정신에 충분한 확신도 만족감도 주지 못한다."라고 코페르니쿠스는 적었다. 그는 보다 중심적인 진실을 원했다. 그것을 '중요한 것 즉, 우주의 형태와 그것을 구성하는 부분의 변함없는 균형미.'라고 불렀다. 꽤 빠른 시기, 아마 태양이 찬란히 부서지는 이탈리아에 있었던 학생 때부터 그는 '중요한 것'이 태양을 우주의 중심에 놓는 것이라고 판단했다. 그는 플루타르코스의 '도덕론' 중에서 사모스의 아리스타르코스는 "하늘은 정지했고, 지구는 자기 축의 주위를 회전하면서 동시에 기울어진 원 궤도에서 움직인다고 생각했다."는 구절을 읽고 의지를 다졌는지도 모른다.(그는 '천구의 회전'에서 아리스타르코스에 대해 언급했지만 위의 내용은 아니다.) 14세기의 파리의 학자인 니콜 오렘이 추측했듯이 코페르니쿠스의 시대에 와서 더 많이 알려진 지구의 움직임을 그가 알았을지도 모른다. 가령, 니콜 오렘Nicoled' Oresme은 다음처럼 지적하고 있다.

"매일 운동하기에 늘 움직이는 사람이 하늘에 있다면 그는 지구를 그리고 산, 계곡, 바다, 마을, 성을 확실히 볼 수 있을 것이다. 지구에 있는 우리에게는 하늘이 움직이는 것처럼 보이지만 그에게는 지구가 매일 움직이는 것처럼 보일 것이다. 그렇다면 움직이는 것은 지구이지 하늘이 아니라고 믿는 게 가능해진다."

코페르니쿠스는 신플라톤주의의 태양숭배에도 영향을 받았다.[8] 당시, 태양숭배는 사람 사이에 인기였고 르네상스의 화가들은 태양신 아폴로의 상반신을 본뜬 그리스도상을 그리곤 했다. 그도 '천구의 회전' 속에서 '세 배나 위대한 헤르메스 트리스메기스투스Hermes Trismegistus'라며 헤르메스의 권위에 기대고 있다. 헤르메스는 태양 숭배자의 새로운 수호신이 되었다. 그는 전설 속에 나오는 점성술사이자 연금술사이기도 하다. 헤르메스는 (태양을) '보이는 신', 소포클레스Sophocles의 엘랙트라Electra에서는 '세상의 모든 것을 빠짐없이 보는 것'이라고 불렀다고 한다. 또한 '태양은 신 자신의 나타남이라고 말할 수 있다. 태양이 가짜라고 어떻게 말할 수 있을까.'라는 신플라톤주의의 신비적인 말도 있다. 코페르니쿠스도 태양 승리의 노래를 쓰려고 시도했다.

"이토록 아름다운 신전 속에서 이토록 찬란한 빛을 비추는 것을, 한번에 만물을 비출 수 있는 장소 이외에, 어디에 놓을 수 있단 말인가.

---

8 로마 황제인 콘스탄티누스가 기독교로 개종할 때 태양숭배를 버리는 바람에 암흑시대가 시작되었고 그 후의 부흥이 르네상스의 시작이 되었다는 그럴듯한 지적 역사를 쓸 수도 있었을 텐데.

어떤 이는 태양을 우주의 등불이라고 하고, 다른 이는 우주
의 마음이라고 하네.
또 다른 이는 우주의 지배자라고 부르니, 이는 당연한 것이
리."

코페르니쿠스의 우주론의 문제는 동기가 아닌 실제적인 측면에서
발생했다.(악마는 신처럼 곳곳에 스며있다.) 그는 고생한 결과 태양 중심
의 가설에 기초한 실사적 우주모델을 완성했지만, 프톨레마이오스의
모델과 엇비슷하다는 걸 깨달았다.(이 모델은 최종적으로 '천구의 회전'에
실렸다.) 장애물 중 하나는 코페르니쿠스가 이전의 아리스토텔레스,
에우독소스처럼 플라톤의 구(球)의 아름다움에 마음을 빼앗겼다는 점
이다. 그는 플라톤처럼 이렇게 적고 있다. "구는 가장 완전한 것… 가
장 포용력이 있는 형태… 거기는 시작도 끝도 없다." 그래서 그는 행
성이 일정한 속도로 '원' 궤도를 움직인다고 가정했다. 나중에 케플러
가 입증했듯 행성의 궤도는 실제로는 '타원'이며 태양 근처에 있을 때
는 멀리 떨어져 있을 때보다 빠르게 움직인다. 코페르니쿠스의 우주
는 또한 프톨레마이오스의 우주처럼 복잡했다. 자신의 모델에 원주형
을 도입했는데, 그 결과 태양에서 조금 떨어진 곳으로 우주를 움직일
필요가 있음을 깨달았다. 그의 모델은 아무리 변형시켜도 프톨레마이
오스의 모델보다 늘 정확한 예측이 가능할 리가 없었다. 여러 가지 면
에서 프톨레마이오스의 모델보다 도움이 되지 않았다.

그의 일생에서 비극이었다. 태양중심가설의 아름다움에서 바라보
자면 행성은 태양의 주위를 완전한 원을 그리며 움직여야만 한다. 반
면에 하늘은 그 가설이 틀리다라고 선언하고 있기 때문이다. 코페르

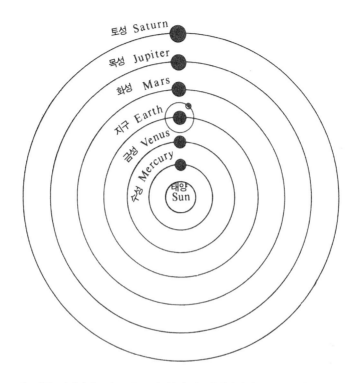

코페르니쿠스의 태양계 모델은 보통 그의 저술인 '천구의 회전'에 적힌 내용을 기초로 그려진 위의 그림처럼 단순화한 형태로 묘사된다. 하지만 깊이 파고 들어가면 프톨레마이오스의 지구 중심 모델과 마찬가지로 복잡했다.

니쿠스는 프롬보르크 대성당의 돌벽 속으로 들어가 가톨릭 참사회 위원으로 일했다. 그가 '지구에서 가장 멀리 떨어진 장소'라고 부른 성당의 삼 층 탑에서는 비스툴라 석호와 단치히만을 내려다볼 수 있었고, 머리 위로는 구름 낀 하늘이 펼쳐져 있었다. 코페르니쿠스는 가끔 천체관측을 했고, 젊었을 때 그 윤곽을 그린 태양중심가설을 완성하려 했지만 무위로 끝났다. 수십 년 동안 머릿속에서 숙고했지만 이미 녹슨 모델은 아름답지만 딱딱했다. 제대로 들어맞지 않았던 것이다.

300년 후의 다윈Darwin과 마찬가지로 코페르니쿠스도 손으로 쓴 자신의 이론을 개인적으로 사람들에게 돌렸다. 그는 그 회람을 '행성들의 발레'라고 불렀다. 학자들의 흥미를 끌었지만 그는 그중 아무 의견도 공표하려고 하지 않았다. 마침내 '천구의 회전' 원고를 인쇄소에 보냈을 때 그는 이미 노인이 되었다. 마지막 페이지의 교정쇄가 도착했을 때 그는 죽음의 병상에 있었다고 전해진다. 공표하길 꺼렸던 이유 중 하나는 다윈과 마찬가지로 그도 종교계의 비난을 두려워했기 때문이다. 로마교황의 징계를 받을 게 뻔했기에 루터파의 신학자 안드레아스 오시안더Andreas Osiander는 죽음을 앞둔 코페르니쿠스 자신이 쓴 것처럼 보이도록 서명이 없는 전문을 그의 책에 싣고 풍파를 잠재우는 게 현명하다고 생각했다. 그 전문은 신의 계시만이 진실이며 이 책에 게재된 천문학 논문은 단지 '현상을 구제하기 위한' 것이라고 독자를 안심시키는 게 목적이었다. 가톨릭과 마찬가지로 신교(프로테스탄트)도 태양중심설을 지지하지 않았다.

'성령보다 코페르니쿠스를 신뢰하는 사람이 있다니…'라고 칼뱅Calvin, Jean은 거칠게 비난했다. 마르틴 루터Martin Luther도 저주를 퍼부었다. "멍청한 천문학이 뿌리째 뒤집어놓으려고 하지만, 성서는 우리에게 여호수아가 멈추라고 명령한 것은 태양이지 지구가 아님을 가르쳐주고 있다." [9] 하지만 책은 살아남아서 세상을 바꾸었다. 다윈의

---

[9] 현대의 신화와는 반대로 코페르니쿠스 이론에 대한 교회의 반발은 그 이론이 인간을 우주의 중심이라는 특권이 있는 지위에서 끌어내리지 않을까 하는 두려움에서 비롯되었을 것이다. 만일 기독교의 우주론에서 우주의 중심은 지옥이고, 자신들은 거기에 살지 않는다고 가르쳤다고 해도 대다수는 불만을 갖지 않았을 것이다. 천계는 기독교인이든 이교도이든 간에 '상좌에 모신 장소'였다. 아리스토텔레스가 말했듯 "자연의 훌륭한 영광은 우리가 사는 세계의 거리에 비례한다." 레오나르드 다빈치가 지구는 '우주의 중심이 아니다.'라고 말했을 때, 그는 지구를 욕할 생각이 아니었다. 우리가 사는 행성은 다른 별과 마찬가지로 고귀한 권위(noblesse)가 있다는 뜻이었다.

'종의 기원'도 비슷한 이유로 전문가가 무시하기엔 학문적으로 너무 훌륭했다. 포괄적이고 독창적이며 프톨레마이오스의 모델 대신에 정량적인 모델을 천문학자에게 제공했을 뿐 아니라, '천구의 회전' 내용 중에는 많은 관측 데이터가 실려 있었다. 그 태반이 새로웠고 일부는 신뢰가 가는 데이터였다. 그 결과 천문학자는 늘 그 책을 인용했고, 몇 세대에 걸쳐 전해내려 왔다. 천문학자 중에는 에라스무스 라인홀트Erasmus Reinhold처럼 코페르니쿠스 지지자도 아닌 사람이 포함되어 있었다. 라인홀트도 많은 자료를 편집해서 만든 '프로이센 표'(그의 후원자인 프로이센 공작을 기념해서 이름 지었다.) 중에서 인용하고 있다. 코페르니쿠스의 이론은 그것을 긍정적으로 해석하려는 사람들에게 우주는 광활하다는 감각, 그 우주를 측정하는 방법을 제시했다. 황도 12궁 자리의 별의 밝기가 변하지 않는 다는 것을 기초로 제시된 코페르니쿠스의 천구의 반경은 16세기에는 적어도 지구 반경의 150만 배 이상으로 추측되었다. 프톨레마이오스의 우주 모델이 적어도 40만 배 이상으로 우주 용적이 커졌다는 것을 뜻한다. 코페르니쿠스의 우주 모델의 최댓값은 분명하지 않고 본인이 인정했듯이 무한할지도 몰랐다. 그는 이렇게 썼다. "별은 상상 못할 만큼 먼 곳에 있다." 그리고 그는 "얼마나 광활한지는 최고최대의 예술가가 부린 신의 솜씨처럼"이라고 경탄했다. 프톨레마이오스의 모델은 행성 간의 거리가 임의적이었다. 그 거리를 측정하려고 시도한 학자는 상자 안에 상자가 또 들어가는 중국제 상자처럼 각종 궤도, 주전비가 딱 맞을 것이라는 가정 하에 계산했다. 하지만 코페르니쿠스의 이론은 행성궤도의 상대적인 크기를 명확히 표시했다. 수성과 금성이 지구가 아닌 태양의 주위를 돈다고 인정하면, 내행성인 수성과 금성의 태양으로부터의 대략적인 최대 거리에서 그 궤도의 상대적 직경을 구해야 한다. 모든 궤도의 상대적 크기는 이미 알고 있기에 하나라도 행성의 실제적 거리를 알면 다른 행성의 거리도 알 수 있다. 코페르니쿠스의 시대에는 순수하게 이론적이었던 이러한 이점은 나중에 설명하겠지만 천문학 기술이 행성 거리를 직접 계산할 만큼 고도의 수준에 도달한 18세기에 접어들자, 무척 도움이 되었다.

코페르니쿠스의 이론이 살아남은 직접적 원인은 그 이론을 뒷받침하는 강력한 증거가 나와서라기보다는 프톨레마이오스와 아리스토텔레스 모델의 운명이 다해갔기 때문이다. 거기에 박차를 가한 것은 하늘에 나타난 이변이었다. 혜성의 출현이었다. 특히 케플러, 갈릴레오가 살아 있을 때 우연히도 두 개의 반짝이는 '신성'이 출현했다. 아리스토텔레스의 물리학에 불가결한 것은 별은 결코 변하지 않는다는 가설이었다. 지구는 각기 자연스럽게 상하로 움직이는 4가지 원소 흙, 물, 불, 공기로 구성된다고 아리스토텔레스는 생각했다. 흙과 물은 밑으로 불과 공기는 위로 움직이는 성질이 있다. 하지만 별과 행성은 위나 아래로도 움직이지 않는 대신 공기 속을 선회한다. 아리스토텔레스는 하늘의 천체는 지구의 4가지 요소가 지닌 상하 운동이라는 특징을 갖추고 있지 않기에 전혀 다른 요소로 구성된 게 확실하다고 결론지었다. 그는 그러한 제5의 원소에 '영원'을 의미하는 그리스어 '에테르aether'라고 명명하고 자신이 우주에 품고 있는 경의를 나타냈다. 에테르는 나이를 먹지도, 변하지도 않는다고 그는 주장했다. "우리가 알고 있는 과거로부터 전해진 기록의 범위에서는 가장 바깥에 있는 하늘의 도식에서조차 그 어떤 부분도 변화가 나타난 적이 없다."라고 그는 '천체론'에서 말하고 있다. 아리스토텔레스는 우주를 달의 아래에 있는 변하기 쉬운 세계와 그보다 위에 있는 영원에서 변화가 없는 세계라는 두 영역으로 나누었다. 기독교의 신학자들은 그 사고방식을 기쁜 마음으로 받아들였다. 그들은 성서의 가르침으로부터 하늘은 청결한 것, 이 세상은 부패하면서 멸망하는 운명에 처한 곳으로 여겼다. 하지만 아리스토텔레스나 교회에 관심 없는 별은 계속 변했고 그 별이 변할수록 아리스토텔레스와 프톨레마이오스의 우주론의 결함이 속속 드러났다. 아리스토텔레스의 지지자에게 예전부터 혜성은 두통거리였다. 언제 나타나는지, 나타난 뒤에는 어디로 사라지는지 누구도 예측하지 못했다.[10] 예측 불가능한 성질 때문에 혜성은 재난을 불러온다고 여겨졌다.('재난disaster은 라틴어인 별을 거스르다dis-astra'라는 뜻이다.)[11]

하지만 16세기 최대의 관측천문학자인 튀코 브라헤Tycho Brahe는 1577년에 밝은 혜성을 연구했는데, 아리스토텔레스의 설명이 틀렸다는 증거를 발견했다. 그는 삼각법으로 혜성을 측정, 매년 혜성의 위치

---

10 혜성은 태양계의 외부에서 찾아오는 얼음과 먼짓덩어리로 태양열과 태양풍에 의해 발생한 증기와 먼지로 생성된 것으로 길게 빛나는 꼬리를 갖고 있다. 새로운 혜성의 출현은 현재도 예측하기가 불가능하다. 혜성은 거의 알려지지 않았다. 태양계의 외부 측면에 있는 구름에서 발생한다고 추측할 뿐이다. 그 궤도, 행성과의 조우, 제트엔진처럼 강력한 기세로 자신을 변화시키기에 지금도 예측할 수 없다.

11 혜성의 오명은 1910년에 핼리 혜성이 출현했을 때, 그 두려움에서 스스로를 지키려고 수백만 명이 효과가 있다는 약을 구입했다고 한다. 20세기가 시작될 무렵까지 그런 현상이 계속되었다. 몇몇 참사가 전해지는데 그중 하나로 희박한 수증기에서 벗어나려고 얼어붙은 강에 뛰어들어 폐암으로 죽은 남자 이야기가 있다. 또한, 오클라호마에서는 혜성의 신을 위로하려고 '성스런 사도'라고 불리는 사이비 집단에 의해 산 채로 제물에 바쳐진 처녀를 보안관 대리가 구출하기도 했다.

를 그림으로 그렸다. 자신의 데이터를 유럽의 각지에서 똑같은 날에 관측한 천문학자의 기록을 비교해보았다. 만일 혜성이 가까운 곳에 있는 것이라면 관측자의 위치 여하에 따라 생기는 원근의 차이가 배경에 있는 별에 대한 혜성의 위치 차이로 분명히 나타날 것이었다. 튀코 브라헤는 그 차이를 발견하지 못했다. 혜성이 달보다 훨씬 멀리 있다는 사실을 뜻했다. 아리스토텔레스에 따르면 달보다 위에 있는 것은 아무 변화도 없어야 했다.

아리스토텔레스 우주론의 패권을 뒤흔든 대사건이 16세기 말과 17세기 초에 일어났다. 지금 우리가 '초신성'이라고 부르는 격렬하게 폭발하는 별이 두 개 출현했다. 이처럼 파멸적인 폭발을 일으키는 별은 불과 며칠 새에 그 밝기가 1억 배나 될 때도 있다. 망원경 없이도 볼 수 있는 별은 손에 꼽을 정도다. 초신성은 아무것도 없는 곳에서 별지도에 기재되어 있지 않은 영역에서 출현한다. 그래서 '새로운nova'이라고 명명한다. 망원경 없이 보일 만큼 굉장히 밝은 초신성은 거의 출현하지 않는다. 17세기 이후, 1987년에 우리 은하계 근처인 대마젤란은하에서 청색 거성이 폭발할 때까지는 출현하지 않았다.(이 초신성을 오스트레일리아와 칠레의 안데스 산속의 천문학자들은 기뻐하며 반겼다.) 르네상스를 장식한 두 개의 초신성은 대소동을 일으켰고, 새로운 견해뿐 아니라 새로운 사고방식을 서두르게 만들었다. 튀코는 1572년의 초신성을 11월 11일 저녁, 식전 산책을 하는 중에 발견했고, 말 그대로 그 자리에 못 박힌 듯 꼼짝 못 했다. 그때의 일을 그는 다음처럼 회상한다.

"놀랐다. 너무 놀라서 나는 망연자실하게 서 있는 채로 한동안 온 마음을 집중해서 그 별을 쳐다보았다. 그러는 와중에 그 별이 고대인이 카시오페라라고 명명한 별들의 근처에 있다는 것을 깨달았다. 그 같은 별이 지금까지 왜 빛나지 않았는지, 믿을 수 없는 광경에 내 눈을 의심할 정도였다."

다음의 초신성은 그로부터 불과 32년 후인 1604년에 출현했다. 케플러Johannes Kepler는 초신성이 시야에서 사라질 때까지 약 1년 동안 관측했고, 갈릴레오는 초만원을 이룬 파도바 홀에서 그 별에 대해 강연했다. 16세기와 17세기의 천문학자는 작은 구멍이나 렌즈가 들어있지 않은 관측용 통으로 매주 자세히 조사했지만 두 개의 초신성은 대갈못으로 고정된 듯 하늘의 똑같은 장소에 있었고 멀리 떨어진 장소에서 있는 관측자가 삼각법으로 측정해도 원근법에 의한 차이는 거의 없었다. 초신성은 아리스토텔레스가 불변이라고 서술한 별의 영역에 속한 것이었다. 1572년의 초신성에 대해 튀코는 다음처럼 적고 있다.

"그 별이 토성의 궤도에도… 목성의 궤도에도, 그 밖의 다른 행성의 궤도에도 없다는 것은 확실하다. 몇 개월이 지나도 내가 최초로 목격한 장소에서 조금도 움직인 기색이 없다. 행성 궤도의 어딘가에 있다면 움직여야 마땅하다. 따라서 이 신성은… 달 아래도 아니고, 7개의 방랑하는 별의 궤도도 아닌 8번째의 천구, 행성들 속에 있을 것이다."

아리스토텔레스의 세계관에 이어 찾아온 이 쇼크는 별이 쭈그리고 앉아 천문학자의 귀에 속삭인 것처럼 대단히 컸다. 뭔가 새로운 것이 태양 아래가 아닌 그 위에 있었다![12] 튀코는 코페르니쿠스 지지자는 아니었다. 그가 천문학에 대한 정열이 싹 튼 것은 프톨레마이오스 덕분이었다. 1560년 8월 21일, 13살인 그는 부분일식을 목격했다. 학자들이 프톨레마이오스의 표를 조사했는데 시간까지는 무리라도 그것이 발생한 날짜를 정확히 예측할 수 있다는 점에 놀랐다. 감명을 받은 그는 다음처럼 회상했다. "사람들이 별의 움직임을 정확히 알고, 그 장소와 상대적인 위치를 빨리 예고할 수 있다니 놀라울 따름이다." 하지만 스스로 관측하게 되면서 그는 금세 프톨레마이오스의 예측이 아주 부정확하다는 것을 알았다. 1563년 8월 24일에 토성과 목성이 합쳐지는 근사한 광경을 목격했지만(밝은 별 두 개가 근접했기에 하나가 된 것처럼 보였다.) 최고로 접근한 시각이 프톨레마이오스의 표의 예측에서 며칠이나 어긋난다는 것을 발견했다. 이후 그는 정확, 엄정, 헌신적으로 하늘을 판단한다는 생애 변치 않을 정열을 계속 품고 살았다. 별이나 행성의 위치에 대한 보다 정확한 기록을 모으려면 최고의 장치가 필요하고, 그러려면 돈이 많이 들었다. 다행히 튀코는 돈이 있었다. 그의 의붓아버지는 병약한 프레더릭 2세Frederick Ⅱ를 치료했지

---

12 르네상스의 별지도를 사용하는 20세기의 전파천문학자는 전파원radio sources의 케임브리지 카탈로그 중에서 '3C 10'이라고 불리는 튀코 초신성의 잔해와 '3C 358'이라고 알려진 케플러의 초신성 잔해의 위치를 찾아냈다. 또한, 6천 년에서 8천 년 전까지, 에덴 평원에 긴 그림자를 드리우고 남쪽 하늘에서 빨갛게 타오른 별자리인 '돛자리'의 초신성의 잔해 위치도 알아냈다.(에덴Edend은 수메르어로 편평한 땅을 뜻하는데 티그리스-유프라테스의 비옥하고 돌이 없는 평원이라고 짐작된다.) 수메르인은 이 초신성을 그들이 문자와 농업의 발명자로 여기는 엔키Enki 신이라고 여겼다. 따라서 엔키 신화는 농업과 문자의 창조는 폭발하는 별의 광경이 준 자극에 의해서였다고 고대인들이 생각했을 가능성이 높다.

만, 그 자신은 폐렴으로 죽었다. 왕은 젊은 천문학자에게 많은 하사금을 내려 그 은혜에 보답했다. 그 돈으로 튀코는 엘시노어 성(햄릿의 거처)과 코펜하겐의 사이의 선드 강The Sund 위에 떠 있는 하나의 섬에 전설적인 천문대인 우라니보르크를 세웠다. 그는 최고의 천문용 기기를 찾아 유럽 각 곳을 샅샅이 찾아갔고, 개량된 사분의, 스스로 설계한 혼천의를 보완해 완전한 것으로 만들어 훌륭한 성루에 올랐다. 이 성에는 화학연구소, 자체적으로 제지소를 소유한 인쇄소, 내부통화장치, 수세식 화장실, 방문한 연구자를 위한 숙소, 사설 감옥까지 갖추었다고 전해진다. 성내는 사설 수렵 금지 구역, 물고기가 헤엄치는 60곳의 인공 연못, 넓은 정원과 식물표본실, 300종류의 나무가 심어진 수목원이 있었고 천문대 중심에는 반짝반짝 빛나는 구리로 만든 천구가 놓여 있었다. 이 천구는 직경이 1.5미터로 튀코와 그의 조수가 하늘의 지도를 다시 제작하면서 천 개의 별이 하나씩 조각되어 있었다고 한다. 단지 취미생활이 아닌 튀코는 가능한 더욱 정확한 예측을 하고 별의 위치와 행성의 궤도를 한 곳에 담는 작업을 위해 매일 밤 20년 동안 자신을 비롯해 조수마저 쉴 틈도 제대로 없이 일했다. 그 결과 얻은 데이터는 그 이전 천문학자의 연구보다 2배 이상 정확했다. 마침내 태양계의 수수께끼를 풀 수 있을 만큼 정확한 관측이 이루어졌다. 하지만 튀코는 관측가이지 이론가가 아니었다. 그는 행성은 태양 주위를 돌지만, 태양은 지구 주위를 돈다는 절충안인 지구 중심 모델을 고안했다. 이론적 우주론에 대한 그의 공헌이라고 볼 수 있는 모델은 많은 문제도 해결했지만 동시에 많은 문제도 제기했다. 튀코의 표를 정확하고 간단한 하나의 이론으로 만들어줄 재능과 인내심을 지닌 인물이 필요했다.

놀랍게도 안성맞춤인 인물이 나타났다. 요하네스 케플러Johannes Kepler는 1600년 2월 4일에 프라하 근처의 베나테크 성에 도착했다. 후원자인 프레더릭 2세가 과음으로 죽은 후 튀코는 이곳에 천문대와

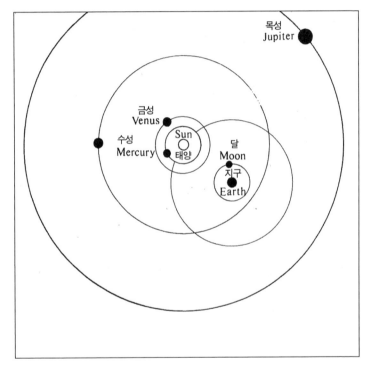

튀코는 코페르니쿠스의 모델과 프톨레마이오스 모델의 절충안을 제시했다. 그의 모델은 태양이 지구 주위를 돌고, 다른 행성은 태양 주위를 돈다.(축약되어 있지 않다.)

하인들을 데리고 왔다. 튀코와 케플러는 서로는 물론이고 다른 누구와도 공동작업을 할 성격은 아니었다. 튀코는 오만한 성격의 체구가 큰 인물로, 배가 상당히 튀어나왔고 번쩍이는 합금으로 만든 코를 달고 있었다.(젊은 시절 결투로 인해 코가 잘려 나갔다.) 정열이 넘쳤고 눈에 띌 만큼 상식적인 궤도를 이탈하곤 했는데, 왕자와 같은 옷을 입고 자신의 영지를 왕처럼 지배하며 식탁 밑에는 제프라는 이름의 난쟁이를 두고 먹다 남은 걸 던져주었다. 한편 케플러는 전형적인 아웃사이더였다. 근시, 병약한 몸, '개 같은 외형(케플러 자신이 그렇게 불렀다)'으로 귀족 계급과는 정반대 타입이었다. 그의 부친은 용병으로 알코올중독자였는데 부인을 수시로 폭행했다. 케플러의 모친은 마녀로서 산채로 불에 태워진 큰어머니가 키웠는데 그녀 자신도 자칫하면 화형을 당할 뻔했다.(그녀의 용서하기 어려운 악습의 하나는 사람들의 음료수에 환각제를 넣었다는 것이다.) 극도의 신경질, 자기혐오, 오만했던 케플러는 늘 학교에서 아이들에게 얻어맞는 신세였다. 사회에 나오면서 상황은 조금 나아졌지만, 루터파 성직자가 되려고 했지만 뜻을 이루지 못했다. 그는 안정을 찾으려고 결혼했지만, 그에 말에 따르면 '엄격한 객관성을 띠고 태어난 천성적인 관찰자'로서의 부인은 '단순한 마음과 살진 몸… 바보 같고 외로움 많이 타는 우울한 성격'이었다. 케플러는 점성술에 사용되는 천궁도를 제작하는 것으로 생계를 유지하려고 했지만, 그리 많이 팔리지 않았다. 그는 생애의 태반을 돈을 벌려고 이 궁정에서 저 궁정으로 옮겨 다니곤 했다. 그가 음식물이 얼룩진 허름한 복장으로 나타나면 사람들은 몰래 킥킥거렸다. 그가 평생 걸려 번 돈을 모두 합해도 튀코의 도서관에 있었던 천구를 살 수 없었을 것이다. 케플러의 초기의 과학적 노력은 실수와 모순으로 그득한 코미디 같았다. 그는 로프로 매단 봉을 이용해 별을 관측하려고 했다. '벗이여, 이 광경을 봐도 웃어넘기게.'라고 그는 자신만의 천문대에 관해 그렇게 썼다. 그가 최초로 얻은 중요한 이론적 아이디어는 행성 궤도의 사이에 있는 공간이, 똑같은 중심을 가진 상자씩(상자 속에 상자가 또 들어가는) 모델인 플라톤의 입체를 그린다는 점에 주목했다. 오스트리아의 그랏츠 프로테스탄트 신학교에서 저절로 졸리는 수학 수업을 하던 그는 하늘의 계시로 그 아이디어가 떠올랐기에 수업 도중에 돌연 말이 막혔다. 하지만 그 계시는 틀린 것이었다. 그래도 태양계의 구조를 분명히 꿰뚫고 행성의 움직임을 지배하는 현상학적 법칙을 발견한 것은 바로 그였다. 이로 인해 코페르니쿠스의 우주론의 결점이 수정되었고, 우주 공간의 깊은 곳을 알기 위한 문이 기세 좋게 열렸다. 선견지명이 있는 이론가 케플러는 그를 신랄하게 취급했던 세상이 그럼에도 불구하고 아름답다는 환희에 가까운 확신을 얻을 수 있었다.(임마누엘 칸트만큼 엄격한 비평가도 그를 지금까지 생존한 인물 중에서 가장 날카로운 사상가로 불렀다.) 그 후 케플러는 자신의 신념과 그를 뒷받침해줄 명쾌한 경험주의를 평생 떼놓지 않았다. 그 결합 덕분에 케플러는 우주의 시스템에 대해 지금까지 누구에게도 주어진 적이 없는 최고의 몇몇 통찰력을 얻을 수 있었다.

그의 영감의 원천은 하늘의 조화에 대한 피타고라스파의 교의에서 비롯되었다. 케플러는 플라톤의 저작에서 그것을 발견했다. "우리의 눈이 천문학을 향하듯이 우리의 귀는 조화의 움직임으로 향한다. 이 두 가지의 과학은 자매라고 피타고라스는 말하는데 우리도 같은 의견이다."라고 플라톤은 적고 있다. '국가'의 마지막 장에서 플라톤은 우주 공간을 향한 항해를 매력적으로 묘사한다. 우주 공간에서는 각각의 행성 움직임에 세이렌(siren)의 노래가 따라다닌다고.

> "하나의 음, 하나의 음색, 그리고 여덟 가지 모두에게서 나오는 음이 하나의 조화를 이뤄 연주된다. 또한, 주위에 균등한 간격으로 놓여진 왕자에 운명의 세 여신이 각각 앉아 있다. 하얀 옷을 입고 머리에는 둥근 꽃다발을 장식한 레키시스Lachesis, 클로토Clotho, 아트로포스Atropos는 세이렌의 음악에 맞추듯 노래하고 있다. 레키시스는 과거를 클로토는 현재를 아트로포스는 미래를 노래한다."

아리스토텔레스는 플라톤의 생각이 조금 도가 지나쳤음을 알았다. '별의 움직임이 조화를 이룬다는 이론, 즉 별이 내는 음이 조화한다는 이론이 우아하고 창조적으로 적혀 있지만, 사실과 다르다.'라고 주장한다. 케플러는 플라톤의 편을 들어 조화를 이룬 대칭적 법칙 위에서 혼탁하고 시끄러운 세상이 만들어진다고 느꼈다. 행성의 움직임이 조화를 이루지 않는 것처럼 보이는 것은 우리가 아직 행성의 노래를 어떻게 들어야 좋을지를 모르기 때문이라고. 케플러는 죽기 전에 그 노래를 듣길 원했다. 소원이 이루어진 덕분에 수많은 실패라는 어둠은 성공이라는 빛에 가려지게 되었다. 하늘의 조화에 대한 교의는 문자 그대로 공중에 있는 것이지만, 케플러의 세대와 그 바로 다음 세대의 새로운 음악과 시 속에 담겼다. 미래의 유망한 주제를 찾아 늘 과학에 눈과 귀를 열어두었던 밀튼Milton은 다음의 시 속에서 찬미하고 있다.

> 투명한 구를, 종을 울려 내보내라.
> 인간의 귀에 축복을 주면,
> (만일 네가 우리의 감각에 눈뜨는 힘이 있다면)
> 그리고 너의 은으로 만든 벨을
> 선율을 만드는 박자에 맞추라.
> 하늘의 장중한 오르간을 낮게 울려라.
> 아홉 겹의 조화를 지니게 해서
> 천사처럼 교향곡을 위한 완전한 조화를 낮게 하라.

천문학에 흥미가 있다고는 말할 수 없는 셰익스피어조차 '베니스의 상인'에서 피타고라스를 가볍게 언급한다.

> 앉아요, 제시카. 어때요. 저 밤하늘이!
> 마치 바다 한 면에 황금의 접시를 박아놓은 듯하지 않나요.
> 당신의 눈동자에 비춰진 작은 유성도 모두,
> 하늘을 돌면서 천사처럼 노래하는 중이지요.
> 순진무구한 천사들의 눈동자와 노래를 맞추면서 말이죠.
> 불멸의 영혼은 늘 그처럼 음악을 연주하지요.
> 하지만 언젠가 먼지가 되고 사라질 육체가
> 우리를 감싸는 동안은 그 노래가 들리지 않지요.

당시의 교회는 천구의 음악에 가까운 소리를 냈다. 중세의 대성당에서 울려 퍼진 단조로운 선율의 성가, 영창은 많은 목소리로 내는 음악(다성곡)으로 바뀌는 중이었다. 케플러에게 다성곡은 피타고라스의 조화를 따르면서 행성이 노래하는 모델이었다. 케플러는 이렇게 적고 있다.

> "단선율성가 혹은 독창곡… 다성곡에 대한 관계는 하나의 행성이 행성 전체의 협화음에 대해 보여주는 협화음의 관계와 동일하다… 하늘의 움직임은 영원히 이어지는 다성곡이다.(이해할 순 있지만 들을 수 없다)… 따라서 창조주와 닮게 만들어진 인간이 언젠가 다성곡의 노래 방식을 발견한다고 해도 그리 놀랄 일이 아닐 것이다.(고대인은 다성곡에 대해 전혀 몰랐다.) 즉, 많은 목소리의 예술적인 일치에 의해 한 시간도 채 되지 않는 짧은 시간에 창조된 모든 시간의 영원함을 연주하고, 자신의 일에 대한 신의 만족을 조금이나마 음미하고, 신을 닮은 이 음악에서 지극히 달콤한 환희를 끄집어내는 것이다."

케플러가 최초로 천문학에 흥미를 지닌 것은 튀코처럼 어렸을 때였다. 1577년의 대혜성을 보려고 모친이 밤에 그를 바깥으로 데려갔다. 그로부터 3년 후, 월식중인 빨간 달을 본 것도 큰 계기가 되었다. 그는 태양 중심의 우주론을 튀빙겐대학에서 그 당시 수가 적었던 코페르니쿠스 지지론자 학자인 미하엘 메스틀린Michael Maestlin에게 배웠다. 코페르니쿠스 본인도 자극을 받았듯이 신비적 신플라톤주의적인 동기도 있었기에 그 우주론에 이끌린 케플러는 태양의 빛에 대해 다음처럼 적고 있다.

> "빛 그 자체는 영혼을 닮은 뭔가가 있다.… 따라서 창작자이자 보존자이며 승계자인 영혼이 빛의 근원인 태양 본체에 부여되었다는 것은 모순이 없다. 세상에서 태양의 역할은 모든 것을 비추어야 하기에 내부에 빛을 축적하고 있다. 그것을 우리에게 이해시킬 뿐이다. 태양은 모든 것을 따뜻하게 해주어야 하기에 열을 갖고 있다. 모든 것을 살려야하기에 유형의 생명을 갖추고 있다. 모든 것을 움직여야 하기에 그 자체가 운동의 시작이 된다. 따라서 태양에는 영혼이 있다."

케플러는 플라톤 비슷한 황홀감을 애호하는 한편, 자신의 것을 포함해 모든 이론의 유효성을 신랄하게 비평했다. 그는 어떤 사상가보다 스스로를 조롱했고 자신의 생각을 남김없이 점검했다. 1608년에 스스로 인정했듯이 만일 그가 코페르니쿠스를 수정한 천문학과 물리학을 잘 배합해 그 결과 양쪽이 모두 사라지든가 혹은 모두 살아남든가, 라는 조치를 취하려고 했다면 프톨레마이오스, 코페르니쿠스가 손에 넣은 것보다 훨씬 정확한 관측데이터가 필요했다. 튀코가 그 데이트를 갖고 있었다. '튀코는 최고의 관측 데이터 말하자면 새로운 건물을 지을 수 있는 재료를 갖고 있다. 그에게 부족한 것은 스스로의 설계도에 따라 그 모두를 사용할 수 있는 건축가다. 튀코는 무척 부유하지만 대다수의 부자와 마찬가지로 자신의 부를 적절히 사용하는 방법을 몰랐다. 그래서 누가 그 부를 그에게서 강제로 빼앗지 않으면 안 된다.'라고 케플러는 생각했다. 곧장 케플러는 튀코에게 편지를 썼다. 튀코는 답장에서 그의 이론은 조금 추측성이 강하지만 독창적이라고 칭찬하고는 베나트스키 성에서 일해 볼 생각이 없느냐고 물었다. 거기서 두 사람은 늘 다투었다. 젊고 예민한 케플러 탓에 자신의 존재감이 희박해진다고 여긴 튀코는 자기가 가진 패를 좀체 보여주지 않았다. '튀코는 자신의 실용지식을 내게 가르쳐 주려고 하지 않았다.'라고 케플러는 회고했다. '식사하면서 오늘은 먼 지점에 관해서, 내일은 별도의 행성의 교점에 관해서 흘리듯 이야기 할 뿐이었다.' 케플러는 너무 화가 나서 나가겠다고 으름장을 놓곤 했다. 케플러가 짐을 다 꾸려 튀코가 다시 그를 불러올 결심을 할 때는 이미 마차에 올라 탄 적도 있었다. 이 젊은이를 연구진의 조수로 들어앉히려면 뭔가 연구 과제를 제시해야 한다고 깨달은 튀코는 번개가 산꼭대기의 소나무에 끌리듯 케플러가 확실하게 달려들 수 있는 주제를 악의를 갖고 생각해 냈다. 케플러는 이렇게 쓰고 있다. "상대는 나를 다룰 수 있는 최선의 방법이 나를 하나의 행성 즉 화성의 관측을 시켜 내키는 대로 연구하게 내버려두는 것이라고 생각했다."

화성이 불가능에 가까운 도전임을 튀코는 알았지만 케플러는 몰랐다. 지구 가까이에 있기에 화성이 어떤 궤도로 움직이는지는 꽤 파악된 상태였다. 프톨레마이오스 모델에서도 코페르니쿠스 모델에서도 적어도 화성만큼 모델과 일치하지 않는 행성은 없었다. 처음에는 그 일이 얼마나 어려운지를 이해하지 못했던 케플러는 건방지게도 8일 만에 화성 궤도를 밝혀 문제를 해결해보이겠다고 장담했다. 튀코는 그날 밤 식사 내내 기분이 좋았을 것이다. 플라톤을 추종하는 자에게 화성을 맡겼으니까. 케플러는 8년이 지났는데도 여전히 그 문제에 매달리고 있었다. 하지만 튀코에게는 시간이 별로 남지 않았다. 그는 궁정 만찬회에서 맥주를 너무 마셨지만, 도중에 자리를 뜨는 게 예의가 아니었기에 방광 파열로 1601년 10월 24일에 사망했다. "설마 내가 속절없이 죽는 건 아니지?"라는 말을 그날 밤 그는 몇 번이고 외쳤다고 한다.

케플러는 튀코의 유지를 받들었다. 튀코의 후계자로서 궁정 수학자로 지명된 그는 (그의 입장을 대변하듯 수당은 아주 적었다.) 화성의 움직임을 설명하는 간단하고 단도직입적인 이론을 발견하는 데 전념했다. 만일 대업적을 남기려면 뭔가 그 사람이 사랑하는 것을 희생시켜야 한다는 말이 맞다면 케플러가 희생한 것은 완전한 원이었다. '내가 최초로 틀린 것은 행성이 움직이는 궤도가 원이라고 가정한 것이었다'라고 그는 회상했다. '그 실패가 특히 뿌리 깊었던 것은 모든 철학자가 원을 지지했고 실제로 원은 형이상학적으로 대단히 받아들이기 쉬웠기 때문이다.'

케플러는 튀코가 내준 주제인 화성에 대해 합계 70개의 원 궤도를 시도해봤지만 모두 실패했다. 어떤 때 그는 다빈치가 달로 시험했듯이 자신이 화성에 있다는 상상까지 비약시켰다. 화성의 천문대에서 하늘을 바라보면 지구가 어떤 궤도로 움직이는 것처럼 보일까를 상상해보려고 애썼다. 그 노력은 900페이지에 달하는 계산을 필요로 했지만 그래도 핵심 문제는 풀 수 없었다. 그는 태양에서 본 화성의 움직임을 상상해보았다. 마침내 그의 계산이 결실을 보았다. '나는 답을 알고 있다'라고 케플러는 친구인 천문학자 파브리키우스David Fabricius에게 보낸 편지에 썼다. '… 행성의 궤도는 완전한 타원형'이라고. 그러면서 만사가 술술 풀렸다. 케플러는 태양에 초점을 두었고, 그 대신 주전원, 투명한 천구의 힘을 빌지 않고도 문제가 해결되었다. 완전히 현실적인 코페르니쿠스다운 시스템에 도달했다.(나중에 보니까 프톨레마이오스의 이심원은 원을 타원처럼 움직이려고 했던 시도였다고 생각할 수 있다.)

파브리키우스는 하늘에서 유일한 가치가 있다고 생각되는 조화를 가진 원을 포기한 케플러의 이론은 '멍청하다'라고 편지를 보냈다. 케플러는 동요하지 않았다. 행성의 운동 속에서 보다 깊은 미묘한 조화를 발견했기 때문이다. "나는 하늘의 움직임 속에서 조화의 모든 면을 발견했다."라고 튀코의 죽음 이후 18년 만에 출판된 책 '세계의 조화'에서 강조하고 있다.

> "나는 자유롭고 성스런 광기에 휩싸였다. 이집트에서 멀리 떨어진 곳에 나의 신전을 세우려고 이집트 황금배를 훔치려고 한다는 사실을 솔직히 고백하고 사람들을 질리게 만들 수도 있다. 무례한 축배를 들겠노니, 혹여 화가 나더라도 나는 개의치 않겠다. 이미 주사위는 던져졌으니까."

그가 축배를 드는 이유는 오늘날 케플러의 법칙으로 알려진 것을 그가 발견해서다. 최초의 법칙은 그가 파브리키우스에게 보낸 편지에 쓰여 있다. 태양 주위를 도는 각각의 행성 궤도는 태양을 두 개의 초점 중 하나로 하는 타원이다. 제2 법칙은 더욱 놀라웠다. 하늘의 바하 푸가였다. 케플러는 행성의 속도가 태양 주위를 도는 동안에 변한다는 걸 발견했다. 태양에 가까워지면 보다 빨라지고 멀어질수록 느려진다. 그 움직임은 간단한 수학 법칙에 따른다. 각각의 행성은 똑같은 시간 안에 똑같은 면적만큼만 움직인다. 제3의 법칙은 10년 후에 발표되었다. 태양에서 각각의 행성까지 평균 거리의 3제곱은 그 행성이 궤도를 일주하는데 걸리는 시간의 2제곱에 비례한다. 아르키메데스가 살아 있다면 이 법칙을 아주 마음에 들어 했을 것이다. 뉴턴도 만유인력의 법칙을 공식화하는데 케플러의 제3의 법칙을 사용했다.

마침내 코페르니쿠스가 꿈에 그리던 태양과 그 행성의 본질적인 역학이라고 볼 수 있는 '핵심'이 제시되었다. "나는 그 아름다움을 도저히 믿기지 않는 심정과 황홀한 심경으로 깊이 생각했다."라고 케플러

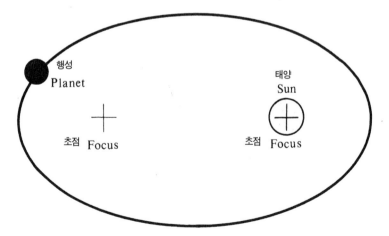

케플러의 제1의 법칙. 각각의 행성 궤도는 두 개의 초점 중 하나를 태양으로 하는 타원형이다.

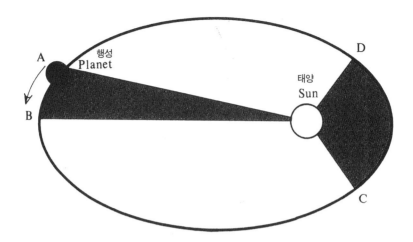

케플러의 제2의 법칙. 행성이 일정시간에 움직이는 거리를 AB 또는 CD라고 하면,면적 ABS와 CDS는 똑같다.

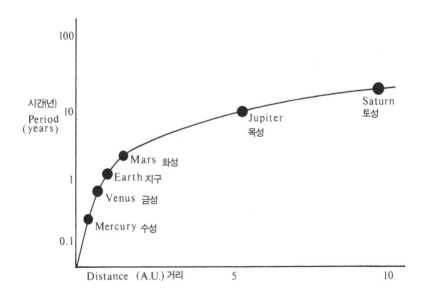

케플러의 제3의 법칙. 태양으로부터 각각의 행성까지의 거리의 3제곱은, 그 궤도를 한바퀴(일주) 도는 데 걸리는 시간의 2제곱에 비례한다.

는 적고 있다. 그 이후, 과학자는 그것에 대해 계속 연구했고, 오늘날 케플러의 법칙은 연성계에서 은하단 내의 은하의 궤도까지 모든 연구에 도움을 주고 있다. 행성 탐사기 보이저 1호와 2호가 1980년과 1981년에 촬영한 토성 고리의 복잡한 구조는 케플러가 일컫는 조화의 분명한 증거를 제공했다. 인류의 문명이 낳은 갖가지 것을 제시하려고 탐사기에 탑재된 보이저 포노그래프의 기록에는 행성의 상대적인 속도를 나타내는 컴퓨터 합성음이 들어있었다. 천구의 음악이 드디어 들리게 된 것이다.

학문의 태양은 어두운 별과 동행했다. 케플러의 생각은 조화롭게 채워졌지만 마음은 계속 고민에 빠졌다. 그의 친구인 파프리키우가 살해당했다. 30년 전쟁(유럽에서 로마 가톨릭교회를 지지하는 국가들과 개신교 국가들이 벌인 종교 전쟁)에 참전한 병사들이 옮겨온 천연두로 케플러가 무척 아끼던 여섯 살배기 아들 프리드리히가 죽었다. 케플러의 부인은 점점 기력을 잃으면서(병사들이 저지른 만행으로 공포심에 휩싸였다고 그는 말한다) 장티푸스로 죽었다. 그의 모친은 고문을 받을 뻔했지만, 사소한 마법을 사용했을 뿐이라고 죄를 면제받았다.(법정 기록에 따르면 '불행하게도' 궁정수학자인 그녀의 아들이 변호인으로서 개입했기 때문이라고 한다.) 하지만 감옥에서 석방된 지 6개월 만에 죽었다. "이 숭고한 토지에 울려 퍼지는 야만의 외침을 경멸하노라."라고 케플러는 적고 있다. "그러니 조화를 이해하고, 선망하는 기운을 불러일으킬 것이다."라고.

그는 수가 적어진 가족을 벽지인 세이건으로 옮겼다. "나는 이곳의 손님이자 이방인… 고독에 갇힌 것 같다."고 쓰고 있다. 세이건에서 그는 달을 여행하는 꿈을 쓴 '케플러의 꿈Somnium'에 주석을 달고 있었다. 그러면서 달에서 바라본 아프리카 대륙의 모습을 묘사한다. 아프리카 대륙을 절단된 머리와 닮았으며, 유럽은 그 머리에 키스하려고 쪼그려 앉은 소녀 같다고 생각했다. 달 그 자체도 지구가 반은 밝고 반은 어두운 세계처럼 밝은 날과 춥고 어두운 밤으로 나누었다. 알프레히트 폰 발렌슈타인 공작의 점성술사라는 마지막 공직에서 해고된 케플러는 아이를 키울 돈을 마련하려고 홀로 말에 타고 세이건을 떠났다. 길에는 머지않아 이 세상에 종말이 온다고 외치는 방랑 예언자들이 넘쳤다. 케플러는 황제에게 빌려준 만이천 플로린(영국 주화) 중 일부라도 돌려받기를 기대하면서 레겐스부르크에 도착했다. 하지만 열병으로 쓰러져 1630년 11월 15일, 48세로 죽었다. 죽음의 병상에서 그는 '한 마디도 안 했지만 검지로 자신의 머리를 가리키거나, 자신의 위에 있는 하늘을 가리키기도 했다.'라고 전해진다. 그의 비문은 스스로 쓴 문장이었다.

"이전에 나는, 하늘을 측정했고 지금은 그림자를 측정하네. 이전에 나는, 정신은 하늘에 있었고, 지금 육체는 땅에서 안식하네."

그의 묘는 전쟁 중 짓밟힌 통에 사라졌다.

순수한 윤리적 사고로부터 경험적 세계의 지식은 아무 것도 얻지 못한다. 현실의 모든 지식은 경험으로 시작되고 경험으로 끝난다. …이 사실을 깨닫고 그것을 과학의 세계에 가져온 갈릴레오는 그 덕분에 근대물리학의 아버지가 되었다. 그뿐만 아니라 근대 과학 전반의 아버지가 되었다.

- 아인슈타인

만일 태양이
세계의 중심이고…
부동의 것처럼 보이는 지구가
세 가지 서로 다른 움직임으로 조금씩 움직인다면?

- 존 밀턴, '실락원'

5. 후퇴하는 세계

역사는 위인들을 조롱하면서 상징으로서 고정시키는 경향이 있다. 그들의 전설은 언덕 위의 커다란 집처럼 되면서, 그 집의 주인에 대해 이것저것 캐묻지만 주인은 거의 모습을 나타내지 않는다. 갈릴레오만큼 이 비유에 딱 맞는 과학자는 아마 없을 것이다. 그는 무게가 다른 물체라도 똑같은 가속력으로 떨어진다는 것을 증명하려고 피사의 사탑 꼭대기에서 대포알과 소총알을 동시에 떨어뜨렸다. 이는 르네상스 시대의 관측과 경험의 중요성이 늘었음을 상징했다. 최초의 망원경을 만든 갈릴레오. 인간의 눈을 자연을 향해 폭넓게 열게 해주려면 기술이 중요하다는 것을 일깨워주는 상징이기도 했다. 종교재판 앞에서 무릎을 꿇은 갈릴레오. 그 사건은 과학과 종교 사이의 충돌을 상징한다. 교양으로서 기억하는 데는 좋을지 몰라도 그런 쇼맨십은 정확함을 희생시킨다. 피사의 사탑에서 갈릴레오의 에피소드는 거의 100%에 가까운 허구다. 그 에피소드는 갈릴레오의 제자인 빈센조 비비아니Vincenzo Viviani가 쓴 스토리 형식의 전기에 나오지만, 갈릴레오 자신은 그 점에 대해 일언반구도 언급하지 않았다. 또한 현실적으로 피사의 사탑 실험은 어려웠을 것이다. 공기저항이 있기 때문에 무거운 물체가 더 빨리 지면에 닿기 때문이다. 또한 갈릴레오는 망원경을 개량해 천문학에 응용했지만, 그 망원경의 발명자도 아니다. 갈릴레오는 실제로 로마 가톨릭교회에 박해받았고, 죄목도 날조되었지만 수난의 길을 걷게 된 것은 바티칸의 완고한 극단주의자 몇 명을 제외하곤 그 자신의 행동 탓이기도 했다. 그래도 일반인이 갈릴레오에 대해 품고 있는 왜곡된 인식은 그에게 유리하게 작용했고, 그를 기분 좋게 했을 것이다. 자기 홍보도 잘하고 출세지향주의자였던 그는 여러 의미에서 시대를 앞서갔다. 그의 사명은 스스로 밝혔듯이 '어떤 명성을 얻어내기 위한' 것이었다.

갈릴레오는 코페르니쿠스의 '천구의 회전'이 출판된 지 20년 후인 1564년 11월 15일, 피사에서 태어났다. 류트 연주의 프로이자 아마추어 수학자인 부친 빈센초 갈릴레이에게서 영민함, 대화형식의 토론을 즐기는 경향, 권위에 대한 철저한 불신을 이어받았다. 빈센초가 쓴 '고대음악과 근대음악의 대화'에 영향을 받은 케플러는 피타고라스를 본받아 조화를 탐구했다. 빈센초가 쓴 책에 등장하는 인물 중 한 사람이 젊은 날의 갈릴레오의 토대가 된 생각을 말하고 있다.

"어떤 주장을 입증하려 하면서 그것을 지지하는 논거를 인용하지도 않고, 그저 권위에만 호소하는 자는 무척 바보라고 나는 생각해. 나는 반대로 입에 바른 칭찬은 빼고 자유롭게 질문하고 자유롭게 대답하면서 진실을 탐구하는 인간이 되고 싶어."

　독립주의에 철저할 때 갈릴레오는 성공했다. 하지만 그 신념을 바꾸고 본인을 '권위'로 여기고 문제 해결을 요구하기 시작하면 당연히 재난이 따르는 법이다. 하지만 젊은 시절의 갈릴레오는 그 자신이 말했듯 '우리의 지성은 다른 누구의 인성의 노예가 되어야 한다.'는 사람들에 대해 화려한 캠페인을 펼쳤다. 훌륭한 웅변가이자 문호인 그는 피사대학의 학생 시절부터 얼음 같은 침착함으로 스콜라철학의 교수들을 꼼짝못하게 만드는 논객으로서 이름을 떨쳤다. 부모의 희망에 따라 의학을 배웠지만, 그는 의학으로는 실증적 지식에 대한 흥미를 거의 충족시킬 수 없다는 것을 깨달았다. 보통 의학 수업은 1500년 전에 죽은 갈레노스Claudios Galenos의 책이 기본이었다. 인체 해부를 교회가 금지했기에 실습은 이루어지지 않았다. 젊은 갈릴레오는 침울해서 마땅히 할 게 없었다. 4년 동안 집에서 빈둥거리면서 베르길리우스, 오디우스를 읽거나 작은 기계를 만들고, 가정교사인 오스틸리오 리치Ostilio Ricci와 수학 연구(두 사람 모두 아르키메데스 연구에 강하게 끌렸다)를 하면서 책임질 일은 없지만 생산적인 날을 보냈다. 과학에 조예가 깊은 귀족 프란체스코 카르디날 델 몽테가 갈릴레오의 능력에 매력을 느껴 그를 피사대학의 수학교수에 지명했을 때, 갈릴레오의 나이는 25살이었다. 대학에서 그는 천문학, 시, 수학을 가르쳤고 아리스토텔레스학파를 향한 공격을 재개했다. 어느 날, 그는 마치 밀랍으로 만든 작은 아리스토텔레스처럼 스콜라 학사가 토가(고대 로마 시민이 입던 넉넉한 옷옷)를 입고 학교에 오는 습관을 비웃는 풍자시를 돌렸다. 학생들은 웃고 좋아했지만, 교수 태반이 스콜라학자였기에 계약이 끝나면서 갱신을 허락받지 못해 갈릴레오는 대학을 떠나야 했다.

그 후 그는 자유로운 베네치아 공화국에 있는 파도바대학에서 수학 교수 자리를 얻었다.(이 직책에 응모한 사람 중에 조르다노 브루노Giordano Bruno도 있었는데 1592년 9월에 갈릴레오가 대학에 부임할 시기에 그는 감옥에 있었다. 브루노는 많은 이단의 주장을 포기하기를 거부했기에 그 후 8년 후에 산 채로 화형에 처해졌다. 그의 이단적인 주장에는 별은 태양이라는 주장도 들어있었다.)[13]

갈릴레오는 파도바에서 18년을 머물렀고 저작, 수업, 실험, 그리고 온도계를 포함한 과학장치의 발명에 바빴다. 늘 그를 괴롭힌 금전상의 문제가 이 시기에 도저히 어찌해볼 수 없는 처지까지 이르렀다. 1591년에 부친이 사망했는데, 대학에서 받는 돈의 몇년치에 상당하는 지참금을 부친 대신으로 두 명의 누이동생에게 줘야 했다. 게다가 방랑 음악가인 그의 남동생 미켈란젤로에게도 돈을 부쳐줘야만 했다.(이

---

[13] 귀족 계급이 아닌 부유한 상인들이 지배한 베네치아는 비교적 자유롭고 혁신적이며 호기심이 강해서 갈릴레오 같은 자유사상가에게 이상적인 장소였다. 해부학 교실이 열렸다는 사실만 봐도 그 확연한 차이를 알 수 있다. 피사에서는 해부 금지가 거의 지켜졌지만, 파도바는 달랐다. 시체는 야음을 틈타 대학으로 운반되었고, 해부 교실이 시작되기 전 교실 테이블에 올려졌다. 항상 망을 보는 사람이 있었고 당국에서 사람이 오면 시체는 강 하구까지 길게 뻗쳐진 테이블 덕분에 깜쪽같이 밑으로 떨어지면서 사라졌으며, 대신에 그 위에는 히포크라테스Hippocrates나 갈레노스Claudios Galenos의 책이 펼쳐졌고 강사는 아무 일 없다는 듯 평소처럼 강의했다.

남동생은 돈만 있으면 곧장 써버림으로써 돈에 대해 경멸감을 나타냈다.) 45 살의 갈릴레오는 몇 권의 저작을 냈고, 존경받는 과학자이자 교수였지만 계약 갱신을 코앞에 둔 그의 빚은 엄청났다. 그래서 그는 자신의 경력을 '칭송받을'에서 '극히 뛰어난'으로 레벨 향상을 할 뭔가가 필요했다. 그 기회가 1609년에 찾아왔다. 바로 망원경이었다. 파도바 근처의 베네치아를 빈번하게 찾았던 그는 어느 날, 네덜란드에서 망원경이 제작되었다는 말을 들었다. 망원경의 원리를 재빨리 파악한 그는 파도바에 돌아와서 스스로 망원경을 제작했다. 오목렌즈 가까이 눈을 대면 물체가 크고 가깝게 보인다는 사실을 깨달았다. 물체가 육안으로 볼 때보다 3배 혹은, 9배는 가까이 크게 보이기 때문이다. "나는 별도의 더 정확한 망원경을 제작했다. 그걸 사용하면 물체가 60배 이상으로 크게 보였다."라고 그는 적고 있다. 갈릴레오는 달리 사람들에게 듣지 않아도 망원경은 큰 가치가 있음을 알았다. 베네치아는 성벽이 없는 도시였는데, 적으로부터 방위할지의 여부는, 가깝게 다가온 적의 배를 빨리 발견해 함대를 보내 해상에서 응전할 수 있는지의 여부에 달려 있었다. 또한 베네치아 사람들은 해상무역으로 생계를 유지했는데 마을의 이곳저곳에 산재한 전망탑에 올라 레반트에서 온 옥수수, 콘스탄티노플에서 온 향신료, 스페인에서 온 은을 탑재한 대형선이 돌아오지 않았을까 싶어 늘 걱정스럽게 바다를 바라보았다. 투자자는 배가 실종되면 파산할지도 모르지만 무사히 돌아오면 재산을 두 배로 늘일 수 있었다. 망원경을 사용하면 육안보다 빠르고, 입항한 무역선에 걸린 깃발도 확인할 수 있었다. 그래서 갈릴레오는 시 당국을 위해 실연할 준비를 갖추었다. 1609년 8월 25일, 베네치아의 평의원

일행을 이끌고 산 마르코 광장을 가로질러 자신이 만든 최초의 망원경을 그들에게 처음으로 보여주려고 전망탑 위로 올라갔다. 그때의 모습을 그는 다음처럼 적었다.

"대부분은 귀족과 평의원으로 나이는 먹었지만, 항해 중인 배가 있나 보려고 베네치아에서 가장 높은 탑에 몇 번이고 올랐던 사람들이었다. 배는 꽤 멀리에서 전속력으로 항구로 오고 있었고 나는 안경을 쓰지 않으면 두 시간 이상 그 모습을 볼 수 없었다. 하지만 이 도구의 효용은 가령 80킬로미터 떨어진 곳에 있는 것이 불과 8킬로미터 떨어진 곳에 있는 것처럼 크게 보인다는 것이다."

감명 받은 평의원들은 갈릴레오의 급료를 두 배로 주고, 파도바에서 평생 그 지위를 유지시켜주기로 약속했다. 지금으로 따지면 종신직을 갈릴레오는 얻었다. 하지만 그의 대성공은 기만의 구름에 뒤덮히게 되었다. 갈릴레오는 평의원들에게 마치 자신이 망원경을 발명한 것처럼 생각하게 만들었다. 엄밀히 말해 진실이 아니었고, 다른 사람들이 그의 최고 발명품처럼 생각하도록 침묵을 지킨 것은 네덜란드와 이탈리아의 안경 제작소에서 제작한 망원경이 베네치아의 시장에 그 모습을 나타내기 시작하자 뒷끝이 좋지 않은 모양새가 되었다. 베르톨트 브레히트의 희곡인 '갈릴레오'에서 파도바대학 이사장인 프리울리는 갈릴레오를 교활한 자로 여겨 야단치고 있다.

이사: 이것이 당신이 말한 '불가사의한 광학용 통', '17년 동안 노력한 결과'라고 그가 자랑스럽게 떠든 이 발명이 내일은 베네치아의 여기저기서 스쿠도(당시 이탈리아 동전 – 옮긴이) 두 닢이면 살 수 있다는 것을 알고 있는지. 그걸 가득 실은 배가 네덜란드에서 도착했다네.

사그레도: 어이!(갈릴레오는 뒤돌아서 망원경을 조정한다)

이사: 발명을 입수해서 그 이익을 독점할 수 있다고 믿었던 유감스러운 평의원 신사 여러분을 생각하면… 그들이 처음 망원경을 들여다봤을 때, 그것과 똑같은 통을 길거리에서 팔고 있던 7배나 더 많아진 행상인들의 모습을 제대로 못 본 모양일세.

평의원들이 망원경을 수평선에 향하고 있을 때, 갈릴레오는 하늘로 향했다. 그는 망원경을 하늘로 향한 최초의 과학자였다.(그 중 한 명이라고 말하는 게 옳을 것 같다. 같은 해 여름에 영국의 토마스 해리엇Thomas Harriot은 망원경으로 달을 관측했다.) 갈릴레오가 발견한 것은 꽉 막힌 지구 중심의 우주를 폐막하고, 심원한 우주의 개막을 의미했다.

관측을 처음 하는 사람이라면 그렇게 하듯이 갈릴레오는 처음으로 달을 보았다. 눈에 달의 산, 분화구가 들어오자 그는 즉각적으로 달은 하늘의 에테르로 만들어진 얇고 편평한 게 아닌 돌투성이에 먼지가 많은 독립적 세계임을 알았다. 아리스토텔레스는 달은 '편평하고 잘 다듬어진 표면'이라고 말했지만 갈릴레오는 "편평하지 않고 울퉁불퉁한… 마치 지구 표면처럼 모든 곳에 거대한 돌기, 깊은 계곡, 깊게 패인 곳으로 덮여있다."라고 적었다. 이번에는 목성으로 망원경을 돌린 그는 거대한 행성 주위를 도는 4개의 달을 발견했다. 그 위치는 몇시간 관측하는 동안에도 눈에 띄게 변했다. 그는 다음처럼 결론지었다. 목성은 코페르니쿠스의 태양계의 미니 버전이고, 달을 가진 것이 지구뿐만 아니라는 것을 증명한다. 갈릴레오는 그것을 다음처럼 불렀다.

> "코페르니쿠스의 체계에서 행성이 태양 주위를 도는 것을 아무렇지도 않게 받아들이면서도 지구 주위를 도는 것은 달 뿐이고, 지구와 달이 함께 태양 주위를 돈다는 것을 납득할 수 없는 사람들이 있다. 이것이야말로 그 의문을 가라앉히는 완벽한 증명이다. 일부는 우주의 이 구조는 있을 수 없기에 부정할 수밖에 없다고 하지만 지금 서로의 주위를 돌면서 가끔은 큰 궤도로 태양 주위를 도는 행성은 이제 하나뿐만이 아니다. 우리 자신의 눈이 4개의 별을 보여주고 있다.(위성satellites은 케플러가 만든 말) 그 별들은 지구 주위를 도는 달처럼 목성의 주위를 천천히 돌고 있다. 목성과 4개의 별은 12년의 세월을 거쳐 태양 주위를 크게 회전한다."

밝고 하얀 행성 '금성'을 관측한 갈릴레오는 금성이 달과 마찬가지로 차고 기울며, 거의 전체가 보일 때보다 초승달 상태의 금성이 훨씬크게 보인다는 것을 알았다. 이 현상은 금성이 지구가 아닌 태양 주위

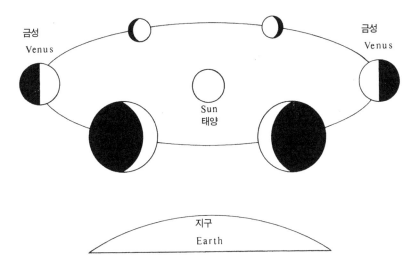

갈릴레오가 자신의 망원경으로 관측한 금성의 위치는 금성이 지구보다 태양에 가깝다는 것을 증명했다.

를 돈다고 하면 명확하게 설명될 수 있었다.

금성이 태양보다 지구 근처에 있을 때는 초승달 형태, 태양 반대편에 있을 때는 오목한(凹)형태가 된다. "금성의 궤도에 관한 의문은 이것으로 모두 풀렸다. 피타고라스의 이론과 코페르니쿠스의 이론에 따라, 금성은 다른 모든 행성과 마찬가지로 태양 주위를 돈다고 결론지을 수밖에 없다."라고 갈릴레오는 적고 있다.

가장 놀라움을 선사한 것은 바로 별이었다. 다른 도움을 빌릴 수 없는 육안으로는 몰랐지만 망원경은 하늘에 심원한 세계가 있음을 시사했다. 별들은 아리스토텔레스의 구(球)의 내면에 점재한 게 아닌 3차원의 공간에 까마득하게 이어져 있었다. "망원경을 사용하면 육안으로 볼 수 없는 많은 별들이 보인다. 너무 많아서 믿기지 않을 정도다."
라고 갈릴레오는 기록했다. 또한 별들은 명확한 구조를 갖고 있고 그
중에서 특히 인상적인 것은 하늘의 강(Milky Way, 은하)이었다.

"나는 하늘의 강의 본질과 물질을 관측했다… 실제로 은하
는 무수한 별들이 함께 모여 있는 것이다. 그 어떤 부분에
망원경을 향해도 금세 별무리가 눈에 들어온다. 대부분은
꽤 크고 밝다. 작은 것은 손에 꼽을 만큼 그 수가 적다."

망원경으로 본 것에 대한 갈릴레오의 기록은 1610년 3월 '성계(星界)
의 보고Sidereus Nuncius'라는 그의 책에서 처음으로 발표되었다. 이 책
은 즉시 대성공을 거두었다. 머지않아 멀리는 중국의 독자까지 달이
실제로는 바위로 되어 있으며, 목성의 위성, 지금까지 보이지 않았던
별이 하늘에 무지하게 많다는 것에 대한 그의 보고를 읽었다. 우리가
거대한 우주 안에 있는 코페르니쿠스의 태양계에 살고 있다는 관측적
인 증거였다.

본디 자연과학자로 망원경을 들여다보기 전부터 코페르니쿠스를
지지했던 갈릴레오는 과학이 직면한 과제는 움직이는 지구라는 현실
과 물리학을 일치시키는 것이라 생각했다. 그러자 코페르니쿠스 반대
자들이 해묵은 논쟁을 들고 나왔다. 만일 지구가 진짜 자전한다면 공
중으로 쏜 화살이 서쪽으로 날아가지 않는 이유는 뭔지, 늘 동풍이 불
지 않는 이유는 뭔지. 즉 움직이는 지구가 멈춘 것처럼 보이는 이유가
뭐냐는 것이다. 그 질문의 대답을 발견하려면 중력과 관성의 개념을

그때까지 보다 훨씬 깊게 이해할 필요가 있다. 갈릴레오는 그 대답에 착수했다.

아리스토텔레스의 물리학에 따르면 무거운 물체는 가벼운 물체보다 빨리 떨어진다. 꽤 오래전부터, 아마 피사에 있을 때로 짐작되지만 갈릴레오는 그 상식적 견해가 틀리다는 것을 알았다. 공기저항이 없는 진공 속에서는 깃털이나 대포알도 동일한 속도로 떨어질 것이다.[14]

진공을 만들어낼 방법을 몰랐던 갈릴레오는 경사진 평면 위에서 각기 무게가 다른 공을 굴려봄으로써 자신의 가설을 시험했다. 이 방법이라면 자유낙하에 비해 떨어지는 속도가 늦어지기에 모든 물체가 거의 똑같은 비율로 가속한다는 사실을 손쉽게 관찰할 수 있다. 하지만 피사의 사탑에서 떨어뜨렸다는 신화의 토대가 된 실험은 갈릴레오의 이론을 비약시키기 보다는 오히려 실증하는 게 되고 말았다. 보다 중요한 것은 실행할 수 없는 과정을 하나씩 주의 깊게 생각하는 그의 '사고 실험'이었다. 갈릴레오가 깨달았고, 본인도 말했듯이 '감각으로 잡아챌 수 없는 곳'에만 '추론을 개입시킨다'는 것은 분명하다. 하지만 극히 초보적 실험 장치 이외에 감각의 도움이 될 게 없었던 시대에 그는 살았다.(맥박 이상으로 정확한 시계도 없었다.) 그래서 갈릴레오는 추론을 가끔 개입시켜야만 했다. 역사상 최고의 사고실험가인 아인슈타인의

---

14 이것을 시사한 인물은 그가 처음이 아니었다. 기원전 1세기의 루크레티우스는 '장애물이 없는 진공 속에서 그 무게에 관계없이 모든 물체는 틀림없이 동일한 속도로 떨어질 것이다.'라고 썼고, 갈릴레오의 르네상스 시대의 동료 일부는 동일한 가설을 제안했다. 하지만 갈릴레오만큼 그것을 자신이 납득할 때까지 논하고 세세하게 실험한 인물은 그밖에 없었다. 여하튼 과학은 선행하느냐 그렇지 않느냐의 문제가 아니다. 화이트헤드가 "중요한 것은 모두 그것을 발견한 게 아닌 누가 말했느냐"라고 썼듯이.

말에도 있듯이 '갈릴레오가 사용할 수 있는 실험 방법은 한정되어 있기에 더욱 대담한 추측밖에 실험 데이터의 빈 공간을 채울 수 있는 것이 없었다.' 따라서 갈릴레오가 낙하하는 물체의 법칙에 관한 새로운 통찰을 얻은 것은 사고실험에서였다.

갈릴레오는 다음처럼 추측을 전개했다. 대포알이 탑의 꼭대기에서 지면으로 떨어질때까지 일정한 시간 가령, 맥박이 두 번 뛰는 시간이라고 가정하자. 그러면 대포알을 반으로 쪼갠 두 개의 대포알을 떨어뜨려보자. 만일 아리스토텔레스가 맞다면 대포알의 반 무게밖에 되지 않는 반쪽 대포알은 원래의 대포알보다 천천히 떨어져야 한다. 그러면 반쪽 대포알을 두 개 나란히 해서 떨어뜨려도 똑같이 비교적 천천한 속도로 떨어질 것인가. 그렇다면 반쪽 대포알을 실이나 머리카락 다발로 묶어보자. 이 물체, 갈릴레오의 표현을 빌자면 '시스템system, 계(系)'는 그것이 재현된 대포알임을 마치 알듯이 빨리 떨어질 것인가. 아니면 두 개의 반쪽 대포알로 구성되었다고 생각하듯 천천히 떨어질 것인가. 갈릴레오는 '신(新)과학대화'라는 책에서 자신의 배리법에 대해 다음 처럼 언급하고 있다.

"(아리스토텔레스가 말했듯)가령 큰 돌이 속도 8이고 작은 돌이 속도 4로 움직이면 그것들을 이었을 때, 그 시스템은 속도 8보다 느린 속도로 움직인다. 하지만 두 개가 이어진 돌은 앞서 속도 8로 움직인 돌보다 커진다. 따라서 보다 무거운 물체가 가벼운 물체보다 느린 속도로 움직인다. 이는(아리스토텔레스의) 가정과 반대 결과다. 무거운 물체는 가벼운

것보다 빨리 움직인다는 가정으로부터 어떻게 무거운 물체
가 보다 천천히 움직인다는 추론을 얻었는지 이해할 수 있
을 것이다.”

이 추론의 방향은 코페르니쿠스 이후의 물리학이 직면한 두 번째로
큰 문제인 ‘관성’을 직접 논하고 있다. 만일 대포알과 깃털이 진공 속
에서 똑같은 속도로 떨어진다면 양쪽의 차이는 뭘까. 뭔가 차이가 있
을 것이다. 깃털보다 무거운 대포알을 탑 꼭대기에서 누군가의 머리
위로 떨어뜨리면 그냥 넘어가진 않을 것이다. 그렇다고 지면 위에서
발로 차기도 어렵다. 지금의 우리는 깃털과 대포알의 차이는 질량이
고 질량이 그 관성(스스로의 운동 상태를 바꾸는 데 저항하는 성질)을 결정
한다고 표현한다. 보다 무거운 물체는 보다 큰 관성을 가지기에 무거
운 물체에 중력의 효과가 작용하기 시작할 때까지 보다 긴 시간이 걸
린다. 이것이 무거운 물체가 가벼운 물체보다 빠르게 떨어져 내리지
않는 이유다. 하지만 이것은 뉴턴의 개념으로 그것을 몰랐던 갈릴레
오는 스스로 길을 개척해야만 했다.

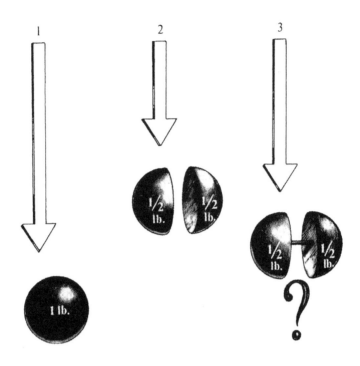

갈릴레오의 사고실험. 아리스토텔레스에 따르면 무게 1킬로그램의 대포알이 일정한 시간 내에 일정한 거리만큼 떨어진다면(1), 절반으로 나눠진 각기의 절반 킬로그램의 구(球)라면 똑같은 시간 내에 훨씬 짧은 거리만큼만 떨어진다(2). 그렇다면 만약 절반 킬로그램이 각기 양쪽에 걸쳐진 구를 실로 봉에 묶여있다면 어떻게 될까(3). 라고 갈릴레오는 추론했다. 갈릴레오는 이처럼 낙하하는 물체에 대한 아리스토텔레스의 물리학은 불합리하다고 추측했다.

아리스토텔레스는 관성의 개념을 절반 정도는 정의했다. 정지한 물체는 계속 정지하려는 성질이 있다. 정지한 지구를 규정하려면 이 정도로 충분했지만, 코페르니쿠스의 우주 안에서 연동하는 지구의 물리학을 설명하기엔 도움이 되질 않았다. 갈릴레오는 개념의 나머지 절반을 찾으려고 애썼다. 움직이는 물체는 계속 움직이려고 한다. 즉,

대포알은 그 관성질량 때문에 움직이게 하는 것과 마찬가지로 정지시키기도 어렵다. 지구인과 배에 탄 항해자라는 꽤 괜찮은 비유를 들어 그는 어쩌다 정답에 가깝게 다가가기도 했다.

"커다란 배의 갑판 아래 주 선실에 당신이 친구와 함께 들어갔고, 그 안에 몇 마리의 파리, 나비, 기타 다른 비행 동물을 넣었다고 치자. 물고기 몇 마리 헤엄치는 물이 든 큰 통과 밑에 놓인 큰 용기에 한 방울씩 물이 떨어지도록 매달린 병을 준비한다. 배가 멈춰있을 때, 작은 동물이 선실 끝에서 끝으로 동일한 속도로 어떻게 나는지, 주의 깊게 관찰해 둔다. 물고기는 모든 방향으로 동일하게 움직이고 있다. 물은 밑의 용기에 똑똑 떨어지고 있다. 친구에게 뭔가 던지는 경우, 거리가 동일하면 어떤 방향에 대해 다른 방향보다 강하게 던질 필요가 없다. 발끝을 모아 난다고 쳐도, 어떤 방향이든 동일한 거리만큼 전진한다. 이 모든 현상을 주의 깊게 관찰하면… 움직임이 일정해 이리저리 변동하지 않는한, 마음에 드는 속도로 배를 앞으로 나아가게 할 수 있다. 앞서 언급한 것과 완전히 똑같은 관찰 결과를 얻을 것이다. 그 결과로 배가 움직이는지 정지해있는지는 판단할 수 없다는 사실을 깨달을 것이다."

하지만 갈릴레오는 여기서 진흙탕에 빠지고 말았다. 그는 물체의 움직임은 단순히 그 관성질량과 외부에서 가해진 힘에 의해 결정되기

보다는, 그 내부의 경향 혹은 '욕구'로 결정된다는 아리스토텔레스의 잘못된 추측에 여전히 사로잡혀있었다.

"물체가 어떤 움직임(무거운 것이 밑으로 떨어지는)을 하려는 것을 나는 관측했다고 생각한다. 물체는 뭔가의 장애물에 의해 방해받지 않는 이상, 특별한 외부의 힘을 필요로하지 않고 그 본래의 성질에 따라 계속 움직인다. 그 밖의 다른 움직임(동일한 무게의 물체가 위로 움직이는)과는 일치하지 않기에, 외부의 힘에 의해 거칠게 내던져지지 않는 한, 물체는 그처럼 움직이지 않는다. 마지막으로 동일한 무게를 가진 물체의 수평 방향으로의 움직임처럼 그 어느 쪽도 아닌 움직임에 대해서는 일치도 불일치도 없다. … 따라서 모든 외부의 장애물이 제거되면 지구와 똑같은 중심의 구의 표면에 있는 어떤 무거운 물체는 정지하려고 하든지, 어떤 수평 방향을 향해 움직이든지, 혹은 중립의 상태에 놓여질 것이다. 물체는 일단 놓여진 상태대로 있을 것이다. 즉, 만일 정지 상태에 놓여진다면 그대로 있을 것이며 가령, 서쪽 방향의 움직임에 놓여 있다면 서쪽 방향으로 계속 움직일 것이다."

위 갈릴레오의 언급 중 일부는 뉴턴Isaac Newton의 관성 설명을 앞지른다. '운동의 상태에 놓인' 물체는 계속 운동하려는 성질이 있고, '정지한 상태'에 놓인 물체는 계속 정지하려고 한다. 물체는 어떤 종류의 움직임에 대해 본디 '일치' 혹은 '불일치'의 성질을 갖고 있다고 단언하는 점으로 미루어 갈릴레오는 어떤 의미에서 아리스토텔레스의 낡은 사고방식에서 벗어나지 못했다는 점이 드러난다. 이점에 관해서 갈릴레오는 늘 혼돈을 겪었다. 가끔 고전물리학의 최초 법칙이라고 불리는 1604년에 발표된 그의 '낙체의 법칙'은 잘못된 점이 포함되어 있다.

만일 케플러와 공동연구를 했다면, 갈릴레오는 관성과 중력에 대한 이해가 더욱 깊어졌을지도 모른다. 케플러 또한 해답의 일부만 갖고 있었다. 그도 갈릴레오처럼 관성은 주로 물체가 정지한 채로 있으려는 성질이라고 생각했다. 그래서 그는 행성을 태양에 관련지으려고 했고, 그 궤도를 따라 행성을 잡아당기는 것이 중력이라고 생각했다. 하지만 달의 인력이 조수간만의 원인이라고 제안하는 등, 몇몇 부분에서 그는 갈릴레오를 앞질렀다. 갈릴레오는 케플러의 중력이론을 단지 신비주의라고 치부했다. '…케플러에게 놀랐다… 개방적이고 예민한 감각을 지닌, 지구에 관계된 움직임에 정통했음에도 물을 지배하는 달이라든지, 신비한 특성이라든지, 그런 치졸한 생각에 귀를 기울여 동의할 줄이야.'

두 남자의 차이는 명백했다. 갈릴레오는 와인(그는 수분으로 맺어진 빛이라고 불렀다), 여자(애인인 마리나 감바Marina Gamba 사이에 자녀 셋을 두었다), 노래(그는 뛰어난 음악가이기도 했다)를 사랑하는 도시의 신사였다. 케플러는 와인을 마시면 재채기를 했고, 여자 복도 없었으며, 별의 음악을 들었다. 케플러의 연구 전반에 울려 퍼지는 광신적인 신앙과 신비주의 음색은 시대착오로 대단히 당혹스러웠음을 갈릴레오는 말하고 있다. 케플러도 알아챘는지 "자연에 대해 말하는 나의 산만하고 자유로운 방식에 반감을 느끼지 않았으면 한다."라고 갈릴레오에게 항변하고 있다. 갈릴레오는 그 편지에 답하지 않았다. 아인슈타인은 말년에 다음처럼 말했다. '갈릴레오가 케플러의 연구를 인정하지 않았다는 것을 생각할 때마다 마음이 아프다. …슬프기도 하다. 그것은 그가 자만했던 탓이다.' 그리고 '과학자에게 자주 있는 일이긴 하지만'이라고 덧붙였다. 갈릴레오가 케플러를 모욕한 것 중에 가장 가슴 아픈 이야기는 망원경에 관해서다. 그 무렵 케플러는 세상에서 가장 뛰어난 천문학자로서 알려졌고, 갈릴레오의 '성계의 보고'에 대한 그의 열광적인 지지는 망원경 환영을 선사하는 만화경처럼 장난감이라고 비판하는 목소리를 잠재우는 데 도움이 되었다.(이 비판은 아주 근거가 없지는 않았다. 갈릴레오의 초기 망원경은 시계가 아주 좁아서 흐릿한 광경만 눈에 들어왔다. 망원경에 비친 광경이 확대되었는지 어떤지는 금세 판단할 수 없었다.) 하지만 천문학은 망원경을 필요로 했다. 케플러는 망원경의 광학 원리를 갈릴레오보다 잘 이해하고 있었지만, 프라하에서는 질 좋은 렌즈를 구할 수 없었다. 늘 성실함과 체면과는 거리가 멀었기에, 1610년에 케플러는 갈릴레오에게 편지를 썼다. 망원경 또는 적어도 질 좋은 렌즈를 부탁하면서, '나도 당신처럼 하늘의 광경을 즐길 수 있으면 좋겠다.'라면서.

"다양한 지식을 가져다주는 도구인 망원경!
왕위보다 다른 무엇보다 귀중한 것… 당대 손꼽히는 철학자
와 내가 생각하는 갈릴레오의 예민한 마음은 어떻게 우리의
이 망원경을 사다리처럼 쓰면서 눈에 보이는 세계의 훨씬
저 멀리, 훨씬 원대한 벽을 올라, 스스로의 눈으로 모든 것

을 조사하고, 스스로가 도달한 견해에서 별것 없는 우리의 주거(행성의 구를 말함)에 날카로운 지성의 눈을 비추어 더할 나위 없는 추론으로 멀리 있는 것과 가까이 있는 것의, 아주 먼 것과 아주 깊은 것을 비교하시나요."

갈릴레오는 케플러의 간청을 무시했다. 아마 그는 케플러만큼 우수한 천문학자가 망원경을 갖게 되면 뛰어난 관측을 할 것이고, 그러면 자신이 관측한 가치가 떨어질 것이라고 두려워했을지도 모른다. 어쨌든 그는 다른 일로도 바빴다. 갈릴레오는 급격히 오르고 있는 자신의 명성을 충분히 살려 토스카나 대공국 코시모 2세의 궁정에서 지위를 얻으려고 분주했다. 그가 코시모의 대사에게 케플러가 편지에 쓴 말을 전하자, 대사는 존경하는 케플러에게 꼭 망원경을 보내라고 조언했다. 하지만 갈릴레오에게는 여분의 망원경이 없고 새로운 것을 만들 여유도 없다고 케플러에게 답장을 보냈다. 한편 그는 잘 알아두면 자신의 승진에 도움이 될지도 모르는 궁정의 후원자들에게 선물로 망원경을 보냈다. 갈릴레오의 선물을 받은 사람 중 한 명인 선제후(신성로마제국의 선거인단 - 옮긴이)는 그해 여름을 프라하에서 보내고 자신의 망원경을 케플러에게 빌려주었다. 케플러는 달의 분화구, 은하수의 별을 환호하며 바라보았지만 한 달 후 선제후는 망원경을 돌려받고 그곳을 떠났다.

코페르니쿠스의 가설을 성숙시켜 물리학을 발전시키는데 가장 전력을 기울여야 했을 시기의 갈릴레오는 로마 가톨릭교회를 코페르니쿠스의 우주론으로 개종시키려는 엉뚱한 목적에 애쓰고 있었다. 정치는 그에게 맞지 않았다. 머지않아 그는 목소리 큰 활동가에 못지않게 자신이 옳기 때문에 코페르니쿠스설을 받아들여야 한다고 요구했다. 오래된 아리스토텔레스 반대파는 자신들을 새로운 아리스토텔레스로서 인정하라고 요구하면서 자신들이 쓴 책의 내용에 동의한다면 행성을 무시해도 좋다고 주장했다. 베네치아 공화국을 떠나 화려하게 빛나는 토스카나 궁전으로 옮기니 갈릴레오의 입장은 점점 더 약해졌다. 토스카나에서 그는 대공의 수석 수학자 겸 철학자로 지명받았다. 친구인 조반니 사그레도Giovanni Sagredo는 갈리레오가 실수를 범하고 있다고 경고했다. 사그레도는 '악마 같은 사기꾼들의 소굴에서는 어떤 일이 일어날지 상상도 못 한다. …예수회 신봉자들의 의견이 판치는 곳에 가는 게 아주 걱정스럽다.'라며 베네치아 영사로서 부임한 레반트에서 갈릴레오에게 편지를 썼다. 하지만 갈릴레오는 영광, 메디치가 궁전의 부, 그리고 파도바의 수업에 대한 부담에서 벗어나는 것, 그 중 어느 것에도 저항할 수 없었다. '나는 왕자들을 가르치는 게 최고의 영광이다. 다른 사람은 가르치고 싶지 않다.'라고 갈릴레오는 답장을 썼다. 그의 캠페인에 대한 최초의 반발은 성직자들이 아닌 자칭 학자라는 부류에서 시작되었다. 그의 망원경을 보기를 완고하게 거부한 것으로 알려진 자들은 (갈릴레오는 그들을 게으름뱅이, 멍청이라고 불렀다.) 성직자가 아닌 교수들이었다. 그들은 불경스럽다기보다는 자신들의 학문적 권위가 위협받는 것을 두려워했다. 처음에는 교회가 오히려 관대했다. 바티칸은 예수회의 로마 학교의 식전행사일에 망원경을 사용한 갈릴레오의 연구를 칭송하는 영예를 주었다. 톰마소 카치니Thommaso Caccini라는 도미니크회 수도사가 피렌체에서 갈릴레오을 비판하는 설교를 하자, 즉시 도미니크회 최고 훈계 자인 신부 루이지 마라피Luigi Maraffi는 카치니를 질책했다. 신부는 갈릴레오에게 "3만 명에서 4만 명 되는 수도사가 범했을지도 모르는 아니, 실제로 범한 모든 바보 같은 행위에 대해 나는 책임을 느끼지 않을 수 없다."라고 사과했다. 하지만 갈릴레오의 흥미는 칭송에서 권력으로 옮겨갔다. 자신의 주장에 열중한 나머지 정신이 없었던 그는 코페르니쿠스의 우주론은 과학적으로 충분히 입증되었기에 성서의 가르침도 거기에 맞추어야 한다고 주장하기 시작했다. 로마 학교의 논점심상위원이면서 당대 몇 안 되는 로베르토 벨라르미네Cardinal Robert Bellarmine 추기경은 그 근거를 전면적으로 믿지 않았다. 그는 1615년 4월 4일의 편지에서 다음처럼 쓰고 있다. '만일 태양이 우주의 중심인 지구는 3번째 구에 지나지 않고, 태양이 지구 주위를 도는 게 아니라 지구가 태양 주위를 돈다는 현실적 증거가 존재한다면 그 반대의 주장을 하는 듯이 보이는 성서의 구절을 설명하는데 대단히 신중해야 한다는 데 동의합니다… 하지만'이라고 그는 덧붙였다. '누구도 내게 그 증거를 제시한 사람이 없기에 그런 증거가 있다고는 생각하지 않습니다.'

증거도 없는데 코페르니쿠스의 이론을 명백한 사실로써 가르치는 행위는 "대단히 위험한 태도이며 대학의 철학자, 신학자를 자극할 뿐 아니라 성서와 모순되는 것으로 신에 대한 신뢰를 떨어뜨린다고 생각합니다."라고 벨라르미네는 갈릴레오에게 경고했다. 갈릴레오는 코페르니쿠스가 올바르다는 것을 증명할 수 있다는 답장을 썼다. "하지만 어떻게 해야 그것이 가능할 런지요, 단지 시간의 낭비는 아니지만, 설득 상대인 아리스토텔레스 지지자들이, 그보다 간단하고 그보다 더 쉬운 논쟁조차 따라오지 못하는 것을 증명하라시면…" 이는 완전한 궤변이었다. 갈릴레오는 실제로는 코페르니쿠스 이론의 결정적 증거를 갖고 있지 않았다. 대신 그가 제출한 것은 일련의 유추(목성의 달이 수성 주위를 돌듯이 행성도 태양 주위를 돈다. 달이 분명한 하나의 세계이듯이 각각이 하나의 세계다 등등)와 금성의 차고 이지러짐이었다. 하지만 금성에 대해서는 코페르니쿠스의 태양 중심 모델과 마찬가지로 튀코의 지구 중심 모델로도 간단히 설명할 수 있었다. 로마에 체재 중인 갈릴레오는 하필이면 코페르니쿠스 반대주의자를 조소하는 한편 코페르니쿠스의 이론에 반박할 수 없는 증거를 밝히겠다고 약속했다. 이는 나중에 조석에 관한 그의 잘못된 설명임이 밝혀졌다. 이 문제에 대해서도 케플러는 정답에 가까운 이론을 갖고 있었지만, 갈릴레오는 그것을 무시했다. 성직에 있던 없든 간에 그의 친구들은 그 점을 너무 강조하지 않는 편이 좋다고 갈릴레오에게 경고했다. "여기는 달에 관해 토론할 장소가 아니다."라고 피렌체의 대사는 그에게 주의를 주었다. 그런데도 갈릴레오는 계속 주장하고 다녔다.

"열렬한 기독교 신자이자 가톨릭 신자인 나의 양심이 부여해준 사명을 나는 무시할 수 없으며 무시해서도 안 된다."라고 그는 쓰고 있다. 그가 노력한 결과 교황은 그것에 관한 심의를 성스러움에 대한 위해를 검사하는 전문 부서에 위탁했다. 그곳에서는 코페르니쿠스의 이론은 성서에 반한다고 선언하고 코페르니쿠스의 '천구의 회전'을 금서 목록에 올렸다. 이에 대해 케플러는 마침내 참았던 분노가 터졌다. "일부의 경솔한 행위가 80년 동안 자유롭게 읽을 수 있었던 코페르니쿠스의 저작을 금지하도록 내몰았다." 교회로부터 코페르니쿠스 이론의 지지를 금지당한 갈릴레오는 피렌체에 돌아오자 예수회 사상가인 호레이쇼 그라시Horatio Grassi를 풍자하는 '위금감식관IL Saggiatore'을 썼다. 그러는 한편 그는 갈수록 늘어나는 적들의 목록 중에서 이전에 자신의 편이었던 많은 예수회 신자의 이름을 추가했다.(갈릴레오에 찬성하는 가장 강력한 예수회 신자인 벨라르민 추기경은 이미 이때 사망했다.)

1623년, 뜻하지 않게 행운처럼 여겨지는 일이 찾아왔다. 갈릴레오의 친구로 그를 숭배한 마페오 바르베리니Maffeo Barberini가 교황으로 선출되었다. 박학다식하고 활동적이며 잘난 체하길 좋아하는 바르베리니는 많은 점에서 갈릴레오와 닮았다. 갈릴레오의 전기 작가인 아서 쾨슬러Arthur Koestler가 썼듯이 "나는 추기경 전원을 모두 합친 것보다 똑똑하다."라는 교황의 유명한 발언은 갈릴레오 자신이 혼자 힘으로 하늘의 새로운 것을 모두 발견했다는 발언에 결코 뒤지지 않는다. 그 두 사람 모두 자신을 슈퍼맨이라고 여겼고 서로 칭찬을 주고받으면서 알게 되었다. 이러한 관계는 마지막에는 오히려 괴롭게 되는 경우가 많다. 갈릴레오는 새로운 교황인 우루바누스 8세Urban Ⅷ와 여섯 번에 걸친 알현을 기뻐했고, 기분 좋은 선물과 더불어 '하늘에 그의 명성이 빛나는 위대한 인물'이라는 '교황의 자애로움'이 수여되었다. 새롭게 떠오른 교황이라는 태양에 몸이 따뜻해진 갈릴레오는 그 후로 4년간 코페르니쿠스 이론의 해설서인 '천문대화… 프톨레마이오스와 코페르니쿠스라는 두 가지 중요한 세계체계에 관해서'를 쓰는 데 매진했다. 교회의 검열을 통과해(검열관은 이전에 갈릴레오의 제자였던 니콜로 리카르디Niccolo Riccardi였다.) 이 책은 1632년에 출판되었다. 대화형식이 교황의 칙령서에 어긋나지 않고도 코페르니쿠스의 이론을 논할 수 있는 지혜라는 사실은 아리스토텔레스의 투명한 구와 마찬가지로 명백했다. 대화를 하는 두 사람 살비아티Salviati와 사그레도Sagredo는 코페르니쿠스의 이론에 찬성하는 박식한 신사들이다. 그들은 서로 동의하면서 논의를 이끌어간다. 스콜라 철학자를 대표하는 제3의 인물인 심프리치오Simplicio는 바보보다는 조금 괜찮은 수준으로 묘사되어 있다. 심프리치오는 "만일 지구가 원의 주원 즉 황도 12궁을 1년에 걸쳐 움직여야 한다면 동시에 황도 12궁의 중심에 있는 게 불가능해진다. 하지만 아리스토텔레스, 프톨레마이오스를 비롯해 많은 방법으로 증명되었듯이 지구가 그 중심에 있다."고 주장한다. 그에 대해 살비아티는 잔뜩 비꼬면서 대답한다. "좋은 논제다. 원의 주원을 따라 지구를 움직이고 싶은 사람은 누구라도 먼저 그것이 원의 중심이 아님을 증명할 필요가 있다."

갈릴레오의 적은 로마가톨릭교회의 공식적 우주론이 우둔한 심프리치오의 입에서 나오게 만든 걸 바로 교황에게 일러바쳤다. 이를테면, 갈릴레오의 조석(달이나 태양의 영향으로 해면이 주기적으로 높아지거나 낮아지는 현상 - 옮긴이)의 이론은 지구가 자신의 축 주위를 돈다는 증거가 될 수 없다는 취지로 교황 명령에 의해 원고에 삽입된 언어(이는 과학적으로 올바르다)를 심프리치오의 입을 통해 말하게 했다. 화가 난 교황은 조사를 명령하고 1632년 8월에 종교재판소는 '천문대화'의 판매를 금지했고 현존하는 복사판을 전부 몰수하도록 명령했다. 갈릴레오는 그의 특징인 정치적 어리숙함으로 이에 대처했다. 그는 보호자인 토스카나 대공을 설득해 금지에 반대하는 강한 어조의 발언을 교황에게 전달하도록 했다. 프랑스에 우호적인 추기경의 지지로 선출된 교황은 바티칸 내의 친스페인 파벌의 공격을 받게 되었고 교황 자신이 암살을 두려워할 만큼 격렬한 상황이 이어졌다. 토스카나 대공은 스페인을 지지했다. 그 편지는 친프랑스파를 달래면서 그의 결의를 나타내는 절호의 기회를 교황에게 제공했다. 그 대가는 심심치 않았지만, 점점 완고한 노인이 되어가는 갈릴레오와 그의 부친에게만 해당했다.

잠금쇠가 풀리고 종교적 박해의 바퀴가 돌기 시작했다.[15] 갈릴레오는 로마의 종교재판소에 출두 명령을 받았다. 그는 친구인 교황이 개입되었다고 믿었지만, 개입은 없었다. 그는 얼마간 '이 문제에 내가 관여하게 된 것은 성스런 교회를 염두에 두었기 때문이고 장기간에 걸친 연구 결과에서 내가 얻은 정보를 교회에 전하기 위해서였는데, 과연 누가 이해해줄지'라고 걱정하며 몸을 피하고 있었다. 전임자가 '로마는 달에 관해 논의할 장소가 아니다.'라고 피렌체 대사에게 경고했고, 이에 피렌체 대사는 갈릴레오에게 몰래 현 상황을 말해주었다. 아마 코페르니쿠스 이론의 과학적 이점에 관한 논의는 없었을 것이다. 문제는 복종하느냐 그렇지 않느냐였다. 갈릴레오는 자신의 입장이 어떤지를 깨닫는 데 오래 걸렸다. "그는 그 일로 매우 괴로워했다."라고 대사는 보고했다. "어제부터 오늘까지 그는 매우 우울해했다. 그러다 죽는 게 아닌가 싶을 정도로 보는 내 마음이 두려웠다." 70살이 된 갈릴레오는 장시간 심문을 받고 고문의 위협에 시달렸다. 그의 죄목은

---

15 피에트로 레도니가 쓴 '이단자 갈릴레오' 중에는 다음처럼 묘사되어 있다. 바티칸이 갈릴레오에 반대를 제기한 것은 코페르니쿠스 이론이라기보다는 그가 원자론이나 빛의 입자론을 변호했기 때문일 것이다. 갈릴레오에 대한 종교적 박해의 배경에 도사린 동기는 꽤 복잡했고 오랫동안 역사가들의 논쟁을 이끌었지만 여전히 결론이 나지 않고 있다.

1616년 벨라르미네 추기경과의 회담으로부터 날조된 '몇 분'에 의해 성립되었다. 그는 아무리 가설이라고 해도, 코페르니쿠스의 이론을 생각하거나 가르치거나 변호해서는 안 된다는 명령을 받았다. 당시 그가 받은 경고보다 강력한 것이었다. 뾰족한 수가 없던 갈릴레오는 유일하게 취할 수 있는 방편을 선택했다. 1633년 6월 22일, 산타마리아 소프레 미네라의 도미니크 수도회의 커다란 홀에서 무릎을 꿇고 명령받은 내용을 암송했다.

> 고명하신 분들과 진실한 기독교 신자의 마음속에서
> 나에 대한 불신을 없애려고 하옵니다.
> 나는 더욱 증오해야 할 이단, 일반적인 모든 잘못, 성스런
> 교회에 반하는 학파를 성심성의를 다해 포기할 것을 여기에
> 선언합니다.
> 그리고 앞으로도 비슷한 의혹을 불러일으킬만한 것을 언어
> 나 글로 두 번 다시 저지르지 않겠다고 맹세합니다.[16]

갈릴레오는 죽을 때까지 8년간을 피렌체 교외에 있는 별장에 감금된 상태로 보냈다. 거기서 그는 자기의 마지막 저술, 운동과 관성에 관한 연구인 '신과학 대화'를 썼다. 23년 전, 본인의 의사를 무시하고 그가 여자수도회에 억지로 보낸 수녀 마리에 셀레스트가 그와 함께

---

16 300년 후인 1980년에 교황 요한 바오로 2세는 갈릴레오 재판에 대한 재심을 명령했다. 아인슈타인의 탄생 100주년 기념 스피치에서 교황은 갈릴레오는 '사람들과 교회에 의해 박해받았다'라고 선언하면서 '진실로 과학적인 방법으로 이루어진 연구는 신앙과 대립하지 않는다. 왜냐하면 세속적 진실도 종교적 진실도 모두 똑같은 신에서 비롯되기 때문'이라고 덧붙였다.

살며 판결의 일부로서 성스러움에 위반하는 모든 것을 검사하는 부서에서 명령한 참회의 시편을 하루에 7회 썼다. 그는 1637년에 실명하기 몇 개월 전까지 망원경으로 달과 행성을 관측했다. "내가 수천 배나 넓혀준 이 우주는… 내 몸의 좁은 범위까지로 줄어들었다."라고 그는 쓰고 있다. 존 밀턴이 갈릴레오를 방문한 적이 있는데, 그가 쓴 '실낙원'에서 느낄 수 있는 충만하고 광활한 공간 감각의 일부를 그때 받았는지도 모른다. 하지만 밀턴의 우주는 여전히 지구 중심이었고 그의 시에는 우주론적인 가정에 대한 경고가 포함되어 있다. 그중에 밀턴과 비슷한 천사가 아담에게 충고하는 내용이 있다.

이처럼 비밀스러운 내용에 이래저래 하는 고민은
관두는 게 좋아. 하늘에 계신 신에게 맡기자고.
너는 단지 신께 봉사하고 신을 찬양하면 돼.
다른 생물에 대해서도 그것이 어디에 있든
신의 뜻대로 되는 거야. 너는 신이 선사해준 대로
이 낙원과 너의 아름다운 이브에게 기쁨을 느끼면 돼.
신은 너무 고상해서 거기서 무엇이 일어나는지 너는 알 수
가 없어.
그저 찬양하면 되는 거야.
자신과 자신의 존재에 관련된 것을 제외하곤,
다른 여러 세계, 거기에 어떤 생물이 사는지, 어떤 상태인지
는 이래저래 망상할 필요가 없어.

하지만 그 낙원은 잃어버렸다. 인류는 부동의 꿈에서 눈을 뜨고, 인류 스스로가 맹렬히 낙하하는 중이었고 지구가 광활한 공간에서 똑바로 떨어지고 있는 것을 발견했기 때문이다. 갈릴레오를 무릎 꿇린 권위의 무게는 지중해에서 과학의 성장을 막는 데 그쳤다. 그 이후 큰 진보는 북쪽 나라에서 이루어졌다. 코페르니쿠스의 우주 물리학은 갈릴레오가 죽은 1642년의 크리스마스에 영국 링컨셔주 울즈소프에서 태어난 아이작 뉴턴에 의해 설명되기를 기다리고 있었다.

별을 보라, 그리고 거기서 배우라.

신의 영광을 위해 모든 것은 돌지 않으면 안 된다.

각각의 궤도를, 소리도 내지 않고

영원히 뉴턴의 견해를 따르고 있나니.

- 아인슈타인

신들의 곁에는 유한한 생명이 가까이 갈 수 없으리

니.

- 에드먼드 핼리, 뉴턴의 프린키피아Principia 중에서

6. 뉴턴의 추구

뉴턴은 지상의 현상과 천상의 현상 양쪽을 포함해 수학적으로 다룰 수 있는 중력의 설명을 만들어냈다. 달의 위, 달의 아래 두 가지 영역으로 나누어진 아리스토텔레스의 우주론을 분쇄하고 코페르니쿠스의 우주의 물리학적 기초를 성립했다. 이 과업을 완전하고 확실하게 이루어냈기에 그의 이론은 200년 이상이나 마치 신탁처럼 여겨졌다. 뉴턴역학은 아인슈타인의 상대성이론으로 그려진 커다란 캔버스의 일부라고 여겨졌고, 오늘날에도 우리 대부분은 뉴턴역학의 언어로 생각하고 뉴턴의 법칙은 탐사기를 달이나 행성에 보내는 가이드로써 여전히 도움이 된다.(우주비행사 빌 앤더스는 그를 달에 보낸 아폴로 8호를 누가 조정했느냐는 아들의 질문에 아이작 뉴턴이 거의 조종했다고 답했다고 한다.)

수십억 명이 기억하는 우주의 설명을 생각해낸 그 인물은 이 세상에 태어난 사람 중에서도 너무 기묘하고 너무 다가서기 어려운 사람 중 하나였다. 뉴턴의 논문을 트렁크가 가득 찰 만큼 옥션에서 사들인 존 메이너드 케인스는 그중에서도 연금술, 성서의 예언, 히브리어로 된 책에서 복원한 예루살렘 사원의 도면(뉴턴은 이 사원을 세상 시스템의 상징으로 생각했다) 등에 첨부된 메모를 무척 많이 발견한 것에 놀라서 "뉴턴은 이성의 시대에서 최초의 인간이 아니었다. 그는 최후의 마술사, 최후의 바빌로니아인이며 수메르인이었다."라고 영국학술원 모임에서 말했다. 뉴턴은 비범한 지성을 갖춘 탓에 고립되어 있었다. 리처드 웨스트폴Richard S. Westfall은 학자로서의 뉴턴의 전기를 20년에 걸쳐 대단히 날카로운 필치로 써냈지만, 서문에 다음처럼 고백하고 있다.

> "뉴턴을 알면 알수록, 모르게 되었다. 많은 훌륭한 사람들, 지적으로 나보다 뛰어나다고 단언할 수 있는 사람들을 여러 기회를 통해 알아가는 게 나의 특권이었다. 하지만 나는 나와 비교 대상 자체가 안 된다고 생각하는 인물과 만난 적이 없다. 나를 반쯤 섞어놓았거나, 3분의 1 혹은 4분의 1은 비슷했다. 어떤 경우든 그 가치는 유한했다. 뉴턴을 연구하면서 얻은 결과는 그의 가치는 결코 측정할 수 없다는 것이었다. 그는 완전히 다른 종류의 인간이었다. 인간의 지성의 한 부분을 형성했고, 한 줌밖에 안 되는 천재 중의 천재인 사람이었다. 우리가 다른 사람을 이해하려고 사용하는 기준으로는 결코 헤아릴 수 없는 인물이다."

뉴턴은 문맹인 자작농가의 외동아들로 부친 사망 후에 태어났다. 미숙아로 태어났기에 살아남을 거로 생각한 사람은 없었다.(그의 모친이 자주 말했듯 1쿼터짜리 병에 들어갈 만큼 작았다.) 관리가 필요한 농장을 소유한 미망인이 된 그의 모친은 머지않아 재혼했고, 그녀의 새 남편 바나바스 스미스 목사는 뉴턴을 친정어머니가 키우도록 그녀의 외가로 보냈다. 뉴턴은 사랑하는 엄마와 엄마를 빼앗아간 계부가 사는 집이 보이는 겨우 2.4킬로미터밖에 떨어지지 않은 집에서 자랐다. 크리스마스에 부친이 없는 탄생, 죽음에 가까운 확률에서의 생존, 모친과의 분리, 정신의 하인이면서 동시에 주인이기도 한 강렬한 정신력의 소유, 이 모든 것들이 똑똑했지만 무뚝뚝하고, 곧잘 화를 냈으며, 심사숙고를 많이 하면서도 감정을 폭발시키는 소년을 만들어냈다. 20살 때의 뉴턴은 자신이 젊은 날에 저지른 죄의 목록을 작성했다. 그중에는 '집에 불을 지르겠다고 계부와 엄마를 협박했다.', '엄마에게 못되게 대했다.', '죽음을 원했고, 다른 사람이 죽기를 바랐다.' 같은 것도 있다. 젊은 날의 뉴턴은 자연의 리듬에 꽤 민감했지만, 사람의 리듬에는 둔감했다. 어릴 때는 시계, 해시계를 만들어 태양을 이용해 시간을 알렸다고 하는데 막상 식사 시간을 늘 잊어먹었고(평생이 습관은 고쳐지질 않았다), 농장 일도 적성에 맞지 않았다. 방목한 가축을 데리고 오라고 시키면 목장 입구의 다리 위에서 물이 흘러가는 모습을 한 시간이나 바라보고 있거나, 말은 어디 가고 없고 말굴레만 덜렁덜렁 들고 온 적도 있었다. 자신이 끌고 온 말을 놓친 것도 몰랐다. 가끔은 악질적인 장난도 쳤다. 어느 여름밤, 초를 칠한 종이를 씌운 나무 상자에 초를 넣고 만든 열기 비행물체를 띄워 링컨셔주의 사람들을 놀라게 했다.[17]

공부는 거의 안 했고 학교에서는 상습지각생이었지만 학기가 끝날

---

[17] 나 또한, 뉴턴의 다른 많은 발명품처럼 스스로 실험해보았다. 문제없이 잘 되었다.

무렵에는 조금 신경을 써서 공부했는데도 기말시험에서 1등의 성적을 냈다. 성적은 좋아도 아이들이 좋아하지는 않았다. 뉴턴과 동시대에 살던 사람은, 소년이 케임브리지로 여행을 떠났을 때, 울스도프 여인 숙의 급사가 "그가 떠나니 너무 좋다. 그 같은 인간은 대학 가는 게 차라리 낫다고 하더라."라고 전하고 있다. 뉴턴은 대학에서 자신의 외로운 생활을 책에 파묻히는 것으로 대신했다. 그 시기에 적은 노트에 "플라톤은 내 친구, 아리스토텔레스도 내 친구, 하지만 최고의 친구는 진실(Amicus Plato Aristoteles magis amica veritas)"라는 구절도 있다. 그는 단 한 명의 동급생만 알고 지냈다고 한다. 존 위킨스는 그가 정원을 '홀로 낙담한 모습으로' 걷는 것을 보고 안 됐다고 생각했다. 뉴턴의 연구는 여러 똑똑한 학생들처럼 여러 가지를 그러모은 것이었지만(보편언어에서 영구운동기관까지 모든 것을 연구했다) 독특한 맹렬함으로 연구에 매진했다. 흥미를 끄는 문제에 몰두할 때면 모든 것 특히 자신의 쾌락을 위한 것조차 눈길을 주지 않았다. 눈의 구조를 조사하던 그는 큰 침을 '눈의 뒤편에, 되도록 가까운 눈과 뼈 사이에' 쑤신 적도 있다. 한번은 너무 오랫동안 태양을 보는 바람에 시력이 원래대로 회복되기까지 암실에서 며칠 안정을 취하지 않을 수 없었다.

어느 날, 그는 비슷한 정신구조를 지닌 르네 데카르트Rene Descartes 의 책에서 영감을 얻었다. 데카르트는 뉴턴처럼 미숙아로 태어나 조모가 키워주었다. 두 사람 모두 20대 초반에 자신의 미래를 정할 만큼 선견지명이 있었다. 뉴턴의 직감적인 통찰은 만유인력이었고 데카르트에게는 보편학이었다. 데카르트는 뉴턴이 케임브리지에 오기 10년도 더 전인 1650년에 사망했지만, 그의 연구는 지적 지평선이 아리스

토텔레스에 의해 묶이지 않은 '활발한 교수들' 사이에서 여전히 생생히 존재했다.[18]

데카르트의 '철학 논리'에는 여러 내용이 들어 있어서(관성은 움직임 그 자체가 아니라 움직임을 바꾸는 것에 대한 저항과 관련 있다는 주장도 포함되어 있었다.), 배울 게 많다손 치더라도 반대하기를 좋아했던 뉴턴은 데카르트의 철학에 정반대의 반응을 나타냈다. 데카르트가 원자론을 부정한 것은 뉴턴을 열성적인 원자론자로 만드는 데 일조했다. 데카르트의 태양계 회오리이론은 회오리로는 행성의 움직임에 관한 케플러의 법칙을 설명할 수 없다는 뉴턴의 논점에 힘을 실어주었다. 데카르트는 법칙은 운동과 대수로 서술해야 한다고 강조했지만, 뉴턴은 대수 대신에 기하학을 사용한 역학을 적극적으로 발전시켰다. 하지만 그대로라면 수학적으로 불가능했기에 뉴턴은 수학의 새로운 분야인 미적분학을 발명할 필요가 있다고 깨달았다. 미분으로 기하학을 움직였다. 뉴턴은 종이 위에 그린 포물선이나 쌍곡선을, 아르키메데스가 모래에 도형을 그리려고 쓴 막대기의 끝처럼 움직이는 점의 궤적으로 분석할 수 있었다. 뉴턴이 적었듯이 "선이 기술됨으로써 부분의 대비에 의해서가 아닌, 연속하는 점의 움직임으로 선이 만들어진다."

뉴턴은 아주 흡족했다. 그가 대학을 졸업한 1665년 4월에 위 연구는 완성되었다. 그 덕분에 유럽 최대의 수학자(또한, 교육 역사상 가장 뛰어난 학생)가 될 뻔했지만, 그는 발표하지 않았다. 발표하면 명성을

---

18 그가 '오븐'이라고 부른 뜨거운 방에서 말도 안 되는 순간을 경험한 데카르트는, 매일 아침 5시에 북유럽의 추위를 전혀 고려하지 않고 그에게 과학과 과학을 가르치기를 강요한 스웨덴의 23세의 여왕 크리스티나의 거센 요구 때문에 52세에 사망했다. 그만큼 사람이 좋다고는 말할 수 없는 뉴턴은 대개의 초대를 거절했고 외국에 간 적도 없을뿐더러 85세까지 살았다.

얻겠지만 그 명성으로 프라이버시가 침해받을 것을 우려했기 때문이다. 1670년에 쓴 편지 속에서 적고 있듯이 "가령 사람들의 존경을 계속 받아도 그것이 과연 바람직할지 의문이 든다. 아마 지인은 늘겠지만, 그거야말로 내가 피하고 싶은 사정이다." 졸업하고 얼마 후 페스트가 유행한 탓에 대학은 폐쇄되고 뉴턴은 집으로 돌아갔다. 거기는 생각할 시간이라면 충분히 있었다. 어느 날(그에게는 단번에 모든 것이 보이는 모양이다) 그는 케플러와 갈릴레오의 눈에 띄지 못한 커다란 이론에 도달했다. 중력이 어떻게 달이나 행성의 움직임을 지배할까. 그 단순하고 포괄적인 설명이었다. 그는 그것에 대해 상세히 적고 있다.

> "그즈음 나는 창조의 절정기였고 두 번 다시 이 기회가 오지 않을까 싶어 수학과 철학에 매달렸다. …나는 달의 궤도까지 중력을 확대해서 생각하기 시작했다. …행성이 궤도를 한 바퀴 도는 데 걸리는 시간의 2제곱은 중심으로부터의 거리의 3제곱에 비례한다는 케플러의 법칙에서 행성을 궤도에 붙잡아두는 힘은 각각의 행성까지의 거리의 2제곱과 똑같다고 추론했다. 그래서 달의 궤도를 유지하는 데 필요한 힘과 지표에서의 중력의 힘을 비교한 결과 거의 비슷하다는 걸 발견했다."

뉴턴은 만년에 모친의 집 앞에 있는 나무에서 사과가 떨어지는 것을 보고 번쩍 그 생각이 떠올랐다고 한다. 이 에피소드는 사실일지도 모른다. 뉴턴의 침실에 놓인 책상에서 사과가 있는 곳이 보인 데다 아무리 뉴턴이라도 가끔은 연구를 중단하고 바깥 경치를 쳐다보았을 것이다. 여하튼 이 에피소드는 하늘과 땅의 물리학을 함께 끄집어낸 중력의 수학적 설명에 어떻게 뉴턴이 도달했는지 그 과정을 훑어보는 힌트가 된다. 그날 뉴턴이 그랬듯이, 사과가 떨어진 원인이 된 중력은 '달의 궤도까지' 확장되었고 그 힘은 그것이 전달되는 거리의 2제곱에 비례해서 감소한다고 가정해보자.[19]

지구 반경은 5,400킬로미터이기에 뉴턴과 사과나무는 지구의 중력이 영향을 미치는 그 중심(이야말로 뉴턴 이론의 포인트가 되는 명료한 부분)에서 5,400킬로미터 떨어진 곳에 있게 된다. 지구 위 중심에서 달까지 거리는 384,000킬로미터로 사과나무보다 60배 멀어진다. 만일 역거듭제곱의 법칙이 적용된다면 떨어지는 사과는 달보다 60^2배 즉, 3,600배의 중력을 받는 셈이다. 만일 지구의 중력으로 진로에서 늘 당겨지지 않으면 달은 관성의 법칙에 따라 똑바로 날아갈 것이다, 라고 뉴턴은 가정했다. 그는 달이 매초 어느 정도 지구를 향해 '떨어지는지' 즉 그 궤도를 날기 위해 얼마나 직선에서 벗어나는지를 계산했는데,

---

19 '역거듭제곱' 법칙은 중력이 구의 표면에 흩어진다고 상상하면 직관적으로 이해할 수 있다. 별 주위를 두 개의 행성이 돌고 있고, 별에서 멀리 떨어진 행성 B까지의 거리가 가까운 행성인 A까지의 거리의 두 배라고 하자. 각각의 행성이 별을 중심으로 한 상상에만 있는 구의 표면에 있다고 하자. 행성 B의 궤도를 포함하는 구의 반경은 행성 A의 두 배라서 그 표면적은 행성 A의 구의 표면적의 2제곱과 같다(구의 표면적은 반경을 r이라고 하면 4파이 r^2과 똑같다.) 이는 별에서 발산하는 중력의 총량이 구 A의 2제곱과 똑같은 표면적의 구 B에 확산하는 것을 의미한다. 따라서 행성 B에 미치는 중력은 행성 A에 미치는 중력의 역거듭제곱이 된다. 뉴턴은 이를 케플러의 제3의 법칙으로부터 끌어냈지만, 케플러 자신은 그것을 발견하지 못했다. 그 이유는 케플러가 중력은 3차원이 아닌 2차원에서만 전달된다고 생각했기 때문이다.

답은 매초 0.132센티미터였다. 지표에서의 중력의 강도라고 여겨지는 것과 일치시키려고 0.132에 600을 곱하면 475.2센티미터가 되고, 이 값은 사과이든 어떤 물체가 되었든 지구로 향해 떨어지는 속도인 매초 480센티미터에 '상당히 가깝다.' 이러한 일치가 사과를 당기는 똑같은 중력이 달도 당긴다는 뉴턴의 가정을 확실하게 해주었다. 계산을 끝낸 후, 뉴턴은 묵묵히 그 결과를 그대로 놔두었다. 이 침묵을 여러모로 해석할 수 있다. 계산한 숫자는 '상당히 가까웠지만' 대략적으로 계산한 달까지의 거리가 부정확했기에 완전히 일치하지 않았다. 뉴턴은 이항 급수, 색의 본질처럼 다른 것에도 흥미가 끌렸다. 여하튼 자신이 주목을 받을 것이라는 충동에 휩싸인 적은 거의 없었다. 미적분도 27년 동안이나 발표하지 않았다. 발표했을 때도 익명으로 했다. 하지만 뉴턴이 한 연구의 원리는 몇 명의 대학 동료들이 알게 되었고, 캠브리지대 트리니티 칼리지로 되돌아온 후 2년 차에 그는 수학의 루커스 교수직에 임명되었다.(이 교수직은 그가 좋아하는 교수로 떠들듯이 말하면서도 기지가 넘치는 아이작 바로우Issac Barrow가 퇴직한 후 공석으로 남아 있었다. 아이작 바로우는 신학 연구를 하려고 퇴직했는데 7년 후, 아편 중독으로 죽었다.) 하지만 교수가 되었어도 학생 신분일 때와 비교해 동료들과 공통점이 갑자기 늘어나지는 않았다.

교수들은 대부분 이른바 '세속적인 쾌락주의자'로 '게으른 데다 먹거나 마시거나 자거나, 아랫사람을 속이는 데 시간을 보냈다.'라고 풍자가인 니콜라스 애머스트Nicholas Amherst는 쓰고 있다. 대개는 학문보다는 기행으로 알려져 있었다. 가령, 트리니티의 학과장은 연약하고 집구석에만 틀어박혀 있는 인물로, 자신의 방에 애완동물로 거대

뉴턴은 젊은 날에 다음처럼 만유인력을 인식했다. 만일 달이 사과보다 지구의 중심에서 60배 멀리 있고(사과는 6만 4천 킬로미터, 달은 38만 4천 킬로미터), 인력이 거리의 2제곱에 반비례해서 감소한다면, 사과에 가해지는 인력은 달에 가해지는 인력의 60²배, 혹은 3,600배가 된다. 따라서 달은 1초당 사과가 떨어지는 거리의 3,600분의 1만큼만 궤도에서 곡선을 그리며 떨어진다. 바로 그렇다.

한 거미를 키웠다. 뉴턴도 기행의 범주에서 벗어나진 않았다. 마른데다 머리는 산발했고, 가발은 처진 데다 낡아빠진 구두와 온통 얼룩진 리넨을 두르고, 늘 연구에 몰두했으며 가끔은 자는 것도 잊어버렸다. 어떨 때는 문제에 열중한 자신의 머리가 기민하게 돌아가지 않는 이유가 뭔지를 골똘히 생각하다가, 며칠 동안 자지 않았다는 사실을 불현듯 깨닫고 할 수 없이 침대로 들어갔다고 한다. 먹는 것도 잊어버릴 때가 많았다. 전날 밤에 온 음식을 손도 대지 않고 놔뒀다가 차갑게 식은 전날 저녁 식사를 아침 식사로 먹으려고 새벽에 앉아있던 책상을 겨우 뜨곤 했다. 가끔은 연회를 베풀었지만 제대로 될 리가 없었다. 지인 몇 명을 초청했던 어느 날 밤, 와인을 들고 오겠다면서 방을 나간 후 돌아오지 않았다. 구부정한 자세로 책상 위에 놓인 논문에 몰두하고 있었다. 그는 와인도 잊어먹고 손님도 잊어먹었다.

세월이 흐르면서 뉴턴은 미적분학을 한층 정밀한 것으로 만들었고, 해석기하학의 기법을 높여 광학 분야의 길을 개척한 연구를 했으며 연금술의 무수한 실험을 했다.(아마 그 과정에서 건강을 많이 잃었을 것이다. 1693년에 그가 앓은 정신장애 증상의 일부는 급성 수은중독의 증상과 너무 비슷했다). 그는 모든 것을 묵묵히 해냈다. 가끔은 강의를 통해 자신의 연구를 보고했지만, 그의 사고방식을 따라갈 수 있는 소수의 교수와 그보다 훨씬 이해도가 떨어지는 학생뿐이어서 그의 강의에는 몇 명밖에 참석하지 않았다. 아무도 오지 않을 때도 있었지만, 텅 빈 교실을 보고도 뉴턴은 전혀 동요한 기색이 없이 자신의 연구실로 돌아갔을 것이다. 하지만 외부의 세계가 그의 영역에 침투하게 되었다. 명성을 피한 뉴턴도, 그것을 환영한 갈릴레이와 마찬가지로 그 계기는 망원경이었다. 뉴턴은 손재주가 좋아서 실험 장치를 만들기를 즐겼다.(좋은 현상이다, 라고 어떤 동료가 말했다. 그는 운동도 안 하고 취미도 없다. 안 그러면 일 중독으로 죽고 말 테니까.)

뉴턴은 혜성, 행성을 관측하려면 망원경이 필요했다. 당시 사용된 유일한 망원경은 굴절망원경으로 갈릴레오가 만든 것과 똑같은 종류였고, 빛을 모으려고 통의 앞쪽에 커다란 렌즈가 달려 있었다. 뉴턴은 굴절망원경을 싫어했다. 스스로 폭넓게 광학 연구를 했기에 굴절망원경이 마치 진짜처럼 색을 만들어내기 쉽다는 것을 잘 알고 있었다. 그 결함을 극복하려고 렌즈 대신에 거울을 사용해 빛을 모으는 새로운 종류의 망원경을 발명했다. 능률적이고 효과적이며 게다가 가격도 쌌다. '뉴턴식 반사망원경'은 세계에서 가장 인기 있는 망원경이 되었다. 반사망원경으로 뉴턴의 이름이 런던 왕립협회의 주의를 끌었고, 그는 그 협회의 회원으로 선출되면서, 이전에 쓴 색채에 관한 소논문을 발표해달라는 요청에 설득되었다. 금세 그는 그 결정을 후회했다. 그 논문에 12통의 편지가 실려 있었기 때문이다. 뉴턴은 협회 이사인 헨리 올덴버그Henry Oldenburg에게 '가장 소중한 평화를 희생당했다'라고 불평했다. 왕립협회는 17세기에 출현한 몇 곳의 과학협회 중에서도 가장 영향력이 있었다. 각각의 협회는 교회나 국가의 간섭을 받지 않고 자연을 경험적으로 연구하는 것을 목적으로 설립되었기 때문이다. 그 기반을 형성한 최초의 협회는 1603년에 창설된 '이탈리안 아카데미 오브 더 링크스'로 그중 가장 유명한 회원이었던 갈릴레오는 그곳을 무대로 논쟁을 벌였다. 아마추어 물리학자인 찰스 2세의 휘하에서 창설된 왕립협회는 자금이 없어서 연구소는 말할 것도 없고 적절한 본부조차 갖추지 못했지만, 완전히 독립된 단체로 전통이나 미신에 구애받지 않는다는 자긍심이 있었다. 그 성향은 올덴버그가 철학자인 스피노자Baruch de Spinoza에게 보낸 편지에서 엿볼 수 있다.

"사물의 형식과 질은 그 구조의 원리에 의해 더욱 잘 설명됩니다. 자연의 모든 효과는 운동이나 형태, 조직과 이들을 각기 조합한 것에 의해 만들어집니다. 설명이 불가능한 형태나 신비적인 특질에 기대거나 무지로부터 도피할 필요가 없다는 것을 우리는 당연하게 여깁니다."

이토록 명확하고 새로운 기풍이 왕립협회의 3명의 회원인 애드먼드 핼리, 크리스토퍼 렌, 로버트 훅에 의해 실현되었다.

1684년 1월 어느 추운 날 오후, 이들 세 명은 런던의 선술집에서 점심을 같이 먹었다.(크리스토퍼 렌Christopher Wren, 로버트 훅Robert Hooke, 에드먼드 핼리Edmond Halley) 왕립협회의 회장이었던 크리스토퍼 렌Christopher Wren은 천문학자, 물리학자 그리고 성 폴 대성당의 설계자이기도 했다. 그는 죽어서 이 성당에 묻혔고 아들이 쓴 비문인 '만

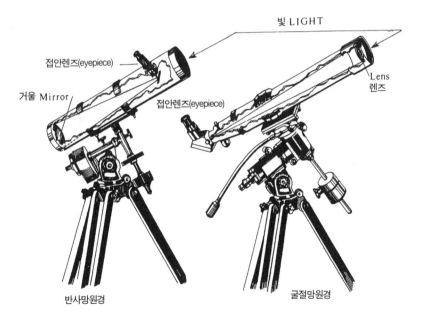

반사망원경(왼쪽)은 휘어진 거울로, 굴절망원경은 휘어진 렌즈로 빛을 모은다.

일 기념비를 찾는다면 눈을 들어 머리 위를 보라'가 성당의 벽에 조각되어 있었다. 로버트 훅Robert Hooke은 저명한 물리학자, 천문학자로 목성의 회전을 발견한 인물이었다. 협회의 신조를 작성한 것도 그였다. "자연 만물의 지식, 모든 유용한 예술, 제조품, 장인의 숙련, 기계, 그리고 실험으로 얻어진 발명의 진보를 위하여.(신학, 형이상학, 정치학, 문법, 수사학, 논리학에는 간섭하지 않는다)"

27살의 에드먼드 핼리Edmond Halley는 두 사람보다 한 세대 젊었는데 남대서양의 세인트 헬레나 섬에서 남쪽 하늘의 별자리를 작성하면서 이미 천문학자로서 명성을 얻고 있었다. 또한, 섬에서 지구 회전의 원심력으로 발생하는 중력의 편차를 나타내는 진자 실험도 했다. 그의 앞날에는 보험통계표의 편찬, 자기나침반의 편차를 나타내는 지도 작성, 지구의 기상도, 그의 이름이 붙여질 주기혜성의 확인처럼, 훌륭한 경력이 기다리고 있었다. 점심을 먹으면서 애드먼드 핼리와 로버트 훅은 중력은 그것이 전달되는 거리의 2제곱에 비례해서 감소하는 게 틀림없다는 공통의 신념에 관해 토론했다. 그들은 행성은 타원궤도를 움직이고, 동시간 내에 궤도 내의 똑같은 면적만큼 통과한다는 케플러의 발견을 '역거듭제곱 법칙'으로 설명할 수 있다고 확신했다. 문제는 그 관계를 수학적으로 증명할 수 없다는 데 있었다.(문제의 일부는 지구 중력을 마치 지구의 중심 그 한곳에 집중하고 있는 것처럼 다루는 것이었는데, 계속 침묵을 지키는 뉴턴을 빼곤 누구도 깨닫지 못한 점이다.) 로버트 훅은 증거를 발견했다고 주장했지만, 다른 사람이 똑같이 해본 결과 모두 실패했다. 그 결론에 도달하기가 얼마나 어려운지를 알고는 비밀로 해두자고, 에드먼드 핼리는 적고 있다. 아마 그는 데카르트의 '기하학'을 흉내 냈을지도 모른다. 이 책의 저자는 '다른 사람이 발견할 기쁨의 여지를 남겨두려고' 증명 일부를 '고의로 삭제'했다는, 독자를 도발하는 듯한 선언으로 끝맺고 있다. 크리스토퍼 렌은 데카르트야 어떻든 로버트 훅의 수학 능력에 의문을 품고 2개월 안으로 그 논증이 가능한 사람에게 로버트 훅이든 에드먼드 핼리든 40실링에 해당하는 가치의 책(꽤 비싼 책이다)을 증정한다고 제안했다. 로버트 훅은 즉시 받아들였지만 2개월이 지나도 논증할 수 없었다. 에드먼드 핼리도 실패했지만, 그 후로도 늘 머리를 떠나지 않았다. 그는 뉴턴이라면 그 답을 추출 할 수 있을 거라는 생각이 들었다. 하지만 뉴턴에게 함부로 다가가지 않는 편이 좋을 것 같았다. 뉴턴의 비서인 험프리 뉴턴(친인척이 아니다)은 5년 동안 딱 한 번 그가 웃었다고 말한다. 그때는 뉴턴이 지인에게 빌려준 유클리드의 책을 어떻게 생각하느냐고 물었는데, 지인이 그 책을 공부함으로써 본인의 생활에 어떤 도움이 되었으며, 어떤 이익을 얻었는지를 물은 것으로, '그때 아이작님은 대단히 즐거워 보였다.'라고 험프리 뉴턴은 쓰고 있다. 하지만 몇 년 전 두 사람이 만났을 때, 애드먼드 핼리는 1680년의 대혜성에 대한 데이터를 뉴턴에게 배웠고 꽤 잘 해냈다. 그리고 8월에 케임브리지를 방문하는 동안에 핼리는 다시 뉴턴을 찾아왔다. 그는 뉴턴에게 물었다. 만일 행성을 태양의 근접점에서 붙잡고 있는 중력이 태양으로부터의 거리의 2제곱에 비례해서 감소한다면 행성 궤도의 형태는 어떻게 되나요? 타원, 이라며 뉴턴은 주저 없이 대답했다.

뉴턴이 회상했듯이 '기쁨과 놀라움'의 표정으로 핼리는 어떻게 그것이 올바른지 아느냐고 물었다. 뉴턴은 계산했으니까, 라고 말했다. 핼리는 그 계산을 보여줄 수 있느냐고 다시 물었다. 뉴턴은 방에 어지럽게 흩어져 있는 산더미처럼 쌓인 논문 속에서 몇 개를 찾아냈다. 수천 개의 논문이 있었다. 그중 일부는 광학에 관한 도해를 투사한 거미집 같은 것도 그려져 있었다. 다른 것으로는 연금술에 관한 연구도 있었고, 중세의 상징, 현자의 돌을 화려하게 그린 것도 있었다. 빽빽이 메모가 적힌 논문은 20종류의 서로 다른 묵시록을 비교한 것으로 삼위일체설에 반대하는 자신의 의견을 실증하려고 뉴턴이 행한 신학 연구의 일부였다. 이는 트리니티대학(캐임브리지대)의 수학교수인 루카스Lucasian의 심오한 비밀이었다. 그 밖에도 구약성서의 예언자들은 우주의 중심이 태양인 것을 알았다. 따라서 로마 가톨릭교회가 지지한 지구 중심의 우주론은 타락이라는 점을 보여주려고 뉴턴이 시도한 논문도 있었다. 하지만 뉴턴은 케플러의 궤도에 대해 역거듭제곱 법칙에 관련된 계산을 아직 발견하지 못했다며 나중에 다시 적어서 보내주겠다며 핼리에게 말했다.

뉴턴은 5년 전에 타원궤도를 계산했다. 모친이 불치병에 걸려서 귀향했는데 약 6개월간 울스도프의 농장에서 지낸 후 케임브리지로 돌아왔을 때였다. 울스도프에 머무르는 동안 그처럼 냉담한 남자에게서 찾아볼 수 없는, 애정으로 가득한 시간을 보냈다. '그는 진정한 효심으로 모친을 대했고 밤새도록 옆에 앉아 약을 먹여주고, 물집을 닦아주면서 통증을 줄여주려고 그가 할 수 있는 모든 힘을 쏟았다.'라고 뉴턴을 회고한 글을 쓴 존 콘두이트John Conduitt는 전하고 있다. 읽고 쓰기가 부자연스러웠던 뉴턴의 모친 한나 뉴턴 스미스Hannah Newton Smith는 장남이 뭘 하는지, 무슨 생각을 하는지를 잘 이해하지 못했다. 그녀는 아들을 진정으로 사랑했다. 뉴턴이 케임브리지대를 졸업하기 직전에 그녀가 쓴 편지가 남아 있다. 한 귀퉁이가 불에 타고(아마 자신의 많은 논문을 불태운 뉴턴에 의해), 문장 일부가 소실되었지만, 남은 부분의 두 문장 속에서 '사랑'이라는 단어가 세 번이나 적혀 있다.

아이작에게

편지 받았다. 용케 알았구나.
네 옷과 함께 보낸 내 편지를 네게 사랑을.
엄마로부터의 사랑을.
널 위해 기도하마.
너를 사랑하는 엄마가.

한나

그녀는 1679년 6월 4일에 매장되었다. 콘두이트conduitt는 그녀를 '평범하지 않은 이해심과 미덕'을 가진 여성이라고 쓰고 있다. 모친의 죽음 후 케임브리지대로 돌아온 뉴턴은 만유인력의 연구를 재개했다. 그는 몇 년 전에 모친의 농가에 있는 자신의 방에서 사과가 떨어지는 것을 본 이후로 이 문제에 그리 집중하지 않았다. 하지만 이번만큼은 '역거듭제곱 법칙'을 주장하는 로버트 훅이라는 대단한 경쟁자가 있었다. 이전에 로버트 훅은 뉴턴에게 인력이 작용하는 물체를 향해 똑바로 떨어지는 물체가 그리는 궤적에 대해 질문하는 편지를 보냈다. 뉴턴은 늘 하던 대로 초연한 태도로 더는 당신과는 토론하지 않겠다는 답장을 보냈다. 하지만 그의 질문에 귀찮아하는 답장이었지만 그중에 실수를 저질렀다. 로버트 혹은 그 실수를 붙들어 늘어지며 다시 답장을 보내 그것을 지적했다. 스스로에게 화가 난 뉴턴은 얼마간 그 문제에 매달렸고, 그 과정에서 행성의 궤도를 설명하면 중력이 역거듭제곱 법칙에 따른다는 것을 스스로 이해할 때까지 증명해냈다. 그리고 그는 이미 끝난 계산을 옆으로 치워두었다. 그 계산이 바로 에드먼드 핼리가 물었을 때 그가 나중에 주겠다고 답한 것이었다. 하지만 거기에도 잘못된 점이 있다는 것을 알았다. 핼리에게 '아직 발견하지 못했다'라고 말한 이유도 뉴턴의 신중한 성격 때문이었다. 뉴턴은 핼리와 약속을 지키려고 그 문제를 다시 연구했다. 3개월 후인 11월에 역거듭제곱 법칙에 따르는 만유인력으로부터 케플러의 세 가지 법칙을 모두 끌어내는 데 성공했다는 논문을 핼리에게 보냈다. 뉴턴의 업적이 얼마나 중요한지 한눈에 알아본 핼리는 케임브리지대에 달려와 중력과 태양계의 역학에 관해 책을 써보라고 뉴턴을 종용했다. 그리하여 아이작 뉴턴의 '자연철학의 수학적 원리-프린키피아'가 탄생했다.

뉴턴은 이 책을 쓰는 데 열중했다. '지금, 이 문제에 몰두하고 있습니다.'라며 천문학자인 존 플램스티드에게 토성의 위성 궤도에 관한 데이터를 바란다는 편지 속에서 이렇게 쓰고 있다. 뉴턴이 애쓰는 문제는, 그를 평소보다 더욱 몰두하는 습관으로 몰아갔다. 그의 비서인 험프리 뉴턴은 다음처럼 쓰고 있다.

"그는 극히 소량만 먹습니다. 아니, 먹는 행위 자체를 완전히 잊어먹는 수도 자주 있습니다. 그의 방에 들어가면 음식이 여기저기 흩어져 있어서 한마디 하면 응? 그래? 라며 말하곤 합니다. 그리고 테이블을 향해 선 채로 한 입, 두 입 먹지만… 아주 양이 적지요. 식당에서 식사하려고 방을 벗어날 때도 있습니다. 그런데 길을 잘못 들어 왼쪽으로 꺾는 바람에 도로로 나가게 되고, 거기서 일단 멈춰서 자신이 잘못된 방향으로 왔다는 것을 알게 되지요. 급히 되돌아오지만, 식당에 가는 대신에 다시 자기 방으로 돌아오는 일이 자주 있었습니다."

대학생 때와 마찬가지로 뉴턴은 여전히 혼자서 정원을 이리저리 돌아다녔다. 보도에 모래가 새로 깔려 있었고, 그는 들고 있는 지팡이로 모래 위에 기하학 도형을 그리곤 했다.(그의 동료는 그것을 지우지 않으려고 조심스럽게 피해 다녔다.) 하지만, 산책하는 동안에도 머릿속에 수많은 생각이 교차하면서 그때마다 산책을 중단하고 급히 돌아와 자신의 책상으로 달려갔다. 험프리 뉴턴은 이렇게 말하고 있다.

"그는 선 채로 책상 위에 구부렸습니다. 의자를 빼서 앉는 시간조차 아깝다고 생각했으니까요."

현존하는 '프린키피아'의 뉴턴의 초고는 천재는 1%의 영감과 99%의 땀으로 이루어진다는 토마스 에디슨의 명언을 여실히 보여주고 있다. 베토벤의 제5번 교향곡의 첫 부분의 초고와 마찬가지로 돌연히 어디선가 영감을 받았다기보다는 눈앞에 놓인 특별한 문제에 포기하지 않고 꾸준히 전념한 결과로 얻어낸 것이다. 얼마나 시간을 들여 어떻게 우주 역학의 법칙을 발견했습니까, 라는 질문에 뉴턴은 '쉬지 않고 생각했기에'라고 대답했다. 그의 고생은 실체와 체면의 두 가지 측면에서 열매를 맺었다. 1668년 4월에 핼리에게 도착한 최종원고에는 미술품이 지닌 우아함과 더불어 이해하기 쉬운 명확함이 동시에 존재했다. 현대의 독자에게는 '프린키피아'는 다른 여러 과학의 최고 걸작품(유클리드의 기하학, 다윈의 종의 기원 등)과 마찬가지로 그 결론이 너무 자명한 이치이며, 어떤 종류의 필연성을 갖추고 있다. 하지만 17세기의 독자의 심리 상태를 감안하면 마치 하늘의 계시를 받은 것처럼 느껴졌을 것이다. 그때까지의 경험적 사고의 역사 중에서 이만큼 광활한 범위의 자연 현상이 이 정도로 정확하게 요약된 설명은 없었다.

물체의 역학은 그 구성 요소에 의존하는데, 가령, 물의 운동 법칙은 불의 법칙과 다르다는 아리스토텔레스의 잘못된 생각은 영원히 버려졌다. 뉴턴의 우주에서는 모든 물체는 하나의 양(질량–뉴턴은 이 개념을 발명했다)과 질량이 가진 '관성–어떤 운동의 상태를 변화시키지 않으려는 성질'로 기술한다. 이것이 뉴턴의 제1의 법칙이다. '모든 물체는 그 상태를 바꾸려는 힘이 작용하지 않는 한 멈춘 상태 혹은 직선 방향으로 일정한 움직임을 계속한다.'

멈추고 있는 물체가 움직이기 시작하거나 움직이고 있는 물체가 그 속도 또는 운동의 방향을 바꿀 때는 반드시 뭔가의 힘이 그 원인이 된다고 뉴턴은 추론했다. 이러한 변화를 시간과 더불어 속도가 변화하는 비율, 이른바 가속도라고 표현해도 좋을 것이다. 이것이 뉴턴의 제2의 법칙, '힘(F)은 질량(m)에 가속도(a)를 곱한 값과 똑같다.'이다.

$$F = ma$$

뉴턴의 제3의 법칙은 '모든 작용에는 반대 방향으로 향하는 동일한 반작용이 있다.' 힘이 작용하면 그 작용으로 크기는 동일하지만 반대 방향으로의 반작용이 생긴다.

이들 개념을 행성의 운동에 응용하면 그때까지 알려진 태양계의 모든 역학을 설명할 수 있었다. 달은 지구 주위를 돌고 있다. 관성의 법칙은 외부의 힘이 가해지지 않는 한, 달은 직선을 계속 날아간다. 달이 직선 위에서 움직이지 않는다는 사실에서 어떤 힘(중력)이 달이 통과하는 길을 그 궤도의 형태로 구부리고 있다고 추론할 수 있다. 뉴턴은 중력이 거리의 2제곱에 비례해 약해진다는 것을 입증했고, 이에 따라 행성의 운동에 관한 케플러의 법칙이 성립한다고 증명했다. 중력은 역거듭제곱 법칙에 따라 작용하기 때문에 핼리 혜성, 화성은 태양 근처에서는 빠르고 태양에서 멀리 떨어진 곳에서는 천천히 움직인다. 동일한 시간 안에 그 궤도의 평면을 따라 동일한 면적만큼만 나아간다. 각각의 물체가 영향을 미치는 중력의 약함은 그 질량에 정비례한다.(이들 연구를 통해 뉴턴은 조석 현상은 태양과 달 양쪽의 중력에 의한 것이라고 설명함으로써 갈릴레오가 고민했던 의문을 말끔히 풀어주었다.)

뉴턴의 제3의 법칙(작용이 있으면 동일한 만큼의 반작용이 있다)에서 우리는 중력은 상호작용임을 추론할 수 있다. 지구가 일방적으로 달에 중력을 미치는 게 아니라 달로부터 중력을 받고 있다. 중력은 서로 작용하기에 행성의 움직임이 복잡해진다. 가령, 모든 행성을 합친 전체 질량의 90%를 가진 목성은 가까운 행성, 토성의 궤도를 '상당히 눈에 띌 만큼' 휘젓고 다닌다. 뉴턴은 담담하게 '그래서 천문학자들의 골치를 아프게 했다.'라고 적고 있다. '프린키피아'의 출판으로 그들의 골칫거리는 깨끗이 나았다. 뉴턴은 천상의 것이든 지상의 것이든 관측되는 모든 것의 운동을 판독하는 열쇠를 제공했다.

핼리는 경제적으로 어려울 때 '프린키피아'를 출판하기 위해 꽤 애써야만 했다. 왕립협회는 그 전 해에 존 레이의 '물고기의 역사'를 출판해서 손실을 보았기 때문이다. 이 책은 훌륭했지만, 서점 진열대에서 전혀 그 수량이 줄지 않았고 반품된 책들은 왕립협회의 창고에 대책 없이 쌓여 있었다. 핼리의 월급은 '물고기의 역사'로 대신 받을 때도 있었다. 게다가 로버트 훅은 근거도 없이 뉴턴이 자신의 만유인력의 법칙을 도용했다고 떠들고 다니는 바람에 일이 꼬였다. 뉴턴이 제3의 법칙을 쓰지 않고 '프린키피아'를 미완성인 채로 두겠다고 겁주는 바람에 출판이 이루어졌다. 책의 제3부는 일반인 대상으로, '책의 판매에 공헌할 것'이라고 핼리가 기대를 품은 내용이었다.[20]

하지만 핼리의 쌈짓돈으로 인쇄비를 부담하면서 어떡하든 해보겠다는 일념 덕분에 '프린키피아'는 1687년, 300~400부가 출판되었다. 이 책은 난해했다.(처음부터 끝까지 난해했다.) 뉴턴이 친구인 윌리엄 더햄William Derham에게 말했듯이 '어중간히 수학하는 사람들에게 쓸모없는 말을 듣지 않으려고… 일부러 프린키피아를 어렵게 썼기' 때문이다. 그래도 핼리는 참을성 있게 책 판매 촉진에 애썼다. 책을

---

20 "그는 활동적이고, 늘 가만있지 못하며, 죽는 순간까지 피곤함을 모르는 천재로, 늘 아주 조금만 자고, 새벽 2시, 3시, 4시까지 잠도 안 자고, 침대에 들어가는 일도 거의 없으며, 철야 연구는 다반사로 낮잠을 잠깐 잘 뿐. 그의 성격은 우울했는데…" 어디선가 들어본 말 같지 않은가. 이는 동시대 사람의 서평이다. 필연적으로 비슷한 사람끼리의 불화가 더 격렬해지기 쉽다.

유럽의 저명한 철학자와 과학자에게 보냈고, 주석을 달아 제임스 2세 King James Ⅱ에게 헌정하거나 왕립협회의 간행물에 스스로 서평을 올리기도 했다. 그의 노력이 결실을 맺어 '프린키피아'는 큰 반응을 일으켰다. 볼테르는 일반인을 위한 설명을 썼고, 뉴턴의 수학이 신뢰할 수 있음을 크리스티안 하위헌스Christiaan Huygens에 확인한 존 로크John Locke는 논리 연습으로서 책을 응용했고, 그 내용을 습득했다. 책을 이해하지 못하는 사람들조차 그 업적에 경외감을 품었다. 존 아버스낫John Arbuthnot 박사에게 책을 받은 드 로피탈de L'Hopital 후작은 '박사에게 아이작 경에 대해 머리카락 색까지 샅샅이 물어보았다.'라며 그들이 주고받는 대화 자리에 합석한 사람은 회상하고 있다. '그는 먹거나 마시거나 자나요, 라고 물으면서 다른 사람과 똑같냐고도 물었다.'

대답은 물론 '아닙니다'였다. 뉴턴은 자연의 힘 중 하나로, 별처럼 빛나고, 너무 멀어 손에 닿을 수 없는 존재다. '그는 인간으로서는 실격이지만 괴물로서는 뛰어났다.'라고 올더스 헉슬리는 쓰고 있다. 우리는 인간보다 괴물을 기억한다. 그리고 우주를 기계로 묘사한 얼음처럼 차가운 뉴턴의 망령 탓에 과학 그자체가 본질적으로 기계적이며 비인간적이라는 인상이 강해졌다. 뉴턴의 인품이 이러한 오해를 완화해주는데 거의 도움이 되지 않는 것은 확실하다. 자연과학과 인문과학의 상호의존에 무관심했던 뉴턴은 음악도 제대로 몰랐고, 위대한 조각을 '돌 인형'이라고 간단히 격하시키고, 시를 '일종의 교묘한 넌센스'라고 생각했다.

그는 그 후 40년을 명성이라는 따뜻하고 감각을 마비시키는 환경에서 보냈다. 이전에는 말랐던 뺨에 살이 오르고, 검고 총명한 눈은 부풀어 올랐으며, 큰 입은 엄격함에서 자못 화가 난 형태로 바뀌었다. 그의 쏘는 듯한 눈빛과 완고한 표정은 런던의 위조지폐범의 공포의 대상이었다. 조폐국의 장관으로서 그는 위조지폐범들을 심문하기를 즐겼고, 많은 사람을 교수대에 보냈기 때문이다. 그는 벤저민 프랭클린, 볼테르 같은 사람들의 면담 요청은 거절했지만, 함께 성 바울 대성당에서 사도의 편지나 복음서를 연구한 존 로크, 왕립협회의 회장이었던 새뮤얼 피프스Samuel Pepys와는 조금은 친하게 지냈다. 그런데 1693년에 심한 불면증과 정신쇠약증을 앓다가 기어코 쓰러졌을 때, 그들에게 기묘한 편집광적인 편지를 지렁이가 기어가는 듯한 글씨로 적어 놀라게 한 적도 있다. 그는 피프스를 가톨릭교도papist라고 말하지를 않나, 존 로크에게 보낸 편지는 다음과 같은 내용도 있었다. "여자나 다른 일들로 날 귀찮게 한 적이 있잖아. 그 탓에 힘들었어. 누가 나한테 병이 심해 이젠 죽을 거라고 말하기에, 네가 대신 죽어달라고 내뱉었어." 친구들은 뉴턴을 침대에서 꼼짝 못하게 했다. 상상을 초월하는 지식인인 그의 건강 상태를 그들은 뉴턴이 자신의 '프린키피아'의 의미를 이해할 수 있는 능력을 되찾았는지 아닌지로 판단했다. 국회의원에도 당선되었지만, 1689년에서 1690년까지의 회기 중에 단 한 번 발언했을 뿐이다. 외풍이 들어오니까 수위에게 문을 닫아달라고 부탁했을 때였다.

뉴턴은 긴 그림자를 남기고 있다. 그는 만사를 모두 처리한 것처럼 보여주려고 그 이상의 연구는 하지 않았기에 과학의 진보가 늦어졌다고 일컬어진다. 하지만 그 자신도 '프린키피아'로는 답할 수 없는 문제가 많다는 것을 잘 알고 있었기에 정면으로 돌파했다. 그중에서도 중력 그 자체의 수수께끼가 가장 이해하기 어려웠다. 한곳에 모은 당구공들이 하나의 당구공의 충돌로 산산이 흩어지듯이 자연이 원인과 결과에 따라 변화한다면 행성의 사이에 매개체가 없는데도 어떻게 중력은 한참 떨어진 하늘의 공간을 초월해 자신의 힘을 상대에게 느끼게 만드는지. 뉴턴의 이론에는 인과설명이 없었기에 따가운 비판을 불러일으켰다. 라이프니츠는 뉴턴의 중력 개념에 '오컬트−신비주의'라는 낙인을 찍었고, 크리스티안 하위헌스Christiaan Huygens는 '불합리'라고 불렀다. 뉴턴은 멀리까지 영향을 미치는 중력의 개념을 '불합리라고 부르고, 철학에 대해 생각할 능력이 충분히 있는 사람이라면 그것을 깨닫는 게 당연하다.'라고 동의를 표시하고는 그 수수께끼의 답을 자신도 모른다고 인정했다. "중력의 원인이 뭔지 아는 체 하지는 않는다."라고 그는 적고 있다. '프린키피아'에는 그의 유명한 말인 'Hypotheses non fingo'가 적혀 있다. '현상을 보고도 중력의 특성이 어디서 기인하는지 모른다. 그래서 나는 가설을 세우지 않는다.' 그는 자신의 초상화 중 하나를 장식한 다음의 시를 시인해야 할지도 모른다.

위대한 뉴턴은 보라,
그는 우주의 설계도를 최초로 조사한 자.
단순하지만 훌륭한 자연의 법칙을 알아내
그 결과를 증명했건만,
원인은 설명하지 않았다.

뉴턴이 천재라는 증거는 그의 대답과 마찬가지로 그 질문 속에 나타나 있다고도 말할 수 있다. 인간의 중력에 대한 이해는 공간의 구부러짐에 대한 아인슈타인의 중력 개념으로 크게 진보했지만, 완전히 이해하기까지의 길은 멀었다. 다음에 찾아올 희미하게 보이는 역은 다차원 통일이론 아니면 일반상대성이론의 양자에 의한 설명일 것이다. 그 목적지에 도착할 때까지, 아니 그 후에도, 다음처럼 뉴턴의 주의 깊은 말이 지속해서 중력 물리학의 상황을 보여줄 것이다.

> "어떤 행성의 궤도도 서로에게만 해당하지 않고 모든 행성을 통합한 움직임에 의존하고 있다. 하지만 이들 움직임의 모든 원인을 동시에 생각하고, 현재의 계산이 허락하는 정확한 법칙으로 이들의 움직임을 정의하는 것은, 내가 틀리지 않았다면 인간의 지식을 초월한다."

오늘날 이것은 다체문제many body problem으로 알려져 있다. 뉴턴이 예상했듯이 아직 풀리지 않고 있다. 태양계 내의 모든 행성의 정확한 상호작용의 계산은 (은하수 속의 모든 별보다는 낮지만) 뉴턴이 예언한 대로 영원히 '인간의 지식'을 초월한 채로 남든지 아니면 언젠가 풀린다 해도 인간의 두뇌에 의해서가 아닌 거대한 컴퓨터의 비인간적인 힘에 의해서일 것이다. 여기서 아인슈타인이 뉴턴을 칭송하는 말을 들어보자. 아인슈타인은 뉴턴이 전제한 약점을 논한 후에 자신의 '자전적 메모'에 다음처럼 적고 있다.

"이것으로 충분, 뉴턴, 이런 실례, 당신은 당신의 시대에 최
고의 사고방식과 창조력을 갖춘 사람에게만 가능한 길을 개
척했다. 당신이 창조한 개념은 오늘날 우리의 이론물리학을
이끌고 있다. 만일 거기서 더욱 고차원적인 지적 이해를 도
모한다면, 직접적인 경험 범위를 훨씬 넘어선, 다른 어떤 존
재로 바꿔야만 한다는 것을 우리는 잘 알고 있다."

그런데 뉴턴에게 근본적인 미해결문제는 과학적인 게 아니라 신학
적이었다. 그의 경력은 신을 탐구하는 오랜 여행이었다. 그의 연구는
마치 원심력으로 신의 탐구에 이르렀는데, 그는 자신의 과학이 신학
처럼 창조주의 위대한 영광을 드높일 것으로 믿어 의심치 않았다. "태
양계에 관한 논문을 쓸 때, 이 같은 원리가 많은 사람이 신에 대한 신
앙을 드높일 가능성에도 신경을 많이 썼습니다. 또한, 그 목적에 도움
이 될 것을 발견하는 것만큼 기쁜 일도 없습니다." 그는 자연의 법칙
에 대해 일련의 설교를 쓰고 있는 젊은 사제 리처드 벤틀리Richard
Bentley의 질문에 이렇게 대답했다. '프린키피아'의 마무리 장에 뉴턴은
다음처럼 적고 있다. "태양, 행성, 혜성으로 구성되는 더할 나위 없이
이 아름다운 공간은 지적이고 강력한 신의 사려와 지배에 의해서만
창조될 수 있다."

뉴턴은 과학을 숭배의 한 가지 형태로 간주했지만, 뉴턴역학은 기
독교 신에 대한 전통적 신앙에 커다란 타격을 입혔다. 그 결정타는 자
유의지를 부정하는 것이었다. "모든 자연, 모든 행성이 영원의 법칙에
따르지 않으면 안 되는데, 이들 법칙을 무시하고 자신이 원하는 대로

행동할 수 있는 50센티미터 정도의 작은 동물이 있어야 한다는 것은 매우 특이한 일입니다."라고 볼테르Voltaire가 섰듯이 말이다.

뉴턴은 자신의 이론이 신의 역할을 줄인다고 생각하지 않았다. 그가 보았듯이 진정한 기적은 존재 그 자체이며 그래서 그는 우주의 기원에서 신의 손길을 불러일으켰다. "현재 행성의 운동은 자연의 원인만으로 생성되지 않고 어떤 지적인 존재에 의해 창조되었다."라고 리처드 벤틀리에게 보낸 편지 속에서 밝히고 있다. 우리는 태양계의 형성이 자연법칙의 작용으로 설명할 수 있다고 생각하지만, 법칙의 근원은 아직 비밀에 싸여있다. 모든 결과에 꼭 원인이 있어야 한다면 뭔가 혹은 누군가 최초의 원인을 일으켰을 것이다. 하지만 그게 누구이고 무엇인지, 같은 질문을 한다면, 과학을 옆으로 제쳐두고, 성 아우구스티누스Saint Augustine of Hippo와 신학자인 아이작 뉴턴이 지배하는 영역에 발을 들여놓을 수밖에 없다.

타히티의… 여성은 섬세한 몸매, 밝고 활발한 기질, 팔딱팔딱한 기발한 상상력, 훌륭하고 기민한 자질과 감성, 부드러운 마음씨, 그리고 환대하는 마음을 갖추고 있다.

- 요한 게오르크 프로스터, 1778년

7. 태양에 수직인 선

18세기 초, 서양사회가 도달한 태양계의 개념은 비율의 측면에서 정확했지만, 그 크기를 확정하지는 못했다. 주로 코페르니쿠스와 케플러의 이론적 연구와 튀코와 갈릴레오의 관측 덕분에 지구는 이전부터 알려져 있던 5개의 행성과 마찬가지로 태양 주위를 타원궤도로 도는 행성이라는 사실에 이론의 여지는 없어졌다. 뉴턴 덕분에 이들 움직임을 지구뿐 아니라 지구 이외의 물리학도 포함하는 수학적 논증에 힘입은 역학으로 해석하고 예측하게 되었다. 하지만 태양과 각각의 행성의 상대적 거리는 알았지만, 그 절대적 거리는 여전히 몰랐다. 코페르니쿠스는 태양계의 비율을 그 오차를 5% 이내로 측정했고, 케플러는 더욱더 가까운 값을 추론했다. 이들 상대적 거리는 지구와 태양의 거리인 '천문단위'로 불리는 값으로 표시하는 게 보통이지만, 누구도 태양까지의 거리가 어느 정도인지는 알지 못했다. 즉 1천문단위가 얼마의 값에 해당하는지가 측정되지 않았다. 이는 당면한 문제였다. 태양계의 비율은 이미 알고 있기에 지구에서 태양까지 혹은 행성 중 하나까지의 거리가 확인되면 나머지 행성까지의 거리도 알 수 있다. 당시는 성능이 좋은 망원경에 달린 마이크로미터의 접안렌즈를 사용함으로써 이미 행성의 지름을 꽤 정확히 관측할 수 있게 되었는데, 행성까지의 거리를 알면 동시에 행성의 크기도 확실히 알 수 있을 터였다. 또한, 천문단위를 기초의 선(기선)으로 사용하면 가까운 별을 삼각법으로 측정하고 그 거리를 잴 수 있는 것도 가능할지 모른다는 훨씬 자극적인 예상도 나왔다.

　이러한 위업의 달성은 18세기의 천문학의 영웅적인 노력 덕분이었다. 그때까지 사용했던 지구와 태양의 거리는 거의 도움이 되지 않았다. 기원전 2세기의 히파르코스를 비롯해 프톨레마이오스, 코페르니쿠스, 튀코까지 천문학자들은 1천문단위는 지구 반경의 1,200배와 거의 비슷하다는 대략적인 계산으로 가정했기 때문이다. 이를 현재의 값으로 환산하면 8백만 킬로미터 정도다. 13세기의 비유를 빌자면, 창조의 날(일반적으로 기원전 400년으로 일컬어진다)에 걷기 시작한 아담은 태양에 도착하는 데 600년이 걸렸고, 목성에는 그동안 해진 신발로 20세기에 도착했다고 보면 될 것이다.

태양에서 행성까지의 평균 거리(천문단위)

	코페르니쿠스	케플러	20세기
수성	0.3763	0.389	0.387
금성	0.7193	0.724	0.723
지구	1.0000	1.000	1.000
화성	1.5198	0.523	1.524
목성	5.2192	5.200	5.202
토성	9.1743	9.510	9.539

그만큼 먼데도 지구 반경의 1,200배라는 값은 실제 천문단위의 20분의 1밖에 되질 않는다. 케플러를 비롯해 나중의 관측가들은 너무 값이 적다고 느꼈지만, 자신의 추론을 확인할 적절한 관측 장비가 없었다.(케플러는 이 값은 지구 반경의 3,500배, 지금까지의 계산보다 약 3배는 되지 않을까 생각했다.)

거리의 데이터를 얻으려면 두 가지 방법이 있었다. 하나는 측미법으로 이론적으로는 거친 방법이지만 현실적으로는 손쉬웠다. 다른 하나는 삼각법으로 이론적으로는 완전하지만 실제로 하기가 어려웠다. 측미법은 조정 가능한 나이프의 날을 장착한 접안렌즈 '마이크로미터'를 망원경에 장착해 행성을 관찰해서 눈에 보이는 지름을 측정한다. 천문학자는 그 지름과 자신이 실제로 지름이라고 추측하는 값을 비교해서 행성의 거리를 대략 계산했다. 당연하지만 그 결과는 원래의 추측값의 범위를 벗어나지 못했다. 몇몇 천문학자의 추측은 꽤 추측이 좋았다. 가령, 크리스티안 하위헌스는 1659년에 화성의 지름은 지구 지름의 약 60%(실제로는 53%)라고 가정해 거기서 망원경을 통해 보이는 화성의 크기를 측정해 천문단위의 값을 1억6천만 킬로미터라고 계산했다. 이는 실제의 값에 놀랄 만큼 가깝다. 하위언스가 추출한 이 값은 화성의 크기는 이 정도일 것이라는 그의 추론을 내놓은 것으로 그 자신도 처음부터 중요한 결과의 기초로 삼기에는 '기댈 수 없는 근거'라고 인정하고 있다. 문제는 누가 가장 행운의 추측을 했느냐가 아닌 모든 사람이 이해할 천문단위의 값을 확립하는데 필요한 관측 데이터를 누가 얻어내느냐였다.

'시차'(parallax, 어원은 그리스어 parallaxis)라고 부르는 삼각법을 사용한 관측은 보다 확실했다. 수천 킬로미터 떨어진 두 곳의 관측지점(가령, 프랑스와 멕시코)으로부터 동시에 어떤 행성을 관측한다면 배경의 별에 대한 행성의 위치가 프랑스의 천문학자와 멕시코의 천문학자는 행성을 보는 각도가 다르기에 조금 다르게 보일 것이다. 이 각도와 두 사람의 천문학자 사이에 놓여진 기선 거리의 양방향을 측정하면 유클리드 기하학을 직접 응용할 수 있음으로써 행성의 거리를 계산할 수 있다.

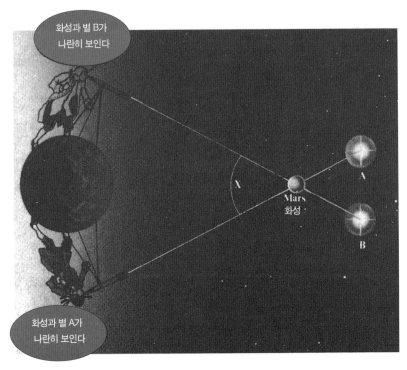

화성의 시차는 지구상의 꽤 떨어진 머리뼈의 점에서 망원경에 비치는 화성의 위치를 동시에 관측해서 얻었다. 육안에 비친 위치의 차이에 따라 각도 X의 값을 구할 수 있고, 그 결과 지구와 화성의 거리를 알았다. 하지만 이 각도는 대단히 작다.

삼각법에 따른 측정이 이론적으로 옳다는 것은 고대 사람들도 이해하고 있었다. 그것을 실행하는 게 어려웠을 뿐이었다. 첫째, 멀리 떨어진 두 사람의 관측자 사이의 거리를 정확히 알아야 한다. 그러려면 꽤 정확한 대륙 간 지도가 필요하다. 둘째, 행성의 움직임, 지구의 자전으로 생기는 오차를 없애려면 관측은 동시에 이루어져야 한다. 이는 정확한 시계와 두 개의 시계를 빈틈없이 맞추어야 할 방법이 필요하다. 셋째, 별에 대한 행성의 위치를 아주 작은 길이지만 표시해야만

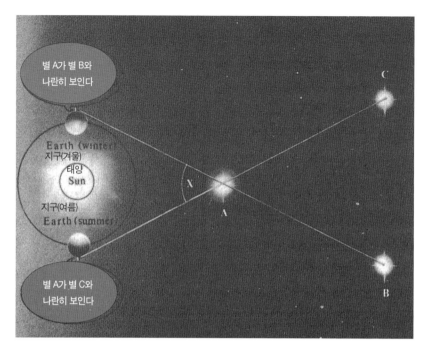

별의 시차는 지구가 아닌 태양 주위를 도는 지구의 궤도를 기선으로 사용했을 때 측정할 수 있다. 하지만 기선이 그만큼 긴데도 각도 X는 대단히 작다.

한다. 왜냐하면, 행성과 지구상의 두 점을 그리는 삼각형은, 어느 변이든 대단히 좁고 길기 때문이다. 여하튼 지구상의 공간과 시간의 측정을 정확히 실시한다면, 삼각법 측정을 실행할 수 있다. 과학에서 다행이었던 것은 지도 작성과 시간 측정 양쪽이 급속한 발전을 했다는 점이다. 하지만 이 발전에 크게 공헌한 것은 순수지식의 추구가 아닌 식민지의 확대였다.

세계의 부는 배로 실려 18세기의 유럽으로 흘러 들어갔다. 뉴턴과 핼리가 향유한 인도산 장미목 식탁, 접시에 장식된 아프리카산의 금, 메인코스로 나온 칠면조와 옥수수, 디저트인 초콜릿, 식후에 피우는 담배는 모두 선창에서 운반됐다. 하지만 외양 항해는 위험할뿐더러 부정확했다. 육지가 전혀 보이지 않는 곳을 탐험하는 선원들은 늘 미지의 세계를 닥치는 대로 항해했고(항해 중 'at sea'라는 말은 어쩔 줄 모른다는 뜻도 들어 있다.) 그 결과로는 연착이나 참사의 형태로 이어졌다. 대서양, 인도양을 통과해 실려 온 은, 설탕, 목재 등 화물의 대부분은 희망봉이나 랜드 엔드의 바위에 부딪혀 산산이 부서졌다. 그 세기 중에는 상황이 거의 개선되지 않았다. 지리학자 리처드 해클럿Richard Hakluyt은 선원에 대해 다음처럼 적고 있다. "사회에서 어떤 직업에 종사하든, 이만큼 위험에 늘 생명을 노출시키는 자는 없다… 그만큼 많은 선원이 있는데도 노인인 자는 극소수다."

엄청난 대참사가 1707년에 발생했다. 클라우데슬리 쇼벨Sir Cloudesley Shovell 경이 이끄는 함대 중에서 4척의 배에 탄 2천 명의 선원 전원이 영국의 남서쪽에 있는 실리 제도의 암초에 좌초되었다. 이 참사가 일어날 때, 함대는 수백 킬로나 떨어진 서쪽의 안전한 바다 위에 있었다고 항해사가 판단한 밤이었다. 무슨 수를 써야만 했다. 문제는 경도의 측정이었다. 선원들은 훨씬 이전부터 북극성, 정오의 태양의 수평선으로부터의 고도를 측정해서 위도(남북방향의 위치)를 알 수 있었다. 이 목적을 위해 사용된 도구가 천문관측의(astrolabe, 별을 붙잡는다는 그리스어)였다. 천문관측의는 동이나 은으로 제작되었고 지름 12.5센티미터에서 17.5센티미터의 원반으로 뒷면에 조준의가 장착되어 있었다. 맑은 날 오후 정오에는 전함 위에서 3명의 항해사가 태양의 고도를 측정하는 모습을 볼 수 있었다. 한 사람이 천문관측의를 꽉 잡고, 다른 사람이 그것으로 관측하고, 또 다른 사람이 고도를 읽었다. 선원들은 항해사가 혹시라도 넘어지면 붙잡으려고 또는 천문관측의가 갑판으로 떨어지면 회수하려고 대기하고 있었다. 천문관측의 효능은 뉴턴, 핼리, 존 해들리, 토머스 가드프리와 그 밖 사람들의 노력으로 시대와 더불어 개선되었다. 간단히 취급할 수 있도록 먼저 원을 4분의 1(사분의)로 줄이고, 거기서 6분의 1(육분의)로 만들었다. 또한, 거울을 사용해서 빛을 굴절시키고, 관측자가 태양과 지평선을 겹쳐서 볼 수 있게 했고 필터와 망원경을 장착해서 천문관측의는 대단히 정확해졌다. 이러한 개선에 힘입어 항해사는 정밀하게 위도를 계산할 수 있었지만 동서 방향의 위치인 경도의 측정에는 전혀 도움이 되지 않았다. 문제는 공간이 아닌 시간에도 있었다. 지구의 회전에 따라서 별들은 1시간에 15도의 비율로 하늘을 이동한다. 이는 시간만 알면 하늘을 봄으로써 자신이 어디 있는지 알 수 있다는 것을 의미한다. 하지만 정확한 시간에 관한 지식이 뉴턴의 시대에 살던 항해자들에게는 없었다. 육지에서는 추가 달린 시계가 시간을 알려주었지만 추는 바다에서는 쓸모가 없었다. 배가 흔들리면 추도 같이 흔들렸기 때문이다. 18세기 초에 배의 시계는 보통 하루에 5분에서 10분이나 맞지 않았다. 바다로 나가면 불과 열흘 만에 경도를 측정하면 800킬로미터나 틀린 계산이 나왔다는 사실을 보면 알 수 있다.

클라우데슬리 쇼벨 경이 이끄는 함대가 실리 제도의 바위에 충돌한 것도 이처럼 계산이 틀려서였다. 이 문제는 너무 오래 방치해두었기에 사람들은 항해 중에 경도를 측정하는 문제는 해결 불가능하다고 여겼다. 세르반테스의 '개들이 본 세상'의 등장인물인 수학자는 정신 나간 듯이 주절주절 투덜댄다. "난 말이야 고정점(el punto fijo, 정확한 경도)을 찾는 데 22년을 보냈어. 정말 모르겠다고 포기할라치면 저기서 발견하고, 틀림없이 찾았기에 이젠 놓치지 않겠다고 생각했는데 눈을 뗀 순간 저 멀리 가버리니 놀랄 일이지. 마치 원의 면적을 구할 때처럼 말이야."

죽음의 병상에서 세바스천 카보트Sebastian Cabot(1474 – 1557. 영국 왕 헨리 8세 시대의 항해가. 탐험가 – 옮긴이)는 신이 그에게 해답을 계시했다고 주장했지만, 신에게 아직 비밀을 지키겠다고 맹세했다고 덧붙였다. 그래도 경도의 문제를 무작정 피할 수는 없었다. 스페인, 포르투갈, 베네치아, 네덜란드, 영국 같은 해운국의 정부가 제공하는 막대한 상금을 노리고 많은 발명가가 이 문제에 뛰어들었다. 상금 중에서 가장 고액은 영국 경도국에서 제시한 2만 파운드였는데, 대서양 횡단 중에 2분의 1도의 오차로 경도를 측정할 수 있는 실용적인 방법을 고안한 자에게 주겠다고 했다. 2분의 1도는 런던의 위도에서는 63해리에 해당한다. 무식한 목수로 시작해 시계제조업자가 된 존 해리슨은 생애 대부분을 그 상금을 노리는데 보냈다. 그는 매번 '시계'를 만들었다(이 시계watch라는 말은 휴대용을 의미하는데, 하루를 4시간 별로 6회 당직으로 나눈 배의 관습에서 비롯되었다.) 그의 '시계'는 날로 정밀해지고 내구성이 좋아졌다. 그는 매일 밤 근처의 굴뚝 뒤편으로 자신이 고른 별들이 모습을 감추는 것을 관측함으로써 시계의 정확도를 조사했다. 완성까지 19년이나 걸린 그의 걸작품 '해양정밀경도측정용시계'는 자메이카의 항구인 로얄 포트로 운반되었고, 1761년부터 1762년에 걸쳐 영국 군함 뎁트퍼드호에서 사용되었다. 태양을 관측하는 데 사용되었는데 8일 동안 불과 5.1초밖에 차이가 나질 않았다. 이는 지금의 시계로 따져도 쌍벽을 이루는 성능이었다. 그러나 존 해리슨은 상금 일부를 받으려고 몇 년이나 진정했음에도 결국 상금을 받지 못했다. 2만 파운드는 실로 큰 금액이었기 때문이다.

천문학자와 지리학자는 선원들이 지상의 공간과 시간의 측정을 개선할 때까지 기다릴 필요는 없었다. 지도는 늘 개량되고 있었고 추가 달린 시계는 바다에서 쓸모가 없었지만, 육상에서는 목성의 위성에 대해 그 움직임과 빛의 소멸을 관측함으로써 시간을 맞출 수 있었기 때문이다.(네덜란드는 이 독창적인 아이디어에 대해 갈릴레오에게 돈을 주었지만, 배에서는 소용이 없었다. 목성의 위성을 분해할 만큼 망원경의 배율이 높아지면, 배의 흔들림으로 그만큼 확대되기에 행성을 시야에 계속해서 넣어두기가 불가능했다.) 프랑스에서는 조반니 카시니Giovanni Cassini, 장 피카르Jean Picard처럼 천문학자가 주도하는 지도제작자들이 육지에 측량삼각의 망을 친 갈릴레오의 방식을 사용해 정확한 지도를 제작했다. 이에 의해 장 피카르는 지구의 원주를 실제 값의 126 마일(약 202킬로미터) 이내의 오차로 측정할 수 있었다.[21]

보다 나은 지도와 시계를 손에 넣은 천문학자는 서로 가깝게 있는 행성인 화성과 목성을 삼각법으로 측량하려고 시도했다. 1672년, 프랑스의 젊은 천문학자 장 리처가 이끄는 국제원정대가 적도에서 480 키로미터 북쪽의 남미의 해안에 있는 카이엔으로 출항했다. 지구에

---

21 이 지도는 프랑스가 생각했던 것보다 훨씬 작다는 것을 밝혀주었고, 태양왕(루이 14세 – 옮긴이)에게 프랑스 아카데미 학자들은 프랑스가 전쟁에서 적에게 뺏긴 것보다 더 많은 영지를 잃었다고 보고할 생각을 하게 만들었다.

최접근 중인 화성을 프랑스 아카데미에 있는 동료와 동시각에 관측했다. 조반니 카시니는 데이터를 분석해서 1천문단위는 1억3920만 킬로미터라고 계산했다. 이 값은 실제의 값인 1억900만 킬로미터에 근접하는데, 당시의 장치나 기술에 흔히 발생했던 부정확함을 염두에 두고, 그 이전에 하위헌스가 추론한 계산과 마찬가지로 조반니 카시니의 경험에 근거한 추론이라고 여겨졌다.

금성은 화성보다 지구에 가까워서 삼각측량이 쉬워야 하지만, 최접근할 때는 태양 빛에 가려진다. 하지만 긴 기간에는 2회, 100년 정도 간격이면 2번씩 금성은 태양의 전면을 통과한다. 이 태양 전면 통과(일면통과) 중에 금성은 무수한 빛으로 빛나는 태양에 대해 실루엣처럼 되어 검고 둥글게 보인다. 세인트 헬레나 섬에 원정 중, 수성의 일면통과를 관측한 에드먼드 핼리는 통과하는 데 걸리는 시간을 측정함으로써 금성까지의 거리를 알 수 있을지도 모른다고 생각했다. 멀리 떨어진 장소에서 언제 금성이 태양의 전면에 나타나, 언제 사라지는지를 정확히 측정하면 된다. 태양의 테두리가 윤곽이 확실한 배경의 역할을 해주고, 금성은 우주의 잣대가 될 터였다.

핼리는 자신이 금성의 태양 전면통과를 관측할 만큼 오래 살지 못할 것을 알고 있었다. 두 번의 태양 전면통과가 1931년과 1639년에 있었지만, 그가 태어나기 1세대 전의 일이었다.(핼리는 1656년에 출생). 다음은 1761년과 1769년인데, 그때면 자신이 100살을 넘긴다.(핼리는 자신이 명명한 핼리 혜성이 다시 찾아올 때까지 오래 살지는 못했다.)[22] 그래서 핼리는 무슨 일이 있어도 자신의 각오를 실행하려고 '내 예언은 불

---

[22] 마지막 금성의 일면통과는 1874년과 1882년이었다. 다음은 2004년 6월 7일과 2012년 6월 5일이었다.

멸하다'는 문장으로 시작되는 논문을 1716년에 발표하고, 아직 태어나지도 않은 천문학자들을 위한 충고도 곁들였다.

"따라서 우리는, 우리가 죽은 후, 이들 관측을 떠맡을 호기심 왕성한 별의 연구자 제군에게, 거듭 충고하노니, 우리의 충고를 잊지 말고 이들 관측에 정열적으로 임해주길 바란다. 제군을 위해 우리는 행운을 빌며 기도한다. 특히 염원하던 관측의 기회가 불운한 구름에 의해 빼앗기지 않기를. 보다 정밀한 경계로 이루어진 천구의 광활함이, 마침내 그 영광과 영원의 명성을 가져오길."

일면통과의 관측은 그때까지 거의 행해지지 않았는데, 있다 해도 우연히 행해진 게 대부분이었다. 파리의 피에르 가상디Pierre Gassendi(프랑스의 물리학자, 수학자, 철학자 – 옮긴이)는 케플러가 예측한 1631년의 수성의 일면통과를 얼마간 관측하는데 성공했다. 그는 태양의 고도를 측정하라고 소년 조수에게 발판 위에서 발을 굴리며 알렸지만, 사흘이나 이 장대한 이벤트를 기다리다가 지루하고 힘든 끝에 소년 조수는 기다리던 장소에서 벗어나 있었다. 피에르 가상디 혼자서 발표한 관측 데이터는 삼각측량에는 도움이 되질 않았지만 수성이 생각보다 훨씬 작다는 것을 밝혀냈다. "훨씬 더 큰 줄 알았는데, 그것이 수성이라는 것이 믿기질 않았다."라고 그는 쓰고 있다. 이는 태양계가 프톨레마이오스나 기타 지구중심론자의 대략적 계산보다 상당히 크다는 갈릴레오의 주장을 뒷받침하는 것이었다.

금성에 관해서 말하자면, 1631년 12월 6일부터 7일 사이의 일면통과는 신세계(미국)에서만 보였는데, 본 사람은 한 명도 없었던 것 같다. 1639년 11월 24일의 일면통과를 본 것은 영국의 천문학자이자 목사인 제러마이아 호록스Jeremiah Horrocks 와 그의 친구인 윌리엄 크랩트리William Crabtree였다. 목사인 호록스가 곤란하게도 일면통과가 그가 두 번 설교하지 않으면 안 되는 일요일에 일어났다. 그는 교회에서 집으로 뛰어갔고 오후 3시 15분에 망원경을 들여다보며 금성을 관측했다. "내 희망인 금성은… 딱 마침 그 전체가 태양 면에 들어가고 있었다."

금성도 수성과 마찬가지로 예상보다 훨씬 작게 보였다.(케플러는 금성을 태양의 4분의 1 크기라고 과대평가했다.) 그래서 망원경에 비친 행성의 크기는 실제보다 작다는 것을 알게 되었고 행성 간 거리에 관한 사람들의 인식은 개선되었다. 하지만 호록스는 태양의 실제 거리를 측량할 방법을 몰랐다. 그가 유일한 관측자였기에 가령 정확한 시계를 갖고 있다 해도 금성을 삼각측량할 수가 없었다. 한편 윌리엄 크랩트리는 태양에 비하면 행성이 훨씬 작다는 것을 보여주는 광경에 압도되면서 제대로 된 기록을 남기지 못했다. 호록스는 "우리 천문학자는… 빛과 형언할 수 없는 구체적인 현상에 기뻐 날뛰는 경향이 있다."라고 한탄했다.

1761년과 1769년에 금성이 일면 통과할 때 세계는 변하고 있었다. 천문학은 전문가가 실행, 과학협회가 후원, 정부 재원으로 유지되는 조직화된 과학이 되었다. 태양계의 크기를 측정하는 데 필요로 하는 수단을 마침내 과학이 손에 넣었다고 여겨졌다. 핼리의 진심 어린 당부는 기억되었고 일면통과는 마이크로미터, 정확한 시계, 튼튼한 삼각대에 장착된 구리 소재의 망원경을 준비한 많은 관측가에 의해, 멀리는 시베리아, 남아프리카, 멕시코, 남태평양까지 널리 조사되었다. 일면통과를 관측한 사람들은 얼마간 성공을 거두었다. 하지만 행성의 움직임은 장엄할지 몰라도 이 세상에서 일어나는 일은 혼돈에 휩싸여 있다는 것을 그들에게 일깨워 주는 많은 고난이 도사리고 있었다. 나중에 메이슨 딕슨 라인(미국의 자유주(북쪽)와 노예주(남쪽)를 가르는 경계선이 되었다.)으로 알려진 천문학자 찰스 메이슨Charles Mason 과 측량기사인 제러마이어 딕슨Jeremiah Dixon은 아프리카로 향하는 도중 프랑스 배에 습격을 받고(이때는 7년 전쟁이 한창일 무렵) 11명이 사망하고 37명이 부상을 입었다. 그들은 군의 호위를 받고 케이프타운에 도착, 1761년의 일면통과를 관측했는데 그들이 각자 판단했던, 금성이 태양의 면에 들어간 시간과 나온 시간이 몇 초 다르다는 것을 발견했을 뿐이다. 윌리엄 웨일즈William Wales는 캐나다의 허드슨만에서 일면통과의 시간을 측정했지만, 그 이전까지 모기와 파리에 무지하게 괴롭힘을 당하고 있었다. 또한, 그는 거기서 방치된 채로 남아 있는 브랜디가 불과 5분 만에 얼었다는 실증적인 정확함으로 겨울의 혹독함을 묘사하고 있다. 프랑스 아카데미에서 러시아 오지로 파견된 장바티스트 샤페드 오토로체Jean-Baptiste Chappe d'Auteroche는 얼어붙은 볼가 강을 전속력으로 건너 말이 끄는 작은 썰매로 시베리아의 삼림을 헤쳐 나와 일면통과가 일어나기 6일 전에 토보리스크에 도착했다. 그가 태양에 간섭했기에 봄 홍수가 발생했다고 비난하는 무리를 쫓아내려고 경비를 세워두지 않으면 안 되었지만, 어떡하든 일면통과의 관측을 이루어냈다. 그는 8년 후인 1769년의 일면통과의 시간을 바하 칼리포리니아(스페인)에서 측정한 후, 거기서 전염병에 걸려 사망했다. 그의 휘하에 있던 사람 중에 유일하게 살아남은 인물이 무사히 그 데이터를 파리에 갖고 돌아왔다. 알렉산드르 기 핑그레Alexandre-Gue Pingre는 마다가스카르에서 일면통과를 관측하려 했지만, 그 기간에 비가 몹시 내렸다. 영국인에게 배를 강탈당하고 포로의 몸으로 리스본에 돌아왔지만, 과학자이자 동시에 인도주의자였던 그는 배에서 술을 찬미하곤 했다. "태양까지의 거리를 관측하는데 필요한 힘을 술이 주도다."라고 쓰고 있다. 가장 불운한 경우는 기욤 르 장틸Guillaume le Gentil일 것이다. 그는 1760년 3월 26일, 다음 해에 인도 동해안에서 일면통과를 관측할 계획으로 프랑스를 떠났다. 몬순의 영향으로 그가 탄 배는 코스에서 벗어났고 일면통과가 발생한 날에는 바람이 없어서 인도양의 한 가운데 멈추는 바람에 유의미한 관측을 하지 못했다. 다시 일면통과를 관측해서 실패를 만회해볼 요량이었던 그는 인도로 향하는 승선권을 예약했고, 퐁디셰리(인도)의 사용하지 않는 화약창고 위에 천문대를 설치한 후 거기서 기다렸다. 하늘은 5월 내내 줄곧 쾌청했지만, 일면통과가 발생한 6월 4일의 아침만 구름이 꼈고, 일면통과가 끝나자마자 다시 맑아졌다. 그는 이렇게 쓰고 있다.

"2주간 이상이나 실의에 빠지는 바람에 일지를 쓰려고 펜을 들 기력조차 없다. 프랑스에 제출할 보고서를 쓰려는데 펜이 두세 번 손에서 미끄러졌다… 이는 천문학자에게 가끔 생기는 운명이다. 5만 킬로미터나 여행해서 왔건만.

관측할 그 순간에 태양 앞에 나타나 내가 천신만고의 고생 끝에 얻은 기회를 빼앗아 가버린 구름을 보려고, 조국을 떠나 광활한 바다를 건너온 셈이다."

더한 불행이 그를 기다리고 있었다. 설사병에 걸린 그는 그 후 9개월 동안 병석에 누워 꼼짝 없이 지내야만 했다. 그 후 조국으로 돌아가려고 스페인 군함을 예약해서 승선했지만, 희망봉에서 허리케인을 만나 배 돛이 부러졌다. 길을 잃고 떠밀려 아조레스 제도의 북쪽을 표류한 끝에 배는 겨우 카디스 항에 도착했다. 그가 피레네산맥을 넘어 마침내 프랑스의 땅을 밟은 것은 조국을 떠난 지 11년 6개월 13일만이었다. 파리에 돌아온 그는 거의 죽은 목숨이라는 선고를 받고, 재산은 몰수되었으며 남은 것은 그의 상속인과 채권자가 나눠 가졌다. 그는 천문학을 단념했고 결혼해서 회고록을 쓰려고 은퇴했다. 카시니는 그의 기골을 칭송하면서도 '그 항해 탓에 그는 사람들과 교제를 싫어했고, 무뚝뚝한 성격이 되었다.'라고 아쉬워했다.

왕립협회가 준비한 더 치밀한 일면통과 관측을 위해 꾸려진 원정대는 전장 30미터의 범선인 영국 군함 엔데버호에 승선해 1768년 8월 26일에 항구 도시인 플리머스를 뒤로했다. 과학자의 대표는 부유한 식물학자로서 나중에 왕립협회 회장이 될 조셉 뱅크스Joseph Banks였다. 엔데버호에는 많은 시계, 망원경, 기상관측용 장치를 담은 궤짝을 타히틴인과 상거래를 하려고 못이 가득 든 오크통도 실려 있었다. 타히티인들은 금속으로 만들어진 것이라면 무엇이든 사족을 못 썼다. 사령관은 뛰어난 항해자이자, 바다의 측량자, 수학자인 제임스 쿡

James Cook 선장이었다. 비록 독학이지만 그의 천문학 능력은 걸출했고 1776년의 일식을 관측함으로써 2해리 이내에서 뉴파운드랜드에 있는 자신의 경도를 측정할 정도였다. 물리적인 과학뿐 아니라 사회생활에서도 경험주의자인 그는 식사에 대해서도 여러 실험을 했는데, 부하에게 자우어크라우트(sauerkraut, 양배추를 발효시켜 만든 요리 - 옮긴이)를 먹게 해서 괴혈병을 예방할 수 있다는 것을 발견했다. 그는 처음에 항해사만 먹는 것이라고 명령함으로써, 선원들이 마구 먹어대는 것을 방지했다. 항해는 평소에 비해 순조로웠다. 3천 갤런(약 13,600리터)의 와인과 천 파운드(약 450킬로그램)의 양파를 마데이라 제도에서 선적한 원정대는 포클랜드에서 반미치광이인 제독에게 공격당했다. 이 총독은 일면통과가 '북극성이 남극을 통과하는 것'이라고 알고 있었다. 또한, 도중에 4명의 선원을 잃었는데, 한 명은 익사한 베테랑 선원이고, 또 한 명은 물개 가죽을 조금 훔치다가 양심에 찔려 바다로 뛰어든 젊은 해병대원, 나머지 두 명은 조셉 뱅크스의 하인으로 티에라델푸에고의 눈폭풍 와중에 술에 취해 동사했다. 7개월 반 후에 엔데버호는 타히티에 도착했다. 그곳은 당시나 지금이나 천국을 의미했다. 쿡 선장은 부하둘이 허락 없이 타히티의 여성과 금속을 맞바꾸는 것을 엄중히 금했다. 그녀들은 활이나 별을 상징하는 복잡한 문신을 허벅지에 새기고 못을 한 개나 두 개 얻을 수 있다면 성교섭을 가져도 개의치 않았다. 쿡 선장은 이전에 타히티에 왔을 때 타고 온 돌핀호의 선원이 타히티의 여성에 집착한 나머지 많은 못을 배에서 **빼**내는 바람에 배가 산산조각 날 뻔했던 경험이 있었다. 쿡 선장의 부하 2명이 타히티의 여성과 결혼해 산속으로 도망가자, 그는 그들을 잡아와 쇠사슬로 묶어버렸다. 그는 인정이 있는 남자였지만 영국에 돌아가려면 인재와 배를 확보하지 않으면 안 되었다. 하지만 그의 명령에도 불구하고 못과 그 밖의 금속으로 만든 것들이 배에서 계속 없어졌다. 쿡 선장과 조셉 뱅크스의 지시로 튼튼한 천문대가 타히티에 설치되었다. 그 이후 그 장소는 비너스(금성)곶이라고 불리었다. 1769년 6월 3일, 맑은 하늘 아래 거기서 일면통과의 관측이 이루어졌다. 하지만 일면통과의 시간을 측정하기란 어렵다는 것을 알았다. 문제는 금성에 두터운 대기가 존재하고 그것이 거기를 통과하는 태양의 빛을 굴절시켜서 확산시킨다는 점이었다. 그 결과, 일면(태양면)을 통과하는 금성은 대기가 없는 수성처럼 분명한 명료함이 없고, 나뭇가지에 걸린 빗방울처럼 태양의 끝자락에 붙어있는 듯이 보였다. '우리는 행성 본체의 주위에 대기 혹은 검은 그림자가 있는 것을 확실히 봤다. 그 때문에 접촉의 순간은 확실하지 않았다.'라고 쿡 선장은 자신의 일지에 적고 있다. 그 결과, 완전히 똑같은 망원경으로 관측했는데도 쿡 선장과 천문학자인 찰스 그린Charles Green의 금성이 들어가고 나온 시간의 대략적 계산이 20초 차이가 났다. 이처럼 곤란한 상황이 발생했지만, 쿡 선장과 다른 과학원정대가 모은 데이터에 의해 10% 이내의 오차로 지구와 태양의 거리에 관해 나름대로의 올바른 값을 산출할 수 있었다. 천문단위는 그 후 19세기의 일면통과 시간대의 금성, 1877년의 화성의 어포지션(opposition, 지구에서 볼 때 행성이나 달이 태양 반대편 방향에 위치하는 현상 – 옮긴이) 이전에는 도움이 되지 않았던 지구 주위를 떠도는 수천의 소행성에 대해 지금 이상으로 정확하게 상상한 삼각형을 그린 과학자들에 의해 보다 정확히 관측되었다.

프톨레마이오스Ptolemaic가 계산한 우주 전체 크기보다 태양계가 100배나 더 크다는 것이 알려짐으로써 과학자들은 확신을 갖고 별들 사이의 깊은 공간에 시선을 돌렸다. 그리고 별까지의 거리의 측정이라는 야심적인 시도를 했다. 아직 몇 가지는 경험에 따른 추측에 의해서였다. 별까지의 거리를 측정하는 초기 방법 중 하나는 어떤 별의 밝기가 본질적으로 태양과 동일하다고 가정하고 눈에 보이는 밝기(등급)를 측정해서 케플러 시대부터 알려진 우주의 어떤 천체의 밝기와 그 거리의 2제곱에 반비례한다는 법칙을 응용함으로써, 그 거리를 추측했다.(이 방법은 행성의 크기는 지구와 거의 비슷하다고 가정함으로써 행성까지의 대략적인 거리를 구한다는 예전의 시도와 비슷했다.) 17세기가 끝날 무렵에 크리스티안 하위헌스는 어둡게 한 방에서 가장 밝은 별인 시리우스와 똑같은 밝기라고 보이는 이미지를 얻을 때까지 여러 크기의 구멍을 뚫어 태양을 관측했다. 적절하다고 생각된 구멍에서는 태양의 빛인 27,664분의 1밖에 들어오지 않았다. 그는 시리우스는 태양보다 27,664배 멀리 있다고 결론지었다. 이는 실제 거리의 20분의 1 정도이지만 방대한 거리였다. 이보다 얼마간 세련된 방법을 1668년에 제임스 그레고리가 제안했다. 가장 바깥의 행성(당시는 그렇게 생각했다)인 토성을 태양 빛의 강함을 측정하는 일종의 반사경으로 사용하는 방법이다. 토성의 반사능을 측정해서 별들이 태양과 동일한 밝기라고 가정함으로써 뉴턴은 더 밝은 별들은 약 16광년(그의 계산을 현대 용어로 바꾼 것) 떨어져 있다고 결론지었다. 여기서 결점은 각각의 별들의 밝기는 제각기 다르다는 점이다. 우리가 하늘에서 보는 별 중에 밝은 별의 대부분은 태양의 수십 배나 밝기에, 별들이 태양과 비슷하다는 가정에서 나온 추측보다 실제로는 훨씬 멀리 있다. 가장 유력한 방법은 별들을 삼각법으로 측정하는 것이었다. 이는 지구가 아닌 지구의 궤도를 기선으로 사용해야 그 목적이 이루어진다. 가까운 별의 위치를 6개월 간격으로 두 번 관측하는 즉, 궤도의 반대편으로 지구가 가는 반년 후에 우리가 보는 것보다 멀리 있는 별에 대해 가까운 별의 각도를 측정함으로써 위치의 변화를 구하는 사고방식이다. 별의 시차로서 알려진 이 방법은 지구 궤도의 반경(천문단위)이 일단 측정되면 이론적으로는 실행이 가능했다. 하지만 그것을 일관적으로 사용하기 전에 지구의 몇 몇 미묘한 움직임을 더 이해할 필요가 있었다.

　여기서 빼놓을 수 없는 중대한 역할을 맡게 된 인물은 핼리의 뒤를 이어 왕실천문관이 된 영국의 천문학자 제임스 브래들리James Bradley였다. 시차에 자극을 받은 그는 아마추어 천문가인 큰아버지 제임스 파운드James Pound와 핼리Halley처럼 20대에 화성을 삼각법으로 측정했다. 그들의 관측은 천문단위가 1억4900만 킬로미터에서 2억 킬로미터 사이라고 추론했다. 8년 후인 1725년, 브래들리와 또 한 명의 아마추어 천문가인 새뮤얼 몰리뉴Samuel Molyneux는 몰리뉴 집의 굴뚝 속에 정밀한 망원경을 설치했다. 이 '천정의'는 지구의 대기에 의해 발생하는 별빛의 왜곡이 가장 적은 하늘의 부분, 즉 똑바르게 뻗은 위쪽을 가리켰다. 그들은 이 망원경을 런던 위도의 천정 주위를 통과하는 엘타닌(Gamma draconis, 용자리 감마)이 보이는 위치가 천천히 움직이는 것은 지구의 움직임에 의해 생기는 배경의 변화 때문이라고 추론했다. 그들은 얼마나 변화했는지를 측정하는데 별을 십자선으로 되돌리는데 망원경의 조준을 얼마큼 움직이지 않으면 안 되었는지를 나타내는 수용측연을 사용했다.(17세기에 훅 선장도 똑같은 별을 관측하려고 천정의를 사용했는데, 그의 장치가 조잡했기 때문에 유익한 결론은 얻지 못했다.) 용자리 감마의 시차에 대한 새로운 시도는 더 중요한 결과를 얻었는데, 전혀 예측하지 못한 것에 관해서였다. 몇 개월이 흘렀고 그 별의 관측 데이터가 축적되는 가운데, 브래들리는 위치의 최대 변화가 매년이 아닌 매일 일어난다는 것을 발견하곤 놀랐다. 흥미가 끌린 그는 더 자유롭게 움직일 수 있는, 말하자면 더 많은 별을 관측할 수 있는 제2의 망원경을 준비해 큰어머니의 지붕에 설치했다.(그녀는 친절하게도 각 계단의 마루에 구멍을 뚫도록 허락해주었기에, 지하의 차갑고 안정된 공기 속에 관측 장비를 갖다놓을 수 있었다.)

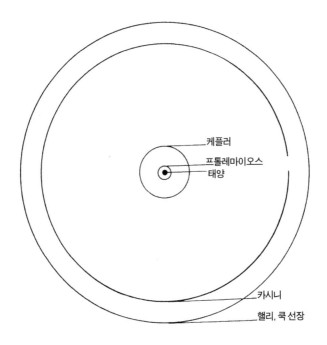

지구 궤도의 크기의 대략 계산, A.D.100 ~ 1769년

1728년까지 브래들리는 2백 개 이상의 별을 관측했고 놀랍게도 그들 모두가 같은 방식으로 움직인다는 사실을 발견했다. 각각의 별은 24시간마다 북쪽으로, 거기서 남쪽으로 조금씩 움직이는 것처럼 보였다. 브래들리는 그 이유를 좀체 몰랐다. 흔한 일이지만 그가 답을 떠올린 것은 천문대에서 작업할 때가 아니라 편하게 쉬고 있을 때였다. 템스강에서 배를 타고 있던 그는 자신이 돛의 끝자락에 매달린 풍향계를 줄곧 쳐다보고 있다는 것을 깨달았다. 풍향계는 바람의 방향을 향하기에 배가 방향을 바꿀 때마다 그 방향도 바꾸는 것처럼 보였다. 바뀌는 것은 물론 바람이 아닌 배의 방향이었다. 지구는 쏟아지는 별빛 속을 항해하는 배 같은 것일지도 모른다는 생각이 머리를 스쳤다. 지구가 별빛 속을 움직이는 데 따라서, 그 움직임이 별이 보이는 위치를 바꿀지도 모른다. 지구를 빗속에서 힘차게 걷는 여성이라고 가정해보자. 자신의 움직임에 따라 비가 자신 쪽으로 경사지게 떨어진다고 보인다. 그녀는 그것을 바꾸려고 우산을 앞으로 향하게 기울인다. 마찬가지로 지구의 움직임에 의해 별빛이 경사지게 보이고 별이 보이는 위치를 시간별로 변화시킨다. 브래들리는 별빛의 '광행차'라고 불리는 현상을 발견한 것이다. 그로부터 20년 후, 브래들리는 별도의 지구의 미묘한 움직임인 '장동(nutation, 지축 회전운동의 주기적인 진동 – 옮긴이)'을 발견했다. 이는 지구의 회전축의 방향이 흔들리는 현상이다. 이렇게 골치 아픈 문제가 용자리 감마별의 시차를 측정하려는 그의 노력을 방해했지만, 나중에는 시차 측정의 길을 닦아주었다. 그리고 지구는 자체의 축의 주위를 회전하면서 동시에 태양 주위를 회전한다는 오래된 코페르니쿠스의 가설에 직접적 증거를 제공했다.

별은 대단히 멀리 있기에 삼각법으로 측량하려면 브래들리의 시대에 가능했던 것보다 훨씬 정확한 장치가 필요했다. 지구 궤도를 직경 30센티미터의 접시에 비유하면, 접시 양쪽을 2점으로 잡고, 가장 가까운 별을 정점으로 그린 삼각형은 41.6킬로미터의 길이가 되는데 그 두 변은 평행선과 거의 구별이 되지 않는다. 시차천문학자가 직면한 과제는 이처럼 삼각형이 수렴할 수 있는 각도를 찾아내고(가장 얇은 삼각형도 마찬가지로) 선이 어디서 교차하는지를 판단할 만큼 충분하고 정확하게 각도를 측정하는 것이었다. 왜냐하면 그 점이 3차원의 공간 속에서 별이 존재하는 장소이기 때문이다. 브래들리는 그만큼 정확히 판단하는 날까지 살지 못했다. 하지만 망원경과 그 설치대는 지속적으로 개선되었고 1838년 12월에 프리드리히 베셀Friedrich Wilhelm Bessel이 18개월에 걸친 관측의 결과 백조 좌 61번째 별의 시차를 관측하는 데 성공했다고 발표했다. 그는 수학자이자 천문학자로 뮌헨의 뛰어난 광학기사인 요제프 폰 프라운호퍼Joseph von Fraunhofer가 제작한 정밀한 망원경으로 쾨니히스베르크의 천문대에서 관측하고 있었다. 베셀의 측정은 현재 값인 10.9광년의 10% 이내의 오차로 백조 좌의 61번째 별까지의 거리였다. 그로부터 얼마 지나지 않아 희망봉에 있던 토머스 핸더슨Thomas Henderson이 켄타우로스좌의 알파별의 시차를, 러시아에서는 프리드리히 스트루브Friedrich Struve가 밝고 푸른 별 베가의 시차를 얻는 데 성공했다. 예상한 대로 그 각도는 대단히 작았다. 태양에서 가장 가까운 별, 그러니까 가장 시차가 큰 켄타우로스좌의 알파별alpha star까지도 시차는 불과 0.3초호(seconds of arc),

1만분의 1도였다. 역시 성간星間(별 사이의 - 옮긴이) 공간은 상상을
불허할 만큼 압도적으로 거대한 스케일이었다. 옆의 별인 켄타우로스
좌의 알파별로부터의 빛은 초속 30만 킬로미터로 우리에게 오는데 4
년하고도 15주가 걸린다.(켄타우로스좌의 알파별은 4.3광년 떨어져 있다
고 한다.)

  눈에 띄지 않는 별이지만, 베셀이 꼼꼼히 관찰한 백조좌의 61번째
별은 지구에서 11광년 떨어진 곳에 있다. 하지만 별까지의 거리가 상
상을 초월할 만큼 멀다는 것은 별이 태양이라는 가정 아래 이전부터
줄곧 추론된 것으로 그 거리를 실제로 인간이 측정할 수 있다는 사실
만큼 인상적이지는 않았다. 사모스의 아리스타르코스Aristarchos의 마
음속에서 태어난 삼각형은 예전에는 상상도 못 했던 성간 공간으로
확대되었고 우주론적 사고의 개념적 수평선을 확장시켰다. 지금 우주
는 무한히 넓다. 지구와 별을 잇는 관계가 밝혀짐에 따라 멀리 있는
별에 대한 이해가 깊어지고, 그 별들이 가깝게 느껴졌다. 그중에 쿡
선장이 특히 기뻐할 것이라고 짐작되는 이야기가 있다. 타히티의 사
람들을 매료시킨 못의 재료인 철에 관한 것이다. 별을 빛나게 만드는
핵물리가 독해되면서 20세기의 천문물리학자는 철이 별의 진화에 중
심적 역할을 했다는 것을 알아냈다. 별은 가벼운 원자인 수소의 원자
핵이 융합되어 불타오른다. 수소의 원자핵은 하나의 양자로, 헬륨의
원자핵은 2개의 양자와 2개의 중성자로 구성되어 있다. 원자핵을 융
합해서 에너지를 방출해 불타오르는 동시에 별은 가벼운 원자핵에서
보다 무거운 원자핵을 만든다. 이 과정이 진행되면서 각각의 별은 탄
소, 산소, 네온, 나트륨, 마그네슘, 실리콘 그리고 마지막으로 철의 원

자를 만들어낸다. 하지만 철에서 그 작업은 끝나고 만다. 수메르어 중에 '철'이라는 말은 '하늘로부터의 금속'이라는 의미인데, 말 그대로 정확하다. 철은 별이 일하고 얻은 산물인 셈이다. 연료를 다 소모한 별은 불안정해서 폭발하는데, 철이나 기타 무거운 원소를 많이 포함한 내용물을 우주 공간에 흩뿌린다. 시간이 지나면 이것이 팽창해서 가스 덩어리로 변하는데 가까이 있는 성간운과 섞인다. 태양과 그 행성은 이 같은 구름의 하나가 응축된 것이다. 시간이 더 흘러 인류가 출현하고 북잉글랜드의 광부들이 땅속에서 철을 캐내, 장인들이 거기서 못을 만들고 항만노동자가 철이 든 오크통을 영국 해군의 엔데버호의 창고에 싣는다. 못은 타이티로 향하고 태양이 생기기 전에 죽은 별의 내부에서 시작된 여행을 계속한다. 태양까지의 거리 측정이 목적인 원정에서 쿡 선장의 부하들이 타히티의 춤추는 여성들과 맞바꾼 못은 본디 고대의 태양들로부터 비롯된 파편인 것이다.

창조는 얼마나 무한한지,
별 혹은 별의 집합인 은하조차
지구에서 보는 꽃이나 곤충 정도로밖에 보이지 않
는다.

- 임마뉴엘 칸트

나는, 지금까지 어느 누구도 본 적이 없는,
광활한 우주를 들여다보았다.

- 윌리엄 허셜

8. 심오한 우주

밝은 성운(nebulae, 어원은 라틴어의 부옇다는 의미에서 비롯되었다)은 별들 사이에 여기저기 흩어져서 보이는 부옇고 넓으며 반짝이는 물질 덩어리다. 그 대부분은 망원경이 없으면 보이지 않는다. 겉모습이 전부 비슷해 보이지만, 실제로는 상당히 다른 3종류의 천체가 밝은 성운으로서 보이는 것이다. 어떤 것은 구형이라서 가끔 행성과 닮았기에 플랜터리planetary라는 잘못된 이름으로 불리기도 하지만 사실은 나이를 먹어 불안정하게 된 별에서 방출된 가스 껍질이다. 전형적인 행성 모양의 성운은 직경이 약 1광년으로 질량이 태양의 5분의 1이다. 그리고 반사성운, 발광성운은 가까운 별에 반사된 가스나 먼지구름으로 반사하는 별 그 자체가 주위를 둘러싼 구름에서 최근에 응축된 경우가 많다. 이들 성운의 직경은 수백 광년도 있는데, 태양 100만개 분만큼이나 그 이상의 질량을 포함하고 있다. 이들의 은하 속에서 대부분가려져 있는데, 그 보다 더 큰 암흑성운의 밝게 빛나는 부분에 상당한다. 하지만 암흑성운 그 자체는 주의를 끌만큼 눈에 띄지 않기에 오랫동안 그 존재가 알려져 있지 않았다. 마지막으로 언급할 것은 타원성운, 소용돌이 성운이다. 이들은 수백만 광년이나 떨어져 있는 다른 은하인데, 커다란 은하의 직경은 10만 광년 이상도 있고, 그 중에는 수천억 개의 별이 포함되어 있다. 인류는 태양이 많은 별들 중 하나라는 사실을 이해하고 나서야 성간 공간을 조사할 수 있었다.

마찬가지로 우리가 광활한 우주의 심해에 흩뿌려진, 은하의 우주 속에 살고 있다는 사실을 인식하려면 먼저 성운의 성질에 대해 이해할 필요가 있었다. 이는 성운의 외형만이 아닌 그 화학조직을 이해하는 것도 뜻한다. 이 노력에서 분광학과 천체물리학이라는 두 가지 과학이 탄생했다. 과학은 두 다리로 발달한다고 한다. 하나는 이론(혹은 연역법), 또 하나는 관측과 실험(혹은 귀납법)이다. 하지만 그 진보는 활보라기보다는 종종걸음으로 똑바로 나가는 군대의 행진이 아닌 방황하는 음유시인의 걸음걸이에 가깝다. 과학의 발달은 지적 유행에 영향을 받고, 가끔은 기술의 성장에 의존한다. 그리고 그 앞길을 모르는 경우가 많아서 보통은 미리 계획을 짤 수 가 없다. 은하 간 공간의 탐구에 첫 발자국을 찍은 인물은 철학자인 임마누엘 칸트Immanuel Kant와 수학자인 요한 람베르트처럼 서재의 이론가들이었다. 그리고 선견지명을 지닌 아마추어 천문학자 윌리엄 허셜의 관측이 그 뒤를 따랐다.

1750년 26살의 칸트가 최초로 우주론에 관해 썼을 때, 그는 우리가 아는 칸트가 아니었다. 경험주의와 합리주의를 통합해 전 세계의 철학을 조명하고 역동성을 불어넣어 주는 지적 거인이 되려면 아직 멀었기 때문이다. 4년 전에 부친이 죽고 나서 그가 받았던 교육은 중단될 수밖에 없었다. 그는 동프로이센에서 가정교사로 일했다. 그는 학사 학위는 취득했지만(학비는 당구나 카드 게임으로 벌어서 냈다.) 박사 학위를 취득할 때까지 5년이 더 소요되었다. 그는 쾨니히스베르크대 철학부의 기성 형식에 맞추려고 굳이 자신의 문체를 바꾸지는 않았다. 쾨니히스베르크대의 이론학, 형이상학의 교수로 임명된 것은 그가 46살이나 되어서였다. 그는 기지가 풍부하고, 사교성이 있어서 여성에게 인기가 있었지만 평생 결혼하지는 않았다. 습관은 엄격했고, 하루 한 끼밖에 먹지 않았다. 늘 친구들과 함께 있었으며, 뭘 입을지를 정하려고 매일 아침 침대 곁의 청우계와 온도계를 봤으며, 저녁에는 똑같은 시간에 산책을 했다. 이웃 사람은 그가 나타나면 시계를 맞추었다고 한다. 그는 수학과 물리학을 강의했고 뉴턴과 루크레티우스Titus Lucretius Carus를 존경했으며 신학의 역사에서 보험통계까지 모든 분야의 책을 섭렵했다. 어느 날 칸트는 함부르크의 신문에 실린 토머스 라이트Thomas Wright라는 영국인 측량 기사이자 철학자가 쓴 '우주의 독창적 이론 또는 새로운 가설'이라는 책의 서평을 읽었다. 신앙심이 깊은 라이트가 천문학을 독학한 이유는 위대한 신의 창조를 보다 잘 이해하기 위해서였는데, 도덕이나 신학의 교훈을 만재한 그의 책과 강연은 사교계의 인기를 끌었다. 여러 직업을 전전하면서 그는 많은 우주 모델을 발표했지만 그 대부분이 모순되었기에 신의 보좌를 어디에 놓을지 등의 문제로 늘 고민했다. 그는 신의 보좌를 우주 중심에, 지옥을 바깥의 암흑에 배치했다. 이 같은 사상가의 우주론적 추측은 보통은 칸트의 흥미를 끌지 않았을 것이다. 하지만 칸트가 읽은 라이트의 책을 요약한 서평은 라이트의 이론을 왜곡시켰기에 이론을 바꾸어도 좋겠다는 생각이 들었다. 실재하지 않는 가설에 고무된 칸트는 세계에서 최초로 은하로 구성된 우주에 시선을 돌리게 되었다. 이는 저널리즘이 우주론에 공헌한 특별한 사례라고 말할 수 있다. 라이트는 플라톤, 아리스토텔레스, 프톨레마이오스, 코페르니쿠스를 이끌었던 것과 마찬가지로 잘못된 길 안내가 우주를 구라고 가정하게 만들었다. 하지만 코페르니쿠스 이후의 사람들이 태양을 우주의 중심에 놓았던 것에 비해 라이트는 태양은 천구상에 있다고 주장했다. 그가 실제로 한 일은 아리스토텔레스나 프톨레마이오스의 별의 구를 부활시킨 것이었지만 태양을 그들 별 중의 하나로 간주했다. 라이트의 우주는 과육을 제거한 내용물이 없는 오렌지 같은 것으로 태양과 다른 별은 그 껍질에 붙어있었다. 그는 은하가 하늘에 걸린 별의 띠처럼 보이는 이유는 구의 내벽에 위치하는 우리가 별이 흩뿌려진 구를 보고 있다고 생각하면 설명할 수 있을지도 모른다고 쓰고 있다. 구의 접선 방향을 따라 가면 많은 별(은하)이 보이지만, 구의 반경의 방향을 따라가면 비교적 적은 수의 별만 보인다. 칸트가 신문에서 읽은 개요는 이 최후의 점(다행히 라이트의 이론 중에서 제일 괜찮은 부분)을 강조하고 다른 내용은 흐지부지 처리했다. 그래서 칸트는 라이트의 우주는 오렌지 껍질의 표면을 일부 벗겨낸 엄지손톱만큼의 크기의 편평한 얇은 막 같은 별의 원반이라는 잘못된 인상을 받았다. 그래서 칸트는(그는 라이트도 그럴 것이라고 생각했다) 은하의 별들은 원반의 형태로 공간에 흩뿌려진 것이라고 상상했다. 자기의 생각에 흥분한 칸트는 책을 썼고 다음처럼 설명하고 있다.

"태양계 안의 행성은 거의 똑같은 평면상에 있듯이 항성도 평면에 가까운 곳에 모여 있다. 이 평면은 하늘 전체로 퍼져 있다고 생각되는데 별들은 그 속에 달라붙은 듯이 고정되어 있고, 은하라고 불리는 빛의 줄기를 형성하고 있다. 무수한 태양에 의해 반사되는 이 영역은 거의 완전한 원을 그리고 있는데, 우리의 태양은 이 거대한 평면의 지극히 가까운 곳에 위치하고 있음이 틀림없다고 확신하기에 이르렀다. 이 논의의 근거를 찾아보다가 항성도 실제로는 천천히 움직이고, 보다 고도의 질서를 토대로 이동할 가능성이 크다는 견해에 도달했다."

위의 애매한 발판을 근거로 칸트는 은하로 가득 찬 우주로 훌쩍 도약했다. 그는 프랑스의 천문학자인 피에르 루이 모페르튀이의 관측보고를 읽어보거나 타원형의 성운이 하늘의 이곳저곳에서 발견되었다는 사실도 알았다. 그중 하나가 육안으로 관측할 수 있는 안드로메다 성운으로 다른 것은 망원경을 사용하면 볼 수 있었다. 칸트는 만일 우주가 많은 원반의 형태를 한 별의 집단(현재는 은하라고 부른다)으로 구성되었다면 타원형의 성운은 우리의 하늘의 강(은하)처럼, 별들로 구성된 또 다른 은하일지도 모른다고 생각했다. "앞으로 우리 이론의 최대의 매력이 될 부분이다. 창조계획에 대한 훌륭한 생각이 제시되었기 때문에"라고 그는 적고 있다.

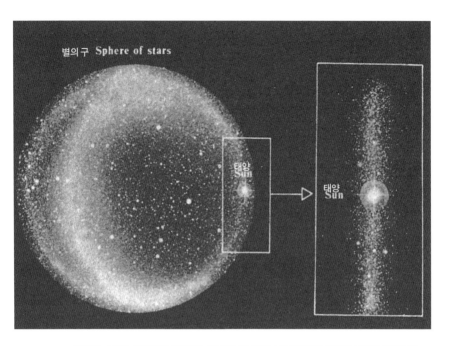

라이트는 우주는 거품처럼 생겼다고 상상했는데, 은하의 모습은 별을 흩뿌린 표면을 우리가 보고 있기 때문에 그렇게 보인다고 생각했다. 칸트는 라이트의 이론 중 최초의 부분에 대해 몰랐지만, 태양은 편평한 별의 시스템(은하)에 속한다는 제2의 올바르게 상상된 부분에 생각이 끌렸다.

"만일 은하처럼 공통의 평면에 모여 있는 항성 집단이 우리에게서 멀리 떨어진 곳에 있다면 그 별들을 구성하는 각각의 별은 망원경을 사용해도 구별하기 어려울 것이다. 만일 은하에서부터 다른 항성의 집단까지의 거리의 비율이 태양으로부터 은하의 별까지의 거리와 같다면 즉, 만일 이처럼 항성의 세계가 그 세계의 바깥에 있는 관측자의 눈에서 그만큼 떨어져 있는 곳에 있다고 치자. 그러면 이 세계(하늘의 강인 은하)는 그 평면이 눈의 방향으로 향한다면 원, 가로나

경사진 곳을 향한다면 타원의 형태를 한 작은 반점처럼 보일 것이다. 약한 빛, 형상, 보이는 직경의 크기가 덩어리로 뭉쳐 있는 듯이 보이는 별들의 구성으로 천체는 확실한 특징을 보여주고 있다."

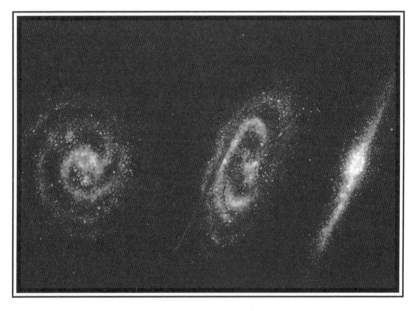

칸트는 원형의 모습을 한 은하를 여러 각도에서 바라보면 원이나 타원, 직선의 형태를 한 '성운'으로 보인다는 사실을 알았다.

타원형의 성운은 이처럼 천체의 모습이 틀림없다고 칸트는 적고 있다. 성운은 '상상할 수도 없는 먼 곳'에 있는 '많은 별들로 이루어진 시스템'이라는 것이다. 여기서 처음으로 광활한 우주론적 공간을 떠도는 은하로 구성된 우주의 초상화가 제시되었다. '천계의 일반자연사와 이론'이라는 제목의 칸트가 쓴 책은 1755년에 출판되었는데, 그 직후에 출판사가 파산하는 바람에 그의 책은 부채를 갚기 위해 모두 압류되었다. 그런 이유로 그 책을 아는 사람은 거의 없었다. 칸트는 프리드리히 대왕Friedrich Ⅱ에게 헌정했지만 왕이 그 책을 읽지는 않았다. 알려진 많은 예술가와 철학자가 이 비상하고 뛰어난 대왕에게 자신의 작품을 헌정했기 때문이다. 그 중 한 명이 요한 제바스티안 바흐Johann Sebastian Bach였는데, 그는 대왕에게 경의를 표해 '음악의 헌정'을 작곡했다.

프리드리히 대왕은 칸트의 책은 읽지 않았지만 다른 예상치 못한 경로를 통해 은하로 꽉 찬 우주의 개념을 만났다. 그가 그것을 듣게 된 계기는 1764년 3월의 어느 날 저녁으로 베를린 과학 아카데미의 회원 자격 심사 때문에 만난 어떤 후보자에게서였다. 회견이 이루어진 방은 촛불이 거의 꺼져 컴컴했는데, 이 인물의 모습과 태도가 너무 불쾌감을 주기에 회견을 주선한 친구들이 그의 모습을 제대로 보여준다면 대왕이 결코 인정하지 않을 거라고 걱정해서였다. 컴컴한 방에 있던 남자는 요한 하인리히 람베르트Johann Heinrich Lambert였다. 그의 친구들이 걱정한 대로 외모가 별났다. 얼굴은 굉장히 크고, 얼굴 면적의 대부분이 눈썹 위로 몰려 있었다. 복장도 별났는데 보라색 연미복에 하늘색 재킷, 검은색 리본에 하얀색 양말, 게다가 특별한 경우에만 사용하는 나비 모양으로 매듭한 폭이 넓은 리본을 두 개 둘렀다. 하나는 그의 묶은 머리칼에 또 하나는 가슴을 장식하기 위해서였다. 그의 시선은 날카로웠지만, 직접 상대의 눈을 바라보는 경우는 드물었다. 타인에게 옆모습을 보여주기를 좋아했기 때문이다. 질문할 사람이 그를 보려고 하자, 그는 발꿈치를 천천히 돌려서 상대에게 달처럼 자신의 옆모습을 계속 보여주었다.

"그대의 전공이 과학의 어떤 분야인지 말해 보게."

프리드리히 대왕이 어둠 속의 람베르트에게 물었다.

"전부입니다."라고 람베르트는 대왕과 90도가 다른 공간을 향해 대답했다.

"훌륭한 수학자처럼 보이기도 하는데?"

프리드리히 대왕이 물었다.

"맞습니다."

"어떤 교수에게서 수학을 배웠나?"

"독학입니다."

"그러면 그대는 또 다른 파스칼이란 말인가?"

프리드리히 대왕은 17세기의 위대한 수학자의 이름을 내비쳤다.

"그렇습니다. 대왕이시여."

어둠 속에서 대답이 들려왔다.

대왕은 얼굴을 살짝 돌려 웃음을 억지로 참고는 방을 떠났다. 그날 밤, 저녁 식사 중에 그는 세상에서 가장 바보 같은 놈을 만났다고 떠벌렸다. 하지만 친구들이 회견 결과에 대해 걱정스럽게 말하자 단호한 표정으로 임명될 것이라고 단언했다. 프리드리히 대왕은 '내가 임명하지 않는다면 그의 생애에 오점이 될 것'이라 했고, 실제로 그의 출판물이 재심리 과정을 거쳐 람베르트는 아카데미 회원에 임명되었다. 그의 연구 중에 '우주론적인 편지Ccosmological letters'라는 제목의 에세이가 있다. 고독한 남자가 상상 속의 친구들에게 보낸 편지의 형식으로 써졌는데(람베르트는 독특한 의상을 걸쳤기에 아이들은 그가 허리띠를 두른 고행승인줄 알고 그 뒤를 졸졸 따라다녔다.) 그중에서 람베르트는 태양은 원반 같은 형태의 별들의 시스템(은하)의 한쪽 끝에 존재하고, 다른 '무수한 은하'도 존재한다고 주장했다. 그는 오랜 시간 밤하늘을 바라보았고, 그 이론에 도달한 의미를 다음처럼 적고 있다.

> "나는 창가에 앉았다. 지상의 물체는 모두 그 매력을 잃었고, 내 주의를 끄는 것은 아무것도 없었다. 그래도 내게는 더욱 심사숙고할 가치가 있는 것으로서 많은 흥미를 이끄는 별하늘이 남아 있었다.… 나는 빛의 날개를 몸에 달고, 하늘의 모든 공간을 휘젓고 다녔다. 어딜 가더라도 더 멀리 가고 싶다는 욕구가 늘 끓었다. 이처럼 나는 은하에 대해 생각했던 것이다… 천구 전체에 널리 퍼져, 보석을 박은 반지처럼 이 세상을 물들이는 이토록 빛나는 아치(arch) 형태는 내 마음속에 경외심을 불러 일으켰다."

칸트와 람베르트의 은하 서사시는 사람들이 우주의 잠재적 풍요로움과 크기를 깨닫는 데 도움이 되었다. 하지만 아무리 통찰력이 뛰어나도 그 환희 위에 그저 과학적 우주론을 줄줄 쌓을 수는 없다. 우주가 실제로 은하로 구성되었는지 어떤지를 결정지으려면 현실적으로 3차원의 우주 지도를 제작할 필요가 있었다. 람베르트의 명상적인 별 바라보기와 똑같은 감흥을 준다고 해도, 그보다 훨씬 고통스러운 관측이 요구되었다. 이러한 관측 활동의 주요 인물은 윌리엄 허셜

William Herschel이었다. 그는 태양계보다 이른 시기에 대부분의 천체가 존재하고 있는 우주를 자세하고 체계적으로 관측한 최초의 천문학자이다. 허셜은 1738년 11월15일에 하노버에서 태어났다. 그의 부친은 뛰어난 지성을 갖춘 음악가로 6명의 자녀에게는 스스로 생각하는 방법을 가르쳤고, 식사할 때도 과학이나 철학에 대해 열심히 토론하도록 권장했으며, 맑은 날 밤에는 자녀들을 바깥으로 데려가 별자리를 가르쳐주었다. 7년 전쟁 중에는 18살인 허셜은 부친이 속한 악단 하노버 가드 밴드에서 오보에를 연주했다. 전쟁의 신(Mars - 옮긴이)은 음악을 싫어했기에 악단은 전쟁 중에 골치 아픈 존재였다. '아무도 음악가에게 관심을 둘 여유가 없었다, 음악가는 필요하지 않은 모양이었다.'라고 허셜은 담담히 회상하고 있다. 얼마간 그는 영화 '제너럴'에 나오는 버스터 키턴Buster Keaton처럼 무덤덤하게 전쟁터를 떠돌았다. 그러던 어느 날, 악단이 야영하던 진흙투성이 밭이 프랑스부대의 사정거리에 들어가게 되자, 허셜의 부친은 아들에게 '대부분의 용기는 사리 판단'이라고 충고했고, 소년은 그 말에 따라 전쟁터를 빠져나왔다. "누구도 신경 쓰지 않는 것 같았다."라고 그는 쓰고 있다. 허셜은 영국으로 도망갔고, 거기서 성공했다. 당시의 왕은 정치적으로 공평무사했고 같은 고향인 하노버 출신인 조지 2세였다. 허셜의 영어는 완벽했고 그의 태도는 깔끔했고 품위 있는 정직함을 갖추고 있었다. "어딜 가도 좋은 친구들에게 둘러싸였다."라고 집으로 보낸 편지에 적고 있다. 그는 늘 책을 읽고 열심히 공부했다. 훨씬 나중에 그는 아들인 존에게 다음처럼 말했다. "어느 날 말 등에서 책을 읽는데, 갑자기 내가 길 끝에 있다는 걸 알았지 뭐냐. 말이 등을 잔뜩 구부려서 나를 내동댕이치려고 했지만 그래도 손에 든 책을 놓치지는 않았어."

그는 동년배인 데이비드 흄David Hume(스코틀랜드의 철학자, 경제학자 - 옮긴이) 같은 사람들에게 강렬한 인상을 주었을 뿐 아니라 교양을 자랑하지도 않았기에 런던 사교계에서도 성공을 거두었다. 음악적 방면에서도 저명한 게오르크 프리드리히 헨델Georg, Friedrich Handel이 남긴 전례 덕분에 허셜은 30살에 바스에 있는 교회의 오르간 주자로 임명되었다. 이는 상류사회에 걸맞은 직업이었기에, 생애를 편안히 보낼 것이라고 기대했을 것이다. 하지만 그는 뭔가 채워지지 않는 느낌을 가졌다. 음악만으로는 충분하지 않았다. 그는 자신이 위대한 헨델이 아니라는 것을 잘 알았고, 편안한 삶에 만족할 사람도 아니었다. '음악이 과학처럼 100배나 어렵지 않은 게 유감이다.'라고 그는 쓰고 있다.

"…몸을 움직이는 것을 좋아하는 나로서는 스스로를 바쁘게 만드는 것이 절대로 필요하다. 안 그러면 무위도식으로 병이 날 것이다. 아무것도 안 하면 죽을 것 같으니까."

그는 케플러와 갈릴레오가 거쳐 온 길을 탐구했고, 음악에서 천문학으로 이끄는 다리를 건넘으로써 해결책을 찾아냈다. 그 이전과 그 이후의 많은 아마추어 천문가처럼 그는 일단 대중적인 과학 서적을 읽는 것부터 시작했다. 특히 제임스 퍼거슨James Fergusson의 '아이작 뉴턴 경의 원리를 설명하는 천문학'과 로버트 스미스Robert Smith의 '완전한 광학 체계'에 감명을 받았다. 퍼거슨은 양치기하던 소년기에 천문학 공부를 시작했다. 그는 학교 교육을 받은 적이 없었다. 그는 밤에 스코틀랜드의 평야에 드러누워 적당한 간격으로 실에 꿴 구슬로

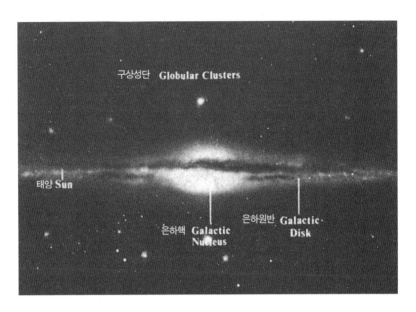

하늘의 강(은하)을 옆에서 보면 타원형을 한 중심 부분이 있고, 원반 형태처럼 보인다. 이 원반은 구상성단이나 나이가 오래된 별에서 생긴 후광에 둘러싸여 있다.

별 사이의 각도를 측정했다. 그는 읽고 쓰기를 독학하고, 선생이 되었으며, 대중을 위한 강연을 하고, 자신이 쓴 천문학책 두 권이 호평을 얻었으며, 왕립협회의 회원으로 임명되었다. 허셜이 최초로 성운에 관해 읽은 내용은 퍼거슨의 책 중에 실려 있었다. 일부의 성운에는 별이 없는 것처럼 보였다. 퍼거슨이 쓴 내용처럼 "하늘에는 얼마간 하얗게 보이는 점이 있다. 이들을 망원경으로 보면 확대되면서 밝기가 늘어나지만, 그 안에는 별이 없다. 이들 중 하나가 안드로메다 별자리 안에 있다. 다른 성운은 별들이 서로 연결되어 있었다. 육안으로 보면 그들은 어두운 별처럼 보인다."라고 퍼거슨은 쓰고 있다. "하지만 망원경으로 보면 그들이 밝게 반사된 하늘의 부분처럼 보인다. 별이 하

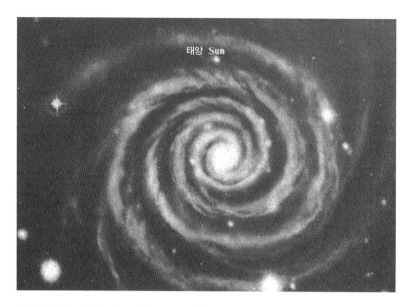

태양 Sun

하늘의 강(은하)의 소용돌이 모양의 팔은 수백 년이라는 수의 격렬하게 타오르는 거성의 빛으로 형성된다.

나 있는 곳도 있고, 더 많은 별이 있는 곳도 있다.… 희미하게 보이는 별들 중에 가장 훌륭한 것은 오리온 검Orions sword의 한 가운데 있는 것이리라."

스미스의 책을 통해 허셜은 별, 아마도 성운은 멀리 있겠지만 큰 망원경을 사용하면 그것들이 존재하는 광활한 공간을 볼 수 있을지도 모른다는 사실을 배웠다. 스미스는 "더 많은 빛을 모으기 위해 구경을 크게 할수록 더 많은 별을 볼 수 있다."라고 썼다. 허셜은 그의 가르침을 마음속 깊이 새겨두었다. 그의 일생은 망원경을 사용하면 우주를 들여다볼 수 있다, 망원경이 커지면 더욱 먼 곳을 볼 수 있다는 원리의 실행이었다. 허셜은 굴절망원경을 구입해서 관측을 시작했지만 얼마 지나지 않아 뉴턴이 깨달았듯이 그 망원경에 색수차가 생기는 것을 발견했다. 색수차는 유리의 굴절률이 빛의 파장에 따라 다르기에 생기는 현상을 말한다. 이 결함은 합성 아포크로메틱 렌즈의 개발로 최종적으로 극복되었지만, 허셜이 천문학에 뛰어들었을 무렵에는 굴절망원경의 색수차 발생을 막는 유일한 방법은 상당히 초점 거리가 긴 망원경을 제작하는 것이었다. 그래서 관측가는 극단적인 일을 시도했다. 존 플램스티드는 왕립 그리니치 천문대에서 27미터 길이의 굴절망원경을 조립했고, 파리의 카시니는 토성을 연구하려고 초점거리가 5.1미터, 19.2미터, 30미터, 40.8미터로 서서히 커지는 망원경을 제작했다. 하지만 이만큼 길고 튼튼한 경통을 만들기는 거의 불가능했고, 성공한다고 해도 장착이 쉽질 않았다. 가끔 경통을 제거하고 그 대신에 대물렌즈를 가능한 한 높은 곳 가령, 높은 공공건물의 옥상 같은 곳인데, 영국의 제임스 파운드는 윈스태드 공원의 메이폴(maypole, 꽃이나 리본으로 장식한 긴 막대기로 5월 축제 때 그것을 둘러싸고 춤춘다. − 옮긴이)의 위에 장착했다. 관측자는 접안렌즈를 손에 들고 몇 블록 앞에 서서 멀리 있는 렌즈를 보면서 목성이나 연성인 별자리의 엡실론 별이 자신의 시야에 들어오는 귀중한 순간을 기다렸다. 이처럼 망원경을 사용해 어쩌다 유익한 관측을 할 수 있는 것은 초인적인 인내력을 갖춘 천문학자뿐이었다.(1722년에 브래들리는 63.6미터의 경통이 없는 굴절망원경을 사용해 금성의 각의 직경을 제대로 관측했다.) 하지만 대부분의 사람들은 이처럼 길고 긴 망원경을 다루기가 쉽지 않고, 처방전이 질병보다 훨씬 나쁘다는 것을 깨달았다. 허셜은 초점거리를 각각 1.2

미터, 3.6미터, 4.5미터 그리고 9미터의 굴절망원경을 제작했지만 그 중 굴절망원경은 포기했다. "이토록 긴 경통을 다루는 번거로움은 견디기 어려워서 내 마음을 반사망원경으로 돌리게 만들었다."라고 그는 쓰고 있다. 그는 뉴턴이 발명한 것처럼 작은 반사망원경을 빌려 그것이 '긴 굴절망원경보다 훨씬 편리하다는 것을 알았다. 내가 직접 반사망원경을 제작할 수 있을지 시험해 보기로 결심했다.' 이 결정은 은하계의 천문학의 시작과 동시에 허셜의 한가한 시간의 종말을 고하는 것이었다. 얼마 후 그는 금속거울을 주조해서 그것을 별빛의 선명한 이미지를 만들어 주는 데 필요한 정확한 오목거울을 고생스럽게 깎는 일에 자유로운 시간을 모두 쏟아부었다.

그는 길게는 16시간이나 거울을 깎고 매끄럽게 다듬는 작업을 했고 그의 여동생인 캐롤라인Caroline이 책을 읽어주거나 샌드위치를 만들어 주면서 그를 도왔다. 성악을 좋아했던 캐롤라인은 오케스트라와 함께 노래하고 싶어서 영국에 있는 오빠 집으로 왔지만, 광학 공방처럼 돼버린 집에서 뜻하지 않게 천문학만 끼고 사는 삶을 보내게 되었다. 허셜이 어린 시절에 바이올린을 배울 때 익혔던 미묘한 터치(그 자신의 표현)로 마호가니로 만든 망원경의 경통을 첼로처럼 우아한 형태로 만들고, 거기에 코커스 나무로 제작한 넓은 접안렌즈를 부착할 수 있게 만들었다. 코커스 나무는 어린 시절에 그가 연주했던 오보에에 사용된 목재였다. 천문학책을 처음 접했던 날로부터 10년이 채 못돼 그는 자신의 망원경은 '지금까지 만들어진 것 중에 최고 걸작'이라고 자부심을 품을 정도였다. 허셜의 관측자로서의 기술도 만만찮은 세련미를 거듭했다. 그는 망원경을 다루는 요령을 터득했다. "관측한다는 것은 배우지 않으면 익히지 못하는 기술"이라고 그는 쓰고 있다.

"나는 망원경의 개량에 힘쓰는 한편 지속적으로 사용해보았다. 망원경들은 나를 여러모로 괴롭혔지만 나는 마침내 그들의 기분을 읽어냈으며 그들의 본심을 끌어내었다. 인내력과 저력이 없이 뛰어들었다면 결코 잘되지 않았을 것이다."

별에 매혹된 허셜은 일 년 내내 특히 맑은 밤이면 늘 서너 시간에 몇 분 정도 몸을 따뜻하게 덥히는 시간 말고는 한밤중 내내 망원경 옆에 앉아 있었다. 어느 날 밤에는 기온이 영하 12도로 내려가는 바람에 잉크병 안에 생긴 얼음을 깨느라고 도구를 가지러 가지 않으면 안 된 때도 있었다. 바스Bath에서 콘서트를 지휘하고 그 휴식 시간에 관측하려고 망원경이 설치된 곳으로 급히 되돌아왔다 다시 가기도 했다. 구름이 낀 날은 그와 캐롤라인은 날씨가 맑아지기를 기원하며 잠자지 않고 기다렸다. "구름 낀 밤이나 달빛이 너무 밝은 밤에는 관측에 방해가 되는 것이 사라질 때까지 기다렸기에, 대체 언제 자야 할지 몰랐다."라고 캐롤라인은 일기에 쓰고 있다. 오누이는 그 후 템즈 강이 너무 가까이 있는 바람에 정원이 자주 잠겼던 다쳇트의 습기 차고 축축한 집으로 이사했다. 허셜은 물에 잠긴 정원을 지나 망원경의 접안렌즈가 있는 곳으로 올라갔지만, 너무 추워서 양파로 손과 얼굴을 문질렀다고 한다. '오빠는 아주 건강했다. 그리고 천체 말고는 아무것도 생각하지 않았다.'라고 캐롤라인은 쓰고 있다. 허셜은 스위핑, '하늘의 청소sweeping'라는 관측법을 선호했다. 어둠에 익숙해진 동공이 열린 눈에 갑자기 비추는 밝은 빛을 피하려고 검은 후드를 뒤집어쓰고 흥미를 끄는 천체의 위치를 기록하려고 가끔 망원경을 멈추면서 동시에 하늘의 어떤 부분을 가로지르듯 망원경을 움직여본다. 그리고 망원경을 조금씩 수직방향으로 움직여 앞에 기록한 것의 인접한 길을 따라 망원경을 다시 되돌린다. 이를 10회에서 30회 반복하는 것을 그는 '하늘의 청소'라고 불렀고 그 하나하나를 그가 '하늘 청소의 책'이라는 부르는 것에 기록했다. 이 행위는 피할 수 없었다. 그의 망원경에는 지구의 자전을 보정하고, 천체를 시야에 넣을 수 있는 적도의와 설치된 시계가 없었기 때문이다. 이 방법의 큰 이점은 허셜이 하늘에서 관측한 천체의 면면을 필연적으로 기억하게 만들었다는 점이다. 18세기 후반의 가장 중요한 북반구의 별지도는 천체지도의 책 속이 아닌 그의 머릿속에 존재했는지도 모른다.

하늘에 대해 숙지한 덕분에 허셜은 1781년 3월 13일 밤, 천왕성을 발견할 수 있었다. 과거에도 수십 차례나 브래들리, 플램스티드John Flamsteed를 비롯한 다른 사람들이 천왕성을 봤지만, 그들은 늘 보는 별이라는 잘못된 판단을 내렸다. 머릿속에 밤하늘의 백과사전을 갖춘 허셜은 그 별을 보는 순간, 거기에는 별이 없었다는 사실을 알아차렸다. 처음에 그는 그 작은 녹색의 점을 혜성이라고 오판했지만 왕실 천문관인 네빌 매스켈린Nevil Maskely은 그 궤도를 계산했고, 그 별은 토성의 훨씬 저너머에 있는 행성이 틀림없다고 판단했다. 허셜은 당시 알려진 태양계의 반경을 단번에 두 배로 만들었다. 그 결과로 얻은 명성으로 왕립협회 회원이 되었고, 연금을 받았으며, 조지 3세 휘하의 천문관 지위도 손에 넣었다. 조지 3세는 미국 독립 전쟁을 저지하지 못했다고 비난받고는 당시 신경쇠약증세에 걸렸던 참이라, 마침 그 소식을 고맙게 여겼을 것이다. 허셜은 세계 최대가 될 망원경의 제작에 들어가는 운용자금으로서 4천 파운드의 왕실 하사금을 받았다. 그는 자비로 이미 길이 6미터, 거울의 직경 46.25센티미터의 반사망원경을 완성했지만, 개인의 노력은 한계가 있던 참이었다. 그 증거로 말똥 주형의 에피소드가 있다. 허셜은 45센티미터의 3배의 집광력이 있는 직경 90센티미터의 거울을 주조하고 싶다고 생각했다. 그런데 전례가 없는 일을 받아줄 주물공장이 없었다. 그는 바스의 뉴킹가 19번지에 있는 그의 집 지하실에서 자체 제작하기로 결심했다. 결코 불평을 말하는 법이 없었던 캐롤라인이 '제정신이 아닌 양'의 말똥으로 그는 싸구려 주형을 만들었다. 그녀와 허셜, 남동생 알렉스Alex는 왕립협회의 친구인 윌리엄 왓슨William Watson의 도움을 빌려 말똥을 짓이겼다. 마침내 허셜이 말한 '거대한 거울을 주조하는 날'이 다가왔다. 처음에는 모든 게 제대로 잘 되었지만, 너무 열을 가하는 바람에 주형이 부서지면서 녹은 금속이 바닥에 흘러넘쳐 깔린 돌을 덮쳤고 그 돌들이 천장으로 튀었다. 그들은 순식간에 번지는 녹은 금속의 물살을 피해 정원으로 도피했다. 허셜은 기와를 쌓아둔 꼭대기로 피했고, 거기서 쓰러지고 말았다. 그는 아마추어 망원경 제작의 실질적인 한계에 도달했던 인물이었다. 왕의 하사금과 허셜의 지휘를 받는 작업 팀에 의해 세계 최대의 망원경이 제작되었다. 무게 1톤, 직경 120센티미터의 거울이 길이 12미터의 경통에 장착되었다. 하지만 접안렌즈가 있는 곳까지 가기 위해 허셜은 높이 15미터의 발판을 올라가야만 했다. 올리버 웬들 홈스Oliver Wendell Holmes는 이 장치를 "경사진 돛대, 둥근 나무, 사다리, 로프, 그 중앙에는 거대한 경통… 경통은 그 강력한 포구(대포 탄알이 나가는 구멍 – 옮긴이)를 도전적으로 하늘로 향하고 있었다. 그 모습에 상당히 놀랐다."라고 적고 있다. 망원경의 개소식에서 왕은 캔터베리 대주교의 팔을 잡으면서 이렇게 말했다. "이쪽으로 오시죠. 대주교님께 천국으로 가는 길을 보여드릴 테니까."

120센티미터의 반사망원경으로 허셜은 토성의 제6 위성인 엔셀라두스와 제7 위성인 미마스를 발견했지만, 이 당당한 망원경은 그리 도움이 되지 않는다는 사실을 깨달았다. 원하는 하늘의 방향으로 향하게 하려면 밑에서 기다리는 인부들에게 큰 소리로 지시해야만 하는 힘든 작업이었기 때문이다. 게다가 거울은 온도와 습도의 변화로 왜곡되거나 김이 서렸다. 허셜은 머지않아 자신이 직접 제작한 작은 망원경으로 연구하는 방식으로 되돌아왔다. 성운은 그를 놓아주지 않았다. 무척 매력적이었다. 1781년 샤를 메시에가 제작한 밝게 빛나는 성운에 관한 새로운 카탈로그를 한 부 받자마자, 허셜은 곧장 성운의 관측을 시작했다. 그리고 "대부분의 성운은… 내 망원경의 힘에 굴복해 별로 분해되었다."라고 자신의 발견을 적고 있다. 그는 모든 성운이 별의 집합체이며 충분히 큰 망원경으로 관측한다면 그 성분인 별로 분해할 수 있다는 성급한 결론을 내렸다. 이 포괄적이고 잘못된 가설에 대한 그의 확신은 그가 '행성상성운planetary nebula'이라고 이름 붙인 성운을 계속 조사함으로써 흔들리게 되었다. 이 성운은 별에서 방출된 가스의 부산물이라는 것을 지금 사람들은 알고 있다. 중심의 별이 어두워서 보이지 않는 행성상성운을 관측한 허셜은 그것들이 구상성단이라고 생각했다. 그런데 1790년 11월 13일 밤, 그는 황소자리 중에서 확실히 중앙의 별이 보이는 행성상성운을 발견했다. 그는 그 중요성을 즉석에서 이해했다. "보기 드문 현상! …희미한 대기를 지닌 약 8등급의 별… 별은 딱 중앙에 있고, 대기는 얇고 희미해서 전체적으로 비슷한 점을 미루어 그것이 별들로 구성되었다고는 생각하기 어렵다. 또한 대기와 별의 사이에 확실한 관계가 있는지의 여부도 의문스럽다."라고 그는 일지에 적고 있다. 일부의 성운이 별들로 구성되어 있지 않다면 대체 무엇으로 구성되었는지를 알 수 없는 '빛나는 유체 shining fluid'라고 추정했다. 그리고 '하늘에 수많은 모든 유백색의 성운상의 천체가 별빛만으로 구성되었다는 것은 성급한 추측이리라.'라며 이전의 가설을 수정하고 있다. '신묘한 분야가 열렸다!'라고 그는 감탄했다. 자신이 틀렸다는 사실을 후회하기보다는 하늘의 다양성을 기뻐했다. 허셜은 놀랄 만큼 예리했다. 그는 지구에서 1600광년 떨어진 고체로 변해가는 가스의 혹처럼 생긴 오리온성운을 '미래의 태양이 될 혼돈의 물질'로 불렀다. 말 그대로였다. 그는 태양은 광활한 별의 집단(오늘날의 은하)에 속한다고 추정했고, 하늘의 다양한 방향에 있는 다양한 밝기의 별을 헤아려봄으로써 그 경계를 지도로 그리려고 했다. 이 노력은 잘되지 않았지만 두 가지 이유가 있었다. 눈에 보이는 광도는 별의 거리를 신뢰할 수 있는 지표가 아니라는 사실과 별을 덮어 가리는 어두운 성운이 은하 속에서 존재한다는 사실이었다. 이들 어두운 성운을 허셜은 아무것도 존재하지 않는 공간이라고 오판했다. 그럼에도 스스로 제작한 망원경을 손에 쥔 오보에 연주자가 18세기에 우주의 은하를 지도로 그려보려는 목적으로 과학적인 가치가 있는 계획을 실행했다는 것은 감격스러운 일이었다. 허셜은 안드로메다 성운을 포함한 다른 은하도 연구했다. 이 성운에 대해 그는 '수백만의 별이 합쳐진 밝기'로 빛을 발한다고 올바르게 추론했고 그 중심 부분이 '옅은 빨간 색'을 하고 있다는 사실도 기록하고 있다. 실제로 이 거대은하의 중심 영역은 주위의 원반보다 따뜻한 색을 띠고 있다. 중심 부분은 나이 든 빨간 색이나 노란 색의 별로 구성되어 있고, 주위의 원반은 젊고 푸른 별이 장악하고 있기 때문이다. 하지만 20세기가 될 때까지 완전히 실증되지 못한 이 구별을 18세기의 천문학자가 발견할 수 있었다니 그저 놀랍다. 어떻게 허셜에게 가능했는지 불가사의할 따름이다. 허셜의 유산은 그의 결론이 어디까지 옳고 어디까지 그른지보다는 심오한 우주천문학에 관해 예언적이고 현재적인 위업을 달성했다는 점이다. 대부분의 천문학자가 굴절망원경의 좁은 시야 속에서 행성을 바라보고 있을 때, 허셜은 멀리 있는 성운과 은하에서 찾아온 고대의 빛을 간파했다. 천문학자들이 태양계의 거리의 대략적 계산을 소수 제2행까지 정밀하게 파고 들 때, 허셜은 은하와 은하 사이의 공간에 있는 별들의 무리를 그림으로 그려보려고 애썼다. 천문학자가 광속의 대략적인 계산을 사용해 수성의 위성 궤도를 계산하려고 조정하고 있을 때, 멀고 먼 공간을 바라본다는 것은 수백만 년 전의 과거의 우주를 보는 것이라는 사실을 그는 깨달았다. 커다란 반사망원경을 사용해 그가 말했던 '천계의 구조'를 식별하려는 것은 기술적으로 시기상조였을지도 모르지만, 나중에 그의 꿈을 알아챈 20세기의 천문학자가 가야 할 길의 예언이었다. 칸트와 람베르트의 우주론은 주로 실내 학문이었지만, 허셜은 그것을 실외로 가져갔다.

우리가 살고 있는 그가 말했던 '이 감탄할만한 별의 컬렉션'에 대한

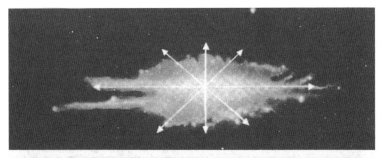

윌리엄 허셜은 하늘의 모든 방향에 보이는, 일정한 밝기의 별을 헤아림으로써 우리의 은하의 지도를 만들려고 했다(상). 그 결과로 그려진 지도(하)는 대단히 개략적이지만 은하 평면의 존재를 시사하고 있다.

애정으로 허셜은 죽기 직전까지 연구를 계속했다. 1819년 7월 4일, 그는 여동생 캐롤라인에게 "리나(Lina, 캐롤라인의 축약형 – 옮긴이), 찬란한 혜성이 오고 있어."라며 편지를 썼다. "날 도와줄래? 저녁 식사 때 와서 우리 함께 그날을 보내자. 네가 오후 1시 조금 넘어서 올 수 있다면 지도와 망원경을 준비할 여유가 있을 거야. 어젯밤 혜성의 모습을 봤는데, 긴 꼬리가 달렸더라고." 이때 그는 80살로 그로부터 2년 후에 죽을 때까지 연구를 계속했다.

별빛은 햇빛과 똑같은 성질을 갖고 있다.

- 뉴턴

관측은 늘 이론을 필요로 한다.

- 에드윈 허블

9. 섬우주

타원형 성운의 본질에 대해 19세기에 두 가지 사고방식이 존재
했다. 하나는 칸트와 람베르트의 '섬우주이론'(이 말은 칸트의 용어)으로
다음처럼 주장했다. 우리의 태양은 하나의 은하 즉 은하의 많은 별 중
하나로, 다른 많은 은하가 존재한다. 이들 은하는 거대한 공간으로 서
로 떨어져 있으며 우리 눈에는 소용돌이나 타원의 형태를 한 성운으
로 보인다. 또 다른 사고방식은 '성운설'로 소용돌이와 타원형의 성운
은 별을 형성하기 위해 지속적으로 응축되고 있는 주변의 가스의 소
용돌이로, 비교적 작다고 주장했다. 성운설의 발안자도 칸트이지만,
보통은, 소용돌이 성운에서 어떻게 태양과 그 행성이 응축하는지에
대해 구체적인 설명을 발표한 프랑스의 수학자 라플라스Pierre Simon
Laplace의 이름을 따서 '라플라스설'이라고 불린다. 양쪽의 이론은 둘
다 어느 정도까지는 옳았다. 일부의 성운은 실제로 별을 계속 형성하

는 가스구름으로 타원성운이나 소용돌이 성운은 별들로 구성되는 은하이기 때문이다. 하지만 하나의 이론으로 모든 형태의 성운을 설명할 수 있다고 당시의 사람들은 생각했기에 혼란이 이어졌다. 관측적 증거는 성운설의 편을 들어주는 것처럼 보였다. 가장 화려한 증거는 윌리엄 파슨스(제3대 로스 경)의 타원형을 한 성운의 일부가 소용돌이 구조라는 발견이었다. 당시 세계 최대의 1.8미터 반사망원경을 사용했던 로스 경은 실제로 소용돌이 은하를 봤지만, 가스의 소용돌이에서 별이 응축되는 것처럼 보였기에 그의 관측은 성운설을 지지한다는 인상을 주었다. 이 인상은 1880년대에 영국의 아이작 로버츠가 찍은 사진으로 인해 대부분의 타원형 성운이 소용돌이 형상이라는 점이 밝혀졌을 때, 학식 있는 사람들은 '성운설이 밝혀졌다'는 증거 사진을 목격하고 매우 놀랐다고 전해진다. 1890년대에 캘리포니아의 릭 천문대에서 제임스 킬러James Keeler가 찍은 장시간 노출의 사진으로 대단히 많은 소용돌이 성운이 있는 게 밝혀지면서 이 가설은 더욱 우세해졌다. 제임스 킬러는 릭 천문대의 망원경으로 보이는 범위 내에서 10만 개 이상의 소용돌이 성운이 있다고 대략 계산했다. 은하를 많은 수의 태양이 장식하고 있다면, 수십만 개의 새로운 태양계가 있다손 쳐도 당연한 것처럼 생각되었다. 하지만 그렇게 생각했기에 각각이 수십억 개의 별로 구성되는 수십만 개의 은하가 있을 수 있다는 사실을 오히려 상상하지 못하게끔 되었다. 철학자인 오귀스트 꽁트August Comte가 인간의 지성으로는 영원히 이해할 수 없는 지식의 예로서 1844년에 인용한 이 수수께끼도 최종적으로는 풀렸지만, 그 주역은 망원경 단독도 아니고, 카메라 단독도 아니었다. 그 양쪽을 별과 성운이 무엇으로 구성되었는지를 보여준 분광기와 결합함으로써 처음으로 가능해졌다.

분광학의 역사는 하얀 햇빛을 프리즘에 통과시키면 무지갯빛으로 나누어진다고 뉴턴이 기록한 1666년부터 비롯된다. 1802년, 영국의 물리학자 윌리엄 월라스튼William Wollaston은 얇은 천을 프리즘 앞에 높으면 스펙트럼에 피아노의 건반 사이에 갈라진 틈처럼 많은 평행하고 어두운 선이 나타난다는 것을 발견했다. 하지만 월라스튼은 실험을 관두었다. 분광학을 정밀과학으로 끌어올리는 작업은 늘 기침을 해대는 비쩍 마른 10대 젊은이에게 맡겨졌다. 월라스튼이 그 발견을 했을 무렵, 그 젊은이는 자신이 일하고 있던 뮌헨의 빈민가의 광학 공장이 폭발했을 때 받은 상처를 치료하려고 병원에 있었다. 이름은 요제프 폰 프라운호퍼Joseph von Fraunhofer. 그의 운은 좋은 방향으로 뻗어가고 있었다.

19세기 초 무렵의 광학은 성장산업이었다. 나폴레옹 보나파르트 Napoleon Bonaparte의 지도, 작은 망원경에 대한 열정이 측량 기사나 장군들에게 휴대용 망원경과 경위의theodolite의 주문서를 쓰게 만들었고, 윌리엄 허셜William Herschel과 그 아들인 존John(희망봉의 천문대에서 남쪽 하늘의 지도를 작성했다)의 연구가, 열렬한 지지자와 회의론자의 양쪽 모두에게 커다란 망원경에 대한 바람을 부추겼다. 열렬한 지지자는 심원한 우주의 경이로움을 보고 싶어 했고, 회의론자는 허셜의 주장을 확인해 보고 싶어 했다. 새로운 타입의 기술자들이 대두했다. 무척 경쟁적이고 불타는 듯한 혁신적인 성격이며, 그들이 다루던 황동이나 유리와 똑같이 완고한 광학 기술자들은, 그들이 봉사하던 과학자나 엔지니어와 마찬가지로 궤도를 이탈했다. 이 타입의 상징이라고 볼 수 있는 인물이 런던의 제시 램스든Jesse Ramsden이었다. 그는 완벽주의자로 아무리 시간이 걸려도 완벽하게 마무리할 때까지 뼈와 살을 깎는 심정으로 제작에 임했다. 더블린Dublin의 던싱크 천문대를 위해 그가 제작한 2.4미터의 고도측정기는 누가 봐도 최고의 정밀도를 갖추었지만 완성된 것은 납품 기간이 끝나고서도 3년 후였다.[23]

광학기술자는 예술가처럼 인정받았다고 생각되기 쉽지만, 그들 대부분은 말 그대로 예술가였다. 미국의 위대한 망원경 제작자인 앨번 클라크Alvan Graham Clark는 직업을 바꾸기 전에는 초상화가로서 성공했고, 오늘날까지도 세계 최고라고 일컬어지는 굴절망원경을 제작했다. 대단히 시력이 좋았던 클라크는 6발짜리 라이플 총알을 발사했는데 '마치 한발만 발사된 것처럼 정확하게 멀리 있는 표적을 맞추었다.'라고 알려져 있다. 그리고 평범한 사람에게는 보이지 않는 유리 속의 작은 기포나 뒤틀림을 찾아냈다고도 한다.

프라운호퍼는 이렇게 성황을 이룬 직업의 하층계급에서 태어났다. 가난한 유리 기술자의 11번째 아들로 11살 때 고아가 된 그는 머리가 둔한 필립 바이센베르크Philipp Weichselberger라는 뮌헨의 유리 절단 기술자의 밑으로 들어갔다. 이 기술자는 그를 혹사시키고, 일한 돈도 거의 지불하지 않았으며, 제대로 먹이지도 않았고 공부도 시키지 않았다. 1801년 7월 21일, 바이센베르크의 집과 공장을 겸한 건물이 붕괴되면서 유일한 생존자가 된 프라운호퍼는 간신히 깔린 기와 밑에서

---

23 사교적 약속조차 시간을 엄수하지 못했던 램스든은 왕이 초대한 버킹검 궁전의 파티에 초대장에 적힌 날과 시간에 정확히 나타났지만, 그 해가 아닌 다음 해였다.

구출되었다. 그의 구출은 화제가 되었고, 그 궁핍함이 바이에른의 선제후인 막시밀리안Maximilian Joseph의 주의를 끌었다. 부상당한 소년을 병문안했을 때, 그의 지성과 쾌활한 성질에 깊은 인상을 받았던 선제후는 프라운호퍼에게 18개의 두가트ducat 금화를 선물했다. 이 돈 덕분에 그는 남은 고용조건에서 자유롭게 되었고 유리 제조 기계와 책을 살 수 있었다. 자유를 얻은 그는 두 번 다시 과거를 돌아보지 않았다. 그는 본능적으로 핵심을 간파하는 재능을 지녔고, 각종 유리의 기본적 성질을 맹렬히 공부했기에 머지않아 세계 최고의 망원경 렌즈의 제작자가 되었다. 프라운호퍼는 렌즈의 색 보정을 개량하는 실험을 위해 단색광원으로서 스펙트럼선을 사용하기 시작했는데 머지않아 선 그 자체에 매혹당했다. 그는 이렇게 쓰고 있다. "망원경으로 다른 부분보다 짙고, 셀 수 없을 만큼의 가로선을 봤다. 짙은 선, 엷은 선처럼 여러 가지 선이 있었는데 일부는 거의 검정이라고 말할 정도였다."

그는 태양의 스펙트럼 속에서 보이는 수백 개의 선의 지도를 만들고, 달과 행성의 스펙트럼에서도 똑같은 패턴을 발견했다. 이들 천체는 햇빛을 반사해서 빛나기 때문이었다. 하지만 다른 별에 망원경을 향하면 그들 스펙트럼선은 전혀 다르게 보였다. 하지만 왜 다른지는 수수께끼인 채로였다. 프라운호퍼는 1826년 7월 7일, 39세의 나이로 결핵에 걸려 사망했지만, 불가사의한 프라운호퍼의 어두운 선은 유산으로 남겨졌다. 1849년, 파리의 레옹 푸코와 런던의 W. A. 밀러는 프라운호퍼의 어두운 선과 일치하는 밝은 선을 발견했다. 오늘날 이들 선은 각각 흡수선, 휘선이라고 알려져 있다. 가스 형태의 성운과 별의 온도, 조성, 운동에 관한 정보를 제공함으로써, 지질학의 화석처럼 분광학에서 중요한 역할을 맡고 있다.

1855년부터 1863년에 걸쳐 물리학자인 구스타프 키르히호프Gustav Kirchhoff와 로베르트 분젠Bunsen, Robert Wilhelm(분젠 버너의 발명자)은 각각의 프라운호퍼의 선과 그 순서가 각종 화학 요소로 만들어졌다는 것을 측정했다. 어느 날 밤, 16킬로미터 떨어진 서쪽의 항구 도시인 만하임에서 발생한 대화재를 하이델베르크의 연구소에서 쳐다보고 있던 그들은 분광기로 불꽃 속에 바륨과 스트론튬이 존재한다는 사실을 나타내는 선을 검출했다. 이 일로 인해 분젠은 마찬가지로 태양 속의 화학 원소를 검출할 수 없을까, 곰곰이 생각했다. '하지만'이라고 그는 썼다. "이런 일을 생각한다면 사람들은 나를 제정신으로 보지 않을 것이다."

키르히호프는 실제로 태양의 화학 원소를 검출하려고 시도했고, 1861년까지 나트륨, 칼슘, 마그네슘, 철, 크롬, 니켈, 바륨, 동, 아연이 있다는 걸 확인했다. 지구와 별의 물리학 사이를 이어주는 것이 발견됨으로써 분광학과 천체물리학이라는 새로운 과학의 시작을 알리고 있었다.

런던에 사는 윌리엄 허긴스William Huggins라는 이름을 가진 부유한 아마추어 천문가가 프라운호퍼의 선은 태양 속에 존재하는, 이미 알려진 화학 원소로 만들어진다는 키르히호프와 분젠의 발견을 알게 되었다. 그는 그 방법을 별과 성운에 응용할 수 있지 않을까라고 생각했다. "그 발견은 내게 메마른 땅에 샘이 솟아나는 듯한 기분을 안겨주었다."라고 그는 쓰고 있다. 허긴스는 런던의 어퍼 털스 힐에 있는 사설천문대의 클락 망원경에 분광기를 장착했다. 겹쳐진 수많은 선의 의미를 알 수 있을 때까지 스펙트럼을 하나씩 주의 깊게 살펴본 그는, 밝은 별인 알데바란과 베텔게우스의 스펙트럼에서 철, 나트륨, 칼슘, 마그네슘 그리고 아연이 있다는 것을 확인하는 데 성공했다. 이는 다른 별도 태양계 안에서 볼 수 있는 것과 똑같은 물질로 만들어져 있다는 최초의 결정적인 증거였다. 갈수록 흥분한 허긴스는 망원경을 성운으로 향했다. 1864년의 일지에는 다음처럼 기록되어 있다. "두려움이 섞인 불안한 기분으로 잠시 헤매다가 분광기에 눈을 댔다. 혹여 내가 창조의 비밀이 담긴 장소를 함부로 엿보려고 했던 것일까." 그는 실망하지 않았다.

> "나는 분광기를 들여다보았다. 예상처럼 스펙트럼이 없다! 밝은 선이 하나 있을 뿐… 성운의 수수께끼는 풀렸다. 빛 그 자체가 우리에게 보여주는 해답은 성운은 별의 집합체가 아닌 빛나는 가스라고 말할 수 있다. 우리의 태양 같은 별은 더 밝은 별의 스펙트럼과는 달랐다. 틀림없이 이 성운의 빛은 빛나는 가스에서 방출되고 있다."

허긴스가 분광기로 관측한 이 최초의 성운이 어쩌다 가스 상태였기에 그는 타원형이든 소용돌이 모양이든 모든 성운이 가스 형상이고 그 안에 별을 포함하지 않는다고 잘못된 결론에 도달했다. 세상에 쉬운 것은 거의 없듯이, 성운설에 대한 헷갈리는 증거가 그 후에도 계속 쌓여 갔다. 수백 개의 소용돌이 성운의 위치가 도표화된 결과, 그 대부분이 은하에서 꽤 떨어진 곳에 존재한다는 것이 발견되었다. 천문학의 관용어인 은하를 '피해서avoid' 존재했다. 은하를 피한다는 것은 소용돌이 성운이 우리의 은하와 관계있음을 시사한다.(실제로 우리의 은하의 평면을 따라 존재하는 어두운 구름이 다른 은하를 가리고 있다는 사실에 의한 것으로 우리가 볼 수 있는 성운의 대부분은 은하 평면에서 떨어진 곳에 있다.) 성운설은 이론의 분야에서 아직 강력한 지지를 받고 있었다. 천체물리학자 제임스 호프우드 진스James Hopwood Jeans는 지속적으로 그 형체를 잃어가는 가스구름은 소용돌이 성운과 아주 닮은 원반 형태로 되는 경향이 있음을 수학적으로 꽤 정확히 제시했기 때문이다. 진스는 자신의 모델을 능숙히 조작해서 천체사진에서 보는 것 같은 소용돌이 팔도 만들어냈다. 이때까지는 성운설이 큰 성공을 거두었기에 시류에 뒤떨어지지 않으려는 천문학자들은 당연히 보일 것이라고 그들이 생각하는 것을 보기 시작했다. 어떤 사람은 안드로메다 소용돌이의 시차를 측정했다고 발표했다.(시차는 수백 광년까지만 검출할 수 있다. 안드로메다은하는 200만 광년이 이상이나 떨어져 있다.) 또 다른 사람은 오래된 사진을 조사했더니 소용돌이 성운에 원운동의 조짐이 보인다고 발표했다.(실제로 은하는 상당히 큰 것으로 시계의 초침이 1초 진행하는 것과 똑같은 만큼의 은하 회전을 보려면 적어도 500만 년의 간격을 두고 촬영된 2장의 사진이 필요하다.)

20세기가 시작될 무렵, 코페르니쿠스 이전의 폐쇄적인 우주론의 가장 놀라운 점의 몇 가지가 은하의 규모로 되살아났다. 태양은 망원경으로 볼 수 있는 모든 별과 성운을 감싸고, 관측할 수 있는 우주의 모든 별의 구조 즉 은하의 중심이 그 부근에 있다고 많은 사람들은 생각했다. 우리의 은하의 저 너머에는 무한한 공간이 펼쳐져 있을지도 모른지만, 이 문제는 아리스토텔레스의 모델에서 별의 천구의 바깥이 그렇게 표현되었듯이 순수히 개념적인 채로 남아 있었다. 하지만 과학은 자기 수정 기능이 있다. 20세기 초에 그것은 자기주장을 시작했다. 성운설의 겉모습에 처음 금이 간 것은 이론 쪽이었다. 태양계가 어떻게 응축했는지에 대한 진스의 이론 중에 치명적인 결함이 발견되었다. 만일 수학자들이 계산한 가설이 맞다면, 태양이 태양계의 각(角) 운동량의 대부분을 유지하고, 매우 빠르게 회전해야 한다. 그런데 태양의 '1일'은 적도에서는 26일로 느긋해지기에 행성이 태양계의 각운동량의 98%를 갖고 있다.[24] 관측적 증거도 마찬가지로 성운설에 반대하기 시작했다. 허긴스는 1888년에 안드로메다 성운의 스펙트럼을 얻었지만, 그것을 해석하기가 어렵다는 사실을 발견했다. 9년 후, 독일의 율리우스 샤이너Julius Scheiner가 안드로메다 성운의 스펙트럼을 발표했고, 그 스펙트럼은 가스 형상이 아닌 별과 같았다는 주석을 달았다. 틀림없이 소용돌이 성운의 적어도 몇 개는 별들로 구성되어 있었다. 수세기 전의 튀코, 케플러, 갈릴레오와 마찬가지로 폭발하는 별인 '초신성'이 천문학자 교수에게도 나타났다. 평균적인 대은하에서는

---

24 1980년대까지는, 컴퓨터 모델을 사용한 이론천체물리학자들은 칸트, 라플라스, 진스보다는 훨씬 세련되었다고 볼 수 있지만, 적어도 외형상으로는 비슷한 태양계의 기원에 관한 일반적 이론을 이끌어냈을 뿐이다. 새로운 모델은 태양이 성운으로부터 응축해서, 그 나머지가 편평한 원반을 형성하고, 식으면서 다수의 작은 물질 덩어리(미행성)이 되고, 이들이 충돌하면서 행성을 형성했다고 추정한다. 이 이론의 간접적인 확인은 적외선 천문위성이 베가나 기타 몇 개의 밝고 어린 별 주위에 차가운 미행성을 포함한 원반을 검출하면서 얻어졌다. 하지만 이 이론의 구체성을 정량화하는 것은 어려웠고, 아직 풀리지 않았다. 이는 우리가 우주 전체의 기원에 관해 이론화하면서도 한편으로는 작은 행성계가 어떻게 스스로 시작되었는지를 완전히 이해하지는 못하는 즉, 현대과학의 힘의 한계를 시사하는 사례다.

100년에 2개나 3개의 거대한 별이 폭발한다. 초신성은 대단히 화려한 것으로 은하 간 공간을 초월해서 볼 수 있다. 망원경이나 카메라가 포착할 수 있는 범위 안에 수천 개의 은하(혹은 당시에 회자되었듯이 타원형과 소용돌이 형상의 성운)가 있기에 다른 은하에 출현한 초신성이 사진으로 검출되는 것은 시간문제였다. 1885년, 안드로메다에서 인식된 최초의 은하계 외 초신성은 소용돌이의 중심 부근에 나타났기에 라플라스이론의 원시 태양의 출현이라고 설명하기에 이르렀다. 하지만 1917년에 윌슨산Wilson Mount의 광학기술자인 조지 리치George Ritchey와 릭 천문대의 천문학자인 히버 커티스Heber Curtis가 소용돌이 형상 성운의 오래된 사진건판의 파일 중에 신성을 몇 개 발견했다고 발표했다. 다른 천문학자도 사진건판을 샅샅이 뒤졌고, 더 많은 신성이 발견되었다. 신성은 중심에서가 아닌 주로 소용돌이 팔에서 출현했다. 이는 모든 성운은 가스형상이라는 의견에 큰 손상을 입혔다. 별이 가득 있는 은하에 수십 개의 폭발하는 별이 있다면 납득할 수 있지만, 라플라스이론에서 가스 형태의 원반은 그렇지 않았기 때문이다. 히버 커티스는 "소용돌이 속의 신성은 잘 알려진 섬우주이론에 유리한 중대한 증거를 제공한다."라고 언급했다.

무대는 은하의 발견을 위해 갖추어졌다. 더 해야만 할 것은 은하 속의 태양계의 위치를 도표로 기록하고, 만일 다른 은하라는 것이 있다면 거기까지의 거리를 측정한다는 지구 역사상 가장 광범위한 조사였다. 이 조사를 중심으로 실행한 인물은 관측천체물리학의 창시자인 조지 엘러리 헤일George Ellery Hale이었다. 헤일의 초기 경력은 태양에서 별로 향하는 분광학 진보의 재연이었다. 그는 시카고 교외에서 살던 소년 시대에 태양에 매료되어 정원 뒤편에 천문대를 설치해 태양의 스펙트럼을 관측했고, 24살에 분광관측 망원경을 발명했다. 이는 한 번에 하나의 빛의 파장으로 태양의 대기를 조사할 수 있는 장치였다. 그가 평생 반복해서 말했듯이 '태양은 별이다.'라는 인식에 매료된 그는 태양에서 우주 깊은 곳으로 시선을 돌렸다. 그는 4대의 망원경을 제작했지만, 그 하나하나가 제작된 당시로써는 세계 최대급이었다. 위스콘신주 여키스 천문대의 1미터짜리 굴절망원경, 남캘리포니아, 윌슨산의 1.5미터와 2.5미터의 반사망원경 그리고 팔로마산의 5미터 반사망원경이다. 특히 윌슨산은 분광학에 대한 그의 갑절의 정열적인 기념비가 되었다. 여기서 낮에는 태양망원경이 태양의 스펙트럼을 기록하고, 밤에는 거대한 반사망원경이 은하와 그 너머에 흩뿌려져 있는 다수의 다른 태양을 찾는 데 사용되었다. 당시의 근면한 광학시술자와 천문학자보다 더더욱 부지런했던 헤일은 패서디나에서 윌슨산 정상까지의 굽이진 바위투성이 길을 노새를 타고 올라가거나, 노새를 구할 수 없으면 산의 측면을 타고 올라갔다. 그는 평생 할 가치가 있는 자신의 연구와 더불어 천문대의 대장으로서 임무를 다했고 나아가 거대한 망원경을 제작하기 위해 자금을 모으고, 세계에서 최고의 천문학자들을 윌슨산에 초대했다. 그가 초대한 사람 중에 가장 우수한 학자로는 할로 섀플리Harlow Shapley였다. 섀플리는 프린스턴 천문대의 헨리 노리스 러셀 밑에서 주로 식변광성(Eclipsing Binaries)의 연구를 하고 있었다. 식변광성은 가장 강력한 망원경을 사용해도 하나의 별밖에 보이지 않을 만큼 대단히 가까운 두 개의 별이 서로의 주위를 돌고 있기에 주기적으로 서로를 숨겨준다. 그 결과 광도가 변하는 별의 종류를 가리킨다. 식변광성의 광도 변화는 겉으로 보기에는 내부의 진동에 의해 밝기가 변하는 변광성과 아주 닮았다. 그래서 섀플리는 분광을 연구했지만, 간접적인 방법으로 얻은 변광성의 지식이 나중에 도움이 되었다. 변광성의 일종인 세페이드 변광성이 성간 공간 그리고 은하 간 공간의 거리를 측정하는 방법을 천문학에 제공했기 때문이다. 세페이드 변광성 덕분에 섀플리는 은하에서 태양의 위치를 입증한 최초의 인물로서 역사에 이름을 남기게 되었다. 섀플리가 최초에 언급했듯이 세페이드 변광성은 진동하고 있는데 그 크기를 바꾸게 되면 밝기도 변화시킨다. 천체물리학적으로 말하자면 그것은 태양의 3배 이상의 질량을 가진 거대한 별이 연료인 수소를 전부 태우고 헬륨을 태우기 시작하면서 발생하는 불안정한 시기에 해당한다. 세페이드 변광성의 특이한 점은 각각의 주기(즉, 밝기의 변화가 한 바퀴 도는 데(일주) 걸리는 시간)가 직접 그 별 본래의 밝기(즉, 절대등급)에 관계한다는 것이다. 어떤 별도 절대등급만 알면 그 거리를 간단히 계산할 수 있다. 천문학자는 눈에 보이는 등급을 측정하고, 밝기는 거리의 2제곱에 반비례한다는 공식을 응용해주기만 하면 된다. 가령, 동일한 주기의 두 개의 세페이드 변광성이 있다면, 두 별의 절대등급은 거의 같다고 간주한다. 한쪽 별의 눈에 보이는 등급이 다른 한 쪽 별의 4배라고 치면(사이에 있는 성간운처럼 간섭의 여지가 복잡한 것을 고려하지 않는다면) 어두운 쪽의 별은 밝은 쪽의 별의 2배의 거리에 있다고 결론 지을 수 있다.

세페이드 변광성의 주기와 절대등급의 관계는 1912년에 헨리에타 스완 리비트Henrietta Swan Leavitt가 발견했다. 그녀는 매세추세츠주 케임브리지의 하버드대의 천문대에서 저렴한 보수를 받고 '컴퓨터'로서 고용된 많은 여성 중 한 명으로 페루의 아레키파에 있는 하버드 천문대의 60센티미터 굴절망원경으로 촬영된 사진 건판을 매일같이 조사했다. 그녀의 일 중 하나는 변광성의 확인이었다. 이는 별의 밝기의 변화를 알아내려고 다른 날에 촬영된 사진 건판의 수천 개 바늘의 끝 같은 별의 형상을 하나씩 비교하는 것을 의미한다. 당연히 허리가 휘는 일이었고 충분한 능력이 되는 천문학자의 시간을 쏟는데 어울리지 않는 지루한 노동이었다. 하지만 그녀는 이 일에 수천 시간을 쏟았고 하늘의 남쪽에 관해서 만큼은 기가 막히게 알게 되었다. 가끔 그녀에게 맡겨진 영역에 대마젤란은하, 소마젤란은하가 포함되어 있었다. 이러한 이름이 붙은 연유는 세계 일주 항해를 경험한 마젤란과 그의 부하들의 흥미를 끌었기 때문이다. 대, 소마젤란은하는 은하에서 잘게 찢어진 조각처럼 부드럽고 빛나는 두 개의 큰 빛 덩어리다. 레빗과 당시의 사람들은 몰랐지만 대, 소마젤란은하는 우리 은하의 가까이 있는 은하로 각각의 은하 속에 있는 별은 들판의 저편에 놓인 병 속에서 빛을 발하는 반딧불이처럼 모두가 우리로부터 거의 동일한 거리에 있다고 말할 수 있다. 마젤란은하 속의 별들의 겉모습 밝기 등급이 다른 것은 거리의 차이가 아니라 그 절대등급의 차이에서 비롯된다는 것을 뜻한다. 어쩌면 행운이었던 상황 덕분에 대, 소마젤란은하 속의 세페이드 변광성을 연구하던 리비트는 밝은 세페이드일수록 변화 주기가 길다는 변화의 주기와 별의 밝기가 관련있음을 알았다. 그녀가 발견한 주기와 밝기의 함수는 은하와 그 너머의 거리를 측정하는 토대가 되었다. 은하의 지도를 제작하려는 섀플리는 열심히 세페이드 변광성에 몰입했다. 윌슨산 천문대의 커다란 1.5미터 망원경으로 그는 구상성단(수만 개에서 수백만 개의 별의 집단)의 사진을 찍고, 각각에 존재하는 세페이드 변광성을 확인했으며, 그것들을 이용해 성단까지의 거리를 어림짐작했다. "경과는 대단히 순조롭다."고 1917년에 천문학자인 야코뷔스 캅테인Jacobus Kapteyn에게 쓴 편지에 적고 있다. "시간을 충분히 들이면 거기에서 뭔가 얻을 것 같습니다."

결과는 섀플리가 바랐던 것보다 빨리 이루어졌다. 수개월 사이에 그는 천체물리학자인 아서 스탠리 에딩턴에게 다음처럼 편지를 보낼 수 있었다. "놀라울 만큼 갑자기, 그리고 명확히 그들(구상성단)이 별들의 구조의 전부를 설명해준 것처럼 보입니다." 섀플리는 구상성단이 마치 초구상성단의 일부인 것처럼 우주 공간에 분포되어 있는 것을 발견했다. 그 중심은 태양 부근이 아닌 사수자리의 별들을 빠져나와 남쪽의 훨씬 먼 곳에 있었다. 실로 대담한 직관을 발휘해 섀플리는 구상성단의 중심영역은 은하 그 자체의 중심이라고(이것은 옳았다) 추측했다. 그가 말했듯 "구상성단은 일종의 틀로서, 은하 전체의 막연한 윤곽인데… 그 크기와 방향에서 최고의 표준이 된다."

만일 그렇다면 태양은 중심에서 훨씬 멀리 떨어진 곳에 있는 셈이다. "태양계가 은하의 중심에 계속 있기란 이제는 불가능하다."라고 섀플리는 단언했다. 그의 승리감에 부족한 것은 거리 계산의 문제뿐이었다. 은하의 직경은 이전에는 1.5만 광년에서 2만 광년이라고 여겨졌다.(여러 연구자들에 의해서, 섀플리도 그중 한 명이었다.) 하지만 세페이드 변광성의 연구를 했던 그는 정확한 숫자는 30만 광년까지 고려할 수 있다고 결론지었다. 이 값은 그와 동시대 사람들이 받아들였던 크기의 10배 이상으로 현재의 가장 큰 어림짐작보다 무려 3배나 크다.[25] 섀플리가 은하를 크게 계산했던 이유에는 몇 개의 잘못된 판단이 섞여 있다. 성간 가스와 먼지구름이 멀리 있는 별의 형상을 흐리게 만들어 별이 실제보다 멀리 있는 것처럼 보이지만, 많은 사람들과 마찬가지로 그도 그 정도를 낮게 추산했다. 게다가 구상성단 속에서 관측한 세페이드 변광성과 레빗이 마젤란은하 속에서 발견한 것이 본질적으로 동일하다고 가정했다. 실제로는 발터 바데를 비롯한 다른 천문학자들이 나중에 발견했듯이 세페이드 변광성은 두 종류가 있는데, 구상성단의 변광성은 마젤란은하의 것보다 질량이 작고, 보다 어둡다. 따라서 보다 어리고 밝은 마젤란은하의 별의 주기를 직접 응용했을 때 얻어지는 거리보다 훨씬 가까이 존재했다. 이러한 종류의 부정확함은 최첨단 과학에서도 종종 보이지만, 잘못 판단한 섀플리는 은하는 많은 은하의 하나가 아닌, 특별하고 장대한 시스템이라는 슬픈 결과를 낳았다. 그는 은하가 우주 전체의 대다수를 점한다고 생각했고 소용돌이 성운은 거기에 종속되었거나, 위성이라고 여겼다. 이러한 상황과 아마도 미묘한 이유가 겹친 섀플리는 자신이 그린 '거대해서 전부를 포함'한다고 부르는 은하의 크기를 옹호하는데 이상할 만큼 흥미를 보였다. 자신의 견해를 '거대한 은하가설'이라고 이름 붙였다. 그의 의견에 찬성하는 사람들은 '거대한' 이라는 단어의 어원을 '중요'를 뜻하는 노르웨이어의 'bugge'에서 찾았고, 찬성하지 않는 사람

---

25 은하의 원반 직경은 현대의 추산으로 7만 광년에서 10만 광년이다. 하지만 훨씬 먼 곳에는 어두운 별도 있고, 은하 중심에서 30만 광년 이상 떨어진 거리에서 은하 주위를 맴돌고 있다. 서로 멀리 떨어져 있는 헤일로별이나 '유랑'하는 구상성단도 있을 것이다.

들은 '허풍'을 뜻하는 라틴어 'buccae'에서 비롯되었다고 놀려댔다. 새플리와 의견을 달리하는 사람 중에는 '섬우주이론'의 제창자인 릭 천문대의 히버 커티스Heber Curtis가 있었다. 새플리는 커티스의 논박에 수술을 받을 환자가 품는 혐오감 비슷한 것을 느꼈다. 그는 이렇게 쓰고 있다. "섬우주로 성공하려면 커티스는 나의 은하계를 엄청나게 축소해야만 할 것이다." 1920년 4월 26일, 새플리와 커티스 사이에 이 문제로 공개토론회가 미국 과학아카데미의 후원으로 워싱턴에서 열렸다. 일반적으로 판단한다면 새플리의 패배였지만 과학의 세계에서는 자주 있는 토론으로 결론을 내지 못했고 최후의 판단은 인간이 아닌 하늘에 맡겨지게 되었다.

소용돌이 성운은 별로 구성되는 은하라는 커티스가 옹호하는 가설은 만일 소용돌이를 분해해서 별이 나온다면 증명될 것이다. 이처럼 중대한 첫걸음이 새플리의 동료이자 천적인 에드윈 허블Edwin Hubble에 의해 1924년에 달성했다. 키가 크고 기품이 있으며 자신의 이름을 역사에 남기려고 의욕을 불태운 오만한 인물인 허블은 자신이 하는 것은 어느 것이나 굉장히 쉬운 것처럼 보여주었다. 그는 육상경기의 스타, 복서, 로즈 장학생이었고 천문학자로 전향하기 전에는 변호사이기도 했다. 그가 어느 것이나 굉장히 쉬운 것처럼 보여준 것 중에는 새플리를 분노하게 만든 것이 있었다. 허슬은 M33과 그 부근에 있는 M31(안드로메다의 소용돌이)의 사진을 수십 장 촬영해서 그가 나중에 '보통의 별과 완전히 똑같은 별 형상의 밀집'이라고 부른 것을 발견했다. 하지만 허슬의 사진 건판에 찍힌 빛의 점이 실제로 별인지 아닌지를 두고 논쟁이 벌어졌다. 새플리는 라플라스이론에 나오는 성운

속의 덩어리라고 주장했다. 여기서 다시 리비트의 세페이드 변광성이 가려는 이정표를 제시해주었다. 세페이드 변광성은 충분히 밝기에 은하 간의 거리를 초월해도 인식할 수 있다. 월슨산의 새로운 2.5미터 망원경으로 허슬은 소용돌이를 몇 번이고 촬영했고 밝기가 변화한 별을 찾으려고 사진의 건판을 비교했다. 그의 노력은 머지않아 열매를 맺었고 1924년 2월 19일, 월슨산을 떠나 당시 하버드대 천문대 대장이 된 섀플리에게 편지를 썼다. 내용은 간결했지만 과학사 중에서도 중대한 발견의 하나가 포함되어 있었다. "안드로메다 성운 속에 세페이드 변광성을 발견했습니다. 흥미를 가지실 것 같아 알려드립니다."

허슬은 안드로메다는 100만 광년 정도 멀리 떨어져 있다고 추론했다. 이 추론은 나중에 알게 된 거리의 반정도 되지만 그 소용돌이가 섀플리의 '거대한 은하'보다 훨씬 멀리 있다는 것을 입증하기엔 충분했다. 섀플리는 괴로워했고, 허슬의 편지에 "요즘 보기 드문 재밌는 문학 작품이라고 생각한다."는 답장을 썼다. 나중에 섀플리는 자신이 최초로 세페이드 변광성을 이용해 거리를 측정한 것을 허슬이 충분히 옹호하지 않았다며 불만을 터트렸다. 하지만 승부는 정해졌다. 소용돌이에서 세페이드 변광성을 발견했다는 허슬의 논문은 성운설의 몰락과 섬우주가설의 승리, 그리고 우리가 많은 은하 중 하나에 살고 있다는 인류의 인식의 시작이었다.(그의 논문은 1925년 1월 1일에 워싱턴에서 열린 미국 천문학회와 미국 과학진흥협회의 합동회의에서 그의 올림픽 참가로 인한 결석으로 인해 다른 사람이 대신 읽었다.) 나아가 허슬은 안드로메다와 다른 은하 안에도 세페이드 변광성뿐 아니라 신성부터 거성까지 확인했다. 이러한 그의 연구는 우리 은하계의 바깥에는 물리학

법칙이 통하지 않아 거리 측정이 무효가 되지 않을까, 라는 그의 걱정을 진정시키는 데 도움이 되었다. 뉴턴도 '신은… 자연의 법칙을 바꾸고, 우주의 몇 군데에 몇 종류의 세계를 창조할 수 있다.'라고 생각했다. M31 안에서 세페이드 변광성을 발견했다는 것을 발표하는 짧은 논문 속에서 허슬은 자신의 결과가 "세페이드 변광성의 특질은 관측할 수 있는 우주 전체를 통틀어 일정하다."는 전제에 의존했다는 것을 일부러 경고하고 있다. NGC 6822이라는 은하 안에서 세페이드 변광성 혹은 낯익은 별을 발견했을 때, 그는 안도의 기색을 보여주면서 "자연의 일관된 원리는 이처럼 멀리 떨어져 있는 영역도 지배하고 있다."라고 쓰고 있다. 일부 천문학자는 거대한 망원경으로 훌륭하고 뚜렷한 은하의 사진을 찍는 천부적 재능이 있다. 허슬은 그중에 속하지는 않았지만 자신이 얻은 대충 결점이 있는 사진 기판에서 중요한 데이터를 이끌어내는 데 출중했다. 스펙트럼을 잘 잡아내지는 못했지만 이 단점은 나중에 그 재능을 갖춘 밀튼 휴메이슨Milton La Salle Humason의 도움을 얻게 된다. 휴메이슨은 말이 잘 통하는 젊은이로 탐구심이 뛰어났다. 그는 윌슨산의 노새 돌보기부터 시작해서 천문대의 문지기로, 천문학자의 망원경 조작을 도와주게 되면서 마침내 자력으로 훌륭한 천문학자가 된 인물이다. 1930년대와 1940년대를 통해 허슬과 휴메이슨은 관측할 수 있는 우주의 최전선을 확장시켰고 나아가 멀리 존재하는 은하의 위치를 조사해 카탈로그에 실었다. 최종적으로 허슬은 전면에 찍힌 별의 숫자보다 더 많은 은하가 찍힌 사진을 찍는 데 성공했다.

허슬이 죽기 전해인 1952년, 로마에서 열린 국제천문학연합회의에서 발터 바데는 세페이드 변광성의 주기와 광도의 관계에서 잘못된 계산을 발견했다고 발표했다. 그 잘못을 바로잡은 결과, 우주 거리의 척도는 두 배가 되었다. 거리 척도를 더욱 개량한 인물은 허슬의 옛 조수인 앨런 샌디지Allan Rex Sandage였다.(그는 나중에 스위스 천문학자인 구스타프 탐만Gustav Tammann과 협력한다.) 그리고 천문학자는 나름의 확신을 갖고 1억 광년에서 10억 광년의 거리에 존재하는 은하를 측정할 수 있게 되었다. 이만한 거리에서는 시간이 공간과 똑같이 중요성을 지닌다. 먼 곳의 은하에서 공간을 가로질러 빛이 오는 데 시간이 걸리기 때문에 우리는 계속해서 옛날 은하의 모습을 보고 있기 때문이다. 가령, 머리털자리 은하단에 속한 은하의 경우, 우리는 지구상에서 최초의 해파리가 출현한 시기에 해당하는 7억 년 전의 모습을 보고 있는 것이다. 이러한 '시간의 회고'로 불리는 현상 덕분에 망원경은 멀고 먼 우주 공간뿐 아니라 과거를 추적할 수도 있다. 따라서 더욱 먼 곳의 우주를 관측하면 우주의 모습이 현재와는 다른 시대가 있었는지의 여부도 측정할 수 있다. 실제로 그 비슷한 증거가 1960년대에 얻어졌다. 샌디지와 전파천문학자인 토머스 매튜스Thomas Mathews가 퀘이사를 발견했고, 마르틴 슈미트Maarten Schmidt가 그것이 엄청 멀리 떨어진 곳에 있다는 것을 측정했을 때였다. 퀘이사는 10억 광년 이상 떨어진 곳에 존재하는 것으로 어린 은하의 핵처럼 보인다. 이러한 천체는 오늘날의 우주에는 존재하지 않지만, 우주 공간의 탐색으로 우주 역사의 새로운 장이 열리게 되었다.

　우주 속에서 우리의 위치를 도표로 나타내는 작업은 오늘날에도 이어지고 있고, 우리는 어느 정도의 확신을 갖고 태양은 전형적인 노란

색 별로 커다란 소용돌이 은하의 원반 안에, 은하 중심에서 3분의 2 정도 떨어진 곳에 있다고 말할 수 있다. 원반에는 별과 다른 행성뿐 아니라 수소와 헬륨가스로 구성된 광대하고 희미한 호수, 원자가 서로 만나 결합해서 분자를 형성하는 곳도 있고 연기가 자욱한 별에서 방출된 그을음을 포함한 거대한 혹 같은 밀도가 높은 가스가 포함되어 있다. 무수한 별의 중력의 상호작용이라는 조화로 인해 만들어진 모습이 우아하고 아름다운 소용돌이 패턴을 형성해 원반을 움직이고, 성간물질에 주름을 지게 해서, 스스로의 중력으로 붕괴될 만큼 충분한 작은 구체를 만들어낸다. 이처럼 새로운 별이 형성되고 가장 질량이 무겁고 수명이 짧은 어린 별들의 빛이 소용돌이를 비춰주는 덕분에 우리는 그 모습들을 볼 수 있다. 그렇다면 소용돌이 팔은 천체가 아닌 과정이라고 말할 수 있다. 은하의 광활한 기준에서 본다면 지구의 대양의 파도가 부딪쳐 생기는 물거품과 마찬가지로 소용돌이 팔은 일시적인 것이다. 은하의 저 멀리에는 더 많은 은하가 있다. 안드로메다은하처럼 일부는 소용돌이 은하다. 다른 것은 타원으로 그 별들은 원시시대의 구름이 없는 공간에 매달려 있다. 나머지는 어두운 왜소은하로 구상성단과 크기가 별로 차이가 나지 않는 것도 있다. 은하의 대부분은 은하단에 속하고, 은하는 중력으로 연결된 수십 개의 은하로 이루어진, 천문학자가 '로컬 그룹Local group, 국부 은하군'이라고 부르는 것에 속한다. 이 로컬 그룹 은하는 처녀자리 초은하단이라고 부르는 좁고 긴 은하가 모여 있는 곳의 끝에 위치한다. 만일 6천만 광년 떨어진 곳에 있는 초은하성단의 중심까지 날아갈 수 있다면 도중에 볼 가치가 있는 많은 것들을 만날 것이다. 그중에는 소용돌이 은하를 허겁지겁 바쁘게 먹어대는 거인인 타원은하 켄타우로스 A도 있을 것이다. 또한 떨어지려는 동반자 은하에 팔을 하나 집어 던지듯 뻗치고 있는 팽창하는 소용돌이 은하 M51, 밝은 노란색의 핵과 창백한 별의 숄을 걸친 불타듯 빛나는 소용돌이 은하 M106, 그리고 초은하단의 중심에는 수천의 구상성단이 존재하고 약 3조 개의 별을 거느리면서, 번개같이 빨리 핵에서 방출되는 창백한 플라즈마의 제트기로 장식된 거대한 타원은하인 처녀자리 A. 처녀자리은하단의 너머에는 페르세우스자리, 머리털자리, 헤라클레스자리의 은하단이 있고, 그 너머에는 더 많은 은하단과 초은하단이 존재하며, 그들의 카탈로그만 만들어도 방대한 양이 된다. 이러한 거대한 스케일 위에는 더한 구조가 있다. 초은하단은 스펀지에 뚫린 구멍과 닮은 거대한 우주영역에 따라 나열되어 있다. 그 너머의 완만하게 휘어진 공간의 윤곽에 올라타고 멀리 은하에서 찾아온 빛은, 산들바람이 부는 연못에 비친 달처럼 여러 색이 섞여 보인다. 거기에는 미래의 허블, 허슬을 기다리는 동시에 과거 현재 미래의 많은 이야기가 섞여 있다.

신이 어떻게 이 세상을 창조했는지를, 나는 알고 싶다. 이것이나 저것의 현상, 이것이나 저것의 원소는 흥미 없다. 신의 마음을 알고 싶을 뿐이다. 그 외는 아무래도 상관없다.

- 아인슈타인

이 생각의 타당성이 한번 인식되면, 최종결과는 단순하다고 말해도 좋을 것이다. 총명한 대학생이라면 문제없이 그것을 이해할 수 있을 테니까. 하지만 느낄 수는 있어도 설명할 수 없는 진리를 찾아 수년 동안 암중모색하는 것, 확실히 납득할 때까지 가보겠다는 열정적인 욕구, 번갈아 찾아오는 확신과 마음의 갈등은 스스로 그것을 경험하지 않으면 모른다.

- 아인슈타인

10. 아인슈타인의 하늘

중력과 관성에 대한 뉴턴의 설명이 태양 중심의 태양계에서 움직이는 지구를 포용할 수 있을 정도로 물리학을 발전시켰듯이, 아인슈타인의 상대성 물리학은 보다 넓은 은하우주 안에서 조우하는 훨씬 빠른 속도, 멀고 먼 거리, 훨씬 더 강력한 에너지를 취급하게 되었다. 뉴턴의 영역이 별과 행성에 있다고 치면, 아인슈타인의 영역은 은하계의 중심에서 우주 전체의 기하학으로 확대되었다. 과학의 범위를 이만큼 넓히려고 아인슈타인은 뉴턴의 공간과 시간의 개념을 버리지 않으면 안 되었다. 뉴턴의 시간과 공간은 확고한 것이라서 변화하지 않았다. 공간과 시간이 변화하지 않는 틀이 형성되고, 그 속에서 모든 것이 발생했으며, 그러면 모두가 명백히 관측될 수 있다. "본질적으로 외부의 어떤 것과도 관계를 갖지 않는 절대공간은 늘 똑같아 움직이지 않는 채로 있다."라고 뉴턴은 쓰고 있다.

"…절대적, 진실, 그리고 수학적인 시간은 저 홀로, 그리고 그 본질로 인해 외부의 것과는 무관계로 일정하게 흘러간다."

아인슈타인은 이 전제는 불필요할 뿐 아니라 오히려 헷갈린다고 판단했다. 특수상대성이론은 시간이 흐르는 속도와 공간 내에서 측정되는 거리의 길이는 그것들을 측정하는 것의 상대적 속도에 의해 변화한다는 것을 밝혔다. 이어서 일반상대성이론은 공간을 휘는 것으로 묘사했고 뉴턴역학이 중력 때문이라고 설명하는 현상을 공간의 휘는 현상에서 이끌어냈다. 아인슈타인은 공간의 고전적 개념이 지속적으로 밝혀지는 시대에서 성장했다. 어떻게 하면 '절대' 공간이 현실성을 띠는지를 설명하고, 별이나 행성을 떼어 놓는 빈공간을 빛과 중력이 어떻게 통과하는지를 설명하려고 뉴턴과 그의 지지자들은 공간에는 눈에 보이지 않는 물질인 '에테르'가 충만하다고 가정했다. 이 말은 별과 행성을 만든 하늘의 원소를 나타내려고 아리스토텔레스가 사용한 말을 빌린 것으로 선대와 마찬가지로 이 새로운 에테르도 훌륭한 대용품이었다. 투명하고 마찰을 일으키지 않으며 조용하고 변화하지 않는다. 에테르는 행성과 별의 움직임을 방해하지 않을뿐더러 영국의 물리학자 토머스 영이 나무 사이를 통과하는 산들바람 같다고 서술한 것과 마찬가지로 아무렇지도 않게 행성과 별을 통과할 수 있다는 것이다.[26] 공간에 에테르가 충만하다는 매력적인 생각은 빛의 속도를 측정하게 되면서 문제가 발생했다. 빛이 유한한 속도로 움직인다는 것은 덴마크의 천문학자인 올레 뢰머가 목성의 4개의 밝은 위성 중에서

---

[26] 대신에 만일 지구가, 해초류의 바다를 통과하는 배에 해초가 달라붙듯이, 그 주위로 에테르를 끌고 온다면 브래들리가 최초로 관측한 별의 광행차(여성이 빗속을 달리듯 별빛 속을 움직임으로써 생기는 효과)는 일어나지 않을 것이다.

도 가장 내측을 돌고 있는 이오가 숨겨지는(임폐) 시간에 주기적인 변화가 있다는 것을 발견한 1670년대부터 정확하게 인식되었다. 엄폐는 목성이 비교적 지구에 가깝게 있을 때는 예상보다 빠르고, 멀리 있을 때는 늦게 발생했다. 뢰머는 이 차이는 목성과 지구 사이의 거리가 변화하기 때문에 빛이 전달되는 데 걸리는 시간도 변화하기 때문이라는 것을 알아차렸다. 당시에 알려져 있던 목성의 절대 거리에서, 그는 올바른 값(초속30만 킬로미터)의 30% 이내의 오차로 빛의 속도를 계산했다. 갈릴레오도 한번은 빛의 속도의 측정을 시도했다. 그는 커버를 씌운 손등불을 지닌 남자를 두 명, 1.5킬로미터 정도 떨어진 언덕 위에 배치해서, 제1의 남자가 커버를 벗기는 것을 보고 제2의 남자도 커버를 벗기고, 제1의 남자에게 빛이 도달하는 시간을 측정하려고 했다. 뢰머의 발견이 갈릴레오가 실패한 이유를 잘 보여주었다. 그가 시계도 없이 재려고 했던 시간은 1초의 10만분의 일 이하였기 때문이다. 또한 뢰머의 결과는 절대공간에 대한 지구의 속도를 측정하는 방법을 시사했다. 만일 빛이 정지하고 있는 에테르에 의해 전해진다면 에테르에 대한 지구의 절대 운동을 관측되는 빛의 속도의 변화를 측정함으로써 발견할 수 있을 터였다. 지구를 에테르의 호수를 건너는 보트라고 상상하고, 하늘의 반대 방향에 있는 두 개의 별에서 오는 빛을 보트의 앞과 뒤에 떨어진 두 개의 돌에서 퍼져나가는 물결이라고 생각해보자. 보트의 갑판 위에 서서 양쪽의 물결의 속도를 측정하려면 앞에 떨어진 돌에서 방사된 물결이 뒤에서 오는 물결보다 빨리 움직이는 것처럼 보일 것이다. 앞에서 오는 물결과 뒤에서 오는 물결의 속도의 차이를 측정함으로써 보트의 속도를 계산할 수 있다. 마찬가지

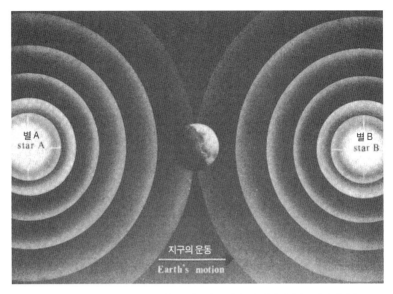

에테르 유리론에 따르면 전체에 충만하면서 정지하고 있는 에테르에 대해 빛의 속도가 일정하다면, 지구가 별 A에서 별 B의 방향으로 향해 궤도상을 움직이는 경우, 별 B에서 오는 빛의 속도가 별 A에서 오는 빛의 속도보다 빠르다.

로 지구의 움직임을 정지한 에테르를 통과한 앞과 뒤의 별에서 오는 빛의 속도의 차이를 관측함으로써 결정할 수 있다고 여겨졌다.[27]

이 '에테르' 흐름을 관측하려면 지구의 속도는 광속의 극히 일부만 해당하기에 당연히 어려운 과제다.(에테르 흐름이라고 하지만 흐르는 것은 에테르가 아닌 지구라고 여겨졌다.) 하지만 19세기의 후반까지는 이 실험이 가능할 만큼 충분히 정밀한 부분까지 기술이 진보했다. 이 중 대한 실험은 1880년대에 물리학자인 앨버트 마이컬슨Albert Michelson

---

27 나는 이 비유를 아인슈타인의 동료인 베네슈 호프만Banesh Hoffmann에게서 빌렸다.

과 화학자 에드워드 몰리Edward Morley에 의해 이루어졌다.(마이컬슨은 자신의 경력을 빛의 연구에 헌신했다. 너무 재밌어서 그랬다고 그는 말한 바 있다.)

오하이오주 클리블랜드의 웨스턴 리저브대학의 지하 실험실에 장착된 마이컬슨-몰리 장치는 간섭계의 원리에 따라 제작되었다. 광선을 두 개로 나누어 각각의 광선을 올바른 각도로 반사시켜 재결합하고, 접안렌즈의 초점을 향하게 한다. 정지한 에테르를 통과하는 지구의 움직임은 에테르의 바람의 방향으로 움직이지 않으면 안 되는 한쪽의 광선이, 다른 한쪽의 광선과 겹쳐서 생기는 간섭패턴 속에서의 변화로서 나타난다는 것이 그 장치의 논리였다. 마이컬슨이 어린 딸 도로시에게 원리를 설명했듯이 "두 개의 광선이 두 명의 수영하는 사람처럼 경쟁하고 있는 거야. 헤엄치는 거리는 똑같은데 한 사람은 상류를 향하고, 또 한 사람은 하류를 향해서 헤엄치고 있지. 만일 강에 흐름이 조금이라도 있다면 하류를 향한 사람이 늘 이길 걸."

지구가 움직이고 있다는 사실을 알고 있으니까 조금은 '흐름'이 있어야만 한다. 마이컬슨과 다른 대부분의 물리학자는 당시 그렇게 믿고 있었듯이 절대적인 뉴턴 공간의 틀을 그린 후에, 그 다음에 에테르 비슷한 게 있으면 그만이었다. 외부의 진동을 최소한으로 하려고 간섭계는 수은이 담긴 통에 떠오르게 했다. 지구의 움직임에 비례해 그 방향을 바꾸려고 간섭계는 수은 통에서 회전하고 있었다. 마이컬슨은 에테르를 통과하는 지구의 움직임을 밝히는 간섭 패턴의 변화를 기대하면서 천천히 움직이는 간섭의 접안렌즈를 며칠간 계속 들여다보았다. 하지만 그같은 변화가 전혀 보이지 않았기에 그는 무척 실망했다. 결론이 마이컬슨의 예상과 일치하지 못한 것은 어쩔 수 없었다. 탐지할 수 있는 '에테르 흐름'은 없었다. 하지만 최초에는 에테르가설을 버리려는 이론가는 거의 없었다. 그리고 몇 명이 마이컬슨-몰리의 '제로'라는 실험 결과와 에테르가설을 일치시키려고 시도했다. 그들의 노력에서 실험장치(그리고 지구 전체)가 에테르를 통과하는 속도에 의한 효과를 딱 상쇄할 만큼, 그 움직임의 방향으로 줄어든다는 기묘한 사고방식이 탄생했다.

"내가 떠올린 생각은 '빛이' 통과하는 길이 완전하게 동일하지는 않다는 것이다."라고 아일랜드의 물리학자 조지 피츠제럴드는 쓰고 있다. 말하자면 두 개의 광선이 그들이 발견하려고 하는 지구의 움직임 그 자체에 의해 변형되기 때문에 완전히 동일한 길이처럼 보인다. 피츠제럴드가 언급했듯이 "(장치를 지탱하는) 돌덩어리는 그 움직임에 의해 형태가 변하고, 변형되는 게 틀림없다. ...돌은 움직이는 방향으로 짧아지고, 다른 두 개의 방향으로 팽창하는 게 아닐까."

네덜란드의 물리학자 헨드릭 안톤 로런츠Hendrik Lorentz는 독립적으로 똑같은 가설에 도달했는데, 수학적으로 자세히 계산했다. '로런츠 수축'은 특수상대성이론 중에서 열쇠가 되는 요소인데, 다른 형태로 나타나게 되었다. 로런츠 수축을 진지하게 받아들인 사람은 적었지만 그중의 한 사람인 프랑스 물리학자 앙리 푸앵카레는 그 이론을 아인슈타인의 이론과 수학적으로 동등한 형태에 가깝게 발전시켰다. 푸앵카레는 '상대성이론의 원리'는 어떤 물체도 광속을 넘어설 수 없다고 규정할 것이라며, 마치 예언적으로 말하고 있다. 하지만 대개의 연구자는 오렌지가 거인의 손안에서 처참히 부서지듯이 지구의 속도가 모든 행성을 수축시키는 원인이 된다고 시사하는 것은 과장된 것이라고 생각했고 로런츠 자신도 얼마 지나지 않아 그 생각을 버렸다. '그는 두려워서 피했을 것이다.'라고 몇 년 지난 후 물리학자인 폴 디랙은 추정하고 있다. "… 커다란 두려움과 이어져 있지 않은 커다란 희망 따위는 존재할 수 없으리라고 생각한다."

이제 아인슈타인의 차례가 왔다. 그는 1879년 울름에서 태어났다. 케플러가 루돌프 표의 원고를 옆에 끼고 인쇄업자를 찾아서 돌아다닐 때였다. 자신의 꿈을 한창 바라기 쉬운 나이의 소년 아인슈타인은 3살이 될 때까지 말을 못하고, 말수가 적은 아이에게 흔히 보이는 줄곧 생각에 잠기는 습관을 평생 버리지 못했다. 직관적인 반권위주의자인 그는 외부의 통제에 반항했지만, 그 습관 때문에 많은 선생을 화나게 만들었다.(나중에 그는 권위를 조롱한 벌로, 운명이 나 자신을 권위로 만들었다며 농담 섞인 말을 했다.) 16살의 그는 신경쇠약 일보 직전이라는 증명서를 의사로 하여금 쓰게 만들어, 뮌헨의 루이트폴트 김나지움에서 도망쳤다. 그의 그리스어 교사는 '너는 제대로 된 인간이 될 수 없다.'라고 말했지만 그 덕분에 그는 찬란히 역사에 남았다. 그는 대학 입시시험에 떨어져 1년 동안 재수생 생활을 했다. 늘 수업을 빼먹고 바이올린을 켜거나 카페에서 혼자 생각하거나 취리히호수에서 약혼녀와 보트를 빌려 타고 놀았다. 1900년, 아인슈타인은 취리히 연방 공과대학교를 졸업했는데, 그의 약혼녀 밀레바 마릭Mileva Maric은, 여자가 드문 공과대학의 여학생이었다. 과학자로서는 물론이고 고교의 과학교사 자리도 얻지 못한 그는 '서비스 수업은 무료'라는 문구를 덧붙여 수학과 물리학 가정교사를 원한다는 광고를 냈다. 그 광고에 응한 아주 소수의 사람들은 그가 쾌활하고 총명하지만 뭔가 어려운 생각에 빠지면 가르치는 학생을 내버려두고 사라진다는 부적합한 교사임을 알았다. 아인슈타인은 결국 베른의 스위스특허청의 '3급 기술 전문직'이라는 안정된 직업을 얻었다. 그는 1903년에 밀레바와 결혼했고, 1904년에는 두 명의 아들 중 장남이 태어났다.(처음 아기는 여자아기였는데 결혼 전에 태어났지만 성홍열로 죽었다고 전해진다. 이 시점에서 아인슈타인과 밀레바가 주고받은 편지는 발견되지 않고 있다.) 부인과 가족에 보다 좋은 삶을 선사하기 위해 승진 의욕을 불태웠던 그는 1906년에 2급 기술 전문직으로 승진되면서 그 보상을 받았다. 덥수룩한 검은 머리칼, 맑고 꿰뚫어보는 듯한 눈빛, 문학과 음악과 철학에 대한 애착, 이 시기의 아인슈타인은 과학자이면서도 시인이었다. 그는 물리학의 진보에 대해서도 특별한 정보를 갖고 있지 않았다. 최신의 과학 논문을 읽으려고 해도, 그가 일을 마치는 시간에는 대개 전문도서관이 문을 닫는 바람에 읽을 수가 없었다. 그의 논문에는 가끔 재밌는 내용도 있었지만, 마치 각기 다른 천 명의 대학원 졸업생이 쓴 논문처럼, 무한에 관한 혹은 엔트로피에 대한 추측 따위가 대부분이었다. 아인슈타인은 습관적으로 무관심한데다 금세 웃기 때문에 격식을 따지는 의식에는 천적이었다. 친구들에게 설득당해 칼뱅이 설립한 제네바대학의 350주년 기념식에 참가한 그는, 마땅히 입을 옷이 없어서 밀짚모자와 쭈글쭈글한 양복을 입고 로프를 두른 채 교수들이 나란히 서 있는 가운데를 걸어갔다. 그 후에 열린 피로연에서 "나는 옆에 앉은 제네바인 귀족에게 이렇게 말했다. 만일 칼뱅이 여기 있다면 뭘 할까요? … 내 생각엔 그는 너무 많이 먹은 죄로 우리 모두를 화형에 처할 것 같네요." 그리고 단 한 마디도 입을 열지 않았다고 회상하고 있다. 말하자면 그는 보헤미안이자 반항아이며 힘이 넘치는 젊은이였지만 과학자로서 훌륭하다고는 아무도 생각하지 않았다. 그래도 1905년이 되자, 아인슈타인의 사색은 결실을 맺기 시작했고, 그 해에만도 그는 과학사회를 뒤집어놓는 4가지 획기적인 논문을 쓰고 있었다. 26세의 생일이 사흘 지난 후에 발표된 최초의 논문은 양자역학의 기초를 다지는데 도움이 되었다. 다른 논문은 원자이론과 통계역학의 방향을 바꾸었다. 나머지 두 논문은 나중에 특수상대성이론이라고 알려진 것이 게재되어 있었다. 독일의 '물리학연보'의 편집장인 막스 플랑크는 최초의 상대성이론의 논문을 읽고, 즉석에서 세계가 바뀐 것을 깨달았다. 뉴턴의 시대가 끝나고 그걸 대체하는 새로운 과학이 생겨났던 것이다. 뒤돌아보면 모든 게 분명해지는데, 과학의 천재 기질을 갖춘 아인슈타인의 사고방식으로 건너가고 있었다. 그는 얌전하고 신앙심 깊은 아이로, 11살 때는 신을 경배하는 짧은 찬미가를 작곡했으며 그것을 노래하면서 학교에 다녔다. 하지만 훨씬 나중에 본인이 회상하듯 12살 때의 그는,

"학년이 시작되고 갖게 된 유클리드의 평면기하학을 다룬 소책자 중에 성질이 전혀 다른 별도의 경이로움을 경험했다. 이 책에는 가령, 삼각형의 세 개의 수심의 교점은 한 점에서 만난다고 단정하고 있었다. 이는 확실히 증명할 수 있고 의문의 여지가 없다. 이 명료함과 확실성이 내게 말로 표현하기 어려운 인상을 심어주었다."

나중에 그는 전통적인 종교에서 그가 '성스런 유클리드의 텍스트라고 부르는 것으로의 전향은 구원을 향한 두 가지 길이었다.'라고 회고하고 있다.

> "이제는 잃었지만, 젊은 시절의 종교적 낙원은 '단지 개인적인' 족쇄, 희망, 바람, 유치한 감정에 의해 지배되는 존재에서 자신을 해방하려는 최초의 시도였다는 점은 분명하다. 거기 바깥에 우리 인간과는 독립해서 존재하는 이 거대한 세계가 있다. 그 세계는 우리 앞에 영원의 수수께끼로서 우뚝 서 있지만 적어도 부분적으로는 검토해보거나 생각할 수가 있다. 이 세계에 대해 숙고함으로써 해방되는 것처럼 느껴졌다.… 이 낙원으로 가는 길은 종교적인 낙원으로 가는 길처럼 쾌적하거나 마음을 온통 뺏기는 것이 아니었다. 그것을 신뢰할 수 있음은 알고 있었고, 나는 그것을 선택한 것을 결코 후회하지 않았다."

　　아인슈타인이 조숙하지 않았다는 사실조차, 돌이켜보면 오히려 별도의 형태의 선물이었다는 생각이 든다. 그는 자신이 '극단적인 대기만성 형 타입이라서 공간과 시간에 대해 생각해볼 때는 이미 어른이 되어 있었다. 그 결과 나는 보통 아이가 하는 것보다 그 문제를 줄곧 깊게 파헤쳐 들어갔다.'라고 생각했다. 원인이야 여하튼 그는 보통이 아닌 집중력의 소유자였다. 심원한 문제에 대한 자신의 통찰력은 '멈추지 않고 그것을 계속 생각한다.'는 자신의 습관에 따른 것이라는 뉴턴과 마찬가지로, 아인슈타인은 자신의 주의를 집중시키는 것을 따라 강한 집념으로 지속적으로 깊이 파헤쳤다.[28] 그리고 갈릴레오처럼 기본적인 철학적 문제에 대한 흥미에 자신의 생각을 경험적으로 실험하는 중요성의 인식을 연결시켰다. "사실을 직접 관찰하는 것은 내게 늘 일종의 신기한 매력을 선사했다."라고 그는 쓰고 있다. 아인슈타인을 특수상대성이론으로 이끌고, 거기서 일반상대성이론(초기의 우주론에서 이론적 우주론을 탄생시켰다)으로 이끌었던 지적 편력은 그가 5살이 채 되지 않았거나 그 무렵에 시작되었다. 그는 병으로 침대에 누워 있었는데, 부친이 아들인 그를 심심하지 않게 해주려고 포켓 나침반을 보여주었다. 무엇이 나침반의 바늘을 북쪽으로 향하게 만드는지 그가 물어보니, 지구는 자장으로 덮혀 있는 데 거기에 바늘이 반응한다고 부친이 대답해주었다. 그는 놀랐다. 훨씬 나중에 회상하듯이 눈에 보이지 않는 실체가 없는 장(場)이 현실의 사물인 나침반 바늘의 움직임을 지배할 수 있다는 것이 '기적'처럼 여겨졌기 때문이다. '사물의 뒤편에는 훨씬 깊은 곳에 숨겨진 뭔가가 있는 게 틀림없다.'

몇 년 후, 제임스 클러크 맥스웰James Clerk Maxwell의 전자장이론을 교과서의 설명에서 읽었을 때, 그는 이 '뭔가'는 무엇인지를 배웠다. 맥스웰은 자신의 '장의 이론'을 영국의 과학자인 마이클 패러데이의

---

28 미국의 수학자인 에른스트 스트라우스Ernst Straus가 프린스턴 고등학술연구소에서 아인슈타인의 조수로서 일하던 1940년대의 어느 날 오후, 아인슈타인의 집필하는 모습을 나타낸 사례다. 스트라우스는 다음처럼 쓰고 있다. "우리는 논문 준비를 마친 후, 클립을 찾고 있었다. 여기저기 서랍을 열면서 마침내 한 개를 찾았지만, 너무 휘어져서 그대로는 쓸 수 없었다. 그래서 클립을 펼 수 있는 것을 찾기 시작했다. 더 많은 서랍을 열어보았더니 전혀 사용하지 않은 클립 상자를 발견했다. 아인슈타인은 그 자리에서 그 하나를 집어 들더니 휘어진 클립을 펼 수 있는 도구로 만들려고 변형시켰다. 뭐 하시는 거냐고 물었더니 그는 일단 목적을 정하면 그것을 변경하는 게 어렵다"라고 대답했다.

실험적 연구를 토대로 구축했다. 나중에 아인슈타인이 언급했듯이 패러데이와 맥스웰은 갈릴레오와 뉴턴같은 관계였다. '한 명은 관계를 직감적으로 파악하고, 다른 한 명은 이들의 관계를 정확히 정식화해서, 그것을 정량적으로 적용했다.'

대장장이의 아들로 태어난 패러데이는 런던의 제본 가게에 도제 수업을 받으려고 들어갔는데, 틈이 나면 대중 상대의 과학서를 읽었다. 친구에 이끌려 화학자인 험프리 데이비 경의 일반 강연을 들으러 간 그는 노트에 쓰며 그것을 인쇄했고 가죽으로 철해서 험프리 데이비 Humphry Davy에게 보냈다. 데이비 경은 그를 영국 왕립연구소의 실험 조수로 채용함으로써 보답했다. 거기서 46년간을 보낸 그는 데이비 경의 뒤를 이어 마침내 연구소장이 되었다. 그는 에디슨 같은 외모를 지녔다. 가운데로 가르마가 터진 백발, 눈 사이의 간격, 편평한 뺨의 뼈, 일 때문에 고양이 등처럼 휜 어깨, 그의 큰 손은 늘 실험장치 속에 있었다. 하지만 그는 늘 찌푸린 표정을 짓던 에디슨과는 달리 늘 웃고 있었다. 1만 5천 회 이상에 걸친 실험 과정에서 패러데이는 전기와 자기가 공간에 나란한 눈에 보이지 않는 힘의 선 즉 '장'에 의해 운반되는 것을 발견했다.(사철을 종이 위에 뿌리고, 그것을 말굽자석 위에 올리면 사철에 의해 그려지는 자장선을 관찰하는 오늘날의 학생들은 옛날의 패러데이의 실험을 흉내내는 것이다) 그가 과학에 준 선물은 자석 혹은 전기코일이라는 눈에 보이는 장치가 그것을 둘러싼 전기력 혹은 자력을 운반하는 눈에 보이지 않는 장(場)으로, 그 중점을 기본적으로 이동시킨다는 것이다. 여기서 '장의 이론'이 시작되었다. 장의 이론은 오늘날, 소립자에서 은하간 척도에 이르기까지의 과정을 탐구하고 물질세계 전체가 힘의 장이라는 방식기 위에서 짜여진 거다란 환각이라는 것을 묘사하고 있다. 하지만 패러데이는 전장과 자장의 존재를 입증했지만, 그것을 정량적으로 기술하는 데 필요한 수학적인 혜안이 부족했다. 이는 맥스웰에게 맡겨졌다. 작은 새같은 골격, 타인을 의심하는 것을 아예 모르는 현명한 눈빛, 성가대의 소년 가수처럼 연약한 얼굴을 지닌 맥스웰은 패러데이가 근접할 수 없는 수학의 궁전에서 편히 쉬고 있었다. 계통적인 사색가인 그는 먼저 패러데이의 논문을 읽고 전기와 자기에 관한 공부를 했다. 이는 켈빈 경의 조언에 따른 것으로 패러데이의 눈을 통해 장을 공부하기 위해서였다. 그 결과 '혼란하던 모든 것이 몇 개의 간단한 아이디어에 의해 명확한 형태로 정리되었고, 늦었지만 그 보답을 얻었다.'라고 1854년에 켈빈 경에게 쓴 편지에서 밝히고 있다. 이는 장의 개념을 이끌어내는 시작이었고, 순수하게 기계적인 과학의 종말을 고하는 것으로 눈에 보이지 않지만, 융통성을 발휘하는 상대성이론이나 양자물리학의 수학적 비약으로 이끄는 첫걸음이었다. 패러데이는 맥스웰이 보내준 논문을 베토벤의 4중주를 듣고 있는 음치같은 심정으로 읽었다. 이 논문이 훌륭하다는 것을 알지만 어떻게 감상해야 좋을지 몰랐다. "이 문제에 수학이 이토록 관련되어 있다는 것을 알고 무척 놀랐습니다. 구체적으로 어떤 것인지 알고 싶습니다."라고 패러데이는 맥스웰에게 편지를 보냈다. 다른 편지에서 그는 가련할 만큼 주저하면서 물었다.

"수학자가 물리적 작용의 연구에 뛰어들어 결론에 도달했을 때, 수학의 공식과 마찬가지로 그것을 보통의 언어로 완전

히, 분명히, 명확히 표현할 수는 없는 건가요. 만일 가능
하다면 '그 도통 알 수 없는 것'을 번역해서 나 같은 사람에
게 설명해줄 수 있다면 대단히 감사하겠습니다."

맥스웰은 친절하게도 장의이론의 설명 일부를 패러데이가 이해할
수 있는 구체적인 기술로 다시 수정했다. 그런데 그것이 불필요한 것
을 제거한 방정식이 되자, 그의 이론은 오히려 비약했다. 푸가의 곡처
럼 균형과 힘을 갖추고 맥스웰의 방정식은 자기와 전기가 전기장이라
는 하나의 힘의 양상aspects이라는 것, 빛 그 자체가 이 힘의 하나라는
것을 나타냈다.[29]

이처럼 따로 연구된 전기, 자기 광학이 하나로 통일되었다. 젊은
아인슈타인이 맥스웰의 방정식을 만났을 때, 감명을 받고는 '하늘에서
온 계시 같았다.'라고 쓰고 있다. 거기에는 나침반의 바늘을 지배하는
눈에 보이지 않는 장(場)의, 정확하고 균형잡인 설명이 적혀 있었다.
그것은 공간에 생명을 불어넣고 맥스웰이 썼듯이 '공간을 초월한 직물
을 짜는 것'이 가능했다. 그리고 그 미분방정식은 절묘한 균형과 정확
함으로 그 직물의 윤곽을 선명하게 새긴 것이었다. "이 이론이 혁명적
으로 보이는 것은 어떤 거리를 둔 '힘'에서 기본적인 변수로서의 '장'으

---

29 맥스웰은 전자장이 전달되는 속도가 정지할 때의 두 가지 전하에 의해 영향을 받
는 전기력과, 움직일 때는 그것이 영향을 미치는 자력의 사이의 비례와 동일하다
는 것을 발견했다. 이야말로 빛의 속도임에 틀림없다는 것이 판명되자, 맥스웰은
빛 그 자체가 전자장이라고 결론지었다. 특수상대성이론의 통속적인 설명이 가끔
은 빛의 속도는 임의로 정해진다는 제한속도(입법부가 정하는 고속도로의 제한속
도처럼)라고 잘못된 인상을 주기 때문에 맥스웰의 발견을 마음에 새겨두면 유익하
다. 빛의 속도는 전자장의 동작을 기술하는 방정식에서 끌어낸 기본적인 정수(定
數)의 결과다.

로 변환하기 때문이다."라고 아인슈타인은 회상하고 있다. 빛이 공간을 이동하는데 이제는 에테르에 의지할 필요가 없게 되었다. 빛 자신이 가진 전자장이 그 일을 할 수 있기 때문이었다. 이를 이전 세대의 고전 물리학자(맥스웰 그 자신도 그중 한 명이었다)는 올바르게 평가하지 않았다. 그들은 나름의 현실적, 기계적인 세계관을 갖고 있었고, 장을 그만큼 실재적인 것으로 하기에는 그다지 실질적이 아니라고 생각했다. 에테르가설이 존속한 이유는 그들이 모두 그렇게 생각했기 때문이다. 맥스웰의 방정식과 마이컬슨–몰리의 실험이 그 돛에서 바람을 빼앗기고 난 후에도 유령선은 계속 살아 움직였다. 전통에는 거의 신경쓰지 않던 아인슈타인은 에테르를 버리고 장에 주의를 집중시켰다. 맥스웰의 방정식과 뉴턴의 절대공간의 양쪽에 집착한다면 모순된 결과가 나왔다. 물리학의 위인들은 이 사실을 이해했다. 맥스웰의 장의 방정식의 중요성을 그들이 과소평가한 이유 중 하나가 바로 거기에 있었다. 그런 사실을 몰랐던 아인슈타인은 16살 때, 자신이 그 모순을 스스로 발견했다. 그 무렵, 그는 대학입시에 떨어져 스위스 오보랜드에 있는 아라우 고교에 다니고 있었는데, U자형으로 굴곡진 강을 따라 산책하는 걸 좋아했다.(나중에 그는 어떻게 강이 구불구불 흐르는지를 논문으로 썼다.) 어느 날, 그는 만일 빛의 속도로 광선을 쫓아가면 뭐가 보일까, 라고 자문했다. 고전물리학에 따르면 답은 "광선은 정지하고 공간적으로 진동하는 전자장으로서 보일 것이다. 하지만 경험에 기초하거나 맥스웰의 방정식에 따라도 그처럼 보일 리는 없다."

속도는 빛이 갖춘 것이며, 빛이 전자장이라는 것을 맥스웰이 알았던 이유는 바로 그 속도 덕분이었다. 만일 우리가 에테르로 충만한 절대적인 뉴턴의 공간에 살고 있다면, 광선을 따라잡아 그 속도를 없앨 수가 있을 것이다. 뉴턴의 물리학 혹은 맥스웰의 물리학에는 뭔가 빠진 점이 있었다. 아인슈타인은 별도의 전기역학의 모순에 대해서도 잘 알고 있었다. 그는 그것을 말 그대로 자신의 집의 정원 뒤편에서 우연히 발견했다. 아버지와 숙부가 뮌헨 집의 뒤편에 있는 전기작업장에서 조립한 철과 동의 발전기 속에서였다. 패러데이Michael Faraday가 확립한 발전기 원리는 소용돌이 자석에 의해 형성된 장이, 그것을 둘러싼 거미줄 형상의 전선 속에서 전류를 발생한다는 것이다. 이 발견은 굉장히 실제적인 가능성이 있었다. 증기엔진 혹은 흐르는 강 에너지로 전기를 제조하고, 그 전기를 전선으로 보내서 기계의 동력으로 삼거나, 몇 킬로미터나 떨어진 마을을 밝게 해줄 수도 있었다. 아인슈타인 가족은 그 아이디어로 비즈니스를 영위할 생각까지는 안 했지만, 발전기의 설계는 그 당시의 최첨단 기술이었고, 거대한 증기 구동 발전기는 상당한 비용으로 의뢰되고 제작되었다.[30] 그래도 발전기 내부의 전자장 작용이 충분히 이해되기 전까는 그 성능을 정확히 예측하지 못했다. 당시의 이론으로는 이동하는 장은 발전기가 회전하는 자석이라는 점에서 본 경우에는 법칙이 있었지만, 정지한 전기코일이라는 점에서 본 경우에는 별도의 법칙으로 기술되었다. 각각의 발전기가 소용돌이의 수수께끼를 내장하고 있던 셈이었다. 이 상황은 산

---

30 발전기의 매력은 미국의 역사가 헨리 애덤스Henry Adams의 저작인 '헨리 애덤스의 교육' 속에 나온다. 1900년도 파리 박람회에서 '발전기 전시장'을 찾은 그는 그때의 일을 적고 있다. "애덤스에게 발전기는 무한한 심볼이 되었다. 기계가 나란히 들어찬 곳의 풍경에 익숙해지면서 그는 12미터 길이의 발전기에서 초기의 기독교 신자가 십자가에서 느꼈음직한 정신적인 힘을 느끼기 시작했다. 이 거대한 바퀴에 비하면 까마득히 오래전부터 장구한 세월을 회전한 행성조차 그 인상이 옅어질 정도다."

업가에게 경제적으로 골칫덩이였다. 아인슈타인에게는 그것이 아름답지 않게 보였다. '똑같은 것 두 개가 기본적으로 다른 경우로 취급된다는 사고방식에 견딜 수 없었다.'라고 그는 회상하고 있다. '두 경우의 다른 점은 진짜 다른 게 아니라 좌표계의 잘못된 선택이라고 나는 확신한다.'

아인슈타인이 아라우 고교를 졸업할 무렵, 그 의문은 마음속에 여전히 남아 있었다. 하지만 공과대학에서 그 의문을 풀 힌트가 있지 않을까, 라고 그는 바랐지만 머지않아 실망했다. 그의 물리학 교수는 유능하지만 보수적인 하인리히 프리드리히 베버Heinrich Friedrich Weber였고 발전기에 매료되어 발전기 제조자인 베르너 폰 지멘스Werner von Siemens 덕분에 교수가 된 인물이었다. 또한, 전기 연구에 몸을 바쳐 인간이 얼마나 전압을 견뎌내는지를 측정하는 노력의 일환으로 반복해서 1,000볼트 이상의 교류 전기 쇼크에 자신의 몸을 내던졌다. 그래도 고전물리학의 전통이 몸에 배어 있던 그는 맥스웰이나 패러데이에 대해서도 반박하지 않았다. 아인슈타인은 곧 흥미를 잃고 베버 교수의 강의를 듣지 않았다. 아인슈타인은 혼자서 물리학 책을 읽고 공과대학의 훌륭한 실험실에서 실험을 하고 있었다. 그러다가 실험 중 폭발을 일으켜 손에 심한 화상을 입었고, 실험실은 난장판이 되었다. 베버 교수는 그에게 가능한 범위에서(꽤 가능했다) 보복했다. 아인슈타인이 졸업 후, 일자리를 얻는 데 방해를 놓았다. 낙인이 찍힌 아인슈타인은 갈 데가 없었다. 광범위하게 출제되는 마지막 시험을 위해 벼락치기 공부라는 싫은 경험 덕분에 그는 1년 동안을 통틀어 과학에 대한 생각은 전혀 못하고, 철학책을 읽거나 바이올린을 켜면서 보냈다. 그가 물리학 공부를 재개했을 무렵, 외부의 자극은 거의 없었다. 그는 가스의 동력학에 관한 박사 논문을 취리히대에 제출했지만 박사 자격은 취득하지 못했다. 몇 편의 과학 논문을 썼지만 거의 가치가 없었다. 부모를 실망시켜 후회는 했지만, 아인슈타인은 침착하고 자신감이 있었다. 그는 친구인 마르셀 그로스만Marcel Grossmann에게 이렇게 편지를 썼다. "몇 가지 훌륭한 아이디어가 있는데, 그것을 실현하려면 적당한 잠복기간이 필요해."

아인슈타인이 특허국에 취직할 수 있었던 것은 그로스만의 부친의 도움이었다. 그토록 위대한 인물이 그토록 지루한 직업을 가졌다는 사실에 머리를 절래절래 흔들 사람이 있겠지만 아인슈타인은 그 시절을 '내 생애 최고의 시대'라고 회고하고 있다. 그는 심사를 하려고 자기 눈앞에 놓인 기계장치에 대해 생각하느라 재미있었고, 특허 신청의 평가를 쓰는 게 자신의 생각을 간결하게 표현하는 것을 배우는 데 도움이 된다는 걸 알았고, 한편으로는 친구인 미헬레 베소Michele Besso와 우애를 돈독히 다졌다. 둘은 철학, 물리학, 그리고 세상의 모든 것에 관해 이야기를 나누었다. '유럽 어디를 찾아봐도 그만큼 뜻이 맞는 친구를 찾기 어려웠을 것'이라고 그는 말하고 있다. 베소의 권유로 아인슈타인은 오스트리아의 물리학자이자 철학자인 에른스트 마흐Ernst Mach의 책을 읽었다. 마흐는 에테르가 충만한 뉴턴의 공간에 신뢰를 두고, 역학 패러다임을 비판하는 소수의 과학사상가 중 한 명이었다. "가장 단순한 역학원리는 대단히 복잡한 특성을 갖고 있다."라고 마흐는 쓰고 있다. '…그들을 수학적으로 입증된 진실로서 판단할 것이 아니라, 경험에 따른 일정한 규제를 허용하는 한편 그것을 실

제로 요구하는 원리로서 판단해야 한다.'

뉴턴의 공간 그리고 특히 에테르가설을 혹독하게 비판하는 마흐는 이 같은 '형이상학적 불명확함'을 관측의 경험에 토대를 둔, 가장 간결한 원칙으로 바꾸려고 했다. 마흐는 "공간은 물체가 아닌 일어나는 현상의 상호 관계의 표현이다. 모든 질량, 모든 속도, 그리고 그 결과의 모든 것의 힘은 상대적이다."라고 쓰고 있다. 아인슈타인은 이에 동의해, 마흐가 규정했듯이 일어나는 현상만으로 공간과 시간을 설명하는 이론을 창출할 마음을 가졌다. 그는 마흐의 비판을 완전히 만족시킬 수는 없었지만(아마 그것이 가능한 이론은 없을 것이다), 이 노력이 그를 상대성이론으로 가는 길을 재촉하는 데 도움을 주었다.

특수상대성이론의 출현은 그 저자와 마찬가지로 파격적이었다. 처음에 그 이론을 발표한 1905년의 논문은 사랑하는 사람에 대해 쓴 작품과 닮았다. 기존의 과학 문헌으로부터의 인용은 전혀 없었고, 도움을 준 사람으로서 한 명의 개인만 게재되었는데, 그나마 과학자도 아닌 친구 베소였다.(당시 아인슈타인은 과학자 친구가 한 명도 없었다.) 그 이론을 설명하는 취리히에서의 아인슈타인의 최초의 강연은 대학이 아닌 목수협회의 홀에서 열렸다. 그는 한 시간 이상 강연하다가 도중에 시간을 물어보려고 중단했다. 자신이 시계가 없었기 때문이라고 변명하면서. 어쨌든 공간과 시간에 관한 개념의 재편성은 여기서부터 시작되었다. 특수상대성이론으로 아인슈타인은 마침내 16살 때 떠올린, 광속으로 광선을 따라잡을 수 있다면 맥스웰의 방정식은 도움이 되지 않는다는 패러독스를 해독했다. 그는 광속에 이르기까지 가속할 수는 없다고 결론을 내린 후, 이를 풀어냈다.

실제로 빛의 속도는 관측자의 상대적 움직임에도 불구하고 모든 관측자에게 동일하다. 이를테면, 우주선에 탄 물리학자가 베가(지구에서 약 25.3광년 떨어진 별 – 옮긴이)를 향해 광속의 50%의 속도로 날아가면서 베가로부터 오는 빛의 속도를 측정한다 해도 그 속도는 지구에 있는 동료가 측정한 값과 완전히 똑같다는 사실을 그 물리학자는 알게 될 것이다. 이 기묘한 사태를 정식화하려고 아인슈타인은 로렌츠 수축을 사용해야만 했다. 당시 그는 거의 로렌츠에 관해 몰랐지만, 나중에 '당시 최고였고 가장 훌륭했던 인물... 살아 있는 예술품'이라며 칭송했다. 아인슈타인의 손에 의해 로렌츠의 방정식은 관측자의 속도가 증가함에 따라 그 크기는 우주선이나 거기에 실린 측정기와 마찬가지로 측정되는 빛의 속도가 늘 동일하게 되는데 필요한 것만큼 자신이 움직이는 방향으로 줄어든다고 기술되었다. 이것은 마이컬슨–몰리가 '에테르 흐름'의 흔적을 발견하지 못했던 이유이기도 했다. 실제로 에테르는 움직이지 않는 좌표계가 필요하지 않게 되면 뉴턴의 절대적 공간과 시간이나 마찬가지로 불필요해진다. 수학적이나 전기역학적으로도 절대적인 정지의 개념에 대응하는 특징을 지닌 현상은 없다. 문제는 관측 가능한 현상이다. 그리고 무엇보다 그 정보를 운반하는 빛(또는 전파, 그 이외의 전자방사의 형태)이 관측자에게 도달하기까지 관측할 수 없다. 아인슈타인은 뉴턴의 공간을 '광선의 틀'이라고 개념을 바꾸었다. 광선의 틀은 절대적인 것으로, 그 안에서 공간 그 자체는 유연해지는 것이다. 움직이는 관측자는 마찬가지로 시간의 흐름이 늦어짐을 경험한다. 광속의 90%로 여행하는 우주비행사는 지구에 되돌아오면 동료들의 절반쯤 밖에 나이가 들지 않는다. 가령, 상대론적 우주선에 근무하는 성간 우주비행사의 20년 차 동창회에서는 가장 많은 승선 경험이 있는 사람이 가장 젊게 된다. 질량도 광선의 틀 안에서는 유연해진다. 광속에 가까운 물체는 질량을 증가시킨다. 상대적 시간의 늘어남, 질량의 증대, 크기 변화의 효과는 궤도를 움직이는 지구나 우주 공간을 움직이는 태양처럼 보통의 속도에서는 미미하거나 적다.(그래서 이 효과를 더 빨리 알아차리지 못했다.) 그러나 속도가 증가함에 따라 현저해지고 빛의 속도에서는 무한하게 된다. 만일 지구를 광속까지 가속한다면(이는 무한한 에너지가 요구된다.) 지구는 무한한 질량을 가진 아주 얇은 판처럼 줄어들고 거기에서 시간은 멈추고 만다. 즉 광속까지 가속하는 것은 불가능하다. 이러한 효과는 사람을 현혹시키거나 단지 심리적인 현상이 아니다. 지극히 현실적인 것으로, 많은 실험으로 확인되고 있다. 광속에 가까운 속도로 움직이는 입자의 질량의 상대론적 증가는 입자가속기로 측정될 수 있고, 가속된 입자에 그 에너지의 대부분을 부여한다. 상대론적 시간의 증가는 원자시계를 항공기에 실어 세계 일주를 시키는 것으로 테스트를 받았다. 이전에 NASA의 지상관 통제사가 우주에 있는 우주비행사들을 위협한 적이 있었다. 고속으로 궤도를 돌기 때문에 당신들이 체험하는 시간의 흐름은 감소하니까, 그만큼 승무 수당의 몇 분의 1센트가 줄어서 지불될 거야, 라고. 처음에 일반대중은(그리고 많은 과학자도 마찬가지로) 위에 언급한 내용이나 특수상대성이론의 의미에 대해 기묘한 인상을 받았다.[31]

---

31 아인슈타인은 자신의 생각이 늘 이해받지 못했던 뉴턴과 마찬가지의 운명을 걸었다. 뉴턴이 마차로 가는 것을 본 학생이 '자기도 모르고 딴 사람도 모르는 책을 쓴 사람이 저기 간다!'라고 말했다는 소문도 있었으니까.

아무리 아인슈타인의 이론이 혁명적이었다고 쳐도 그의 의도는 본디 보수적이면서 겸손했다. 상대성이론 논문의 본디 제목인 '운동체의 전기역학에 관해서'가 뜻하듯 그의 목적은 전기역학의 법칙을 보완하고, 취리히의 조용한 연구실을 비롯해 소용돌이 발전기, 엄청난 속도로 서로 빨리 스쳐 지나가는 세계처럼 상상할 수 있는 어떤 상황에서도 전기역학의 법칙을 응용할 수 있다는 점을 시사하고 있었다. 아인슈타인이 아닌 앙리 푸앵카레가 만든 용어로 물리학자인 막스 플랑크가 이론에 응용한 '상대성이론'이라는 언어는 약간 오해받을 인상을 준다. 아인슈타인은 그 보수적인 기능을 강조해서 '불변성의 이론'이라고 부르길 좋아했다. 그럼에도 상대성이론은 그 폭을 확장시켜 빛과 공간, 시간뿐 아니라 물질의 연구도 포함하고 있다. 이 이론이 보편적 영향력을 가진 것은 전자기electromagnetism는 빛의 전파뿐 아니라 물질의 구조에도 관여하기 때문이었다. 전자기는 원자를 만들기 위해 원자핵 주위의 궤도에 전자를 끌어들여, 분자를 형성하기 위해 원자를 함께 연결시켜, 물질을 만들기 위해 분자를 연결하는 힘이다. 별이나 행성 혹은 이 페이지를 읽고 있는 눈에 이르기까지 형태를 가진 모든 것이 그 존재의 본질로서 전자기를 띠고 있다. 따라서 전자기의 개념을 바꾸는 것은 물질의 성질 그 자체를 다시 생각하는 것이었다. 아인슈타인은 특수상대성이론의 최초의 논문이 세상에 나오고 불과 3개월 후에 이러한 관계에 주목해 '물체의 관성 용량은 그 에너지 용량에 의존할까'라는 제목의 논문을 발표했다. 답은 'yes'였다. 이미 보았듯이 아인슈타인은 최초의 논문 속에서 물체의 관성질량은 에너지를 흡수하면 증대한다고 논증했다. 그리고 질량이 에너지를 방사하면 감소한다고 논문의 내용이 이어지고 있다. 이는 별을 향해 날아가는 우주선의 입장에서도 진실이다. 또한 멈추어 있는 물체에 대해서도 마찬가지로 진실이다. 카메라는 플래시를 터뜨리면 조금이지만 질량을 잃고, 사진을 찍힌 사람은 그 대신에 조금의 질량이 증가한다. 질량과 에너지는 전자기 에너지가 서로를 가져감으로써 서로 교환할 수 있다. 이 사실을 숙고한 아인슈타인은 에너지와 관성질량은 똑같다고 결론짓고 그 수식을 방정식으로 나타냈다.

$$m = \frac{E}{C^2}$$

m은 물체의 질량, E는 그의 에너지 용량 그리고 C는 빛의 속도다. 에너지와 물질의 개념을 통일해서 그 양쪽을 빛의 속도와 관련지은 이토록 대단하고 간결하고 짧은 방정식을 만들었을 때, 아인슈타인은 처음에 질량을 생각하고 있었다. 그런데 그 대신 에너지를 중심으로 생각하니 더욱 익숙하고 불길한 형태로 나타났다.

$$E = mc^2$$

이 시점에서 바라보면 이 이론은 물질은 동결된 에너지라고 서술하고 있다. 이것이 원자력과 핵병기의 힌트가 된다. 하지만 당시의 아인슈타인은 자신의 이론을 응용할 생각은 못 하고 다른 사람들이 제안했을 때 실질적이 아니라며 부인했다. 천체물리학자는 이 방정식을 태양과 별에 에너지를 공급하는 열핵반응과정을 나타내는 데 사용했다. 많은 방면에서 성공을 거두었지만, 특수상대성이론은 우주의 어떤 별도의 대규모의 힘, 중력에 관해서는 침묵을 지키고 있었다. 특수상대성이론은 물체가 그 운동 상태를 바꿀 때 나타내는 반발, 관성물질을 다룬다. 중력은 그 중력물질 즉 그 '무게'에 응해 물체에 작용한다. 관성물질은 마치 잘 닦인 마룻바닥 위에서 여행용 가방을 끌 때의 느낌이고, 중력질량은 여행용 가방을 들 때의 느낌이다. 양쪽은 확실한 차이가 있어 보인다. 중력질량은 중력이 존재할 때만 나타나는데, 관성 물질은 물질의 변함없는 특질이다. 여행용 가방을 우주선에 싣고 궤도를 날면 거기서는 무게가 없어지는데(즉, 그 중력질량은 제로라고 측정된다), 그 관성 물질은 동일하다. 여행용 가방을 우주선에서 회전시키려면 꽤 힘이 들어가겠지만 일단 움직이게 만들면 지상에서 마룻바닥 위를 끌고 가는 듯한 동일한 위력을 보여줄 것이다. 하지만 어떤 이유로 인해 모든 물체는 관성 물질과 중력 물질이 똑같다.[32]

공항의 저울에 여행용 가방을 올려보니 무게가 15킬로그램이었다. 이는 중력질량의 결과다. 다음은 여행용 가방을 미끄러지게 할 얼음이나 혹은 비교적 마찰이 적은 표면 위에 올려서 핸들 부분에 저울과

---

32 어느 날, 나는 쌍발 프로펠로기 DC-3을 타고 바하마 상공을 날고 있었다. 갑작스러운 폭풍우로 비행기가 격렬히 흔들렸고, 그 바람에 객실 뒤편의 짐들이 부서지면서 길이 12센티미터의 철자가 튀어나왔다. 비행기는 하강기류에 돌입했고 그 순간 모든 것이 순간적으로 경량화되었다. 철자는 공중부양을 하면서 내가 있는 곳으로 표류해왔다. 나는 발로 걷어차면서 순간을 모면했지만 중력질량이 없는 관성질량을 한순간 체험했다. 위협적인 물체가 가끔은 중량을 측정하기 위한 무중력 장치가 될 수도 있다는 사실은, 내 입장에서는 특이하고 강력하며 코미디적인 요소였다. 결정적인 실험이 1889년과 1922년에 부다페스트에서 헝가리 물리학자인 외트뵈시 로란드에 의해 실시되었다. 그는 각종 구성물로 만들어진 물체를 실에 묶어서 늘어뜨려 중력질량(곧장 밑으로 당겨지는)과 관성질량(지구의 자전에 의해 옆으로 당겨지는)의 차이로 이들을 아래로 늘어뜨린 실선이 얼마나 차이가 나는지를 조사했다. "중력과 관성의 비례의 법칙에서 검출할 수 있는 차이는 전혀 발견되지 않았다."라고 그는 쓰고 있다. 오늘날에도 이 결과는 옳다. 가장 최근에 이루어진 실험 중 하나에서 당장은 설명할 수 없는 사소한 이변이 발견되기는 했지만.

연결된 고리를 매달아, 낙하할 때와 마찬가지의 빠르기로 가속될 때까지 당긴다.(지상에서는 초속 4.8미터) 그러면 저울은 다시 15킬로그램을 기록할 것이다. 이는 관성 물질의 결과다. 모든 종류의 소재, 각종 무게, 아주 정밀하게 실험한 결과, 각각의 물체의 중력질량은 그 관성 물질과 완전히 동일하다는 결과가 나왔다.

관성 물질과 중력 물질이 동일하다는 것은 몇 세기 동안 눈에 띄지 않았을지는 몰라도 고전물리학의 불가사의한 조건이었다. 가령, 대포알과 소총알의 그 무게가 다름에도 동일한 속도로 떨어진다는 갈릴레오의 발견을 설명할 때 엿볼 수 있다. 그 이유는 보다 큰 중력물질로 빨리 떨어져야 마땅한 대포알도 보다 큰 관성 물질을 갖고 있기에 보다 천천히 가속되기 때문이다. 이 두 개의 양은 똑같기 때문에 서로 상쇄되고 그 결과, 대포알이 소총알 보다 빨리 떨어지지는 않는다. 하지만 뉴턴 역학에서는 동등한 원리는 단지 우연으로 취급되었다. 아인슈타인은 이에 흥미를 갖고 여기에 '관성과 중력을 보다 깊게 이해할 힌트가 틀림없이 있을 것'이라고 생각했다. 이 물음이 일반상대성이론으로 가는 험한 길로 그를 재촉했다. 이 문제에 대한 그의 최초의 통찰은 1907년의 어느 날에 찾아왔다. 나중에 그가 '내 생애에서 가장 행복한 생각'이라고 불렀던 것이다. 그 순간의 기억은 몇십 년이 지나도 선명한 채로 남아 있었다.

"나는 베른의 특허청에서 의자에 앉아 있었다. 갑자기 어떤 생각이 불현듯 떠올랐다. '자유낙하를 하는 사람은 자신의 무게를 느끼지 못할 것.' 나는 놀랐다. 이 단순한 생각이 내

게 깊은 감명을 주었다. 그 생각이 나를 중력이론으로 몰고
갔다."

언뜻 간단해 보이는 것이 왜 아인슈타인을 흥분시켰는지를 제대로
이해하려면, 만일 눈을 떴는데 밀폐되고 창도 없는 엘리베이터 안에
서 무중력상태로 떠 있다고 상상해보자. 벽에는 전혀 구별이 안 되는
두 대의 엘리베이터가 있다는 악마 같은 언어가 쓰여있다. 한 대는 중
력의 영향을 전혀 안 받는 깊은 우주를 떠돌고 있고, 또 한 대는 태양
의 중력장에 휩싸여 파멸의 길을 향하고 있다. 만일 자신이 어느 엘리
베이터에 있는지 그러니까 중력 제로를 떠돌고 있는지 아니면 강한
중력장 속에서 낙하하고 있는지를 증명할 수 있다면(추측이 아니라) 살
아날 길이 있을 것이다. 그날, 아인슈타인이 특허청에서 깨달은 것은
감각을 통해서도 실험에 의해서도 그 차이를 알 수 없다는 사실이
었다. 무중력이라는 사실은 중력에서 자유롭다는 것이 아니라 자유낙
하의 상태를 의미하는지도 모른다.(우주비행사가 궤도에서 경험하는 무중
력상태는 정확히 이 상태. 지구의 중력장에 휩싸여 그들이나 우주선도 늘
계속해서 떨어지고 있기에 그들은 무게, 즉 중력의 영향을 느끼지 못한다.)
따라서 중력장은 상대적인 존재라고밖에 말할 수 없다. 다음과 같은
농담을 떠올리는 사람도 있을지 모른다. 한 남자가 고층 빌딩의 옥상
에서 떨어지는 도중, 창문에서 놀란 표정으로 바라보는 친구들을 보
고는 힘내라고 외쳤다. '지금은 괜찮아!'
그가 말한 것은 그야말로 아인슈타인이 말하고자 한 것이다. 중력
장은 그가 자신의 관성계 안에 있는 한, 그의 입장에서는 존재하지 않

는다.(애석하게도 종착역인 길바닥은 별도의 관성계에 속한다.) 반대의 상황에서도 똑같이 말할 수 있다. 눈을 뜨면 엘리베이터 안에서 평상시의 체중으로 서 있다고 치자. 이번에는 다음과 같은 언어가 쓰여 있다. 당신은 (1) 지상의 오피스빌딩의 1층에 정지한 엘리베이터 안에 있다, 혹은 (2) 중력 제로의 공간을 떠돌지만, 엘리베이터를 일정한 가속도로 당기고 있는 우주선 케이블에 묶여있기에 당신은 지구의 중력(제트기 조종사가 말하듯)인 〈G〉와 동일한 힘으로 바닥에 붙어 있다. 여기서 다시 말하지만, 자신이 어떤 엘리베이터에 타고 있는지 증명할 수 없다.

아인슈타인은 만일 가속도로 중력의 효과를 흉내 낼 수 있다면 중력 그 자체를 가속도의 일종으로 간주해도 좋을 것이라고 추론했다. 하지만 어떤 좌표계 안의 가속도일까? 일반적인 3차원의 공간에서는 있을 수 없다. 뉴욕의 마천루의 엘리베이터에 타고 있는 사람은 지구를 향해 상대적인 공간을 날고 있는 게 아니기 때문이다. 필요한 답을 찾는 도중에 아인슈타인은 4차원의 시공연속체를 떠올렸다. 그 틀 안에서 중력은 그야말로 세계선world lines에 따라 미끄러지는 듯한 물체의 가속도이다. 3차원 공간의 경사를 따라가는 가장 움직임이 적은 길인 '세계선'은 4차원 속에서는 구부러진다. 이 방면의 선구자는 헤르만 민코프스키Hermann Minkowski, 그는 공과대에서 아인슈타인의 수학 교수였다. 민코프스키는 아인슈타인을 거의 강의를 빼먹는 '게으른 놈'으로 기억하는데, 아인슈타인이 이룬 연구의 중요성을 금세 평가했다. 처음에는 로런츠의 이론을 개량한 것으로 여겼다. 1908년에 민코프스키는 아인슈타인의 최초의 특수상대성이론의 공식에 잔뜩 써진 수학적으로 불필요한 것들을 걷어낸 후 로런츠의 이론에 관한 논문을 발표했다. 이 논문은 4차원의 우주에서는 시간을 하나의 차원으로 다루는 것을 증명하고 있다. '앞으로는 공간 혹은 시간은 어둠에 묻혀질 운명이고, 시공간을 통합한 것만이 독립한 실재를 유지할 것이다.'라고 민코프스키는 예측했다. 그의 말은 옳았고 특수상대성이론은 그 이후 '시공연속체'의 시점에서 고찰되고 있다. 아인슈타인은 애초 민코프스키를 대단히 뻐기는 사람이라며 그의 공식을 멀리했다. 수학자가 자신의 이론을 자기 것으로 만들면 나중에는 그것이 자신의 것인지도 모를 만큼 형태가 바뀌어진다는 농담을 덧붙이면서. 하지만 아인슈타인은 중량과 관성의 관계를 파헤쳐가려면 민코프스키가 닦아놓은 길을 더 올라가 봐야 좋다는 사실을 알았다. 민코프스키의 시공연속체는 특수상대성이론에 적합했지만 일반상대성이론에는 그렇지 않았다. 그 공간은 '평탄한 것' 즉 유클리드 기하학에서 속한 것이었다. 만일 중력을 가속도의 하나의 형태로 해석한다면 그 가속도는 휘어진 공간을 따라 발생할 것이다. 그래서 아인슈타인은 내키지 않았지만 비(非)유클리드 기하학의 금지된 영역으로 이끌려가게 되었다.

중, 고교에서 배우는 유클리드 기하학은 2차원(평면기하학) 혹은 3차원(입체 기하학)의 어느 쪽으로 해결되느냐에 따른 서로 다른 특질을 갖고 있다. 평면상에서는 삼각형의 내각의 합은 180도이지만 제3의 차원이 더해지면 구(球)처럼 표면이나 안장의 형태를 띤 쌍곡선을 생각할 수 있게 되고, 구면에서는 삼각형의 내각의 합이 180도 이상이 되고 쌍곡면에서는 180도 이하가 된다. 두 개의 점을 잇는 더 짧은 선은 평면에서는 직선이지만 구면이나 쌍곡면에서는 곡선이 된다. 비

(非)유클리드 기하학 중에 제4의 차원이 디해지면 마찬가지로 모순이 없는 방법으로, 법칙도 4차원의 극장 속에서 3차원 공간의 휘어짐을 고려한 듯 변할 수 있다. 휘어진 공간으로서 두 개의 카테고리를 생각할 수 있다.(최소한 계산은 할 수 있다) 구 혹은 '닫힌' 공간이다. 여기서 3차원은 구면상의 2차원과 유사한 기하학의 법칙에 따른다. 또는 '열린' 공간이다. 이는 3차원의 쌍곡선의 표면과 비슷하다.(평면적인 유클리드 4차원 기하학을 풀 수는 있지만, 그 경우라도 법칙은 변하지 않는다. 평면의 2차원 기하학은 그것이 가끔 3차원 입체의 하나인 평면이라면 똑같은 법칙에 따른다.)

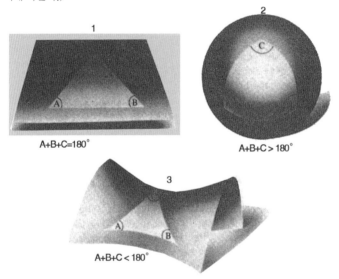

A+B+C=180°

A+B+C > 180°

A+B+C < 180°

평면 2차원 공간에서는 삼각형 내각의 합이 늘 180도. 2차원 공간이나 3차원 공간에서 휘어져 있는 경우는 내각의 합이 늘 180도 이하(휘어짐이 쌍곡선 혹은 '열려 있는' 경우)이거나 180도 이상(휘어짐이 타원형 혹은 '닫혀 있는' 경우)이다. 마찬가지로 3차원 우주의 기하학은 아인슈타인의 4차원 시공연속체의 상황에서 바라보면, 평면적이든지(유클리드) 열려있든지 혹은 닫혀 있을지도(비非유클리드) 모른다.

아인슈타인이 등장할 무렵에는 4차원 기하학 법칙이 해독되었다. 구형태의 4차원 물질에 관해서는 베른하르트 리만Bernhard Riemann에 의한 것이고, 4차원의 쌍곡선에 대해서는 니콜라이 로바쳅스키Nikolai Lobachevsky와 보여이 야노시Bolyai János에 의한 것이다. 하지만 이 문제 전체는 아직 어렵고 불가사의했기에 가끔은 괴상한 것이라고 여겨지기도 했다.[33]

전설적인 수학자 카를 프리드리히 가우스Carl Friedrich Gauss는 비유클리드 기하학에 대한 논문을 동료로부터 비웃음을 살까 두려워 발표하지 않고 있었다. 보여이 야노시는 부친의 조언을 거역하고 이 분야의 연구를 진행했다. 그의 부친은 이렇게 경고했다. "부탁이니까 관둬라. 육욕을 좇는 것과 마찬가지로 너의 모든 시간을 뺏기고 나아가 네 건강, 마음의 평화, 인생의 행복까지 뺏길지 모른단다."

아인슈타인은 보여이 야노시의 부친이 두려워했던 상태에 돌진한 상태였다. 오래된 친구인 마르셀 그로스만Marcel Grossmann의 도움을 빌려(도와줘, 마르셀! 안 그러면 미칠 것 같아!, 라고 편지를 썼다.) 아인슈타인은 휘어진 공간의 복잡함 속에서 고군분투하면서 4차원에 시간을 들여 무섭고 복잡한 문제를 깔끔히 풀어내는 방법을 찾아 헤맸다. 이

---

33 '4차원 세계'라는 말은 찰스 힌턴Charles Howard Hinton같은 사람을 들뜨게 만들었다. 그는 유클리드의 하이퍼큐브(초입방체)인 81 정육면체(큐브)를 어떻게 잘 처리할지 그 방법을 모색 중이었다. 하지만 그의 경력과 그의 주제는 불명예스럽게 되고 말았다. 부친의 자유연애 사랑을 물려받은 그가 중혼으로 유죄 선고를 받았기 때문이다. 그의 부친은 "예수는 인류의 구세주였지만, 나는 여자들의 구세주야. 그래서 예수가 조금도 부럽진 않아!"라고 즐겨 말하곤 했다. 찰스 힌턴은 워싱턴 D.C에서 열린 자선모금 만찬회에서 페미니즘을 위한 건배를 제안한 직후에 갑자기 죽었다.

무렵 그는 학자로서 인정받고 있었고 특허청을 관두면서 점차 대학교로부터 마땅한 지위를 제공받고 있었다. 이는 베를린대학에서 순수연구의 교수가 되면서 정점을 찍었고, 양자역학이나 다른 6가지 분야의 중요한 연구를 진행하고 있었다. 하지만 그는 늘 중력의 수수께끼로 되돌아와 방정식으로 뒤덮인 산더미 같은 종이들과 더불어 아름답고 간단한 패턴을 발견하려고 애썼다. 사막을 여행하는 탐험가가 소지품을 하나씩 버리듯이 자신이 가장 소중하게 여긴 것을 몇 가지 버리지 않으면 안 되었다. 그중에는 특수상대성이론 그 자체의 중심적인 법칙의 하나가 포함되어 있었지만, 기쁘게도 최종적으로는 그것이 일반상대성이론의 보다 넓은 체계 속의 일부에 해당된 모습으로 돌아왔다. "내 생애에서 이만큼 열심히 일한 적이 없었다."라고 그는 친구에게 편지를 썼다. "…이 문제에 비하면 특수상대성이론은 아이들 놀이다."

인간의 역사 속에서 아인슈타인의 일반상대성이론으로 향했던 여행만큼 지독하고 영웅적인 지적 노동은 찾을 수 없다. 또한, 그 이상으로 보답받은 것도 없다. 그는 1915년 11월에 이 이론을 완성시켰고 다음 해 봄에 발표했다. 그 방정식은 복잡하지만 그 중심 개념은 놀라울 만큼 간단했다. 중력이 사라지고 공간의 기하학 그 자체로 바뀌었다. 물질이 공간을 구부리고, 우리가 중력이라고 부르는 것은 공간의 굴곡을 따라 궤적이 그려지는 물체의 가속도다. 행성은 질량이 큰 태양에 의해 만들어진 공간의 오목하게 들어간 곳을 따라 스르르 미끄러지고, 은하단은 공간의 구멍 속에서 편히 쉬고 있다.

중력물리학을 휘어진 공간의 기하학에 응용함으로써 일반상대성이론은 우주는 무한하고 경계가 없든지 아니면 유한하고 경계가 있든지, 라는 예전부터의 딜레마에서 우주론을 해방시켰다. 무한한 우주는 단지 큰 게 아니라, 말 그대로 무한하다. 이것이 문제였다. 무한한 별에 의해 생기는 중력은 무한해지고, 부분적인 중력의 작용을 압도할 것이다. 이 점을 고민한 뉴턴은 문제를 해결하려고 신의 무한한 은총에 기댔다. 게다가 무한한 별들로부터 오는 빛은 밤하늘을 불태우는 듯한 빛의 장막으로 변한다는 예상도 할 수 있다. 그런데 밤은 알다시피 어둡다.[34] 하지만 또 하나의 선택인 유한한 유클리드의 우주론도 마찬가지로 매력이 없었다. 중국에서 유지(청나라 초기의 이슬람교 학자)가 질문한 것처럼 "만일 하늘에 경계가 있다면 그 바깥에는 무엇이 있을까?"

공간에 끝이 있다는 상상이 왜 어려운지는 이미 기원전 5세기에 플라톤의 동료인 피타고라스학파의 아르키메데스가 언급했다. 루크레티우스는 그것을 다음처럼 정리하고 있다.

"우주에 한계가 있다면, 일단 다음처럼 가정해보자. 어떤 남자가 계속 전진하면서 경계의 끝의 끝까지 창을 던졌다고 치자. 굉장한 힘에의해 날아간 창은 던져진 방향으로 계속 날아갈까 아니면 뭔가 그 힘을 막을 수 있어서 도중에 멈출까?"

---

34 19세기의 독일 천문학자인 하인리히 올베르스의 이름을 딴 '올베르스 패러독스'로서 알려진 이 불온한 수수께끼는 1721년에 왕립협회에서 그것에 관해 강연한 핼리를 비롯한 다른 천문학자들에 의해 독자적으로 발견되었다. 이 모임의 의장을 지낸 인물은 뉴턴이었는데, 왠일인지 그는 이 수수께끼에 대해 아무것도 남기지 않았다. 과학저술가인 마이클 호스킨에 따르면 나이든 뉴턴이 핼리가 이야기할 때 잠자고 있었을지도 모른다고 말한다.

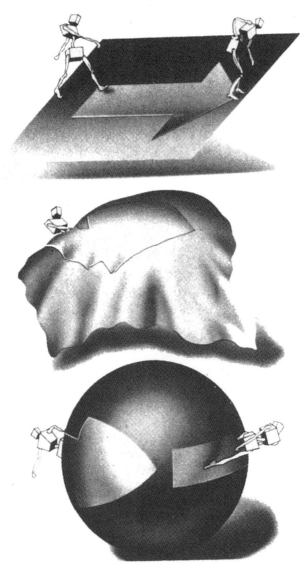

유한우주의 2차원에 사는 사람은 우주의 '끝'의 모순에 직면할 것이 틀림없다. 차원을 하나 더해서 그들이 살고 있는 휘어진 평면을 구로 하면, 그들의 세계는 유한하지만, 경계가 사라진다. 일반상대성이론은 우리 3차원의 생물이 사는 우주의 4차원 기하학에 대해서 마찬가지의 가능성을 분명히 보여주고 있다. 아인슈타인의 '닫힌, 경계가 없는' 우주다.

일반상대성이론은 우주는 유한(유한한 숫자의 별을 유한한 공간 속에 품고 있다.)하지만 경계가 없을 수도 있다는 것을 입증함으로써 이 문제를 해결했다. 즉, 물질은 공간을 변형시키기에 은하 전체에 포함된 질량의 합계가 공간을 휘게 하고 스스로를 닫을 정도가 된다는 것을 아인슈타인이 증명했다. 이러한 경위에서 나온 것이 닫힌 4차원의 구상우주로, 여기서는 우주의 어디에 있든, 어떤 관측자든 은하가 공간의 모든 방향으로, 더 먼 곳으로 팽창되고 있는 것을 보게 될 테고, 우주에는 한계가 없다고 올바르게 결론지을 수 있을 것이다. 그래도 닫힌 우주 내의 공간은 유한하다. 시간이 남아도는 탐험가라면 최종적으로 모든 은하를 샅샅이 훑어보겠지만, 결코 우주의 끝에는 도달할 수 없다. 지구의 표면이 2차원에서는 유한하고 경계가 없듯이(우리는 어디에서든 마음에 드는 곳으로 갈 수 있지만, 지구의 끝에서 떨어지지는 않는다.), 닫힌 4차원의 우주는 3차원에서 그것을 보는 우리들로서는 유한하지만, 경계가 없다. 이처럼 우주는 쌍곡형상으로 열려있는지 아니면 구상으로 닫혀 있는지에 관한 질문은 아직 해답이 없다. 하지만 아인슈타인 덕분에 이 문제는 이미 패러독스의 구름에 뒤덮여 있지 않다. 유한하지만 경계가 없는 우주가 과학적으로 가능하다는 것을 시사했고, 아인슈타인의 일반상대성이론은 인간의 정신이 우주론적 공간의 수수께끼에 본격적으로 임하게 되는 무대를 갖추었다.

이 이론은 아름답다. 그런데 진실일까. 정점에 선 아인슈타인은 자신의 이론에 절대적 확신을 품었다. 일반상대성이론은 뉴턴 역학에서 설명되지 못한 채 남은 수성의 세차운동을 설명해주었다. 아인슈타인은 일반상대성이론이 어떤 테스트에도 통용될 것이라고 믿어 의심치 않았다. 친구인 베소에게 쓴 편지에서 알 수 있듯이 "나는 100% 만족하고 있어. 어떤 부분을 취해도 더 이상 정정할 필요가 없다고 확신해... 이 의미는 내가 봐도 너무 명확해."

하지만 일반적인 과학사회는 실험에 의한 판결을 기다리고 있었다. 1919년 5월 29일에 개기일식이 있었고, 그때 태양은 히아데스성단의 밝은 별들의 전면에 있어야 했다. 영국의 천문학자 아서 스탠리 에딩턴은 일식을 관측하는 한편 태양의 영역 내에서 예상되는 공간의 휘어짐이, 순식간에 어두워진 하늘 속에서 별이 보이는 위치를 휘어지게 하는지 어떤지를 보려고 아프리카 서쪽의 적도 부근에 있는 프린시페 섬의 코코아 농장으로 향하는 원정대를 이끌고 있었다. 이는 최고의 드라마였다. 세계대전 직후에 영국의 과학자가 독일의 물리학자의 이론을 테스트하려는 것이었다. 일식 시간이 가까워 오면서 비구름이 하늘을 덮었다. 하지만 달그림자가 재빨리 다가오면서 개기일식이 시작된 순간, 태양 주위의 구름에 구멍이 뚫리고 카메라 셔터가 눌러졌다. 에딩턴의 원정의 결과와 같은 날에 브라질의 소브랄에서 열린 두 번째 일식 관측의 결과는 1919년 11월 6일 런던의 영국 왕립학회 회의에서 뉴턴의 초상이 내걸린 가운데 왕실천문관에 의해 발표되었다. 결과는 긍정적이었다. 히아데스성단의 별들로부터 오는 광선이 이론상으로 예측되는 것과 똑같은 오차로 발견되었다. 에딩턴의 원정 결과를 알려준 로렌츠의 전보를 받아든 아인슈타인은 그것을 학생인 일스 로젠탈 슈나이더Ilse Rosenthal Schneider에게 보여주었다. 그녀가 물었다. "만일 증거를 얻을 수 없었다면 뭐라고 말씀할 생각이었나요?", "나는 신에게 동정을 표했을 것."이라고 그는 대답했다. "이론은

정확했으니까." [35]

그 후의 실험이 아인슈타인의 확신을 더욱 입증시켜주었다. 태양 부근의 공간의 굴곡은 태양에 접근한 수성과 금성에 전파를 반사시키면 정확히 관측되고, 굴곡진 크기는 일반상대성이론의 예측과 동일했다. 하버드대의 제퍼슨 물리학연구소 탑에서 위로 똑바로 방사된 광선이 지구 중력에 의해 예측대로 적색이동(적방편이, 적색편이)이 발견되었다.

활동은하의 중심에서 발견된 에너지의 대규모 소용돌이는 거기에 블랙홀이 존재한다는 것을 나타내고 있다. 블랙홀은 붕괴한 물체가 우주의 다른 부분으로부터 그것을 격리시킬 정도로 무한히 휘어진 공간으로 싸인 상태를 일컫는다. 블랙홀의 존재는 일반상대성이론이 이룩한 별도의 예언이었다. 이 이론은 묻혀서 죽은 별, 서로의 주위를 도는 활동적인 별의 소용돌이, 목성을 스쳐 지나가려는 행성 간 탐사기의 굴곡 현상처럼 각종 조사를 거쳐 테스트되었는데 이들 시련을 모두 견디고 살아남았다. 일반상대성이론의 완전한 설명을 발표했을 때, 아인슈타인은 불손하기보다는 겸손한 태도로 다음처럼 쓰고 있다. "이 이론을 진실로 이해한다면, 그 마법에 빠지지 않을 사람은 없을 것이다."

---

35 아인슈타인은 이전에 양자물리학의 아버지인 막스 플랑크Max Planck에 대해 다음처럼 말해, 에른스트 스타라우스Ernst Straus를 놀라게 했다. "그는 내가 아는 한 가장 뛰어난 인물 중 한 명으로 내 친구이기도 해. 그런데 그는 물리학을 진정으로 이해하지는 못해." 스트라우스가 무슨 뜻이냐고 묻자, 아인슈타인은 대답했다. "1919년의 일식 기간 중에 플랑크는 빛이 태양의 중력장에 의해 휘어진다는 것이 입증되는지를 보려고 밤새도록 깨어 있었어. 만일 그가 진정으로 관성 물질과 중력 물질이 똑같다는 것을, 일반상대성이론에 의한 설명으로 이해했다면 내가 그랬듯이 그도 침대에서 잠이 들었을 거야."

하지만 일반상대성이론을 충분히 습득한 수학자나 물리학자가 그 이론을 정말로 이해하지 못했다 쳐도 우리는 모두 그것을 어느 정도 음미할 수는 있다. 그 기본적 개념을 마음에 새겨두고 부드럽게 휘어진 공간 저 너머에 조용히 회전하는 은하로 구성된 우주가 있다고 생각하면 아인슈타인의 비명은 크리스토퍼 렌Christopher Wren(영국의 천문학자 – 옮긴이)의 것처럼 해도 좋을 듯싶다. "그의 불후의 업적을 찾고 싶다면 눈을 들어 하늘을 보라."

자연은 움직임 속에서 살아 있다.

- 제임스 허튼

눈은 이성(理性)에게 배워야 한다.

- 케플러

11. 우주의 팽창

일반상대성이론의 우주론적 의미에 대한 연구를 시작했을 때, 아인슈타인은 뭔가 기묘하고 불온한 것을 발견했다. 우주는 정지하고 있지 않다. 팽창하거나 수축하거나 둘 중의 하나라야만 한다고 이 이론은 시사하고 있다. 이는 그때까지 제기된 적이 없는 사고방식으로 팽창이든 수축이든 당시는 관측적 증거가 단 하나도 없었다. 아인슈타인이 의견을 물은 천문학자는 별은 많든 적든 공간을 무질서하게 움직이지만 우주의 팽창 혹은 수축을 시사하는 협조된 움직임은 없다고 대답했다. 자신의 이론과 경험적 데이터의 불일치에 직면한 아인슈타인은 이론에 뭔가 이상한 점이 있다고, 어쩔 수 없이 결론을 짓고, 그가 '우주론'이라고 부른 항목을 추가함으로써 그 방정식을 수정했다. 그리스 문자인 람다lambda로 표시된 이 새로운 항목은 우주의 반경을 일정하게 의도했다. 아인슈타인은 우주의 항목이 싫었다. 그는 그것을 '이 이론의 형식미를 대단히 손상시킨다.'고 투덜댔고, 물리학적인 기초가 없는 관측적 사실과 이론을 일치시키기 위해서만 도입된 수학적 허구일 뿐이라고 지적했다. 1917년에 그는 이렇게 썼다.

> "우리는 실제의 중력의 지식과는 다른 중력장의 방정식의 확대판을 도입할 수밖에 없었다... 그 항목이 필요로 하는 것은, 별은 그나마 운동하고 있기에, 물질을 거의 정지한 상태에서 분포시키기 위해서다."

또한 얼마 후 밝혀졌듯이 그 항목은 상대론적 우주를 정지시킨다는 그 본래의 기능조차 다하지 못했다. 러시아의 수학자 알렉산드르 프리드만Alexander Friedmann은 그 항목을 도입하면서 제로가 될 수 있는 양으로 나눈다는 대수학적(代數)인 아인슈타인의 잘못을 발견했다. 프리드만이 그 잘못을 수정하니까 일반상대성이론의 족쇄가 풀렸고, 상대적우주는 아인슈타인의 기대를 배반하고 다시 날개를 달았다. 아이러니하게도 아인슈타인이 우주의 항목을 도입하고 자신의 일반상대성이론을 더럽힌 바로 그 해인 1917년에 미국의 천문학자인 베스토 슬라이퍼Vesto Slipher는 우주가 실제로 팽창한다는 최초의 관측적 증거를 포함한 논문을 발표했다. 슬라이퍼는 일반상대성이론에 대해선 아무것도 몰랐다. 그는 아리조나의 플래그스태프에 있는 로웰 천문대에서 성실히 자신의 일을 하고 있었다. 이 천문대는 고립되었고 독특한 성격을 띤 개인연구소로 달의 뒷면과 마찬가지로 이론물리학의 사회에서 동떨어져 있었다. 그의 고용주인 보스턴의 로웰 가문의 퍼시

벌 로웰Percival Lowell은 형식에 구애받지 않는 사색가로 화성의 (상상의) 운하의 지도를 그린 것으로 알려져 있다. 그는 그 운하를 눈부신 화성의 문명인들이 극한의 빙하에서 물을 끌어올리려고 죽을 힘을 다해 판 화성 전체를 아우르는 수로라고 생각했다. 그의 시대의 많은 천문학자들처럼 로웰도 소용돌이 성운은 라플라스의 태양계가 생겨난 것이라고 생각했다. 이 생각을 확인하려고 그는 보다 효율적이고 새로운 분광기를 사용해 많은 소용돌이 스펙트럼을 관찰하는 일을, 슬라이퍼에게 맡겼다. 이는 별과 행성이 되는 과정에 있는 소용돌이 라플라스의 성운의 특징인 회전속도를 구하기 위해서였다. 슬라이퍼는 실제로 소용돌이가 회전하는 증거를 찾아냈다.(에드윈 허블Edwin Hubble도 발견했지만, 실제로는 소용돌이 은하 속을 회전하는 수십억 개의 별의 움직임이었다.)

동시에 그는 대부분 소용돌이의 스펙트럼선이 크게 적색편이를 한다는 것도 발견했다. 이 놀라운 발견의 합리적 설명으로 떠올릴 수 있는 것은 단 하나였다. 슬라이퍼가 '도플러 현상'을 보고 있다는 점이었다. 이 명명은 오스트리아 물리학자인 도플러Christian Doppler에서 따온 것이다. 그는 1842년, 움직이는 원천에서 발하는 빛, 소리, 기타의 방사는 그것을 방사하는 원천이 가까이 다가오는 경우는 보다 높은 주파수로, 원천이 멀어져가는 경우는 보다 낮은 주파수로 수신된다는 것을 알았다.(자동차가 가까이 다가올 때는 경적 소리가 크고, 멀어져 가면 작아지는 것은 도플러 현상 때문이다.) 천문학자는 훨씬 이전부터 별의 속도를 측정하려고 스펙트럼 속의 도플러 현상을 이용했다. 태양쪽으로 움직이는 별의 스펙트럼선은 푸른 쪽으로 움직이고, 태양에서 멀어져 가면 스펙트럼의 붉은 쪽 즉, 보다 낮은 주파수 쪽으로 움직인다. 실제로 천문학자들이 아인슈타인에게 은하 속의 별의 움직임을 대체적으로 제멋대로라고 말할 수 있었던 것은 이 같은 측정 덕분이었다. 하지만 슬라이퍼의 적색편이가 시사하는 소용돌이의 속도는 별의 속도보다 훨씬 빨랐다. 슬라이퍼가 최초로 관측한 15개의 소용돌이 중 2개는 시속 320만 킬로미터 이상의 속도로 움직이고 있었다. 가장 예상 밖이었던 것은 그것들이 짜 맞춘 것처럼 움직인다는 것이었다. 1917년까지는 슬라이퍼가 모은 스펙트럼 25개 중 21개가 빨간 쪽으로 움직였고, 그러면서 서로, 그리고 지구로부터 대단히 빨리 멀어져간다는 것을 시사했다.(남은 스펙트럼은 근접한 국부은하군과 비슷한 것으로 은하와 중력으로 연결되어 있기에 우주의 팽창에는 관여하지 않는다.)

슬라이퍼의 발견은 자극적이었지만, 그 자체가 우주의 팽창을 증명할 수는 없었다. 슬라이퍼는 적색편이가 얻어진 은하까지의 거리를 알 수가 없었기 때문이다. 그래서 그것들이 은하라는 것을 끝까지 추적할 수 없었다. 그를 대신해 족쇄를 푼 인물은 에드윈 허블이었다. 허블은 스스로 지원한 미국의 프랑스 원정군을 30살에 제대한 후, 윌슨산에서 커다란 망원경으로 소용돌이 성운을 관측하기 시작했다. 그의 의욕은 대단했고 불과 5년 후에 할로 새플리Harlow Shapley(미국의 천문학자 ─ 옮긴이)에게 소용돌이 속에서 세페이드 변광성을 발견했다는 편지를 썼고, 그것이 은하라는 것을 입증하고, 그 거리를 대략적으로 계산할 수 있었다. 나아가 5년 후인 1929년에, 그는 25개의 은하의 거리를 그와 슬라이퍼가 측정한 적색편이에 대해 연결시켰다. 그 결과는 직선이었다. 거리와 후퇴속도 사이에 직접적인 상관이 있었다.

허블의 그림 속에 그려진 것은 우주 팽창의 길잡이였다. 지구가 팽창한다고 상상해서 2차원의 지표에서 3차원의 우주 공간을 표현해보면, 이 상태에서는 모든 관측자, 지구상의 모든 도시가 각각의 그 거리에 비례하는 속도로 자신이 있는 장소에서 멀어져가는 것을 알 수 있다. 가령, 한 시간에 지구의 직경이 두 배가 되는 속도로 팽창한다면 장소 사이의 거리도 한 시간마다 두 배가 된다. 시카고와 멤피스는 800킬로미터 떨어져 있는데 시카고에 있는 관측자는 멤피스가 시속 800킬로미터 속도로 멀어져 가는 것을 발견할 것이다. 2880킬로미터 떨어진 샌프란시스코를 바라보는 시카고에 사는 사람은 그 후퇴속도가 역시

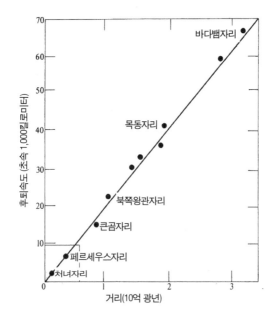

은하는 서로, 그 거리에 직접 비례한 속도로 후퇴하고 있다는 허블의 법칙은 이미 알려져 있는 우주 전체로 볼 때 진실이다. 이 그림에는 10개의 주된 은하단이 포함되어 있다. 왼쪽 밑의 4각으로 둘러싸인 부분은 법칙을 발견했을 때, 허블이 관측한 은하를 나타낸다.

시속 2880킬로미터인 것을 발견한다. 허블은 이 속도와 거리의 관계를 은하 속에서 발견했다.

　그 또한 일반상대성이론이 예측한 것이다. 적어도 람다lambda 항목에 의해 훼손되기 전까지.(아인슈타인은 언짢게 말했다. "만일 허블의 팽창이 일반상대성이론을 만들 때만, 발견되었더라도 우주 항목을 끼워 넣을 필요가 전혀 없었다.")

　그래도 허블은 슬라이퍼와 마찬가지로 미국의 관측천문학자의 세계와 유럽에 있는 아인슈타인이나 그 밖의 뛰어난 이론물리학자의 세계를 격리한 커다란 장애물 탓에 고립되어 있었다. 허블은 일반상대성이론을 거의 몰랐다. 그의 보스인 조지 엘러리 헤일George Ellery Hale도 마찬가지였다. 헤일은 "상대성이론의 복잡함은 내 이해를 뛰어넘는다."라고 솔직히 말하며 "아무리 시간이 흘러도 파악할 수 없을 것"이라고 보탰다. 두 사람 모두 우주는 팽창할지도 모른다는 상대성이론의 예측을 들은 적이 없었다. 자신이 관측한 것을 설명할 이론이 없어서 '관측은 늘 이론을 필요로 한다.'는 사실을 좌우명으로 삼고 있었다. 허블은 자신의 발견의 의미에 대해 결론을 내리려고 하지 않았다.[36]

　'적색편이와 거리의 관계' 기끔은 '속도와 편이'에 관해 언급했지만 그가 발견했다고 알려진 '우주의 팽창'에 대해서는 거의 말하지 않

---

[36] 적색편이와 거리의 관계를 예측한 이론으로, 허블이 알고 있던 유일한 것은 네덜란드의 천문학자인 빌럼 드 지터의 이론이었다. 드 지터는 적색편이가 팽창하는 우주 속에서의 속도에 의한 게 아니라, 물리적 기초를 가지지 않는 수학적 교양인 '드 지터 효과'에 의해 발생한다는 논문을 발표했다. 자신의 관측과 드 지터 효과를 연결해보려는 허블의 노력을 향한 외부의 차가운 반응도 우주론의 이론에 접근해볼까 망설이던 허블을 더욱 포기하게 만들었다.

았다. 몇 년이 지나서도 그는 아직 우주 팽창의 개념에 대해 '놀라울 따름이다'라고 쓰고 있다. 아인슈타인의 상대성이론과 소용돌이의 적색편이를 한자리에 모은 인물은 뛰어난 이론가도 아니고 숙련된 관측자도 아닌 무명의 조르주 르메트르Georges Lemaître라는 벨기에의 가톨릭 사제이자 수학자였다. 벨기에 루벤의 유리제조업자와 양조업자의 딸 사이에서 태어난 르메트르는 9살 때 과학자와 사제, 둘 다 되기로 마음먹었다. "과학과 종교 간에 알력은 없다."라고 그는 말하고 있다. 다방면에 얼굴을 내미는 인물의 육감이라고나 할까. 에딩턴의 추천으로 미국을 여행한 르메트르는 몇 군데의 과학회의에 출석하고 자신의 명함을 돌렸다. 미국 여행 중에 그는 슬라이퍼의 적색편이를 알게 되었고, 브뤼셀에 돌아온 1927년에 관측된 적색편이와 일반상대성이론의 팽창하는 우주를 결합시키는 수학적 구조를 뛰어넘는 예언적인 논문을 썼다. 하지만 누구도 주목하지 않았다. 르메트르가 그 논문을 그다지 알려지지 않은 잡지에 발표했기 때문이다. 이는 평생 그가 고치기 어려웠던 대단히 겸손한 태도이자 프로로서는 바람직하지 않은 습관이기도 했다. 또한 천재를 연상시키는 외모도 아니었다. 둥글게 생긴 부르주아 타입으로 어디까지나 사제의 분위기를 풍긴 그는 그해의 10월에 브뤼셀에서 열린 물리학의 솔베이 회의에서 사람들에게 철저히 무시당했다. 보통 때는 참을성이 강한 아인슈타인조차 중산계급의 대표처럼 보이는 인물의 탄원섞인 말에 화를 냈다. 아인슈타인은 그에게 말했다 "당신의 계산은 정확하다. 그런데 당신은 물리학을 전혀 이해하지 못한다."(아인슈타인은 나중에 다시 생각을 고쳐먹고, 1933년에 브뤼셀에서 르메트르에게 강연하게 해주었다. 신경질적이고 우물거리는 말투의 사제를 낮은 목소리로 '아주, 아주 훌륭해'라고 안심시키면서.)

1929년에 적색편이와 거리의 관계에 관한 허블의 논문이 발표됨으로써 르메트리의 입장에서는 상황이 훨씬 확실해졌다. 1930년 1월, 에딩턴Arthur Stanley Eddington, 빌렘 드 지터Willem de Sitter 같은 이론적우주의 대가로 알려진 인물들이 왕실천문학회 회의에 모여 드 지터의 상대론적우주론과 허블의 발견 사이에 수학적인 가교를 놓으려고 애썼지만 잘되지 않았다. 그들의 노력을 '옵저버토리The Observatory' 2월호에서 읽은 르메트리는 에딩턴에게 편지를 써서 자기가 이미 그 문제를 풀었다고 알려주었다. 에딩턴은 르메트리의 논문 복사본을 드 지터에게 보냈고, 몇 년 전에 아인슈타인이 보여준 것과 마찬가지의 관용과 판단으로 거의 무명인 벨기에 수학 교사가 최초의 팽창우주론의 저자임을 세계를 상대로 선언했다. 이로써 허블은 자신의 발견의 잠재적 중요성을 알게 되었다. 한편 르메트리는 우주의 기원에 대해 사색하기 시작했다. 팽창하는 우주는 분명히 지금과 비교해 옛날에는 틀림없이 달랐을 것이다. 오늘날의 은하는 몇백 광년이나 떨어져 있지만, 옛날에는 더 가까웠을 것이다. 아마도 그 시작은 모든 것이 서로 붙어 있었을 것이다. 초기의 우주의 밀도는 대단히 높고, 원자핵과 마찬가지로 높았으리라. 시간을 훨씬 거슬러 올라가면 하나의 점으로 귀결될 것이라는 가설에 근거해 르메트리는 극대의 과학인 '우주'와 극소의 과학인 '핵물리학'의 사이를 잇는 것에 대해 처음으로 생각하기 시작했다. 이 추론을 르메트리의 옹호자인 에딩턴은 좋아하지 않았다. 그는 이렇게 쓰고 있다. "그가 말한 시작의 문제를 무시할 수는 없지만 더욱 만족할만한 이론은 심미성을 해치지 않는 방식이라고 나는 생각한다."(에딩턴은 심미성을 해치지 않는다는 말을 강조했다.) 에딩턴은 우주는 구상성단과 닮은 안정된 시스템으로 시작되었지만, 우주 팽창을 창조하는 방법으로 서로 흩어졌다고 상상했다. 르메트리는 더 혁명적인 방침을 취했다. 그는 우주는 공간이 무한히 구부러지고 모든 물질과 모든 에너지가 단 하나의 에너지 양자에 집중되는 '어제가 없는 날' 즉, 시간제로가 될 때의 무한히 작아지는 점(수학용어로 특이점)으로부터 시작될지도 모른다고 제안했다. 그는 이 창조의 상태를 '원시의 원자'라고 불렀고, 그 폭발을 '대잡음big noise'이라고 불렀다. 나중에 에딩턴보다 더 그 개념을 싫어했던 천체물리학자인 프레드 호일은 의도적으로 더욱 불유쾌한 이름으로 그 창조의 개념을 이렇게 불렀다.

'빅뱅'이라고.

유럽의 이론과 미국의 관측 사이에 놓인 빈틈은 1930년 초에 메워지기 시작했다. 아인슈타인과 다른 독일계 유대인, 지식인 그리고 기타 환영받지 못하는 사람들이 히틀러의 조짐을 간파하고 미국으로 이주를 서둘렀다. 1931년 아인슈타인은 월슨산을 방문했다. 처칠처럼 파이프 담배를 뻐끔뻐끔 내뿜는 허블이 천문대의 관습에 따라 돔의 내부를 안내했고 일반상대성이론이 예측한 우주의 팽창을 나타내는 분광학적 증거를 보여주었다. 2년 후 남캘리포니아를 다시 방문한 아인슈타인은 패서디나의 샌타바버라 거리에 있는 월슨산의 천문대 본부의 도서관에서 르메트리가 원시의 원자론에 대해 강연하는 것을 들었다. "모든 것의 시작은 상상할 수 없는 아름다운 불꽃놀이가 있다."라고 르메트리는 흥분하며 말했다. "폭발 후에 연기가 하늘에 자욱했다. 우리가 너무 늦게 태어나서 창조의 장엄함을 상상하기는 어렵겠지만."

아인슈타인은 강연이 끝날 무렵 자리에서 일어나더니 르메트리의 이론은 "내가 들은 것 중에 가장 훌륭하고 만족할만한 해석"이라고 치하했다. [37] 핵붕괴의 결과를 일으킨 창조라는 르메트리의 개념은 이론으로 부를 만큼 충분히 완성되지 않았고, 작업가설(나중에 실험, 관찰로 검증되어야 하지만, 연구를 손쉽게 진행하려는 수단으로 세우는 가설 – 옮긴이)이라고 부르는 편이 어울렸을 것이다. 르메트리 자신도 누구보다 그 사실을 잘 알고 있었고 그의 책 '태고의 원자'의 독자에게 "이 태고의 원자의 내용에 중요성을 두지 않도록. 이 내용은 원자핵에 관한 우리의 지식이 보다 정확해지면 수정되어야 할 테니까."라고 주의를 주고 있다. 그래도 일시적이긴 했지만 르메트리의 시도는 20세기 후반의 우주론의 진로를 예측하고, 과학이 그 방향으로 나가는 것을 도와주었으면, 핵물리학자가 우주론의 영역에 들어가도록 재촉해주는 유익한 결과를 가져다주었다. 일부의 물리학자가 그러한 시대의 요구에 응한 결과 이 분야에 새로운 두뇌와 열정이 투입되었다. 머지않아 엔리코 페르미Enrico Fermi, 카를 프리드리히Carl Friedrich, 폰 바이츠제커 Carl Friedrich von Weizsacker, 에드워드 텔러Edward Teller처럼 뛰어난 물리학자가 빅뱅의 최초의 순간에 무슨 일이 일어났는지에 관한 문제에 천재적 재능을 쏟아붓게 되었다. 이러한 노력의 최첨단을 얼핏 유유

---

[37] 아인슈타인은 우주에서 오는 고에너지의 소립자인 '우주선(線)은 원시의 불꽃놀이로 생겼다'는 르메트리의 가설에 주목했다. 구체적으로는 잘못되었지만, 우주는 빅뱅에 의해 해방된 고대의 광자로 구성된 우주배경방사로 충만해 있을지도 모른다는 나중에 조지 가모프가 예측한 것을 앞섰다.

자적해 보이는 러시아 출신의 이주사인 조지 가모프George Gamow가 천천히 걸어가고 있었다. 기지가 풍부하고 관습에 구애받지 않으며, 자연의 법칙이야 어떻든 인간의 행위에 경의를 표하지 않는 그는 아인슈타인처럼 어릴 적의 호기심과 경이로움을 결코 잃지 않은 것처럼 보이는 보기 드문 인물이었다. 그가 가장 불가사의하게 여겼던 것 중 하나가 우주는 어떻게 창조되었을까, 라는 의문이었다. 가모프의 주된 관심사는 초기 우주의 원소합성이었다. 그는 초기 우주의 물질은 원자핵이 다양하게 조립되고 융합되면서 우리가 현재 알고 있는 원소가 만들어질 만큼 충분이 뜨겁고 진했다고 추론했다. 이 사고방식에 따른 연구에서 옥석이 혼재된 결과가 나왔다.(이론물리학은 아직 여기에 관련된 많은 계산을 처리할 만큼 충분히 성숙하지 않았다.) 하지만 초기의 우주는 뜨겁고, 진하고, 급속히 팽창하는 플라즈마였다고 상상함으로써 빅뱅의 여운이 낮은 에너지의 우주배경방사로서 이곳저곳에 흩어져 있다는 과학 역사상 가장 사람의 마음을 감탄시키는 힘을 가진 예측 하나가 제기되었다. 가모프의 생각은 이랬다. 만일 우주의 시작이 뜨겁고 그 이후에 팽창하고 식고를 반복한다면 그 온도는 오늘날에는 낮아졌다 치더라도 절대영도(이론적인 온도의 최저점 – 옮긴이)는 아닐 것이다. 빅뱅의 여운의 열기가 여전히 남아 있을 것이다. 이 에너지는 우주의 팽창에 의해 늘어난 결과, 주파수가 낮아졌음에 틀림없다. 전문용어로 말하자면 빅뱅의 에너지를 운반하는 광자는 본디 빛의 파장이었는데, 그 후의 우주 팽창으로 적색편이가 되고, 우리가 마이크로파 방사라고 부르는 전자에너지보다 낮은 주파수가 되었을 것이다. 거친 스타일의 연구를 진행하는 편인 가모프는, 대충 계산을 해서 오늘날의 우주는 약 50k의 온도의 광자의 바다에 빠져있다고 추론했다. 그 후 그의 동료인 랠프 애셔 앨퍼Ralph Asher Alpher, 로버트 허먼 Robert Herman이 가모프의 논문에서 잘못된 계산과 다른 두 가지 잘못을 정정해서 '약 5k'라는 값에 도달했다. 당시 빅뱅의 여운의 방사가 남아 있다는 가모프, 앨퍼, 허먼의 예측은 거의 주목을 받지 못했다. 애매하게 보였고 무엇보다 실증이 불가능했다. 전파천문학은 아직 초창기였고, 지구상에 마이크로파를 포착할 수 있는 전파망원경은 존재하지 않았다. 10년 후, 전파천문학이 현실화되면서 프린스턴대의 로버트 헨리 딕은 독자적으로 동일한 아이디어를 떠올렸고 우주배경방사를 들으려고 마이크로파 수신기를 만들기 시작했다. 벨Bell 연구소의 두 명의 연구자인 아노 앨런 펜지어스Arno Allan Penzias, 로버트 윌슨Robert Wilson은 벨이 위성통신실험을 하려고 건설한 마이크로파 혼안테나microwave horn의 끈질긴 잡음의 원인을 몰라 난관에 봉착했다는 말을 들었을 때, 그의 수신기는 아직 완성되지 않았다. 귀찮은 잡음의 온도는 2.7k였다. 세 명은 모두 가모프, 앨퍼, 허먼의 연구에 대해서는 기억하지 못했지만, 그 온도는 그들이 예측한 바로 그 값이었다.(그들의 계산을 우주의 연령에 관한 허블척도 그 후의 개량에 따라 최신의 것으로 바꾸어주면.) 아노 앨런 펜지어스와 로버트 윌슨은 그 발견의 공로를 인정받아 노벨물리학상을 수상했다. 그 값이 발견되었을 때, 72살이 된 르메트리는 죽기 한 달 전쯤 그 발견이 드디어 세상에 알려졌다.

오늘날 우리가 팽창하는 우주 속에서 살고 있다고 단언할 수 있는 것은 세 가지 기본적인 연구의 결과 덕분이다. 첫째는 허블의 법칙.

은하의 거리와 거기서 오는 빛의 적색편이 관계는 오늘날 관측의 한계(1억 광년 이상)까지 성립되는 듯 보인다. 그리고 모순이 없이 설명할 수 있으려면 적색편이는 팽창하는 우주 속에서 후퇴속도에 의해 발생한다는 해석뿐이다. 둘째, 그 증거로는 우주배경반사이다. 빅뱅에서 방출된 광자의 스펙트럼을 특징짓는 '흑체black-body' 곡선을 그리며 전체적인 우주의 틀 안에서 지구의 절대적인 움직임에 의해 생기는 작은 비등방성(혹은 핫스팟hot spot)이외는 이 배경반사가 모든 곳의 방향에서 동일한 강도strength로 받아들여진다. 셋째, 데이터가 연대적이다. 팽창 속도에서 추론되는 우주의 연령은 120억 년에서 160억 년까지 일치하고, 우주배경반사의 온도도 일치한다. 우주의 팽창은 인간에게 여러 가지 의미를 생각하게 하지만, 그중에서 최대의 이점은 우주론을 우주의 역사라는 점에서 연구할 수 있다는 점이다. 원자핵에서 수억 광년이나 떨어진 공간의 광활하게 펼쳐진 초은하단에 이르기까지 우주의 모든 구조는 진화함으로써 지금의 모습이 되었다. 현재의 우주의 모습을 설명하려면 그 과거를 자세히 알아야 한다. 자연의 법칙조차 이전에는 달랐을 수도 있다는 것을 알 수 있을지도 모른다. 이는 뒤에 가서 자세히 설명하겠다. 그 전에 우리 인류가 어떻게 지구와 우주의 역사의 깊이를 이해하게 되었는지를 알아볼 필요가 있다. 시간에 대해 생각해볼 때인 것이다.

2장

시간 TIME

모든 연구 속에 존재하고, 모든 새로운 관측에 따라오는 중요한 개념, 자연이 만들어낸 모든 것 중에서 메아리치듯, 그것을 배우는 사람의 귀에 늘 들리는 소리는,
시간! 시간! 시간!

- 조지 스크로프

변화야말로 나 자신의 주제이니,
모든 것을 바꾸는 신이여,
시인의 사색을 도우소서.
끊이지 않는 이 노래가
우주가 시작된 때부터 흐르게 하소서.

- 오비드

별하늘, 현미경으로 보이는 극미동물을 조사해서, 우주 창조의 과정을 밝히려는 시도는 헛되다.
우리는 시간 속에서, 인간의 이해가 미치지 않는 영역이 있음을 알게 될 것이다.

- 찰스 라이엘

그리고, 이 세상 속 우리의 생활, 사람들이 살고 있는 곳에서 멀리 떨어져, 나무 속의 언어, 흐르는 개울 속의 책, 돌이 알려주는 교훈, 그리고 모든 것 속에서 행복을 찾으리니.

- 셰익스피어

12. 돌의 가르침

고대 그리스인을 지배했던 시간의 개념은 주기적이며, 아리스토텔레스가 우주 공간을 가두어 놓은 투명한 구처럼 폐쇄적이었다. 플라톤, 아리스토텔레스, 피타고라스 그리고 스토아 철학자는 모두 우주의 역사는 '위대한 해great years'의 연속으로 성립된다는 고대 칼데아 문명의 신념을 이어받은 이 사고방식을 신봉했다. 각각의 순환의 길이는 분명하지 않지만 모든 행성이 나란히 늘어서면 대재앙이 발생해서 모조리 파괴되고, 그 잿더미 속에서 다음의 순환이 새롭게 창조된다는 것이다. 이 과정이 영원히 계속된다고 생각했다. 별의 움직임처럼 순환논법으로 아리스토텔레스가 추론했듯이 시간의 시작이 있다는 것과 시간 속에서 생각하는 것은 모순되기에 우주의 순환은 영원히 계속된다. 시간에 주기가 있다는 견해는 매력이 있었다. 어쩌다 철학에 끌리듯, 염세적이고 도시적인 운명론이 포함되어 있기 때문이다.

좋은 예가 이슬람의 역사가인 아브 이븐 무함마드Ahmad ibn Muhammad가 남겨놓은 글이다. 그는 다음처럼 끝없는 순환의 비유를 노래했다.

나는 어느 날, 꽤 오랫동안 번영하는 마을을 지나치면서 그 마을 주민에게 이 마을이 생긴 지 얼마나 되었느냐고 물었다.

"여기는 강하고 큰 마을이지요."라고 그가 대답했다.

"얼마나 오래되었는지는 내 선조나 마찬가지로 우리도 모릅니다."

500년이 지나서 똑같은 마을을 지나쳤는데, 마을의 흔적을 도무지 찾을 수 없었다. 나는 마을이 있던 곳에서 목초를 그러모으고 있는 남자에게 물었다. 마을이 사라진 지 얼마나 되었느냐고.

"이상한 걸 물어보시네!" 그가 의아해했다.

"이 땅은 예나 지금이나 이곳에 있었지요."

"예전에 훌륭한 마을이 있지 않았나요?"

"아뇨."라고 그가 대답했다.

"내가 알기로는 아버지 세대에서도 그런 마을은 없었지요."

다시 500년 후에 그곳에 다시 가보니, 똑같은 장소에 바다가 있었다. 절벽 주위로는 어부들이 있었다. 나는 이 땅이 물로 덮인 지가 얼마나 되었느냐고 물었다.

"왜 그런 걸 물어보는지 모르겠네요."라고 그들이 대답했다.

"여기는 항상. 지금처럼 바다였지요."

그 후로 500년이 지났고, 나는 다시 그곳을 찾았는데 이번에는 바다가 사라져있었다. 나는 거기에 서 있는 한 남자에게 언제 이런 변화가 생겼느냐고 물어봤지만, 그는 내가 그전에 들었던 똑같은 대답뿐이었다. 똑같이 500년이 흘러 다시 찾아갔더니 번성한 마을이 있었다. 최초에 내가 본 것보다 더 많은 사람이 있고, 더 풍요롭고 더 아름다운 건물이 즐비했다. 그 마을의 기원에 대해 흥미가 있다고 말했더니 주민이 내게 말해주었다.

"언제부터인지는 모르지만 아주 오랜 옛날이지요. 우리는 이 마을이 언제 생겼는지도 모르고 할아버지 세대도 우리와 마찬가지로 모르지요."

이 우화를 곧이곧대로 받아들이자면 시간의 주기성은 불변성도 의미한다. 아리스토텔레스의 제자인 에우데모스Eudemus of Rhodes가 그의 제자에게 말했듯 "만일 피타고라스의 학설을 믿는다면 모든 것이 완전히 똑같은 순서로 다시 발생할 것이다. 나는 자네에게 지금과 똑같은 말을 나누고, 자네는 지금 앉아 있는 곳에 앉아 있겠지. 다른 모든 것도 마찬가지일테고." 이 때문인지 다른 이론이나 시간의 주기성은 오늘날에도 여전히 인기를 유지하고 있고, 많은 우주론 학자가 '진동하는 우주' 모델에 대해 논하고 있다. 이 모델은 우주의 팽창은 최종적으로 멈추고, 그에 이어서 우주의 붕괴, 다음은 빅뱅으로 인한 불덩어리가 된다는 것이다. 매력적이긴 하지만 '무한하고 주기적으로 반복되는 역사'라는 오래된 교의는 과거의 길이를 측정하려는 시도에 찬물을 끼얹는 폐해를 낳았다. 만일 우주의 역사가 보편적인 파괴에 의해 구별되고, 끝이 없는 반복의 연속이라면 우주의 연령이 얼마인지를 정하는 것이 불가능하다. 무한하고 주기적으로 반복되는 과거는 당연히 측정 불가능하다. 알렉산더 대왕이 잘 말했듯 '언제가 되었든 상관없는' 것이다. 주기적으로 반복되는 시간에는 세상 속에서 진정한 혁신을 이룰 유익한 사고방식인 '진화의 개념'이 들어설 여지가 거의 없다. 그리스인은 세상이 변하는 것, 그 변화의 일부는 천천히 진행되는 것임을 알고 있었다. 발밑에는 바다, 뒤에는 산이라는 배경 속에서 생활한 그들은 파도가 대지를 침식하는 것을 인식하고 있었고, 조개껍질이나 바다 생물의 화석이 수면에서 한참 솟아오른 산꼭대기에서 발견되었다는 기묘한 사실도 알고 있었다. 이전에 바다 밑바닥이었던 곳이 어떤 힘으로 눌려져 산이 될 수 있고, 산은 바람이나 물에 의해 구멍이 뚫릴 수 있다는 것을 인식했다.[38]

근대 지질학에서 중요한 이 두 가지 인식에 대해 탈레스Thales와 크세노파네스Xenophanes of Colophon는 기원전 6세기에 이미 언급하고 있었다. 하지만 그들은 이러한 변형은 긴 안목으로 바라보면 영원하고 변함없는 우주에서, 지금의 순환만 보이는 사소한 것이라고 여겼다. '물론 세상이 변화하지 않는다는 말은 아니다.'라고 아리스토텔레스는 쓰고 있다. '하지만 뭔가 존재를 시작하거나 파괴시키지는 않는다. 우주는 영원하기 때문이다.'

---

[38] 아리스토텔레스는 물고기 화석을, 그 물고기가 지하의 동굴 속에서 먹을 것을 찾고 있다가 갇혀서 죽었다는 가설로 설명했다.

지구 또는 보다 넓은 우주의 연대를 과학적으로 결정하려면(우주공간 속에서 우리의 위치를 조사하는 것과 마찬가지로 시간의 깊이 속에서 인간의 위치를 파악하는) 먼저 최초의 시간의 주기성이라는 닫힌 순환을 깨부수고 길기는 하지만 한정할 수 있는 시작과 유한한 기간을 가진 직선의 시간으로 바꿔주어야 한다. 재밌게도 이 과정은 다른 많은 점에서 경험적인 조사의 진척에는 마이너스가 되는 경향이었지만, 발전하면서 기독교의 우주 모델로 등장했다. 최초의 기독교의 우주론은 우주의 역사의 길이를 줄이고, 우주의 공간영역도 그에 맞춰 크기를 줄였다. 거대하고 인격을 갖지 않은 그리스와 이슬람의 주기적인 시간의 공간이 기독교의 사고방식으로 축소되고 일화가 풍부한 과거라는 개념으로 바뀌어졌다. 그들은 인간이나 신에게 일어난 일을 물이 돌을 관통하는 비인간적인 작용 이상의 것으로 생각했다. 아리스토텔레스에게 역사가 회전하는 거대한 바퀴 같았다면, 기독교 신자에게 역사는 분명한 시작과 끝이 있으며 예수의 탄생과 모세가 신에게 계율을 받은 것처럼 특별하고 드문 일이 여기저기 깔린 연극 같은 것이었다. 기독교학자는 세상의 연령을 인간의 탄생과 죽음을 논한 성서의 연표를 기준으로 계산했다. '족보'를 모두 더한 것이다. 기독교의 교의를 정의하려고 서기 325년에 콘스탄티누스 황제가 소집한 니케아 종교회의의 의장인 에우세비우스Eusebius가 취한 것도 이 방법이었다. 그는 아담과 아브라함의 사이에 3,184년의 시간이 존재한다고 판단했다. 아우구스티누스Aurelius Augustinus는 창조의 날을 기원전 5,500년이라고 추산했고, 케플러는 기원전 3993년, 뉴턴은 케플러의 추산보다 불과 5년 전이라는 결론에 도달했다. 결정판이 나온 것은 17세기에 '시간의 시작은… 기원전 4,004년… 10월 23일의 전날밤에 해당한다.'라고 결론지은 아일랜드의 아마의 대주교인 제임스 어셔였다. 어셔가 콕 짚은 시간은 근대 학자들의 비웃음을 샀지만, 그 불합리성에도 불구하고 어셔의 방식과 그보다 더 일반적인 기독교의 역사편찬 방식은 오히려 그리스인의 당당한 비관론보다, 과거에 대해서 과학적인 연구를 촉진하게 되었다. 우주에는 시간의 시작이 있다. 따라서 지구의 연령도 유한하기에 측정 가능하다는 사고방식을 보급시켰고, 기독교의 연대학자들은 뜻하지 않게 과학적 연대측정의 시대를 위한 무대를 갖추게 되었다.

이 둘의 차이는 과학자가 조사한 것이 성서가 아닌 돌이었다는 점이다. 다음의 내용은 박물학자인 조르주 루이 르클레르Georges—Louis Leclerc가 1778년에 언급한 지질학자의 신조다.

> "시민의 역사를 조사하는 것과 똑같이 우리는 근거를 조사하고, 원형의 모양medallion을 조사하고 고대의 비문을 해독한다. 인간에게 중요한 사건이 일어난 시대를 정하고, 상황으로만 판단되는 일이 언제 일어났는지를 정하기 위해서다. 따라서 자연사에 있어서도 대지라는 고문서의 창고를 샅샅이 뒤져 땅속에 묻혀 있는 오래된 유적을 발굴하고, 그 단편을 잇고 맞출 필요가 있다… 이것이 무한한 공간 속에서 정점을 파악하고 영원한 시간의 흐름 속에서 이정표를 세우는 유일한 방법이다."

하지만 지질학자가 돌에서 배우려면 먼저 돌을 직접 봐야만 한다.

여기서 산업혁명의 원동력이 된 증기기관이 중요한 역할을 했다. 증기로 움직이는 펌프는 독일이나 북잉글랜드의 탄광에서 물을 배출시키고 예전보다 깊이 파낼 수 있게 해주었다. 증기에 의한 승강기가 석탄을 지표로 운반하고 운반된 석탄은 배로 운하를 건너고, 증기기관차에 다시 실려 산업개발국에서 배나 공장의 증기기관용 연료로써 사용되었다. 운하의 수면과 철의 철로는 되도록 편평한 게 바람직하다. 그래서 운하를 파고, 철로를 설치하는 기술자들은 그들의 눈앞에 놓인 언덕을 가능한 개척했다. 그들은 중국의 만리장성의 건설자들이 말했듯이 '지구의 동맥을 열었고' 수억 년에 걸쳐 퇴적된 이전에는 보이지 않았던 지층을 꺼내놓았다. 이러한 작업을 감독하려고 현장에 파견된 신진 지질학자들은 눈앞에 보이는 것들이 도서관처럼 풍부한 정보가 담겨 있음을 알았다. 지구의 오랜 역사의 증거가 고문서에서 보는 세월의 흔적처럼 지층에 새겨져 있었다. 돌의 언어를 초창기에 배웠던 사람 중에는 독일의 광산지질학자인 아브라함 고틀로프 베르너Abraham Gottlob Werner, 1793년에 서머셋쇼어의 석탄 운하를 개척하는데 도움을 준 영국의 운하측량기술자 겸 고문기사인 윌리엄 스미스William Smith가 있었다. 베르너는 멀리 떨어진 장소에서도 동일한 지층이 동일한 순서대로 발견된다는 것은 지층을 질서정연하게 쌓아올린 메커니즘이 대규모로 작용했기 때문이라는 사실을 알았다. 즉 어떤 장소의 지층이 지구 전체가 어떻게 변화했는지의 증거를 갖추고 있을 가능성을 시사한 것이다. 한편 스미스는 그가 말했던 '몇 조각의 빵과 버터'처럼 겹쳐진 지층은 그 전체적인 메커니즘뿐 아니라 그 안에 포함된 각종 화석에 의해서도 동일하다는 것을 알았다. 영국의 시골을 낮이나 밤이나 회사 일 때문에 마차를 타고 여기저기 다닌 스미스는 '동일한 지층이 늘 동일한 순서로 발견되고 동일한 화석을 포함하고 있다.'는 것을 깨달았다. 이것이 바위의 수수께끼를 해독하는 힌트가 되었다. 바위에 포함된 화석의 순서 속에서 세계의 역사를 읽을 수도 있다고 인식하게 된 것이다.

　머지않아 화석의 기록 중에 오늘날에는 더 이상 볼 수 없는 생물이 존재하고 있었다는 증거가 발견되기 시작했다. 그에 대응하는 생물이 없다는 것이 성서에 적힌 역사의 설명을 신봉하는 사람들에게 어려움을 주었다. 그들은 성서를 믿었고 모든 동물이 일시에 창조되었으며 그 이후 멸종된 것이 없다고 주장했기 때문이다. 한동안 지층이 형성된 후에 이주해온 먼 곳의 섬에서 진귀한 종류의 생물 표본이 아직 살아있는지도 모른다는 주장이 생겼다. 토마스 제퍼슨Thomas Jefferson은 이 가능성을 반기면서 어떤 개척자가 버지니아 숲에 울려퍼지는 소리를 들었다는 것을 보고하기도 했다. 털이 무성한 맘모스를 찾아 박물학자는 서쪽으로 가봐야 한다고도 주장했다. 하지만 시간과 더불어 세상의 야생 생물의 탐험이 더욱 철저히 이루어졌지만 맘모스나 그 잃어버린 동종류의 생물은 발견되지 않았다. 한편 잃어버린 종류의 수는 더욱 늘어나고 있었다. 고생물학이라는 과학 분야를 창조한 프랑스의 동물학자인 조르주 퀴비에는 1801년까지 화석 기록 중에서 23종류의 절멸동물을 발견했다. 그리고 '절멸'이라는 언어가 과학 문헌과 대학 강의실에서 장례식의 종소리처럼 울려 퍼지기 시작했다. 지구의 역사를 기독교의 입맛에 맞추어 해석하려는 사람들이 어쩔 줄 몰라 할수록 연구실의 생물학자, 아프리카, 남아프리카, 동남아시아의 정글을 탐험하는 박물학자에 의해 다양하고 살아있는 종이 발견되었다. 젊은 날의 다윈을 찌른 거대한 아열대 갑충처럼 일부의 종은 독을 가지고 있고, 신은 인간을 위해 세상을 창조했는데 그처럼 독을 가진 생물이 무슨 도움이 되는지 금세는 알 수 없었다. 많은 종은 아주 작아서 현미경이 없으면 발견할 수 없었고 신의 계획 중에 그것들의 역할이 적혀 있지 않았다. 그중에는 본능적으로 인간을 불안하게 만드는 종도 있었다. 특히 말레이Malay어로 '야생인wild man'을 뜻하는 오랑우탄은, 영장류의 유전자에서 지극히 가까운 곳에서 파생되었다고밖에 생각할 수 없는, 그 따뜻하고 애정 어린 눈길은 독자성을 주장하려는 인간을 조롱하듯 보였다. 이들 생물 모두가 노아의 방주의 탑승객 명단에 실려 있었다고는 도저히 생각할 수 없었다. 종교의 정통파는 '존재의 위대한 연쇄'라는 개념으로 잠시 도피했다. 하등한 미생물에서 원숭이나 거대한 고래까지 생물의 계층은 신에 의해 동시에 창조되었고, 그 모두가 함께 되어 하나의 훌륭한 구조이고 그 정상(혹은 그 근처)에 인간이 앉게 되는 기적의 산을 만들었다는 게 그 기초 이론이었다. 18세기의 사상 중에서 존재의 위대한 연쇄는 대단히 중요한 의미를 띠었고, 당시의 과학가설의 대부분의 토대 속에서 나타났다. 하지만 그 연쇄의 강함은 연쇄의 가장 약한 부분의 강함과 동일하다. 그 완전함 자체가 신의 완벽함을 위한 증거라서 '잃어버린 고리'는 있을 수 없었다.(나중에 진화론자가 채용하는 이 말은 이 당시 처음으로 사용되기 시작했다.) 존 로크John Locke는 이렇게 썼다.

"눈에 보이는 물질세계 중에는 당연히 우리 눈에 안 보이는 게 있다… 우리를 정점으로 모든 것이 순조로운 단계를 이루고, 서로 아주 조금밖에 변화하지 않으며 연속한다. 물고기도 날개를 가진 것이 있고, 하늘의 영역과는 관계가 없다. 또한 새 중에도 물속에서 사는 것이 있고, 그 피는 물고기와 마찬가지로 차갑다… 조물주의 무한한 권능과 지혜를 생각하면 다음처럼 생각하는 데 충분한 이유가 있다. 이는 우주의 훌륭한 조화와 조물주의 위대한 디자인과 무한한 아름다움에 아주 걸맞다. 우리가 서서히 하강하는 게 아니라 생물의 종 중에는 조물주의 무한한 완전함을 향해 우리로부터 위로 서서히 상승하고 있는 종도 있는 게 틀림없다.”

여기서 신앙심이 깊은 사람들이 절멸의 가능성을 알아챈 것 같은 두려움을 엿볼 수 있다. 절멸한 마스토돈의 거대한 이빨, 절멸한 아일랜드 엘크의 무거운 뼈를 경외심으로 바라보면서 퀘이커 교도의 박물학자인 피터 콜린슨은 “생물의 어떤 특정한 종을 절멸시키는 것은 신의 의지에 반한다.”라고 쓰고 있다. 17세기의 박물학자인 존 레이는 “어떤 종이라도 그것이 절멸했다.”는 증거는 “우주를 산산조각 내서 그것을 불완전하게 만드는 것과 같다.”라고 적고 있다. 그래도 장례식의 종소리는 계속 울려 퍼졌다. 지질학자의 모종삽과 철도건설자의 튼튼한 삽이 예전에는 분명히 생존했지만 지금은 이미 발견할 수 없는 생물의 유해를 지속적으로 발견했고 그 종류도 점점 늘어났기 때문이다. 실제로 꽃 핀 것을 아무도 보지 못한 꽃, 헤엄치거나 하늘을 나는 모습을 아무도 보지 못한 기묘한 물고기나 새, 과학적 상상력뿐 아니라 일반의 흥미를 끌었음에 틀림없는 생물(삽과 같은 이빨을 가진 호랑이, 말의 선조, 거대한 아르마딜로, 털이 무성한 코뿔소, 공룡 등)처럼 이들의 화석의 증거가 발견되었지만, 그 모두는 영원히 사라졌다. 이들 생물의 많은 화석은 산꼭대기의 물고기, 열대의 북극곰처럼 그것들이 성장할 수 없는 토지에서 발견되었다. 절멸된 종이 살아있던 시대 후에 지표에 대단하고 광범위한 변화가 있었음에 틀림없었다. 이 모두가 대주교인 제임스 어셔James Ussher가 말했던 6천 년이라는 짧은 기간 내에 일어날 수 있을까.

교조주의자의 입장에서 바람직한 대답은 나중에 격변설이라고 불리는 것 중에 있었다. 이 가설은 대규모의 지질학적 변화는 초자연적인 대변동의 결과, 갑자기 발생했다는 것으로 불과 하룻밤 안에 산이 편평해지고 해저가 하늘을 향해 치솟고 멸종될 운명에 처한 모든 종이 절멸했다고 주장한다. 격변설은 성서의 연대기를 해치지 않고 화석의 기록이 나타내는 종의 절멸을 설명하는 한편 성서의 대홍수 신화를 실제의 것으로 함으로써 강력한 지지를 얻었다. 격변설을 지지하는 사람들은 신의 분노로 인해 세상에 벌로 내려진 여러 재앙 중에서도 대홍수를 가장 극적인 것으로 생각하게 되었다. 모든 지각의 변동은 신의 의지에 의한 것인지의 여부는 몇 가지 다른 논점이 있었다. 퀴비에는 19세기 초의 많은 지질학자처럼 대홍수나 그 이전의 재앙을 일으킨 것은 신이지만 그 이후의 것은 일반적인 요인에 의한 것이라고 제안했다. 과학적인 입장에서는 격변설의 가장 치명적인 결점은 아리스토텔레스의 천체물리학이 하늘과 세상을 분리했듯이 과거와 현재를 떼놓았다는 것이다. 또한 지질학적 변화를 지구의 초기의 역사 중에만 나타나는 초자연적이고 강력한 힘의 작용에 의한 것이라고 주장함으로써 격변설은 지금의 세상에서 수집되는 과학적 법칙으로 과거를 수사하는 것을 방해했다. 스코틀랜드의 지질학자인 찰스 라이엘Charles Lyell은 다음처럼 적고 있다. "태만함을 키우고 호기심의 날카로운 힘을 무디게 하는 데는, 과거와 현재는 변화의 원인이 다르다는 가정만큼 적합한 가르침은 없다."

라이엘은 '동일과정설'이라는 전혀 다른 입장을 갖고 있었다. 그는 모든 지질학적, 생물학적 변화는 지구의 오랜 역사를 통해 거의 동일하게 작용해온 평범한 자연의 원인에 의한 것이라고 주장했다. 동일과정설의 입장에서는 종의 절멸은 오늘날 우리 주변에서 일어나는 작용과 흡사한 일(바람이나 물에 의해 천천히 진행되는 바위나 토양의 침식, 기후의 천천한 변화, 가끔 발생하는 산의 융기나 하강 등)이 그 원인이 된다. 지구 역사는 늘 한결같다는 입장을 최초로 제안한 인물은 스코틀랜드의 화학자이자 지질학자인 제임스 허턴James Hutton이었다. 지질학의 역사에서는 허셜에 비견될만한 허턴은 보통의 바위에 새겨진 무한한 시간의 흔적을 보았던 선견지명이 있는 공상가로 "오래된 세상의 흔적을 우리 행성의 구조 속에서 볼 수 있다."라고 쓰고 있다. 그는 자신의 주장을 단면도로 설명했다. 지상에는 온화한 영국의 시골 풍경, 나무 울타리를 끼고 두 마리의 말이 끈 마차, 그 밑에는 겹쳐진 지층이 이어지고 또 그 밑에는 뒤틀리고 난잡하게 변형된 바위의 그림, 시끄럽고 늘 변하는 세상이 동결된 이미지였다. 천재지변이 그 원인이 아닌 세상의 변화는 대개는 천천히 진행된다고 생각되기에 제일설은 지구가 굉장히 오래되었다는 전제가 필요했다. 그것을 암시하는 몇 가지 이론적 증거가 있었다. 프랑스의 박물학자인 조르주 뷔퐁 Georges Louis Leclerc de Buffon은 지구는 녹은 불덩어리로 시작되고, 서서히 식어간다는 천문학적 전제의 입장에 서서 지구의 연령은 50만 년 이상이 될 것이라고 논했다. 지구의 기원이 아닌 그것이 지질학적 과정 즉, 널리 진행되는 과정에 흥미를 가진 제임스 허턴은 지구의 연령을 더욱 장대한 숫자로 제시했다. 그는 이렇게 적고 있다. "시작의 흔적도 끝의 예감도 보이지 않는다." 이 언급은 대담하고 무모했다. 무한한 과거는 대단히 긴 과거보다 훨씬 의심스럽다.(다윈도 마찬가지 실수를 저질렀다. 친구인 수학자가 무한이라는 것은 대단히 위험한 약이고, 단지 큰 수가 아니라는 점을 설명할 때까지는, 무한하게 나이를 먹은 지구에 대해 논했기 때문이다.) 그리고 본디 동일과정설은 허턴의 문체 탓에 뒷걸음치게 되었다. 1795년에 출판된 그의 '지구의 이론'은 그 안에서 설명하려는 지층과 마찬가지로 뒤죽박죽된 문장으로 써졌기 때문이다. 친구인 존 플레이페어John Playfair가 허턴의 견해를 '허턴의 지구의 이론 도해'로 명료하게 만들려고 공들인 덕분에 사태는 다소 개선되었지만, 크게 비약한 시기는 찰스 라이엘Charles Lyell이 동일가정설을 언급한 1세대 후의 일이었다. 허턴이 죽은 1797년에 태어난 라이엘은 열정적인 젊은이로 시력이 약했지만, 오히려 집중적인 강도로 주위의 세계를 관찰했다. 옥스포드대에서 지질학을 공부할 무렵, 그는 어릴 적에 방문한 해안으로 휴가 여행을 떠났는데 노리치 부근의 해안선의 형태가 침식으로 조금 변했다는 것을 알았다.(다른 많은 해수욕객은 전혀 몰랐다.) 그는 지구를 생물처럼 자연스럽게 움직이고 변하는 존재라고 상상하기 시작했다. 세상의 연령에 대해 그때까지 언급된 논의의

지질학적 대변동으로 파묻힌 증거가 허턴의 '지구의 이론'에 게재되어 있다.
이처럼 경사면이 된 그림 속에 그려져 있다.(1795년 허턴)

대부분은 영국의 신학자인 토마스 버넷Thomas Burnet과 그 비슷한 사람들에 의한 탁상공론뿐이었다. 버넷은 과학적 역사의 설명과 성서에 의한 역사의 설명을 조화시키려는 노력의 기초는 세 가지 원천 즉, 성서, 추론, 고대의 전통에 있다고 자만했다. 라이엘은 매일 여기저기를 돌아다니면서 60대가 되어도 여전히 산의 경사면을 오르고, 메마른 저지대로 내려가면서 늘 메모했다. 시실리의 에트나 화산은 오랫동안 연구에 정열적인 학자들이 즐겨 도전하는 과제였는데, 그들은 그저 멀리서 바라봤을 뿐이었다. 라이엘은 막 굳어진 용암의 경사면을 타고 올라가 높이 3천 미터나 되는 화산의 용적을 정확히 측정함으로써 그것이 대단히 많은 용암이 흘러서 형성되었으며, 그 정도 퇴적하려면 '인간의 역사가 시작되기 이전에, 굉장히 오랜 세월이 흘렀음에 틀림없다.'라고 추론했다.

칠레에서 라이엘은 한 차례의 지진으로 연안의 산을 90센티미터 들어 올린다고 계산한 후 '동일한 강도의 충격을 2천 번 반복함으로써 길이 160킬로미터, 높이 1,800미터의 산맥이 형성될 것'이라고 추측했다. 북이탈리아에서 따뜻한 물에 사는 조개가 확인되고, 시베리아 얼음 속에서 얼어붙은 맘모스 유해가 발견되었다는 것은 유럽의 기후가 예전에는 '현재 생식하는 것과는 다른 종의 코끼리나 코뿔소의 큰 무리에게 먹이를 제공할 수 있을 만큼 따뜻했다.'는 것을 시사한다고 그는 깨달았다.(라이엘은 '현재 생식하는 것과는 다른 종'을 강조했다.)

두뇌가 명철하고 생생한 글솜씨를 지닌 라이엘은 산맥의 구조를 이해하는 것과 마찬가지로 똑 부러지게 격변설의 논의를 격파했다. "자연은 커다란 맹위를 휘두르지만 시간을 들이지는 않는다고 지질학자는 생각하기 쉽다… 격변론자는 바위의 분쇄, 풍화를 지구 역사의 처음에 일어난 천재지변의 증거라고 말하지만, 시간을 들여서 그렇게 되었다고도 쉽게 설명할 수 있다."라고 그는 적고 있다. 지질학과 마찬가지로 생물학도 열심히 공부한 그는(그의 부친은 박물학자로, 라이엘 2세는 곤충학을 배웠다.) 생명과학에도 흥미를 가졌다. 그는 다음처럼 쓰고 있다. 격변론자는 절멸을 짧은 지각의 격변이라고 주장하지만,

> "활발한 창조가 현재는 어떤 상태인지에 눈을 돌려, 지금은 정착해서 변화하지 않느냐는 질문을 해 보면, 늘 끊임없이

변화의 상태에 있다는 것을 발견하게 된다. 종을 절멸시킨, 그 무한한 내구성으로 똘똘 뭉친 주장에 단호하게 반대하는, 많은 살아 있는 근거가 있다."

격변론자가 지적하듯이 화석의 기록은 단편적이고, 형태가 온전히 보존되어 있지는 않다. 하지만 라이엘은 화석이 부서지고 깨지는 데 파멸적인 사태를 필요로 한다는 뜻은 아니라고 반박했다.

"브라질의 어느 삼림처럼 거대한 나무들이 밀집하고 동물, 새, 곤충이 모여 있을지도 모른다. 그래도 10만 년 후에는 이 무수한 나무, 잎, 꽃, 열매, 그 풍요로운 영역에 살고 있던 셀 수 없는 새, 동물, 파충류의 뼈나 모든 골격이 불과 몇 센티미터의 두텁고 검은 부식토의 지층이 될 가능성도 있다. 이 토지가 물에 잠긴다면 불과 몇 센티미터의 부식토를 바다의 파도가 몇 시간 만에 깨끗이 쓸어갈 수도 있는 것이다."

만일 '지구의 예전의 대변혁(그러니까 극적인 변화)을 만들어낸 원인'을 '현재의 일상에서도 발견할 수 있는 것'과 똑같다는 라이엘의 결론이 옳다면 지구의 연령을 천 년이 아닌 백만 년의 단위로 생각해야만 한다. 하지만 선택은 젊은 지구와 나이 든 지구의 중간 지점에 있지는 않다고 라이엘은 언급했다. 또한 격변설 대 동일가정설이라는 명쾌한 경우도 될 수 없다.(어느 쪽이나 진실의 요소를 품고 있다.) 올바른 선택은 시대의 논의에 반하는 증거에 눈을 감고 있는 닫힌 과학과 미지의 결론을 향해 증거를 추구하는 열린 과학 사이에 있었다. 라이엘이 썼듯이 만일 최초의 길이 "호기심의 예민한 칼날을 무디게 만드는데… 적합한…"이라면 제 2의 길은 "관측과 실험 혹은 현재 상황은 어떤지에 대한 자연의 연구에서 얻어진 수단이 아직 남아 있다는 낙관적인 희망을 품는 것"이다.

1831년 12월, 과거로 더 올라가려는 젊은이가 세계 일주의 항해를 출발하려고 짐을 꾸리고 있었다. 그가 휴대한 책 중에는 라이엘의 '지질학 원리'도 들어있었다. 그가 일 년 전에 출판된 그 책을 가져가도록 추천한 인물은 그의 친구이자 스승인 존 헨슬로John Henslow였다. 당시 대부분의 지질학자처럼 격변론자인 헨슬로는 이전의 제자에게 라이엘의 책을 즐기라고 조언하면서 책의 과격한 의견에 결코 심각해져서는 안 된다는 주의도 주었다. 찰스 다윈Charles Robert Darwin은 쾌활하게 그의 의견에 고개를 끄덕였다. 그리고 책을 챙겨서 비글호를 타고 항해에 나섰다.

시간의 오래됨은 세상의 젊음이다.

- 프랜시스 베이컨

우리가 자연의 역사라고 생각했던 것은,

어떤 순간의 대단히 불완전한 역사에 불과하다.

- 드니 디드로

13. 지구의 나이

라이엘의 책은 다윈의 항해를 시간 여행으로 바꾸어놓았다. 다윈은 출항과 거의 동시에 자신의 침대에 누워서 그 책을 읽기 시작했다.(그는 5년간의 항해 내내 뱃멀미에 시달렸지만, 그때가 첫 경험이었기에 누워 있었다. 선체 길이 27미터, 폭 7.2미터의 튼튼한 2개의 돛이 달린 범선 비글호는 다른 면에서는 쾌적했지만, 선체가 둥글어서 좌우로 흔들렸다.) 원정대가 케이프버드 제도에 상륙하자마자 그는 '지질학을 실천하는 라이엘의 훌륭한 방식'이라고 스스로 부르는 방법을 응용했다. 다윈의 진화론처럼 경험에 근거한 이론을 구축하려면 관측 데이터뿐 아니라 계통이었던 가설도 필요하다. 다윈은 세상이 오래되었고 현재나 과거나 마찬가지로 계속 변한다는 그의 가설을 라이엘의 이론에서 주로 이끌어냈다. 그는 이렇게 쓰고 있다. "원리의 훌륭한 점은 인간의 사고 방법

그 자체를 바꾼다는 것이다. 그 결과 라이엘은 본 적도 없는 것을 보았을 때도, 나는 부분적으로 그의 눈을 통해 보고 있는 것이다."

나중에 다윈은 '내 책의 절반은 찰스 라이엘 경의 두뇌에서 나온 것처럼 느껴진다.'라고 인정하고 있다. 다윈 자신도 뛰어난 관찰자였다. '어떤 것이라도 그의 눈에서 벗어날 수 없었다.'고 가끔 다윈과 함께 무어 파크를 산책한 에드워드 익스테드 레인Edward Eickstead Lane 박사는 쓰고 있다.

> "자연의 물체 어느 것이라도, 그것이 어떤 종류의 꽃, 새,
> 곤충이든지, 그의 애정이 담긴 눈길에서 벗어나지 못했다.
> 그는 그 모든 것에 대해 알고 있었고… 얼마든지 설명할 수
> 있었다… 요점을 파악해서, 생동감 있고 매력 넘치는 설명
> 을 해주기에 정신적으로 즐길 수 있을뿐더러… 결코 잊을
> 수 없는 최고의 지적인 접대를 받은 기분이었다."

비글호에서 탐험 중 다윈은 거의 본 사람이 없는 세계를 대단히 많은 방법으로 자세히 관찰했다. 말이나 노새를 타고, 때로는 걸으면서 동굴탐사를 하고 사막을 가로질러 원정하고 파타고니아에서 호주, 인도양의 킬링(코코스) 제도까지 찾아갔다. 그는 모든 것을 기록하고 모든 것을 흡수했으며 같은 배에 탄 사람들이 놀라서 비글호를 가라앉게 만들 셈이냐고 이상하게 여길 만큼 많은 식물과 동물의 샘플을 수집했다. 칠레에서 다윈은 표고 3,600미터의 산 정상에서 바다의 생물 화석을 발견했고 1분 쯤 지면을 90센티미터 상승시킨 지진을 체험

했다. 이는 신학자가 고대의 대재앙 탓이라는 극적인 변화는 마찬가지로 지질학적 과정의 작용에 의해서도 일어날 수 있다는 라이엘Lyell 이론의 증거이기도 했다. 처음에 그는 이 결론을 내리는데 신중했다. 자신의 발견을 스승인 헨슬로에게 보고하는 편지 속에서 그는 이렇게 쓰고 있다. "그처럼 추측하기 전에, ABC를 배우듯 차라리 석영quartz 에서 장석Feldspar까지를 외우라는 말을 듣지 않을까 걱정입니다." 하지만 비글호가 남태평양에 도착할 무렵에 다윈은 이미 4년에 걸친 엄밀한 실지 조사를 경험한 터였고, 가설에 의해 관측을 해석하는 자신의 능력에 더욱 자신감을 느끼기 시작했다. 그래서 그는 산호환초의 기원에 관한 자신의 독창적인 이론을 과감히 발표했다.

비글호가 갈라파고스 제도에서 타히티로 향하던 1834년의 어느 더운 가을 날, 가장 큰 돛대를 타고 올라간 그는 뼈처럼 하얀 데인저러스dangerous 제도에서 마치 끈으로 연결된 약한 고리처럼 바닷속에 무진장 펼쳐져 있는 환초를 보고 그 어리디 어린 모습에 감명을 받았다. "수면으로 갑자기 얼굴을 드러낸 둥근 형태를 한 산호섬과 그 섬을 둘러싼 광활한 바다는 놀라웠다. 이처럼 약한 침략자가 태평양이라는 잘못된 이름으로 불리는 광활한 바다의 강력하고 피곤함을 모르는 파도에도 침몰하지 않다니 경탄할 따름이다."라고 그는 쓰고 있다. 다윈은 환초가 그 모습을 감춘 화산의 장소를 기록하고 있다는 논리를 구상했다. [39]

---

[39] 뉴턴을 모방해 다윈은 자신 연구의 대부분을 순수하게 귀납적으로 했다고 주장했고, "나는 베이컨학파의 본디의 원리에 따라 연구를 했으며, 어떤 이론도 차용하지 않고 대규모의 사실을 수집했다."라고 그 스스로가 진화에 대해 설명하고 있다. 이 주장을 명확히 정당화하기는 늘 어렵다. 다윈은 실제로 산호를 보기 이전에 그러니까 남아프리카에 있을 때 산호환초 형성의 이론을 정리했다.

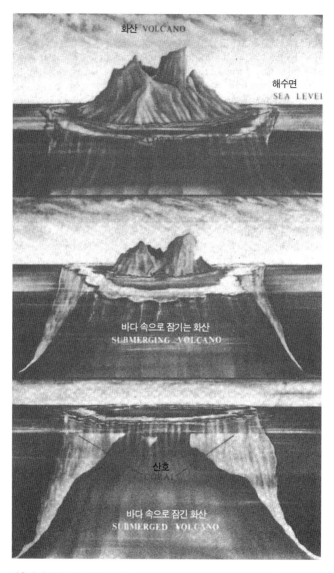

환초의 기원에 대한 다윈의 설명. 산이 바다 속으로 침몰하면서, 살아 있는 산호가 예전에는 해안이었던 곳을 따라 성장을 계속하면서, 최종적으로 산호의 고리만 남는다.

새로운 화산이 바다를 차고 올라와 몇 번인가 분화를 반복함으로써 바다 위에 높이 솟아난 산처럼 섬을 만든다. 용암이 흘러내리기를 멈추고 모든 상황이 종결되면 살아 있는 산호초가 화산의 측면의 수면 바로 밑에서 형성되기 시작한다. 여기서부터 다윈이 인류에 기여한 역사가 시작되었다. 그는 말했다. 활동을 정지한 화산은 머지않아 침식 혹은 해저로 천천히 붕괴하든가 둘 중의 하나인 길을 밟을 것이다. 나이를 먹은 섬이 서서히 침몰하면서 죽었거나 죽기 전인 산호를 토대로 살아 있는 산호는 차례차례로 위로 또 그 위로 쌓인다. 최종적으로 원래의 섬은 파도 아래로 사라지고 산호의 고리만 남는다. 다윈은 다음처럼 쓰고 있다. "산호로 만들어진 암초는 수면 아래의 변동에 의해 형성되고 그 멋진 추억을 보존하고 있다. 우리는 배리어리프(보초 barrier reef, 대형 산호초 - 옮긴이)에 저마다 존재했던 섬의 증거를 보았고, 산호 하나하나마다 그 안에서 지금은 잊어버린 섬의 기념비도 보고 있다."

동일가정설의 시점에서 동일가정설이론의 아름다움은 과정이 천천히 진행되지 않으면 안 된다는 점이다. 살아있는 산호는 햇빛이 필요하고 다윈이 적었듯이 산호는 '120~180피트(36미터에서 54미터)' 보다 깊은 곳에서는 살지 못한다. 격변설이 요구하듯이 섬이 급격히 침몰한다면 새로운 산호가 위로 성장할 만큼의 시간이 확보되기 전에 산호는 바다의 깊은 곳으로 사라져간다. 즉, 산호가 나중에 남아있지 않게 된다.

5년간 비글호 승선을 마치고 집에 돌아온 다윈을 보자마자, 그의 부친은 '여동생을 쳐다보더니 저것 좀 봐, 머리 형태가 완전히 바뀌었어!'라고 소리쳤다고 한다. 가벼운 농담이었다. 빅토리아 왕조 시대의 사람들은 골상학이나 인상학에 깊이 빠져 있었는데 로버트 다윈이나 비글호의 선장인 로버트 피츠로이Robert FitzRoy도 마찬가지였다.(처음에 피츠로이는 찰스 다윈의 코의 형태가 불길하다며 고용하기를 거부할 정도였다.) 예민한 관찰자이기도 한 다윈 부친의 말에는 아들의 두개골에 담긴 내용도 크게 바뀌었다는 인식이 반영되어 있었다. 이는 기뻐할 일이었다. 출발 전의 다윈은 승마, 사냥, 음주, 도박, 돌의 수집에만 흥미를 보이는 태만한 젊은이였기 때문이다. 미래의 전기 작가들을 기쁘게 해주려고 그의 부친은 "네가 생각하는 거라곤 사냥과 개와 쥐덫뿐이야. 장차 너는 자신에게 그리고 가족 모두에게 불명예의 씨앗이 될 것"이라고 험담했다. 다윈은 의학교를 중퇴하면서 존경받는 의사였던 부친을 실망시켰고, 시골의 목사라는 명목뿐인 목사직에 취임할 목적으로 집에서 보낸 신학교의 그리 어렵지도 않은 공부에서조차 남들 눈에 전혀 띄지 않는 존재였다. 비글호의 침대로 그를 이끈 변화는 케임브리지에서 시작되었다. 거기서 다윈은 세상에서 가장 훌륭한 야외(필드)지질학자 중 한 사람인 애덤 세지윅Adam Sedgwick을 알게 되었고, 날카롭고 합리적인 정서와 린네Carl von Linne(식물학자 - 옮긴이)와 필적할만한 넓은 시야를 가진 헨슬로의 식물학 강의를 들었다. 그리고 과학을 통해 자신의 관찰력과 야외 활동을 좋아한다는 점, 수집벽을 아우르면 어떨까 하는 생각이 들었다. 훨씬 뒤에 그는 다음처럼 적고 있다. "무의식적으로 그리고 서서히 나는 관찰과 추론의 즐거움은 기술이나 스포츠에서 얻는 즐거움보다 훨씬 크다는 것을 발견했다. 미개인의 원시적 본능이 문명인의 후천적 안목으로 서서히 바뀌고 있었다."

영국을 떠날 때, 다윈은 아직 천지창조설을 믿었다. 그는 '당시 성서에 쓰여 있는 한 마디마다 엄밀하고 문자 그대로 진실이라고 의심 없이 믿었다.'라고 회상하고 있다. 당시의 지질학자와 생물학자의 대다수도 그랬듯이 살아 있는 종의 모든 것이 동시에 그리고 각각 창조되었다고 믿었다. 그는 신앙적 근거에 의문을 품고 고국으로 돌아왔다. 지구는 늘 변화한다는 직접적인 증거를 직접 봤기 때문이다. 그는 종도 변화하는지 아니면 종의 변하기 쉬운 특질이 새로운 종으로 태어나는 원인이 되는지를 고민했다. 진화 그 자체는 새로운 개념이 아니었다. 어릴 때의 다윈은 조부인 이래즈머스 다윈이 쓴 책 '주노미아zoonomia'에 흥미를 갖고 열심히 읽었다. 이 책은 진화론적인 학술논문으로 모든 생명은 하나의 선조에서 진화했을지도 모른다는 개념으로 놀라운 감탄으로 채워져 있다.

"아마 인간의 역사가 시작되기 몇백만 년 전에, 위대한 신이 동물성을 부여받은 하나의 살아있는 세포로부터 모든 온혈 동물이 태어났다고 상상하는 게 너무 대담할까…? 위대한 신의 무한한 힘에 대한 얼마나 훌륭한 생각인가! 원인의 원인! 선조의 선조!"

다윈도 경험에 의해 개체가 획득한 특질을 자손에게 전할 수 있다고 주장한 프랑스의 생물학자인 장 바티스트 라마르크Jean Baptiste Lamarck의 진화론적 견해도 잘 알고 있었다. 라마르크학파의 세계에서는 경주로 인해 강해진 말은 그 빠른 발을 자손에게 전하고, 나뭇잎을 따먹으려고 목을 길게 늘린 기린은 다음 세대에 기린의 목을 더 길게 할 수 있다. 라마르크 학설은 빅토리아 여왕 시대의 사람들에게 바람직한 도덕상의 뉘앙스를 포함했다. 부지런히 일하고 악행을 피한 부모에게서 유전적으로 근면하고 청결한 생활을 영위하는 아이가 태어난다는 것을 의미했기 때문이다. 하지만 그 학설은 어떻게 새로운 종이 탄생하는지에 대한 물음에는 답하지 못했다. 보다 훌륭한 말이나 기린이 어떻게 태어나는지는 설명할 수 있지만 종의 기원에 대해서는 언급하지 않았다. 따라서 화석의 기록 중에 현존하지 않는 종이 발견되는 이유는 무엇인지에 대해 손을 써 볼 여지가 없었다.

다윈의 공헌은 단지 생물이 진화했다고 논하는 것에 그치지 않고, 새로운 종이 태어나는 진화론적 메커니즘을 확인한 것이다. 그는 '진화'라는 말을 사용하는 것조차 좋아하지 않았다. 자신의 책에 '종의 기원'이라는 제목을 붙인 것도 그 때문이었다. 그의 이론은 세 가지 전제와 결론으로 개략할 수 있다. 첫째의 전제는 변이와 관계가 있다. 어떤 종이라도 그 개체는 각각 다르다는 것이다. 오늘날 우리가 말하듯이 각각의 개체가 독자적 유전자 구조를 갖고 있다. 다윈은 이것을 무척 잘 이해하고 있었다. 그는 영국에서 동물의 품종개량과 식물의 이종교배가 성행한 시대 속에서 성장했기 때문이다. 그의 장인으로 도자기제조업자인 조지아 웨지우드는 유명한 양의 육종가였고, 그의 부친은 비둘기 애호가였다. 그리고 다윈은 육종가, 재배가에게서 그들이 제거하고 싶거나 영구히 보존하고 싶다고 생각하는 미묘하게 다른 개체의 특징을 세심히 관찰하는 법을 배웠다. [40]

생물학적 다양성의 상세함에 입각한 다윈의 고찰은 각 개체를 사실적으로 종합한 것이었다. 그의 출판물의 대부분은 "누가, 이종의 완두콩 가까이서 자란 종을 뿌렸더니, 다음에 얻은 것은 완두콩이 표준과 맞지 않았거나 잡종이 된 것을 본 사람은 없나요?"라든지 "혹시 가장 큰 삼색제비꽃의 직경 기록이 남아 있나요?" 같은 질문을 하는 '야채 농가, 농업신문'이나 '원예, 정원의 잡지'에 실린 작은 기사로 채워져 있었다. 다윈 제 2의 전제는 모든 생물은 환경이 유지되는 것보다 더 많은 자손을 낳는 경향이 있다는 것이다. 이는 잔혹한 세계다. 어떡하든 먹을 것을 찾아, 자손을 낳을 수 있을 때까지 붙잡히지 않고 도망갈 수 있는 것은 태어난 늑대나 거북, 잠자리 중에서 극히 일부에 불과하다. 영국의 경제학자인 토머스 맬서스Thomas Malthus는 살아가는 것의 힘든 현실을 다음처럼 지적함으로써 정량적으로 표현했다. "대부분의 종은 기하급수적으로 불어나지만 환경은 선형적인 증가 이상의 인구를 유지할 수 없다." 다윈은 1838년, 런던에서 맬서스의 '인구론'을 읽었다.('재미 삼아' 읽었다고 그는 회상하고 있다.) [41] 그리고 자연도태에 의한 진화의 가설이 그의 머릿속에서 형태를 갖추기 시작했다.

---

40 동물의 품질개량이 성행한 까닭은 영국의 공업 성장에 자극을 받아서였다. 노동자는 많은 가축을 사육할 수 없는 시골에서 보다 많은 가축을 사육함으로써 이익을 최대로 낼 수 있는 도시로 이동했다. 무엇보다 다윈주의 그 자체가 출현한 일반적인 까닭도 그 자신이 연구하던 생물과 인간 사이의 거리가 벌어진 덕분이었다고 말할 수 있다. 동물과의 동거를 관두고 나서야 인간은 비로소 자신이 동물의 친척이라는 사고방식을 받아들이게 되었다.

41 멜서스는 자기의 학설의 일부를 다윈의 조부인 이래즈머스의 저작물을 읽고서 창안한 것으로 보인다. 세상은 좁았다. 적어도 빅토리아 왕조 시대의 영국에서는.

그는 이렇게 쓰고 있다. "자연의 섭리 틈에, 적합한 구조를 모두 박아 넣으려는 10만 개의 쐐기와 같은 힘이 있다고도 말할 수 있고, 약한 부분을 밀어냄으로써 틈을 만들고 있다고도 말할 수 있을 것이다." 생물의 무한한 생식력과 그것을 유지시켜주는 유한한 자원과의 조합 속에서 다윈은 변이한 것의 대부분을 소멸시키고 어떡하든 살아남아서 생식하는 개체의 성질만 보존하려고 항상 작동하는 자연의 전체적 메커니즘을 발견한 것이다. 그에 따라서 제3의 전제가 도출된다. 개체간의 서로 다른 점이 맬서스가 강조한 환경적 억압과 결합해서 어떤 개체가 그 유전적 특징을 전할 수 있을 만큼 충분히 오래 살아남을 확률에 영향을 끼친다. 이는 다윈이 '자연도태'라고 불렀던 과정이다. 하얀 나방은 그 색깔이 보호색 역할을 하고, 천적인 새로부터 보호해주는 눈(雪) 속에서 잘 지낼 수 있다. 한편 갈색 나방은 그 색깔이 갈색 나뭇가지와 흡사해 눈이 없는 가을의 숲에서 잘 견뎌낸다.[42]

이러한 의미에서 최적자(허버트 스펜서의 언어, 적자생존의 의미 - 옮긴이)가 살아남으려면 어떤 면에서 그것들이 다른 것보다 뛰어나서가 아닌 환경에 의해 '적합해'졌기 때문이다. 환경의 상태가 변하면 그때까지 잘 적응했던 개체가 갑자기 새로운 환경에 적합하지 않게 될지도 모른다. 그러면 미래를 이어가는 것은 기형 혹은 부적합했던 것들

---

42 적응변색의 현저한 예는 맨체스터 지역에서 후추 나방에게서 발생했다. 18세기에는 채집된 모든 종류의 나방이 푸르스름한 반점을 띠었다. 1849년에 검은 나방한 마리가 그 지역에서 포획되었고, 1880년대에는 검은 나방이 절반을 차지했다. 왜 그럴까? 공업화로 인한 오염으로 그 지역의 나무줄기가 검게 되고, 그때까지의 나방이 보호색 쓸모가 없어졌을 뿐더러, 거기에 서식하던 소수의 검은 나방에게 유리하게 작용했기 때문이다. 공해규제법이 실시되면서 나무줄기에 붙어 있던 스모그로 인한 그을음이 서서히 사라졌고, 푸르스름한 반점을 가진 나방의 개체수가 제자리로 돌아왔다.

이다. 다윈의 결론은 자연도태에 의해 새로운 종의 기원이 시작된다는 것이었다. 세상은 늘 변화하는 상태라서 자연은 다양성(하얀 나방에게 지배되는 사회는 스모그가 많은 날을 대비해 몇 마리의 검은 나방을 포함하는 편이 바람직하다.)을 갖고 지리적으로 널리 확장하는 데도(한 바구니에 모든 달걀을 넣지 않는다.) 유리하게 작용한다. 그 결과 어떤 종 가운데 보이는 개체의 다양성의 비율은 일부 집단이 다른 것과 너무 달라서, 교배해도 번식력이 있는 자손을 만들지 못할 때까지, 시간과 더불어 증가하는 경향이 있다. 이 시점에서 새로운 종이 출현한다. 다윈은 다음처럼 적고 있다.

"어떤 종의 자손의 변태, 개체 수를 늘리려는 모든 종의 끊임없는 노력 속에서, 자손이 보다 잡다해질수록 살기 위한 투쟁에서 이길 수 있는 기회가 늘어난다. 따라서 동일한 종 속에서 조금밖에 다르지 않았던 변종이 대다수의 다른 종만큼 변하면 변종이 꾸준히 늘어나는 경향이 있다.…"

다윈은 어떤 의미에서 그의 이론은 성서에 있는 '생명나무tree of life'의 이미지를 연상시킨다고 적고 있다. 하지만 이 나무는 천지창조설을 믿는 사람이 생각하듯 정지해있지 않고 살아 움직이며 나아가 성장하고 있다.

"싹을 막 틔운 연두색 가지는 현존하는 종을 드러내고, 지금까지의 세월동안 싹을 틔운 가지는 오랜 세월 내내 이어져

온 절멸한 종을 드러내고 있을 것이다… '생명나무'는… 죽
어서 썩은 가지로 대지를 덮고, 그 위를 늘 아름다운 가지로
뒤덮는다."

성서의 신화를 좋아하는 비판자들은 자연도태는 차갑고 기계적이
라며 불만을 나타냈다. 하지만 다윈의 눈에는 자연도태가 자연의 세
계에 생명을 불어넣고, 생명을 비추고 있었다.

"야만인이 배를 봤을 때처럼, 뭔가 자신의 이해를 초월한 것
이 되어, 생물을 보지 못할 때, 자연의 모든 작품이 오랜 역
사를 지닌 것으로 여겨져야 할 때, 모든 복잡한 구조와 본능
이 그 주인에게는 유용한 많은 궁리의 요약으로 생각되어질
때,(위대한 기계적 발명이 무수한 노동자의 노동, 경험, 추론 그리
고 실패조차 포함한 모든 것의 요약과 마찬가지로) 즉, 개개의
생물을 진지하게 바라보면, 자연사의 연구가 꽤 흥미 깊어
진다.(내 경험에 비추어 말할 수 있다.)"

그리고 그는 진화론자의 신조가 될법한 것을 추가로 언급했다.

"그 몇 가지 힘과 더불어 창조주가 몇 가지 혹은 하나의 것
에 생명을 불어넣었다는 생명관은 장대하다. 지구가 정해진
중력의 법칙에 따라 회전하는 동안에 아주 단순한 것에서
더욱 아름답게, 더욱 훌륭한 형태로 끊임없는 진화를 하고

있다."

　다윈은 그가 결혼한 1839년까지 자신의 이론의 주요 요소에 대해 명확히 언급했고, 1844년까지는 230페이지의 에세이를 통해 그 요점을 설명하고 있다. 그래도 15년간 그것을 발표하지 않았다. 이 에세이를 그가 죽은 다음에라야 공표해야 한다는 엄밀한 지시와 함께 책상 서랍에 잠들어 있는 동안, 다윈은 시골로 이사해 유유자적하게 10명의 자녀를 둔 아버지가 되었고 라이엘을 비롯한 100명 남짓한 과학자와 편지를 주고받으며 책을 썼다. 그중에는 비글호의 항해일지, 산호환초에 대한 그의 이론적 설명, 화산과 남미의 지질학에 관한 학술논문, 만각류(대표적인 만각류로는 따개비가 있다. － 옮긴이)에 관한 훌륭한 연구가 포함되어 있다.(그는 만각류의 연구에 7년을 보냈는데, 마지막에는 "무엇보다 누구보다 만각류가 혐오스럽다."라고 말할 정도였다.) 다윈은 자신의 진화론을 코페르니쿠스가 태양중심우주론을 비밀로 했던 것과 같은 기간만큼 비밀을 유지했다. 왜 그랬을까? 먼저, 가끔 전해지듯이 그가 늘 병을 앓았다는 것이다. 이는 사실이 아니다. 물론 그는 병을 앓았다. 결혼하고 나서 아니 아마도 그 훨씬 전부터 그는 심한 두통, 구토증, 심장질환의 일종인 심계항진을 앓고 있었다. 그는 치료법을 찾아 영국의 최고 의사를 찾아다녔고, 자기 최면을 걸거나 겨울에는 차고 젖은 천으로 몸을 감싸는 수(水)치료법도 시도했다. "아버지의 일생은 질병으로 인한 피로와 긴장에 대한 오랜 악전고투의 연속이었다."라고 아들인 프랜시스 다윈Francis Darwin은 쓰고 있다. 질병을 완치할 방법은 찾지 못했고, 질병의 원인으로는 1835년 3월 26일 '남미의 평원에 사는 거대한 검은 곤충 벤추카의 공격(말 그대로 공격이었다)'이라고 다윈이 일컫는 것에 의해 발생한 샤가스병Chagas disease부터 한때는 목사가 되려고 했던 자신의 이론이 반목사적인 의미를 띤 것으로 인한 정신적 갈등까지 여러 가지 요인이 거론되었다. 또한 그가 심한 알레르기를 앓고 있었을 가능성도 높다. 하지만 질병만으로는 다윈이 자연도태이론의 발표 연기를 설명할 길이 없다. 동일한 세월 동안 그는 별도의 문제에 대해서도 많은 글을 썼기 때문이다. 가장 그럴듯한 설명은 자신의 견해가 불러일으킬 비판의 폭풍우를 그가 두려워했다는 것이다. 그의 인격은 온화하고 솔직했으며 어린이처럼 천진난만해서 늘 다른 사람의 의견에 경의를 표하고, 논쟁은 좋아하지 않았다. 자신의 이론이 성직자뿐 아니라 동료 과학자 대부분으로부터 공격당하리라는 것을 그는 알고 있었다. 종교 측의 반대는 특히 손쓸 방법이 없어 보였다. 동물과 인간이 친인척간이고, 우연한 돌연변이가 진화를 촉진한다는 그의 주장을 보수적인 종교적 권위가 어떻게 받아들일지 다윈에게는 쉽게 상상이 되었다. 그것은 살인을 용인하는 것과 다름없다고 다윈은 친구인 조지프 후커Joseph Hooker에게 말하고 있다.(나중에 그것은 아담의 살인이라고 불리게 된다.) 일단 이론의 내용이 공표된다면 무슨 일이 일어날지를 상상하는데, 영국 이외의 장소를 둘러볼 필요도 없었다. 나중에 왕립외과의대의 학장을 역임한 윌리엄 로렌스William Lawernce가 인간은 후천적인 특징보다는 선천적 유전형질에 의해 진화한다고 제창했을 때, 대법관은 그의 책을 성서에 반한다고 단언하고 그 저작권을 인정하지 않았다. 또한 발리올대학의 유명한 가면극 속의 4행시로도 언급된 전설적인 박식함의 소유자 옥스퍼드의 벤자민 조윗Benjamin Jowett 의 예도 있다.

최초에 내가 왔네, 내 이름은 조웻.
내가 모르는 지식은 없고,
나는 대학의 학장이 되고
내가 모르는 지식은 없네.

하지만 조웻이 1855년에 성 바울의 서간에 대해 논쟁을 부른 해석을 발표했을 때, 그는 이단자라고 고발당했고 급료가 동결되었다. 에덴의 동산처럼 빛나는 정원에서 꽃과 곤충과 더불어 유유자적하게 행복한 시기를 보내고 있던 다윈은 천 명이나 되는 시골 성직자들이 자신의 이름을 반기독교와 동의어로 삼는 것을 보고 싶지는 않았을 것이다. 과학적 반대의 대부분은 진화의 개념 그 자체에 대한 직업상의 경멸에서 비롯되었다. 오랫동안 진화의 개념은 귀신을 불러오는 강령회나 한밤중에 황야를 배회하는 요정 이야기에 푹 빠진 사람이나 신비주의자들이 맹신했기 때문이다. 그처럼 아마추어 냄새가 풀풀 나는 이론을 옹호하는 사람은 학자들에게 경멸의 대상으로밖에 취급되지 않았다. 1844년, 대호평을 받은 '창조의 자연사 궤적'의 내용에서 익명의 독자가 진화론을 옹호하자, 케임브리지의 광물학자 윌리엄 휴얼William Whewell[과학은 그의 포르테(펜싱 검의 손잡이부터 중앙부분까지)이고, 박식함은 그의 포이블(펜싱 검의 끝부분)이라고 일컬어졌다.], 천문학자인 존 허셜John Herschel(윌리엄 허셜Frederick William Herschel의 아들 - 옮긴이), 지질학자인 애덤 세지윅Adam Sedgwick처럼 쟁쟁한 인물들이 이 책을 조롱거리로 삼았다. 존 세지윅은 진화론을 타파하려고 '에딘버러 리뷰'에 84페이지에 이르는 긴 논문을 게재했다.(다윈의 책이 출판되자, 그는 똑같은 경멸을 퍼부었다.) 이러한 압력에 대항하려고 다윈은 코페르니쿠스처럼 불완전하다는 것을 알면서도 자신의 이론을 변호하지 않을 수 없었다. 하긴 그 뿐만 아니라 다른 누구도 유전의 구조에 대해 이해하지 못했다. '유전의 자질을 지배하는 법칙은 전혀 모른다.'라고 다윈은 인정했다. 빠진 것은 기본적인 유전 단위, 생물학의 양자 즉, '유전자'가 존재한다는 증거였다. 유전자에 의해 전달되는 안정성이 없다면 꽤 많은 수의 개체로 그것이 확산되기 이전에, 바다에 떨어진 잉크 방울처럼 혁신적인 돌연변이는 그 자취를 찾기 어려울 것이다. 그 같은 상황에서 자연도태가 발생할지도 모르지만 종의 기원을 설명하기에는 불가능하다고 볼 수 있다. 유전자의 존재를 나타내는 최초의 증거는 다윈이 '종의 기원'을 발표할 수밖에 없었던 해의 8년 후인 1866년까지 나오지 않았다. 이 해에 모라바의 수도사인 그레고어 멘델Gregor Johann Mendel이 성 아우구스티누스 수도원의 정원에서 완두콩을 이용한 광범위한 실험의 결과를 발표했다. 이 실험결과는 유전의 양자에 필요한 지속성을 증명해 보였다. 하지만 멘델의 발견은 거의 무시당했고, 주목받게 된 1900년에는 다윈은 이미 이 세상에 없었다. 다윈은 유전특성의 전달을 설명하려고 '판게네시스pangenesis(다윈이 주장한 유전에 관한 가설 — 옮긴이)설'을 제언함으로써 결함을 보완하려고 했지만, 그것이 약점임을 늘 느끼고 있었다. 그 스스로 언급했듯이 자신의 이론의 결점을 비판자의 그 누구보다 더 잘 이해하고 있었다.

라이엘의 재촉으로 다윈은 어쩔 수 없이 자연도태에 의한 종의 기원의 철저한 설명에 대한 글을 쓰기 시작했다. 완성하려면 몇 년은 걸릴 터였다. 아마 코페르니쿠스처럼 서평을 읽을 때까지 살아 있지 못할 것이라고 다윈은 생각했다. 하지만 1858년 6월 3일, 그는 아직 최초의 몇 장밖에 쓰지 못했지만, 모든 것이 바뀌고 말았다. 말레이 제도의 우체국 소인이 찍힌 편지가 다윈의 집에 배달되었다. 박물학자인 앨프레드 러셀 윌리스Alfred Russel Wallace에게서 온 것으로 그 안에는 "원래의 기준 종에서 무한히 멀어져 가는 변종의 경향에 대해서"라는 제목의 에세이 초고가 들어있었다. 윌리스는 자신의 견해가 어떤지 다윈에게 묻고 있었다. 다윈은 깜짝 놀랐다. 그도 그럴 것이 에세이 속에서 전개된 이론이 자신의 것과 똑같았다. "이만큼 놀라운 우연의 일치는 본 적이 없습니다."라고 다윈은 그 날 오후, 라이엘 앞으로 편지를 쓰고 있었다. 다윈과 마찬가지로 윌리스도 식물과 곤충에 열정을 보이는 수집가였다.[43]

그 또한 라이엘의 책을 읽고 감명을 받아 오랫동안 '종의 변화가 어떻게 발생하는지에 관한 문제'를 심사숙고했고, 맬서스의 책을 읽은 후에는 그 해답을 찾아냈다. 그의 말에 따르면 말라리아에서 회복하는 도중에 "불현듯 다음 같은 일이 떠올랐다… 모든 세대에서 열등한 것은 필연적으로 말살되고, 우세한 것은 살아남는다. 즉, 최적자가 살아남는다.('윌리스는 최적자가 살아남는다.'를 강조했다.)" 윌리스는 사흘에 걸쳐 그 생각을 적어 내려갔고 우편물로 다윈에게 보냈다. 과학자

---

43 항해 중의 화재로 표본을 잃은 게 윌리스의 불운이었다. 불에 휩싸여 바다 속으로 침몰하는 배를 구명보트에서 보고 있던 그는 다음처럼 회고하고 있다. "나는 손실이 얼마나 막대한지 느끼기 시작했다… 내 자신이 걸어왔던 미개척지를 설명하거나, 내가 본 자연의 광경을 떠올리게 해주는 단 하나의 표본도 남지 않았다! 하지만 후회한다고 다시 돌아오지도 않는다… 나는 실재하는 것의 연구에 몰두했으니까."

들 사이에서는 다윈의 진화 가설이 얼마간 공감을 얻고 있었기 때문이다. 다윈은 처음에 편한 길을 가려고 했다. 그의 우선권을 포기하고 월리스에게 모든 권위를 실어주려고 했다. '그와 다른 많은 사람이 내가 비굴한 근성의 소유자라고 생각한다면, 내 책을 모두 태워버리는 게 나을 것'이라고 다윈은 라이엘에게 말했다. 하지만 라이엘과 후커는 다윈과 월리스의 결론을 공동으로 발표하고, 한시라도 빨리 책의 형태로 출판하려고 그의 이론을 보다 간단히 설명하는 글을 쓰라고 다윈을 설득했다. 다윈은 그 말대로 자신의 이론의 '요약'을 일 년도 되기 전에 급히 완성했다. 이 책이 '자연도태에 의한 종의 기원'이다.

20만 단어 이상으로 채워진 '종의 기원'은 요약이라기보다는 실제 사례를 들어 상세히 설명하고 있다. 미국 자두나무의 갑충에 의한 부패의 발생률, 스웨덴 순무의 줄기 크기, 돌연변이를 일으킨 어떤 종의 비둘기의 꼬리 깃털의 정확한 수, 암컷 악어를 두고 싸우는 수컷 악어의 전략 등등. 이 책은 냉혹할 만큼 객관적으로 쓰여 있다. 여기서는 코페르니쿠스의 태양에 대한 찬사에 필적할 환희가 철철 넘치지도 않고, 신의 위대한 설계에 대한 뉴턴의 언급이나 철학적 설명, 갈릴레오의 대화 속에 있는 격렬한 논의도 보이지 않는다. 그 대신 가라앉은 진흙이 서서히 수성암으로 변하면서 굳어지듯이 구체적인 사실만 담담히 전개되고 있다.[44]

---

44 '종의 기원'을 읽고 그 상세한 설명에 질린 독자라면, 만일 월리스의 편지로 방해를 받지 않았더라면, 다윈이 '종의 기원'보다 더 상세히 쓸 작정이었다는 점이 위로가 될지도 모르겠다. "이 문제를 적절히 다루려면 지속적으로 사실을 나열해야 하지만, 그것은 미래의 연구에 맡기겠다."라고 그는 '종의 기원' 2장에 쓰고 있다. 그는 이 약속을 지칠 대로 지칠 만큼 철저히 기록한 자신의 저서 '가축 또는 재배 식물의 변이'로 지켰다.

실제로 이 책은 아주 상세하고 온당한 문체였기에 많은 독자에게 자명하다는 인상을 주었다. 이것이 바로 힘의 원천이었다. 누구에게 새로운 아이디어를 받아들이게 하려면 그 사람에게 그것이 진실임을 이미 알고 있었던 것처럼 느끼게 하는 게 최고의 방법이다.('내가 왜 그 생각을 못 했을까… 바보처럼…' 이전에는 진화론에 회의적이었던 토머스 헉슬리Thomas Huxley는 '종의 기원'을 읽고 이렇게 탄식했다.) 많은 과학자와 학자가 머지않아 다윈의 의견에 동조하기 시작했다. 후커Joseph Hooker 는 즉각적으로, 식물학자인 아사 그레이Asa Gray는 얼마 지나지 않아, 반진화론자로서 대중에게 알려진 라이엘조차 불과 5년 후에 인정했다. 하지만 그들의 대부분은 1944년의 대화 속에서 "다윈은 정말 위대하다. 하지만 가장 지루한 위대한 남자다."라고 선언한 화이트헤드에 동의했음에 틀림없다. 다윈은 당시의 비판에 대해 늘 변하지 않는 신중함과 성실함으로 대답했다.

> "나를 비판하는 사람 중에는 '그는 뛰어난 관찰자이지만 추론하는 역량은 형편없다.'라고 말하는 사람도 있습니다만, 그렇지 않습니다. '종의 기원'은 처음부터 끝까지 일관되게 이어지는 하나의 긴 논의이고, 많은 유능한 사람들도 이를 납득하고 있습니다. 추론하는 역량이 전혀 없다면 그것을 쓸 수도 없었겠지요."

  하지만 그는 생물의 연구에 늘 매료되어 있었고 몇 년씩이나 분골 쇄신했기에 과학 이외의 것에 대한 흥미가 희생되었음을 인정하고 있다. 음악이나 문학 그리고 '훌륭한 풍경'조차 그에게는 이미 기쁨을 선사할 수 없었다. 그는 '자서전' 속에 다음처럼 썼다. "내 마음은 많고도 많은 사실 속에서 일반 법칙을 짜내는 기계처럼 된 기분이다." 종교계의 반발은 다윈의 염려대로 어느 방향에서 봐도 기세가 대단했다. 하지만 그 대부분은 다윈의 조용하고 온건한 태도에 비해 소란스러웠기에 바위 둘레를 빙 돌아가는 소용돌이 물처럼 '종의 기원'의 둘레를 범람할 뿐이었다. 옥스포드의 주교인 윌버포스Wilberforce는 진화론을 처음부터 왜곡한 인물로 오랫동안 그 입장을 버리지 않았다. 설교할 때 양손을 비비는 듯한 버릇으로 인해 소피 샘(Soapy Sam, 비누투성이 샘, 아첨꾼이라는 의미도 있다.)이라고 불리는 윌버포스는 훈계를 좋아했는데, 다윈의 이론을 "자연을 모욕하는 견해… 신의 말씀과는 상극"이라고 비난했다. 자신의 열정에 취한 그는 팔을 과장스럽게 빙글빙글 돌렸다. 장소는 1860년 6월 30일, 옥스포드에서 열린 과학추진영국협회회의에서였다. 논쟁을 좋아하고 진화론에 반대하는 사람을 맹렬히 반격하기에, 그는 '다윈의 불독'을 자칭하는 토머스 헉슬리 Thomas Huxley에게 그의 창끝을 겨누었다. 비웃음을 띠면서 그는 헉슬리를 향해 물었다. "당신은 원숭이 자손인 것 같은데, 그렇다면 조부의 혈통인가요 아니면 조모인가요?" 헉슬리는 "신께서 그를 내게 맡기셨다."라고 옆자리의 친구인 벤자민 브로디에게 속삭인 후 자리에서 일어섰다. 잠시 침묵한 후 입을 열었다.

"원숭이를 선조로 둔 것이 전혀 부끄러울 이유가 없습니다.
내가 생각하기에 부끄러운 선조가 있다면 그것은 '인간'입니다. 어떤 인간이냐면 다양한 재능이 있을지도 모르지만 사색할 줄 모르는 인간입니다. 자신의 활동하는 분야의 성공에 만족하지 않고 자신이 잘 알지도 못하는 과학적인 문제에 함부로 끼어들어, 의미도 없는 과장된 말과 몸짓으로 그것을 애매하게 만들 뿐 아니라, 본말전도만 늘어놓고 종교적 편견을 능숙하게 이용해서, 실제로 진지한 문제점을 청중이 알아차릴 수 없게 만드는 인간입니다."

청중은 웃음을 터트렸다. 뒤이어 너무 흥분한 나머지 블러스터Bruster라는 여성이 기절하는 바람에 바깥으로 실려 나갔다. 한편 비글호의 선장인 피츠로이Robert FitzRoy는 성서를 높이 치켜들고 "성스런 책, 성스런 책"이라고 반복하면서 통로를 왔다갔다 했다. 다윈의 학설과 기독교 원리주의 대결의 드라마는 그 후로도 이어졌고 1980년대에 이른바 '창조과학' 재판이 열렸고 많은 사람의 관심을 모았다. 이 일련의 소송 중 하나가 미국의 최고재판소까지 갔고, 최고재판소는 1987년, 루이지애나주의 공립학교에서 진화론과 함께 천지창조설을 가르칠 것을 요구할 권리는 없다고 표결했다.(최고재판소장인 윌리엄 렌퀴스트William Hubbs Rehnquist는 반대의견이었다.) 하지만 과학은 수사학이 아니다. 진화론을 둘러싼 논의는 재미는 있지만 대개는 내용이 부실했고, 사람들에게 보여주기 위한 것이었다.

다윈의 이론이 발표되면서 지구의 연령의 문제도 새로운 활기를 띠었다. 다윈론은 시한폭탄이었다. 무작위의 돌연변이와 자연도태가 아주 천천히 시간을 들인 작용에 의해, 종이 오늘날만큼 다양성으로 진화하려면 과거의 기간은 성서가 시사하는 약 6천 년보다 훨씬 길어야만 한다. 다윈은 단호하게 그 반대의견과 싸웠다. "과거가 얼마나 오래되었는지를 인정하지 않는 사람은 이 책을 즉시 덮기를"이라고 '종의 기원' 속에 써 두었다. 다윈의 진화론과 라이엘의 지질학은 지구가 오래된 것임을 의미하지만, 그것을 증명하지는 않았다. 이것은 지구의 연령의 문제에 당시 발전 중이던 열의 이동을 취급하는 과학 즉 열역학의 관점을 도입한 물리학자에게 맡겨졌다. 탄광노동자가 알고 있듯이 땅 깊은 곳은 지표보다 따뜻하다. 따라서 지구는 태양으로부터 그 열을 모두 받고 있는 게 아니라, 오히려 공간에 열을 방사하고 있음에 틀림없다.(태양으로부터 모든 열을 받는다면, 내부보다 지표가 따뜻해야 하니까.) 그렇다면 만일 지구가 열 덩어리가 녹아서 탄생했고, 그 이후에 계속 식고 있다면, 그 식어가는 속도를 측정할 수 있다면, 지구의 연령을 계산할 수 있다. 이 생각에 따라 처음으로 유의미한 실험이 오랜 과거Deep Time를 최초로 지지한 사람 중 하나인 부폰에 의해 1770년대에 이루어졌다. 온도의 변동이 적은 지하의 연구실에서 부폰은 직경 2.5센티미터에서 12.5센티미터 크기의 지구와 동일한 재료로 형성된 구를 만들어 따뜻하게 했다. 구가 식을 때까지 얼마나 시간이 걸리는지를 측정했고, 그 결과를 갖고 구보다 훨씬 큰 지구에 관해 추정했다. 그는 어둠 속에 앉아 하얗고 빨간 구(볼)이 안 보이게 될 때까지 얼마나 시간이 걸리는지를 관찰하거나 손을 만져보면서 실온으로 되돌아온 듯이 보일 때까지 얼마나 걸리는 지 측정했다. 그 결과는 정확하다고는 말하기 어렵지만 당시 표준으로 따지면 대단히 선심을 많이 쓴 지구의 연령을 도출했다. 부폰은 지구의 연령은 7만 5천 년에서

16만 8천 년이라고 계산했고 개인적으로는 실제의 숫자는 50만 년에 가까울 것이라고 추측했다. 하지만 이 또한 단세포동물에서 식물인 난, 뱀, 침팬지가 있는 오늘날의 세계로 발전했다는 다윈 진화론의 입장에서는 너무 짧은 기간이다. 이러한 위업에는 수십억 년이라는 세월이 필요할 것이다.

다윈이 무대 표면에 등장할 무렵에는 열역학 연구는 장족의 발전을 이루고 있었다. 증기기관의 설계라는 중요하고 실제적인 응용이 적용된 덕분에 19세기의 가장 대담한 지식인 중에서 열의 연구에 끌린 사람들이 있었기 때문이다. 켈빈Kelvin 경, 헤르만 폰 헬름홀츠Hermann von Helmholtz, 루돌프 크라우지우스Rudolf Clausius, 루트비히 볼츠만Ludwig Boltzmann처럼 재능이 뛰어난 사람들도 포함되어 있었다. 하지만 이들 두뇌가 지질연대의 문제에 임했을 때, 그 판단은 다윈과 동일과정설을 받아들이는 지질학자에게는 좋지 않은 소식이 되었다. 지리학의 거인들은 지구보다 그들에게 알맞다고 여겨지는, 보다 크고 보다 밝은 천체인 태양에 초점을 맞추는 선택을 했다. 특히 헬름홀츠Helmholtz가 도움이 되었다. 과학자이면서 뛰어난 지능을 갖춘 철학자이기도 한 그는 당시는 이미 사망한 임마누엘 칸트가 태양은 '불타는 천체이다. 녹아서 융합한 밝게 빛나는 물질 덩어리가 아니다.'라고 생각했다는 것을 읽고 재밌어했다.(헬름홀츠는 무엇이든지 칸트와 의견을 달리했다.) 물리학자인 그는 그것이 잘못된 견해임을 알고 있었기 때문이다. 만일 태양이 거대한 캠프파이어처럼 불타고 있다면, 태양은 1000년이면 그 연료를 모두 소진할 것이다. 태양의 별도의 에너지원을 찾는 동안에 헬름홀츠는 중력수축에 주의를 돌렸다. 태양의 물질이 중심을 향해 꺼져갈 때, 중력잠재력에너지를 열의 형태로 방출한다고 그는 추론했다. 19세기의 물리학이 상상할 법한 가장 효율적인 태양 에너지의 제조 메커니즘인 이 방법으로 태양의 연령은 2천만 년에서 4천만 년이라고 계산되었다. 이 값은 부퐁 혹은 성서가 제시한 연령보다 훨씬 길지만 다윈의 이론을 만족시킬 정도는 아니었다. 태양의 연령의 문제는 그로부터 켈빈Kelvin 경의 손으로 넘어갔다. 그는 어떤 지적 수준에 비추어 봐도 일류라고 부를 수 있는 인물이었다. 1824년에 벨파스트에서 태어난 켈빈(본명은 윌리엄 톰슨William Thomson)은 10살 때 글래스고대학의 입학을 허락받고, 17살이 되기 전에 수학에 대한 최초의 논문을 발표했으며, 22살에 글래스고대학의 자연철학 교수로 지명받았다. 저명한 수학자, 물리학자, 발명가이면서 훌륭한 음악가이며 뛰어난 항해자이기도 했던 켈빈은 의견을 달리하는 사람에게는 엄격한 인물이었다. 또한 그의 전문 분야는 열이었다. 절대온도인 켈빈 단위는 그의 이름을 딴 것이다. 그는 열역학 제1 법칙(에너지는 모든 상호작용에 관계없이 보존된다. 이는 소비하는 이상의 에너지를 만들 수 있는 기계가 없다는 것을 의미한다.)과 제2 법칙(얼마간의 에너지는 늘 열적 과정에서 상실된다.)을 확립하는 데 공헌했다. 켈빈이 태양의 연령 문제에 대해서 열역학에 의한 판단을 내릴 때, 그와 의견을 달리하거나, 설득하려는 사람은 거의 없었고, 생물학자는 아예 없었다고 말해도 좋을 정도였다. 켈빈은 중력수축에 의해 열을 방출하는 태양은 5억 년 이상 빛날 수가 없다고 계산했다. 이는 다윈에게 재난이었다. 그는 1868년에 "태양의 문제로 고민하고 있다."라며 라이엘에게 편지를 썼는데, "태양과 지구의 연령이 짧다는 기본적인 개념을 아직 잘 이해하지 못하겠습니다."라고 그 편지를 보낸 3년 후에 월리스에게 편지를 보냈다. 다윈의 불독인 헉슬리는 별명에 어울리게 충실하게 런던의 지질학회 모임에서 지질연대에 관해 켈빈과 토론했지만, 윌보포스 주교와의 경우와는 달리 헉슬리의 시도는 성공하지 못했다. 다윈의 학설 혹은 켈빈의 계산 중 어느 한 쪽이 틀린 게 분명했다. 다윈은 어느 쪽이 올바른지도 모른 채 죽었다. 그들의 명예를 위해서 말한다면 다윈이나 켈빈 둘 다 자신의 이론에 뭔가 중요한 것이 빠져있을 가능성을 인정했다. 나중에 개정된 '종의 기원' 속에서 자신의 입장을 변호하면서 다윈은 다음처럼 언급했다. "우리는 분명히 무지하다. 게다가 우리 자신이 얼마나 무지한지도 모른다."

켈빈도 태양의 연령에 관한 그의 계산이 태양 에너지가 태양의 이른바 수축으로 얻어진다는 헬름홀츠의 가설이 옳다는 것을 전제로 한다고 인정했다. 그는 물리학 사상 가장 의미심장한 언어의 하나를 언급했다. "아직 발견되지 않은 법칙이 없다는 말은 못한다." 자신의 견해는 불완전할지도 모른다고 인정하는 것은 두 사람의 최대 예언이 되었다. 그들에게 부족했던 것은 자연의 기본적인 힘의 속성 중에서 두 가지와 더불어 즉 핵에너지라고 부르는 것에 대한 이론이었다. 지구를 대략 50억 년 동안 따뜻하게 해준 것은 약한(핵) 힘에 의한 방사성물질의 붕괴다. 태양은 그만큼 장기간에 걸쳐 에너지를 공급하고, 앞으로도 50억 년 동안 지구를 따뜻하게 해줄 수 있다는 약속은 강한(핵) 힘에 관계된 핵융합이다. 핵에너지의 발견으로 말미암아 시간의 척도에 관한 논쟁은 다윈에게 유리한 형태로 해결되었다. 핵물리학의 문이 열리고, 단순한 세계는 사라졌다.

핵시대는 1859년 11월 8일에 뷔르츠부르크대학의 연구소에서 물리학자인 빌헬름 콘라트 뢴트겐Wilhelm Conrad Rontgen의 손에 의해 막이 열렸다고 말해도 무방할 것이다. 뢴트겐은 방전관을 사용한 전기 실험을 했다. 연구실은 어두웠다. 그는 연구실에 걸린 바륨, 백금, 사이안화물을 칠한 스크린이 그가 방전관에 전기를 통과시킬 때마다 어둠 속에서 빛을 발한다는 사실을 깨달았다. 방전관의 빛이 스크린에 도달한 것처럼 보였다. 하지만 일반적인 빛이 될 수가 없었다. 방전관은 검고 두꺼운 종이로 감쌌기에 빛은 새지 않았기 때문이다. 이상하게 여긴 뢴트겐은 손을 방전관과 스크린 사이에 놓아보았다. 그러자 놀랍게도 손뼈가 비추는 게 보였다. 마치 신체가 반투명상태가 된 것 같았다. 뢴트겐은 원자의 내부에서 전자 이동으로 생기는 고에너지의 광자photons가 'X레이'를 발견했던 것이다.[45]

뢴트겐의 X레이 발견에 주목한 많은 물리학자 중에는 앙리 베크렐Antoine Henri Becquerel이 있었다. 그는 어둠 속에서도 빛이 나는 모든 것에 매력을 느끼는 유전자를 조부에게서 부친으로, 부친에게서 자신이 이어받은 3대째 인광(Phosphorescence)연구가였다. 뢴트겐의 발견도 우연한 것처럼 보이지만 '행운은 준비된 자에게 온다'는 루이 파스퇴르Louis Pasteur의 격언을 새삼 증명해주었을 뿐이다. 파리의 자신의 연구실에서 베크렐은 실험 도중에 검은 종이에 싼 몇 매의 사진용 건판을 서랍 속에 넣어두었는데, 간혹 우라늄의 작은 덩어리가 그 위에 생겼다. 며칠 후, 건판을 현상한 베크렐은 새까만 부분 속에서 우라늄

---

45 뢴트겐의 발견에 조금 앞서 옥스포드대의 프레드릭 스미스는 조수로부터 음극선관의 가까이에 놔두었던 사진 건판이 흐려졌다는 말을 들었다. 하지만 스미스는 그 건에 대해 숙고하는 대신 건판을 다른 것으로 바꾸도록 지시했을 뿐이다.

덩어리의 이미지가 찍힌 것을 발견했다. 그는 우라늄처럼 불안정한 원자에 의한 소립자의 방출, 방사능을 발견한 것이다. 우라늄은 베크렐이 1896년에 발표한 것에 나타나듯이 특히 방사능이 강했다. 그의 연구는 모든 원자는 에너지 덩어리라는 아인슈타인의 인식에 최종적으로 연결되는 연구분야를 창시하는 데 도움을 주었다. 몬트리올의 맥길대학에서 정력적인 실험가인 어니스트 러더퍼드(곰처럼 큰 남자로 마치 울부짖는 듯한 그의 큰 목소리는 조수와 연구소의 유리 재질의 기구를 벌벌 떨게 했다)는 방사성물질이 놀랄 만큼 대량의 에너지를 만들어 내는 것을 발견했다. 라듐의 작은 덩어리는 매시간 그것과 동일한 무게의 얼음을 녹이고, 그것을 1000년 이상이나 지속될 만큼의 열을 낼 수 있다는 것을 러더퍼드가 실증했다. 다른 방사성원소는 수명이 더 길고, 어떤 것은 수십억 년 동안이나 그 수명을 유지하고 있다. 이 것이 바로 켈빈의 대답이었고, 다윈을 비난의 속박에서 해방시키는 것이었다. 지구가 따뜻한 채로 있는 것은 바위 속의 방사성원소, 지구의 녹아버린 핵에 의해 따뜻해지기 때문이다. 러더퍼드Ernest Rutherford는 다음처럼 썼다.

> "그 붕괴에 있어서 막대한 에너지를 풀어놓는 방사성원소의 발견은 이 행성의 생물의 존속기간의 한계를 늘려주고, 지질학자와 생물학자가 진화 과정에 필요한 시간을 제공한다."

이 결론에 대단히 만족한 젊은 러더퍼드는 왕립연구소의 모임에서 발표하려고 자리에서 일어났지만, 자신의 논문으로 심히 감정을 상하게 할 수도 있는 세계에서 유일한 과학자가 있다는 것을 알았다.

"나는 방으로 들어갔다. 그 방은 반쯤은 어두웠는데, 금세 청중 속에서 켈빈 경을 발견했다. 지구의 연령에 관한 내 강연의 마지막 부분이 골치아프게 되었다고 생각했다. 그의 견해와 내 견해가 달랐기 때문이다. 다행히 켈빈 경은 어느새 잠이 들었다. 하지만 중요한 부분에 이르자, 노구의 신사는 쭉 허리를 펴고는 악의를 담은 눈동자로 나를 노려보았다! 돌연 괜찮은 생각이 떠올랐다. 나는 이렇게 말했다. 켈빈 경은 새로운 (에너지)원이 발견되지 않는다면, 이라는 전제를 두고 지구의 연령에 제한을 두었다. 이 선견지명의 발언은 오늘 밤 우리가 생각하는 라듐에도 충분히 해당된다! 잘 보시라! 노신사는 내게 웃음 지었다."

방사성물질은 지구의 오래됨을 증명했을 뿐 아니라 그것을 측정하는 방법도 제공했다. 러더퍼드의 전기를 쓴 A.S.이브Eve는 이처럼 새로운 통찰의 선구자가 될 환경을 자세히 말해주고 있다.

"이 무렵, 손에 작은 검은 돌을 들고 캠퍼스를 걷던 러더퍼드는 지질학 교수와 우연히 마주쳤다. 그가 말했다. '애덤스, 지구의 연령이 어느 정도나 된다고 생각해?'
여러 가지 방법으로 추산해보면 1억 년이라는 답이 되돌아

왔다. 그 대답을 듣고 러더퍼드가 조용히 말했다. 여기 내
손의 우라니나이트가 7억 년이라는 걸 난 알고 있는데 말
야."

러더퍼드는 암석 중의 방사성인 라듐과 우라늄을 실험했는데, 그가
알파입자(헬륨원자핵)이라고 부르는 것을 방출하는 비율을 측정하고,
거기서 다시 암석 중의 헬륨 양을 측정했다. 그 결과 얻은 7억 년이라
는 숫자는 방사성물질이 헬륨을 방출하면서 얼마나 오랫동안 거기에
존재하는지에 대한 꽤 신뢰가 가는 추정이었다. 러더퍼드는 방사성원
소에 의한 연대측정의 과학을 향해 첫 발자국을 뗐다. 모든 방사성물
질은 독자적인 반감기를 갖고 있다. 그 기간 내에 주어진 샘플 중, 원
자의 절반이 보다 가벼운 별도의 원소로서 붕괴한다. 본디(혹은 부모)
의 동위원소의 양과 붕괴해서 생긴(혹은 딸)의 양을 비교함으로써 부모
와 딸의 양쪽의 동위원소를 포함한 바위, 뼈, 창끝의 연령을 측정할
수 있다. 탄소는 이 점에서 특히 유용하다. 지구의 모든 생물이 탄소
를 포함하고 있기 때문이다. 탄소-14의 반감기는 5570년으로, 어떤
샘플의 탄소-14의 원자 중에서 절반이 5570년 후에는 질소-14의 원
자로 붕괴한다는 것을 뜻한다. 가령, 나바호족의 캠프파이어의 흔적
을 조사했는데, 불에 타서 잿더미가 된 나무의 잔존량에서 탄소-14의
절반이 질소-14로 붕괴된 것을 발견하면 그 불은 5570년 전에 피워
진 것이라고 결론 내릴 수 있다. 만일 탄소의 4분의 3이 질소로 변했다
면, 나무는 그 두 배(1만1140년)나 오래된 것이다. 반감기는 약 5회 경
험하면 부모의 동위원소의 잔존량은 신뢰를 갖고 측정하기에는 보통

너무 적지만, 이 경우에 지질학자는 수명이 더 긴 다른 방사성원소를 조사한다. 그중 하나인 우라늄-238의 반감기는 40억 년 이상이고, 루비듐-87은 놀랍게도 470억 년이다. 실제적인 문제는 방사성원소에 의한 연대측정은 미묘한 작업으로, 잠재적인 오차가 따른다. 우선, 그 시계가 언제 움직였는지를 알아내야 한다. 탄소-14는 보통 그것을 포함했던 살아 있는 조직이 죽을 때다. 탄소-14는 우주에서 오는 고에너지의 소립자와 지구의 상층대기에 있는 원자 등이 충돌함으로써, 늘 제조되고 있다. 살아있는 식물, 동물은 다른 형태의 탄소와 함께 그들이 살아 있는 한 탄소-14를 계속 섭취한다. 훨씬 나중에 그 잔존물의 연대를 측정하려는 과학자는 그 생물이 죽었을 때 시작된 시계를 읽는 것이다. 이 작업의 신뢰성은 당시의 환경에 포함된 탄소-14의 양이 대략 오늘날과 같다는 가정에 의존하고 있다. 만일 그렇지 않다면 가령, 우주에서 온 소립자의 폭풍이 수천 년 전의 탄소-14의 양을 넘게 되면 방사성원소에 의한 연대측정은 그다지 정확하지 않게 된다. 무기물의 경우는 지구 그 자체보다 오래된 방사성원소를 취급할 가능성도 있다. 그 시계는 태양이 성운의 중심에서 형성될 무렵에 죽은 별의 폭발과 더불어 시작되었을지도 모른다. 이처럼 복잡한 사안이 방사성원소에 의한 연대측정을 까다롭게 만들지만, 한편으로는 지질학, 지구물리학에서 천체물리학, 우주론까지 대단히 광범위하게 응용의 가능성을 시사한다. 방사성원소에 의한 지층의 연대측정법이 방사성원소 그 자체의 발견으로부터 불과 10년 후에 사용되기 시작했다. 영국의 젊은 지질학자 아서 홈즈Arthur Holmes는 그의 저서 '지구의 연령'에서 우라늄을 포함한 화성암의 연령과 그에 인접하는 화석을 포함한 퇴적층의 상호관계를 나타냈다. 많은 지질학자, 물리학자, 천문학자가 1920년대까지는 지구의 연령이 10억 년이라는 것, 방사성 원소에 의한 연대측정이 지구의 연령을 측정하는데 신뢰할 수 있는 방법임을 받아들이게 되었다. 그 후 그린란드 남서부의 오래된 바위가 방사성원소의 연대측정으로 37억 년이라고 판명되었다. 이는 지각이 그보다 오래되었다는 것을 뜻한다. 불덩어리가 녹아서 식어지고, 지각을 형성할 때까지 시간이 걸리기에 아마 지구는 더욱 오래되었을 것이다. 아폴로 우주비행사가 수집한 달의 돌은 약 46억 년으로 운석과 거의 비슷한 연령이었다. 운석은 우주 공간을 떠도는 바위덩어리가 태양 주위를 도는 지구에 끌려온 것이다. 이들을 토대로 과학자들은 태양계의 연령은 약 50억 년이라고 추정한다. 이 발견은 태양은 100억 년 수명의 절반쯤에 있는 보통의 별이라는 천체물리학자의 결론과 흡사하다.

1938년 독일의 화학자 오토 한Otto Hahn, 프리츠 슈트라스만Fritz Strassmann은 원자핵을 분열시켜 에너지를 만든다는 핵분열에 대해 자세히 논하고, 그다음 해에 미국의 물리학자 한스 베테Hans Bethe가 원자핵을 결합시켜 에너지를 방출하는 핵융합을 확인했다. 이렇게 인간은 태양과 별에 에너지를 공급하는 메커니즘을 마침내 이해할 수 있게 되었다. 모두가 승리감에 도취했지만 이처럼 굉장한 힘이 이 작은 지구에 폭력적 파괴를 저지를지도 모른다는 무서운 가능성을 눈치챈 사람은 거의 없었다. 그중 한 사람인 아인슈타인은 핵분열폭탄을 제조하는 것은 불가능하다고 생각했다. 그는 연쇄반응을 일으키는 문제를 거의 새가 없는 장소에서 한밤중에 새를 맞추려는 것이라고 비유했다. 그는 생존 중에 자신이 틀렸다는 것을 알았다. 최초의 핵분열(혹은 원자) 폭탄은 1945년 7월 16일 뉴멕시코에서 폭발되었고, 두 개가 수주간 후에 히로시마와 나가사키에 떨어졌다. 최초의 핵융합(혹은 수소)폭탄(너무 강력해서 기폭장치에 핵분열병기를 사용한다)은 1952년 11월 1일에 마셜 제도에서 폭발되었다. 소수의 비관론자는 핵의 미래의 음울한 영향을 깨달았지만 당시 그들의 언어는 거의 묻혔다. 피에르 퀴리Pierre Curie는 1903년이라는 비교적 빠른 시기에 핵병기의 잠재적 위험을 경고했다. "라듐이 범죄자의 손에 들어가면 아주 위험하다."라고 노벨상을 수상할 때 언급했다.[46] "…강력한 폭발물은 크게 인간에게 도움이 되었다. 하지만 국가를 전쟁으로 몰아가는 악인의 손에 넘겨지면 무시무시한 파괴의 수단이 될 것이다."

핵에너지의 방출로 별은 동력을 얻는다고 추측한 아서 스탠리 에딩턴Arthur Stanley Eddington은 1919년에 다음처럼 썼다. "인간의 행복을 위해서, 이 잠재적인 힘을 관리하는 우리의 꿈을 성취하는데 조금 다가갔다고 생각한다. 혹은 자살을 위해서일지도." 그 후에도 많은 경고가 있었지만 산업 국가는 급속도로 폭탄을 제조하기 시작했다. 1980년대 후반까지는, 조금도 현명해지지는 않았지만 그래도 그동안 세월이 흐른 세상인데도 무려 5만을 넘는 핵병기가 존재했다. 이들 핵탄두의 불과 1%라도 폭발한다면 전쟁에 뛰어든 사회는 '중세' 수준까지 떨어질 것이고 그에 따른 기후 변화가 그만큼은 크지 않다손 치더라도

---

46 퀴리는 부인인 마리와 함께 공동 수상함으로써 두 번 노벨상을 받았지만, 마리는 오랫동안 방사성동위원소의 실험연구 중에 노출된 방사능의 영향으로 죽었다. 50년 후에 열린 조사에서 실험 장치와 자택에서 사용한 요리책도 치명적인 방사능으로 오염되었음이 밝혀졌다.

세계적인 기근을 초래해 인류 멸망의 가능성도 있다는 연구 결과도 나왔다. 연구 결과가 널리 공표되었지만 몇 년이 지나도 전략 병기는 줄어들지 않았다.

100년 전에 다윈이 발표한 산호 환초의 기원에 관한 이론이 폭탄 제조자의 노력에 의해 마침내 확인되었다. 제2차 세계대전 후 얼마 지나지 않아 튼튼하고 새로운 굴삭기로 지질학자들은 약 1.5킬로미터의 에니웨탁 환초를 발굴했는데 다윈이 예측한 대로 화산암을 발견했다. 하지만 지질학자들의 사명은 진화론과 전혀 관계없었다. 그들의 목적은 최초의 수소폭탄을 테스트하는데, 그것을 부수기 전에 환초의 구조와 강도를 측정하는 것이었다. 폭탄이 터지자, 그 표적이 된 섬은 불덩어리가 되어 증발, 해저 3.2킬로미터 깊이까지 분화구가 생기면서 새로 형성된 방사성원소의 구름이 천국 같은 섬들의 위를 덮었다. 트루먼 대통령은 그의 최후의 연두교서에서 다음처럼 선언했다. "미래의 전쟁은 단 한발로 수백만 명의 생명이 사라지고, 과거의 문화적 유산을 모조리 없애버리며, 문명의 구조 그 자체를 파괴할 것이다."

"이 같은 전쟁은 이성을 갖춘 인간이 선택할 정책은 아니다."라고 그는 덧붙였다. 그럼에도 그의 뒤를 이어 대통령이 된 다섯 명은 각자 핵병기를 사용할 수도 있다고 구소련(지금의 러시아)을 협박하는 게 현명하다고 생각했다. 영국의 물리학자 P.M.S. 블랙켓Blackett이 언급했듯이 "국가의 안전이 핵병기에 의해 절대로 보장된다면, 절대적인 적의 존재를 믿는 게 감정적으로 필수적이 된다." 인간의 비극을 슬픈 눈으로 바라본 아인슈타인은 진화, 열역학, 핵융합의 순환을 한 문장으로 정리했다.

"인간은 자신이 살고 있는 행성보다 훨씬 빨리 차가워진다."

언제, 어디서인지 전혀 모르겠지만
원자는 그때까지 있었던 우주의 오솔길을 떠나
뜻하지 않은 포옹으로 인해
모든 살아 있는 생물을 만들어냈네.

- 제임스 클러크 맥스웰

나는 지금까지 소년, 소녀, 수풀, 새,
그리고 짜디짠 파도들 사이로 헤엄치는 말 없는 물
고기를 체험했다.

- 엠페도클레스

14. 원자와 별의 진화

20세기가 밝아올 무렵에, 태양이나 다른 별에 에너지를 공급한 것은 어떤 '원자' 에너지가 틀림없다는 사실이 밝혀졌다. 1898년, 앙리 베크렐Antoine Henri Becquerel이 방사선을 발견한 후 불과 2년 후라는 빠른 시점에 미국의 지질학자 토머스 체임벌린Thomas Chrowder Chamberlin은 원자에 대해 다음처럼 추측했다. 그것은 "복잡한 조직으로, 막대한 에너지의 소재지"이며 "태양의 중심에 존재하는 어쩔 수 없는 상태에 의해… 이 에너지의 일부가 해방되었을지도 모른다." 하지만 이 메커니즘이 어떤 것인지, 어떻게 작용하는지는 원자와 별의 양방향에 대해서 더욱 구체적으로 이해될 때까지 누구도 알지 못했다. 이러한 지식을 축적하려면 천문학자와 핵물리학자가 더 높은 수준에서 협조할 필요가 있다. 그들의 연구로 별의 에너지 문제가 해결되었고 원자와 별의 역사가 갖춰진 우주의 진화의 중요한 부분까지 밝혀졌다. 챔벌린이 예지했듯이 별의 에너지를 이해하게 된 단서는 원자 구조가 해명되어서이다.

원자에 내부 구조가 있다는 것은 방사선 연구를 포함한 몇 건의 연구에서 이미 시사되었다. 베크렐이나 퀴리의 연구실에서 발견된 것처럼 원자가 입자를 방출하려면, 러더퍼드나 영국의 화학자 프레더릭 소디Frederick Soddy가 입증했듯이, 이러한 방출로 인해 하나의 원소가 별도의 원소로 바뀌려면 원자가 그 이름(그리스어의 '나눌 수 없다'에서 유래한)이 의미하는 즉, 분할할 수 없는 하나의 단위 이상의 것이 되어야만 한다. 하지만 핵물리학이 그 구조를 이해할 수 있게 되기까지는 한참 후였다. 원자를 구성하는 양자, 중성자, 전자 중에서 그때까지 확인된 것은 전자뿐이었다.(19세기가 끝날 무렵, J. J. 톰슨Thomson에 의해.)

'핵' 에너지에 대해 언급한 사람은 아무도 없었다. 원자핵의 존재 그 자체가 아직 입증되지 않았다. 원자핵을 구성하는 입자, 양자와 중성자에 대해서는 더욱 몰랐다. 양자는 1913년에 톰슨에 의해, 중성자는 1932년에 채드윅에 의해 각각 확인되었다.

러더퍼드Ernest Rutherford, 한스 가이거Hans Geiger, 어니스트 마스덴Ernest Marsden은 원자의 지도 작성에서 볼 때, 프톨레마이오스Ptolemaios, 스트라본Strabon에 필적한다. 1909년부터 1911년에 걸쳐 그들은 맨체스터에서 금, 은, 싸고 얇은 금속, 그리고 다른 금속 재질로 만든 얇은 상자에 '알파 입자(헬륨 원자핵)'를 차례로 충돌시켜 원자를 엄밀히 조사했다. 대개의 알파입자는 상자를 통과했지만 실험가들이 놀랐듯 몇 개는 정면에서 튕겨 나왔다. 러더퍼드는 이 기묘한 결과

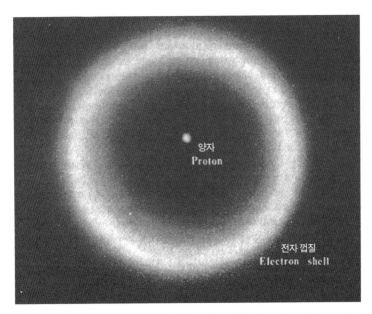

수소원자는 한 개의 양자(그것의 핵)과 그것을 둘러싼, 전자를 한 개 포함한 껍질(sheel)로 구성된다. 중원소는 그 핵 속에 더 많은 양자와 중성자를 갖고 있고, 양자와 동일한 수의 전자를 껍질에서도 갖고 있다.(이 그림은 축소되어 있지는 않다. 양자가 모래입자 크기라면, 표면은 축구장 보다 커진다.)

를 두고 심사숙고를 거듭했다. 권총의 총알이 티슈 페이퍼에 부딪쳐 튕겨 나온 것과 똑같은 놀라움이었다고 그는 술회했다. 1911년 그의 집에서 열린 일요일 만찬에서 몇 명의 친구에게 자신의 설명을 밝혔다. 각각의 원자의 질량의 대부분은 작은 덩어리 형태의 핵 안에 존재한다고. 다양한 원소로 만들어진 상자로 실험하고, 알파입자가 튕겨 나오는 비율을 측정함으로써, 러더퍼드는 실험 표적 안의 원자핵의 전하, 최대직경을 계산할 수 있었다. 여기서 처음으로 원소의 무게를 원자로 설명할 수 있게 된다. 무거운 원소가 가벼운 원소보다 무거운 것은 그들 원자핵의 질량이 보다 크기 때문이다.

전자 영역의 조사를 이어받은 인물은 덴마크의 물리학자 닐스 보어 Niels Bohr였다. 보어는 전자가 핵 주위의 별개의 궤도(혹은 껍질)에 존재함을 입증했다.(보어는 한동안 원자를 태양계의 축소판으로 생각했지만 그 생각이 부적절하다는 게 밝혀졌다. 원자는 뉴턴 역학이 아닌 양자역학에 의해 지배되기 때문이다.) 보어의 모델로 많은 것이 밝혀졌는데, 그중에는 분광학의 물리학적 기초도 포함되어 있었다. 어떤 원자 안의 전자의 수는 원자핵의 전하에 의해 결정되고, 전하는 원자핵 속의 양자의 수로 결정된다. 이 양자의 수는 원자의 화학적 특성을 알 수 있는 열쇠다. 바깥의 궤도에서 안쪽의 궤도로 이동할 때, 전자는 광자를 방출한다. 이 광자의 파장은 전자가 어떤 궤도로부터 어떤 궤도로 이동했느냐에 따라 결정된다. 그것이 분광학자가 별이나 물체를 구성하는 화학원소를 광자의 파장을 나타내는 스펙트럼을 이용해서 판독하는 이유다. 양자물리학의 창시자인 맥스 플랑크Max Planck의 말에 따르면, 보어의 원자 모델은 "분광학의 기묘한 세계로 가는 문을 열어주는, 대망의 열쇠를 제공한다. 스펙트럼 분석의 발견 이후, 많은 사람이 문을 열려고 애썼지만, 누구도 성공하지 못했다."

스펙트럼이 보어의 궤도 내의 전자의 도약이나 전락을 나타낸다는 것을 알아차린 것은 대단한 업적이었지만, 별의 스펙트럼을, 뭔가 별을 빛나게 해준다는 중요한 힌트로 받아들인 사람은 없었다. 바로 이것이라는 핵심 이론이 결여된 채로 이 분야는 분류학자의 손에 넘어갔다. 그들은 성실히 별의 스펙트럼을 계속해서 기록, 분류했지만 자신들의 어디로 향하는지 이해하지 못했다. 비록 단조롭지만, 미래에 유망한 별의 분류를 선두에 서서 진행한 하버드대 천문대에서는 수만에 달하는 별의 색과 스펙트럼을 찍은 사진 건판이 '컴퓨터들'의 앞에 쌓여갔다. 컴퓨터는 대학에 사무원으로 고용되었다. 대다수가 미혼여성들로 그녀들은 성차별 탓에 강의를 듣거나 학위를 딸 수 없었다.(새플라나 허블에게는 대단히 유용했던 세페이드 변광성을 개척한 연구자 헨리에타 스완 리빗은 하버드의 컴퓨터 중 한 명이었다.) 컴퓨터들은 건판을 조사하고 '헨리 드레이퍼 카탈로그Henry Draper Catalog'를 편집하려고 가지런한 빅토리아 왕조의 필기체로 데이터를 적어 넣는 일을 했다. 이 카탈로그의 이름은 최초로 별의 스펙트럼 사진을 촬영한 천체 사진가이자 의사인 인물의 명예를 기념해서 붙여졌다.

수감된 사람이 독방의 벽에 날짜를 새겨 넣듯이 그녀들은 자신의 일의 진척을 카탈로그에 실린 별의 합계로 새겨 넣었다. 드래퍼의 조카인 안토니아 모리는 50만 개 이상의 별의 스펙트럼을 색인에 실었다고 단언했다. 그녀들의 일은 그야말로 베이컨학파와 흡사했다. 뉴턴이나 다윈이 실행해야 한다고 말하면서도 정작 거의 실행하지 않았던 종류의 일이었다. 그녀들은 자신의 일에 자부심을 가졌다. 하버드의 컴퓨터, 애니 점프 캐논이 장담했듯이 "하나하나의 사실마다 거대한 전체 속에서 가치를 띤 요소다."

1915년 일의 전모에 대해 처음으로 알아챈 사람도 캐논이었다. 대부분의 별이 약 여섯 종류의 독특한 스펙트럼의 어느 한쪽에 반드시 속한다는 것을 그녀가 발견했다. 현재 별의 천문학의 여기저기서 보이는 그녀의 분류법은 푸르스름한 O형 별에서부터 태양처럼 샛노란 G형 별, 빨간 M형 별에 이르기까지, 별의 스펙트럼을 색에 의해 나열한 것이다.[47] 이로서 놀랄 만큼 다양한 별들을 간단히 나눌 수 있었다. 1911년 덴마크의 엔지니어로 천문학을 독학한 아이나르 헤르츠스프룽Ejnarr Hertzsprung은 히아데스성단과 플레이아데스성단의 별들에 관한 캐논과 모리의 데이터를 분석해보니, 더 심오한 질서가 있음을 발견했다. 이들 성단을 보면 별이 우연히 나열된 게 아니라 실제로 모여 있는 것을 직관적으로 알 수 있다. 경험이 없는 관측자조차 다이아몬드 더스트(얼음결정이 햇빛을 반사하면 다이아몬드처럼 반짝이는 현상 − 옮긴이) 모양의 거미집에 매달린 얼음처럼 파란 플레이아데스성단의 별들, 뼈처럼 하얀 로만 골드색까지 각종 색을 띤 히아데스성단의 별들을 망원경으로 관측하면 그 사실을 알 수 있다. 어떤 성단에 있는 모든 별들은 지구에서 거의 같은 거리에 있다고 가정할 수 있는데, 그들의 빛나는 등급의 차이는 거리의 차이가 아니라 별들의 절대등급의 차이라고 간주해도 무방하다. 헤르츠스프룽은 이 차이를 이용해 성단을 연구소의 샘플처럼 취급해보았다. 그렇게 그는 별이 본디 가진 밝기와 색의 관계를 찾아냈다. 각각의 성단에 속한 별의 대부분은 부드럽게 휘어지는 곡선을 따라 모였다. 이는 어린나무의 형상을 한 '별의 나무a tree of stars'의 최초의 발표로 이어졌다.

1914년, 윌슨강의 월터 아담스Walter Adams와 아놀드 콜슈터Arnold Kohlschutter는 별의 스펙트럼선의 상대적 강도가 그 절대등급을 시사한다고 발표했다. 그 이후 어떤 형태의 별(가령, B형의 거성이라든지 K

---

47 캐논은 많은 실수를 범한 끝에, O, B, A, F, G, K, M,로 분류했다. 나중에 학생들은 무의식적인 찬사였겠지만, 그녀의 업적을 추앙해서 대문자만 딴 "오, 예쁜 여자아이로 자라나서, 내게 키스해다오!"(Oh! Be a Fine Girl, Kiss Me)라는 문장을 만들어서 그 분류를 외웠다.

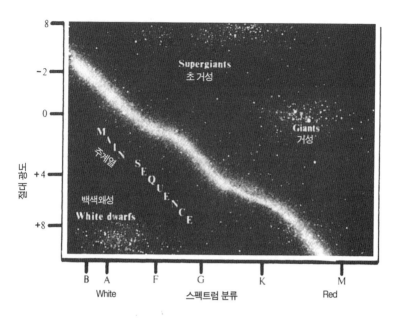

헤르츠스프룽-러셀 도표는 별의 스펙트럼 형태(또는 색)을 그 밝기에 대한 점으로 표시한다. 이 도표는 우리 은하계의 일반적인 별의 분포를 나타낸 것으로 여겨진다.

형의 왜성)의 거리가 하나라도 시차를 사용해 측정된다면 그와 동일한 스펙트럼을 나타내는 다른 모든 별의 거리도 추정할 수 있게 되었다. 이는 별의 절대광도와 그 색의 관계를 성단에 속하지 않은 별이나 그리 별의 수가 많지 않은 성단의 경우에도 도표로 나타낼 수 있음을 의미했다. 자신의 분야에 폭넓은 지식을 가진 프린스턴대학의 천체물리학자 헨리 노리스 러셀Henry Norris Russell은 즉각 그것이 실행 가능한 연구를 개시했다. 러셀은 헤르츠스프룽의 연구를 알지 못했지만 독자적으로 수백 개의 별의 절대광도를 그 색에 대한 점으로 표시했는데,

그 대부분이 좁고 경사진 영역, 별의 나무의 줄기에 있다는 것을 발견했다. 그 이후 별의 나무는 '헤르츠스프룽-러셀 도표'라고 불리고 있다.

그 후 별의 나무는 성장을 계속해서 오늘날에는 세계의 모든 항성 천문학자의 의식 속에 깊게 자리 잡고 있다. 그 줄기가 '주(主)계열main sequence'이고 당겨져서 늘어난 S형태를 취하는데, 우리 눈에 보이는 별의 80%에서 90%가 이에 속한다. 전형적인 샛노란 별인 태양은 주계열의 가지의 중앙보다 조금 내려간 곳에 위치하고 있다. 날씬한 가지가 줄기에서 분리되어 위쪽의 오른쪽 방향으로 뻗어가고, 거기에는 보다 밝고 보다 빨간 별들, 적색거성의 꽃다발이 피어 있다. 아래쪽의 왼쪽 방향에는 푸르스름한 별부터 하얀 별들, 왜성이 겹쳐져서 부식토를 형성하고 있다.

헤르츠스프룽-러셀 도표는 지질학자가 연구하는 지층의 화석 기록처럼 얼어붙은 진화의 기록을 천문학자에게 제공했다. 별은 어떤 방법으로 진화하고, 일생의 대부분을 주계열에서 보내는지, 일생의 시작과 끝은 가지 속에서인지 아니면 부식토 안에서인지 별도의 장소에서 보내는지. 물론 우리는 그 현상이 일어나기를 기다릴 수도 없다. 단명 하는 별의 일생조차 수백만 년의 단위이기 때문이다. 답을 발견하려면 별이 어떤 활동을 하는지, 그 물리학을 이해하는 게 필요하다.

한편, 물리학의 진보는 언뜻 보기에 넘을 수 없을 것 같은 장벽에 막혀 있었다. 말 그대로 장벽이었는데, '쿨롱 장벽'이라고 불린 별 내부에서 에너지가 핵융합에 의해 어떻게 만들어지는지를 이해하려는 이론물리학자의 노력을 가로막고 있었다. 그 장벽으로 이끄는 추론의 이정표는 결점이 없었다. 별은 거의 수소로 형성되어 있다.(이는 스펙트럼의 연구에서 밝혀졌다.) 수소원자의 원자핵은 양자 한 개로 구성되는데, 원자의 질량의 거의 대부분이 양자에 포함된다.(러더퍼드의 실험에서 알게 되었다.) 따라서 양자는 또한 수소원자의 숨겨진 에너지의 거의 모두를 포함하고 있는 게 틀림없다.(질량은 에너지와 동일하다: $E = mc^2$)

뜨거운 별 내부에서 양자는 고속으로 움직이고 있다.('뜨겁다'는 것은 거기에 포함된 입자가 빨리 움직인다는 것을 뜻한다.) 밀도가 높은 별의 중심 부근은 양자가 많이 모여 있기에 빈번하게 서로 충돌하는 게 확실하다. 즉 태양과 별의 에너지는 양자의 상호작용과 관련 있다는 추론으로 자연스럽게 이끌린다. 이것이 별의 힘의 원천은 '모든 물질 속에 풍부히 존재하는 소립자 에너지라고밖에 생각할 수 없다.'는 에딩턴의 추론의 기초가 되었다. 양자가 충돌하면 무슨 일이 생길까. 양자끼리 들러붙는다(융합한다)는 것을 우리는 알고 있다. 왜냐면 보다 무거운 원소의 원자핵 안에서 양자끼리 들러붙는 현상을 발견했기 때문이다. 양자의 융합으로 에너지가 방출된 것일까. 그런 것 같다는 것은 보다 무거운 원자핵의 무게가 그 구성물의 합계보다 조금 가볍다는 사실을 강하게 시사했다. 이 점에서 약간 혼란이 있었지만 기본적인 사고방식은 옳았다. 별 내부에서 가벼운 원자핵이 융합해서 무거운 원자의 원자핵을 만들 때, 에너지가 방출되기 때문이다. 러더퍼드는 이미 그가 "신연금술"이라고 부르는 실험을 했다. 원자핵에 양자를 충돌시켜서 별도의 원소의 원자핵으로 바꾸었다. 그리고 에딩턴Arthur Stanley Eddington이 심술궂게 언급했듯이 "카벤디쉬 연구소 안에서 할 수 있다면 태양 안에서 못할 이유도 없을 것."

여기까지는 나름대로 괜찮았다. 과학이 태양이 지닌 강력한 힘의 비밀이 열 융합이라는 것을 확인할 때까지 한 걸음만 남았다. 하지만 여기서 쿨롱 장벽이 가로막았다. 양자는 플러스 전하를 갖고 있다. 동일한 전하를 가진 입자는 서로 튕겨낸다. 이 장벽은 별의 중심이 고온이고 양자가 고속으로 날아다닌다고 해도 너무 강해서 파괴되지 않을 것이라고 여겨졌다. 고전물리학에 따르면 별 내부의 두 개의 양자가 그 전자장의 힘의 벽을 부수고 하나의 원자핵으로 융합할 만큼 빨라지지 않는다. 계산에 따르면 양자의 충돌의 비율은 융합반응을 유지하는데 충분하지는 않았다. 그래도 거기에 태양이 있고, 그 빛나는 얼굴은, 자기 스스로 빛날 수는 없다는 방정식을 바라보며 웃고 있다. 하지만 거기까지 오는 동안에 그 논의는 아무런 나쁜 점이 없었다. 고전물리학이 유일한 자연법칙이라면 별이 빛나는 일은 없을 것이다. 다행히 핵의 척도에서 자연은, 고전물리학의 금지된 사항에 따라서 기능하는 게 아니다. 조약돌이나 혹은 행성 같은 큰 물체에는 보기 좋게 성립하지만, 대단히 작은 영역에서는 무너지고 만다. 핵의 척도에서는 양자의 불확정성의 법칙이 적용된다. 고전역학에서 양자 같은 소립자는 모래알이나 대포알 같다고 생각되었다. 이 사고방식을 적용하면 별도의 양자의 쿨롱 장벽에 던져진 양자가 벽을 관통하는 것은 3미터나 되는 요새의 벽을 대포알이 관통하는 것보다 훨씬 어려울 것이라고 생각했다. 하지만 양자의 불확정성을 도입하면, 양상이 극적으로 바뀐다. 양자역학은 양자의 미래가 확률에 의해서만 예측할 수 있다는 것을 증명하고 있다. 대부분의 경우, 양자는 실제로 쿨롱 장벽

에서는 튕겨 나오지만 가끔은 양자는 그것을 통과한다.[48]

마치 대포알이 요새 벽에 닿지 않고 관통한 것처럼. 이것이 '양자의 터널 효과'로 그 덕분에 별은 빛날 수 있다. 천문학과 그 자신이 잘하는 참신한 물리학과의 관계를 개발하는데 열심이었던 조지 가모프 George Gamow는 양자의 확률을 별의 핵융합 문제에 응용, 양자가 쿨롱 장벽을 넘을 수 있다는 것을 발견했다. 양자 터널 효과는, 양자의 융합에서 태양이 방출하는 에너지를 설명하는데 필요한 비율의 천분의 일에서 기껏해야 십분의 일의 에너지밖에 만들지 못한다는 우울한 고전적 예측에 의한 계산결과를 타파했다. 일 년도 채 지나지 않아 설명되지 않고 남아 있던 부분이 해명되었고, 1929년에 모든 게 설명되었다. 로버트 앳킨슨Robert Atkinson과 프리츠 후터만스Fritz Houtermans는 가모프의 발견과 맥스웰의 속도분포 법칙이라고 불리는 것을 통합했다. 맥스웰의 분포 안에는 평균보다 훨씬 빠르게 움직이는 입자가 늘 몇 개 존재한다. 앳킨슨과 후터만스는 이처럼 빠른 입자들에 의해 차이가 충분히 메워진다는 것을 발견했다. 이렇게 핵융합이 별 내부에서 충분히 기능할 수 있기에, 쿨롱 장벽이 어떻게 돌파되는지가 마침내 밝혀졌다. 그런데 구체적으로 별은 어떻게 그 현상을 만들어낼까?

그리고 10년 동안 두 개의 본질적인 핵융합 과정이 확인되었다. '양자=양자반응과 탄소사이클'이 바로 그것이었다. 양쪽을 개발하는 데

---

[48] 실제로 대포알이 요새 벽을 관통하는 양자적인 기회가 없지는 않지만, 그러려면 거의 모든 양자가 동시에 동일한 상태에 있어야만 하기에 그것이 발생할 확률이 적다. 양자이론을 사용해서, 대포알이나 요새의 벽이 우주의 여기저기에 있다고 쳐도(그다지 좋은 상상은 아니지만) 우주의 어디라도 일단 그것이 일어나지 않는다는 것을 계산할 수 있다.

중요한 역할을 한 인물은 한스 베테였다. 그는 나치 독일의 망명자로 로마에서 물리학자인 엔리코 페르미와 함께 연구했고, 후에 코넬대학에서 가르쳤다. 친구인 가모프처럼 젊은이 베테는 활발하고 기지가 넘치는 사색가이자 뛰어난 재능의 소유자였다. 그는 마치 연구하기보다는 노는 것처럼 보였다. 천문학을 배운 적은 없지만 전설이 될 만큼 빨리 습득했다. 1938년에 그는 가모프와 에드워드 텔러Edward Teller의 제자인 C. L. 크리치필드Critchfield가 이 두 가지 양자의 충돌로 시작된 반응이 태양이 방사하는 것과 거의 동일한 에너지(매초 거의 3.86×10^{33} 에르그ergs)를 실제로 만들 수 있다는 것을 계산하는데 도움을 주었다.

원자 그 자체의 존재를 몰랐던 인간은 40년도 안 되는 동안에 태양에 파워를 부여하는 중요한 열핵융합과정을 이해할 만큼 진보했다. 하지만 양자-양자반응은 태양보다 훨씬 크고 훨씬 밝은 플레이아데스성단의 청백거성처럼 헤르츠스프룽-러셀 도표 상에서 훨씬 위쪽에 자리 잡고 있는 별들을 설명하기에는 에너지가 충분하지 않았다. 베테는 1년도 채 지나기 전에 이 또한 해결했다.[49]

1938년 4월, 베테Bethe는 가모프Gamow와 텔러Teller가 워싱턴의 카네기 연구소에서 천문학자와 물리학자를 한 곳에 모아 별의 에너지 생성의 문제를 논의하려고 주최한 회의에 참석했다. "이 회의에서 천체물리학자는 우리 물리학자에게 별의 내부구성에 대해 그들이 알고 있는 것을 말해주었다."라고 베테는 회상했다. "특정한 에너지원의 지

---

49 물리학자로 나중에 과학철학자가 된 카를 프리드리히 폰 바이츠제커는 어떻게 양자-양자반응이 작용하는지를 보여주었지만, 태양만큼의 질량을 가진 별이 얼마만큼의 양의 에너지를 방출하는지는 계산하지 않았다.

식도 없이 도출된 것치고는 꽤 많은 결과가 제시되었다." 코넬대학에 돌아온 베테는 나중에 가모프가, 그가 탄 전차가 이타카 역에 도착하기도 전에 답을 알아낼지도 모른다고 농담할 만큼, 그 문제에 정열적으로 매달렸다. 베테는 그 정도로 빠르지는 않았지만 불과 수 주간 후에 탄소 사이클을 확인하는 데 성공했다. 이는 태양의 1.5배 이상의 질량을 가진 별을 힘차게 만들어 줄 수 있는 중요한 핵융합반응이다. 하지만 이 논문의 발표는 늦어졌다. 베테는 그해 여름에 논문을 완성하고 '물리학 리뷰physical review'지에 보냈지만, 그 후에 대학원생인 로버트 마샥Robert Marshak에게서 뉴욕의 과학아카데미가 별의 내부의 에너지생성에 관한 최우수의 미발표논문에 500달러의 상금을 제공한다는 말을 들었기 때문이다. 돈이 필요했던 베테는 논문을 돌려달라고 아무렇지 않게 부탁하고는 콘테스트에 응모했다. 그리고 우승했다. "그 상금의 일부를 어머니의 이주 비용으로 썼다."라고 그는 미국의 물리학자인 제러미 번스타인에게 말했다. "나치스는 어머니를 외국으로 추방하고 싶어 했지만, 가구를 가지고 갈 수 있게 해주는 대가로 미국 돈으로 250달러를 요구했거든. 그래서 상금의 일부가 거기 쓰인 거야."

그리고 나서 베테는 나중에 노벨상을 받게 되는 논문 발표에 동의했다. 한동안 그는 별이 왜 빛나는지를 아는 유일한 인간이었다. 베테는 핵융합반응이 기묘할 만큼 돌진하면서 진행되는 것을 깨달았다. 양자—양자 반응은 태양 내부 깊숙한 곳에서 충분한 속도와 쿨롱 장벽을 통과하는 행운을 얻은 두 개의 양자가 충돌함으로써 시작된다. 만일 충돌에 의해 하나의 양자를 제대로 중성자로 바꿀 수 있다면(또 하나의 희귀한 일이 일어나는 '베타붕괴beta decay'라는 약한 힘의 상호작용이 생긴다.) 그 결과, 중수소의 원자핵이 만들어진다. 그 상호작용에 의해 뉴트리노(중성미자, 태양의 바깥으로 날아가고 만다.)와 양전자(주위의 가스에 충돌해 태양을 뜨겁게 하는 것을 돕는다.)가 방사된다. 태양 중심에 있는 평균적인 양자는 이 돌발적인 현상을 만날 때까지 3000만 년 이상이나 기다려야 한다. 하지만 다음 단계는 급속히 진전한다. 몇 초 이내에 중수소의 원자핵은 별도의 양자를 붙잡아 스스로를 헬륨3으로 바꾸고 광자를 방출한다. 이 광자가 또한 주위의 가스에 에너지를 공급한다. 헬륨3의 원자핵은 드물어서 별도의 헬륨3의 원자핵과 만날 때까지 수백만 년을 기다려야 한다. 만나게 되면 두 개의 원자핵은 융합하고 안정된 헬륨원자핵을 형성해서 양자를 두 개 방출한다. 자유롭게 된 양자는 다시 댄스를 추는 무리로 되돌아간다. 원자핵이 융합한 결과 에너지가 방출된다. 최종적으로 만들어진 헬륨의 무게는 반응에 참가한 입자보다 1,000분의 6 정도로 가볍다. 이 질량이 에너지로 바뀌고 양자의 형태로 천천히 표면으로 향하지만 가는 도중에 원자에 걸리거나 흡수되거나 방출되기도 한다. 수백 년 후 그들은 마침내 표면에 도착해서 햇빛으로서 우주 공간에 자유롭게 풀어진다. 양자-양자 반응은 아직 완전히 이해된 게 아니다. 지상에서 뉴트리노의 유량을 관측했더니 이론이 예측한 뉴트리노의 3분의 1밖에 관측되지 않았다. 그리고 탄소 사이클은 더욱 복잡하다. 그렇지만 위대한 모성의 별mother star의 활동의 우아함을 인간이 정확히 이해할 만큼 태양의 핵융합이 충분히 알려졌다. 첫째, 발생한 핵융합반응 그 자체는 태양 내부나 열핵병기 내부나 마찬가지이지만 태양은 폭탄이 아니라는 것을 배웠다. 태양 중심의 극히 좁은 영역에서 연쇄반응이 일어나도 그에 의해 주위의 가스에서 다른 반응이 일어나지는 않는다. 발생한 열에 의해 가스가 조금 팽창하고 밀도가 내려가기에 양자와 양자가 충돌하는 확률도 당분간 줄어든다. 이 자동조절구조가 작용하는 덕분에 무수한 상호작용이 평균화되고 별 전체의 평균이 유지된다. 열핵반응이 감당 못 할 만큼 빠른 속도가 되면 그것을 약하게 하려고 팽창하고 중심이 차가워지기 시작하면 반응속도를 높이려고 수축하면서 온도를 높인다. 태양의 빛 중에서 지구로 오는 것은 50억 개 중 하나에 지나지 않지만, 지구를 따뜻하게 해주고 생명을 돌봐주며 스스로 태양의 신세를 지고 있다고 구체적으로 해독할 수 있는 지능을 가진 두 다리 동물을 탄생시키려면 그것으로 이미 충분하다. 태양의 핵융합에 관한 기본적인 물리학을 이해함으로써 예전에 켈빈이 계산한 태양의 연령을 다시금 고쳐 계산하게 되었다. 태양의 질량은 뉴턴의 법칙과 행성의 속도로 꽤 정확히 측정할 수 있고, 그 값은 1.989×10^{33} 그램으로 지구 질량의 30만 배에 버금간다. 분광학에 의해 밝혀진 태양의 구성물은 적어도 표면에서는 주로 수소와 헬륨이다. 질량과 용적 그리고 대충의 구성물을 알기에 열핵반응이 이루어지는 태양 중심의 상태를 이해할 수 있다. 가령, 중심온도는 약 1500만도, 밀도는 납의 거의 12배(열 때문에 밀도가 높은데도 고체로 되지 않고 가스 형태인 채로 있다.)이며, 태양 내부에서 매초 450만 톤의 비율로 수소가 헬륨으로 핵융합 한다는 것을 계산할 수 있다. 태양에 포함된 수소의 양은 유한해서 나중에는 연료가 떨어지는 현상이 발생해 태양의 핵융합로는 종말을 고할 것이다. 따라서 태양 내부에서 수소가 불타는 모든 '시간'을 계산할 수 있게 된다. 약 100억 년이라는 것을 알았다. 방사성 원소에 의한 운석과 지구의 연대 측정에 의해 태양계의 연령은 50억 년쯤이라고 계산되기에 태양은 현재 중년기이며 앞으로 50억 년은 수소가 계속 타오른다는 결론을 얻을 수 있다. 그때까지 생각했던 것보다 훨씬 긴 타임 스케일time scale을 연구하는 지질학자와 생물학자의 요구도 있었기에 별의 에너지원을 조사한 결과, 다윈의 이론이 필요로 하는 것보다 훨씬 멀고 길고 광활한 천문학적 역사가 열렸다.

　다른 별들의 수명도 마찬가지로 계산할 수 있다. 핵융합의 속도는 질량의 4제곱에 비례해서 빨라진다. 따라서 왜성은 거성보다 훨씬 장수한다. 가장 작은 별의 질량은 태양의 100분의 1이다.(이보다 작으면 핵융합을 일으킬 만큼 충분히 내부의 열을 높일 수 없어서 항성이 아닌 행성이 된다.) 헤르츠스프룽–러셀 도표의 거의 끝부분에 위치한 이들 왜성은 연료인 수소를 검소하게 태우기 때문에 1조 년 혹은 그 이상도 장수한다. 도표의 위쪽, 눈금의 반대 끝에는 태양질량의 60배나 되는 거성이 있다.(이보다 크면 불태워지자마자 스스로를 날려 산산조각 분해된다.) 이 거대한 별들은 연료를 호쾌하게 낭비하고 수소를 순식간에 소진한다. 태양의 10배의 질량을 가진 별의 수명은 1억 년 이하다. 이 같은 연구로 '은하 생태학'이라고 부를 수도 있는 것에 대해 인류의 이해가 높아졌고, 흥미도 늘었다. 은하에 있는 더 화려한 별들, 푸르스름한 O형 혹은 B형의 거성도 오히려 가장 수명이 짧은 별이라는 사실도 밝혀졌다. 전형적인 거성이 빛나는 기간은 불과 1천만 년에서 1억 년 정도로 일부의 수명은 100만 년도 안 될지 모른다. 이는 소용돌이 팔형태를 한 화려한 별들이 은하의 기준에서 보면 하루 만에 시드는 꽃이다. 그것이야말로 왜 그 별들이 팔 형태를 지녔는지 설명하는 이유이기도 하다. 각종 질량을 가진 별들이 팔을 따라 모여든다. 그중에서 보다 작은 별은 주위의 원반 쪽으로 표류할 만큼 오래 살지만, 밝고 큰 별들은 자신이 태어난 장소에서 멀리 이동하지도 못하고 죽기에 팔을 그리고 있는 것이다. 어떻게 별이 죽는 걸까? 이 또한 주로 별의 질량으로 결정된다. 태양처럼 일반적인 별이 연료를 모두 소진하면 별은 이중성을 갖게 된다. 그 핵core은 중심의 열핵반응에 의해 방사되는 에너지가 이미 없어지고, 그에 의해 유지될 수 없기에 줄어드는 한편 바깥의 부분(말하자면 '대기')은 팽창하면서 식어간다. 별의 색은 하

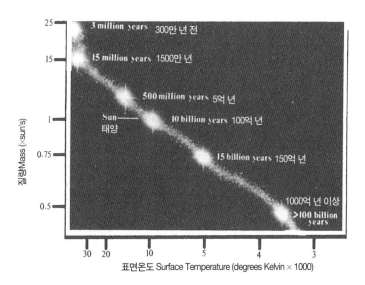

주계열성의 수명은 원칙적으로 그 질량으로 정해진다. 질량이 큰 별은 작은 별보다 훨씬 빠르게 그 연료를 소모한다.

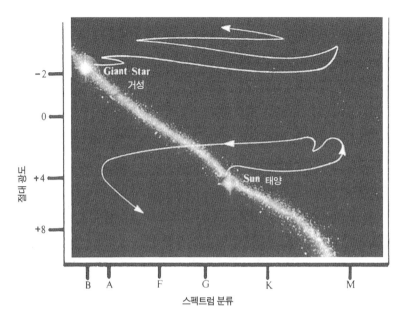

세로축: 절대광도
가로축: 스펙트럼 분류

-2 Giant Star 거성
0
+4 Sun 태양
+8

B A F G K M

주계열을 떠난 후 별의 운명도 또한 질량에 의해 전혀 달라진다. 태양이 연료를 다 소모하면 주계열을 떠나 우측으로 이동해서 적색거성이 된다. 그 후로 10억 년 정도 지나면 태양은 그 바깥층을 잃어버리고, 도표 중앙을 우측에서 좌측으로 옆으로 미끄러지듯 이동하면서 백색왜성의 무덤으로 들어간다. 태양의 5배의 질량을 가진 별은 태양의 10분의 1 이하의 시간밖에 주계열에 머무르지 못하고, 그 후에는 도표 위쪽의 방향에서 오른쪽으로 가거나 왼쪽으로 가면서 불안정한 거성이 된다. 태양의 10배 이상의 질량을 가진 별은 마침내 초신성이 되어 폭발한다.

얀 빛을 띤 노란 색에서 점점 빨갛게 변하고, '적색거성'이 된다. 최종적으로 별의 대기는 우주공간에 녹아들고, 나중에는 아무것도 걸치지 않은 이른 바 벌거벗은 핵core, 아마 지구 크기에 불과한 거대하고 조밀한 별, '백색왜성'을 남긴다. 헤르츠스프룽–러셀 도표에 그려져 있는 예측처럼 별의 나무에 생명이 불어넣어진다.

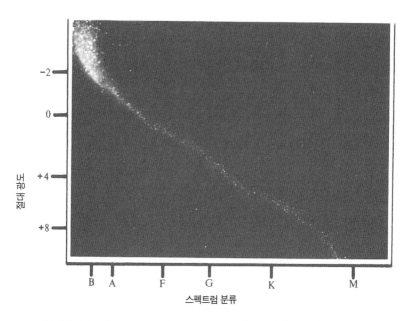

절대 광도

스펙트럼 분류

*구상성단의 연령은 헤르츠스프룽-러셀 도표로 추론할 수 있다. 플레이아데스처럼 어린 성단에서 관측할 수 있는 대부분이 주계열에 속해 있고, 적색거성이나 백색왜성은 거의 볼 수가 없다. 성단이 아직 어려서 수소연료를 다 소모하고 주계열을 벗어나는 별이 적기 때문이다.

태양처럼 평균적인 별이 연료인 수소를 다 소모하면 그 별은 주계열을 떠나 위쪽(바깥층이 팽창함으로써 일시적으로 밝아지려고) 그리고 오른쪽(보다 빨갛게 되려고)으로 움직인다. 이 단계에 있는 많은 별은 불안정해서 오른쪽에서 왼쪽으로, 왼쪽에서 오른쪽으로 도표의 윗부분을 왔다 갔다 한다. 별에서 바깥층이 없어지면, 별은 도표의 아래 방향으로 움직이고 왼쪽으로 미끄러지듯 해서 최종적으로 백색왜성의 영역에 들어간다. 거성은 거의 마찬가지의 코스를 따르지만, 주계열의 가장 윗부분에서 출발(보다 밝기 때문에)하고 빨리 그 자리를 벗어

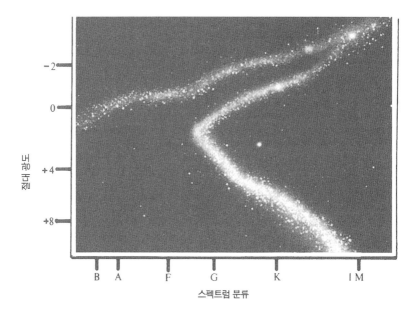

구상성단 M3처럼 오래된 성단의 헤르츠스프룽-러셀 도표는 전혀 다르게 보인다. 보다 많은 별이 연료를 다 소모하고 적색거성이 될 만큼의 시간이 걸리는 데, 그림의 오른쪽으로 움직이고, 거기서 옆으로 미끄러지듯 왼쪽으로 가면서 왜성으로 진화하는 것도 있다. 그 결과가 주계열에서 끊기는 극적인 '차단 지점'이다. 모든 것이 동일하고 차단 지점이 낮을수록 성단은 나이를 더 먹었다는 뜻이다.

난다.(연료를 빨리 소모하기에) 따라서 어떤 별의 집합(가령 성단)의 헤르츠스프룽–러셀 도표는 그 성단의 연령을 알려준다. 성단이 아직 유소년 시기에 있다면 실질적으로 모든 별이 수소를 소모하면서 주계열에 속하게 될 것이다. 머지않아 주계열의 왼쪽 위의 끝에 있는 거성들이 연료를 다 소모하고 적색거성으로 팽창하면서 차례차례로 주계열을 떠나 오른쪽으로 이동한다. 시간이 흐르면서 똑같은 운명이 질량이 더 작은 별에게도 향한다. 그 결과 도표 위에 주계열의 중간쯤에 있는 나무의 줄기가 오른쪽으로 굽어지는 장소 '차단 지점cutoff point'이 나타난다. 이 도표는 수십억 년이라는 별의 역사를 어떤 순간으로 나타낸 것에 불과하지만, 차단 지점의 위치는 우리에게 그 성단의 연령을 가르쳐준다. 차단 지점이 줄기의 밑 부분으로 내려갈수록 나무의 연령은 높아진다. 가령, 플레이아데스성단의 헤르츠스프룽-러셀 도표는 거의 모든 주계열별을 포함한다. 이는 플레이아데스가 어린 성단이고 거성조차 적색거성으로 진화할 만큼의 시간이 아직 흐르지 않았다는 것을 우리에게 알려준다.(플레이아데스성단의 별들은 1억 살 이하라고 추정된다.) 하지만 구상성단 M3의 도표는 전혀 달라 보인다.

여기서는 별의 대부분이 적색거성의 단계이지만, 왜성으로 향하는 진로에 있다.(왜성 그 자체는 너무 어두워서 보이지 않는다. M3는 3만 광년 이상은 떨어져 있기 때문이다.) 차단 지점의 줄기는 시계바늘처럼 성단의 연령을 나타낸다. 가령, M3의 연령은 140억 살 전후로 추정되는데, 지금까지 연대가 측정된 것 중에서 가장 오래된 성단이다. 별의 진화 속도를 직접적으로 상상하려면, 태양이 어린 성단의 한 식구였고, 지구가 충분히 식어서 지각이 딱딱해졌을 때부터 우리가 거기에 있다고 치자. 여기서 시간의 흐름을 빨리하기 위해 하룻밤 만에 100억 년이 지난다고 가정해본다. 시간이 제로인 어느 날의 일몰, 하늘에는 주계열의 별들이 흩어져 있다. 거기에는 아직 적색거성도 왜성도 없다. 몇 개의 밝은 거성이 빛나고 태양과 비슷한 밝기의 별도 많지만 대부분의 별은 태양보다 어둡고 눈에 띄지 않는다. 거의 즉각적으로 거성은 연료를 다 소모하고 불안정해진다. 초신성폭발을 일으키면서 하얀 섬광으로 그 전체를 뒤덮는다. 10억 년을 1시간으로 압축한 시간 척도에서는 이러한 화려한 별들은 최초의 몇 분 이내에 죽음을 맞는다. 폭발의 쇼크로 성단 내부에 남아 있는 가스가 수축하고 새로운 별을 형성할 것이라고 생각되지만, 이 방법으로 형성된 거성도 금세 연료를 다 소모하고 말기에, 우리가 편안하게 하늘의 쇼를 구경할 때쯤이면 불꽃놀이는 끝나고 만다. 그에 이어 몇 시간 동안에 무거운 별에서 순서대로 주계열을 벗어난다. 우리는 그 별들이 적색거성으로 팽창하고, 각종 색을 띤 가스의 껍질을 벗어 던지고, 어두침침한 왜성으로 변화하는 모습을 보게 된다. 이러한 현상은 드물게 일어나기 때문에 금세 알아챌 수 있을 것이다. 성단 내부에 있는 별로서 태양보다 질량이 무거운 별은 비교적 적기 때문이다. 약 100억 년이 지나 새벽이 밝아오면 태양이 죽음의 시기를 맞는다. 갑자기 몸을 부들부들 떨듯이 태양의 핵$_{core}$이 수축하고 태양의 바깥 면이 어스름한 빨간 구름으로 부풀어 오르고, 그에 따라 수성, 금성, 그리고 지구가 그 안으로 빨려 들어간다. 우리는 안전한 거리까지 물러나 확산되는 구름을 보면서 어두침침하고 밀도가 높은 왜성으로 그 모습을 바꾼 헬륨을 풍부히 포함한 태양이 아무것도 가리지 않고 내놓은 핵$_{core}$을 본다. 밤은 끝났지만, 이야기는 아직 끝날 것 같지 않다. 태양보다 질량이 가벼운 별들은 예외 없이 촛불처럼 노랗게 빛나며 안정되게 타고 있다. 대부분을 차지하는 이들 말없는 멤버들은 주계열에서 앞으로도 오랜 세월을 보내게 된다. 이 별들은 태양에서 떨어져 있는 가스가 모여 새로운 별이나 행성을 형성한 후에도 여전히 오랫동안 빛날 것이다. 별의 진화에 관한 연구는 '얌전한 것들이 은하를 계승한다.'는 사실을 우리에게 가르쳐주고 있다.

핵융합으로 별이 빛난다는 사실이 입증되면서 별은 또한 가벼운 원소에서 무거운 원소를 형성한다는 것도 밝혀졌다. 핵융합이 가벼운 원자핵을 융합시켜서 무거운 원자의 원자핵을 형성한다는 뜻이라면 이는 당연하다. 각종 핵융합 과정을 거쳐 별은 수소를 헬륨으로 만듭니다. 헬륨을 탄소로, 탄소를 산소와 마그네슘으로, 등등. 해방된 에너지가 융합되는 질량의 극히 일부분에 지나지 않는다는 점을 고려하면, 원소의 제조가 별의 중요한 일이라고 말해도 무방할 것이다. 그 빛과 열 덕분에 우리 인류처럼 생물의 입장에서는 대단히 중요하지만, 한편으로는 그 과정의 부산물에 지나지 않는다. 교과서에 자주 실리듯, 만일 원자가 물질을 구성하는 블록이라면 별은 그 블록을 만드는 장소다. 1920년에 에딩턴Arthur Stanley Eddington이 예언적으로 썼듯이 "별은 성운 내부의 많이 있는 보다 가벼운 원자를 보다 복잡한 원소로 합성하는 용광로다."

이제 아주 중요한 문제가 두 가지 남았다. 첫 번째는 어떻게 별이 중원소를 만드는지에 관해서다. 베테의 양자-양자반응에 의하면 두 번째로 가벼운 헬륨보다 무거운 것은 아무 것도 생기지 않는다. 만일 별이 보다 무거운 원소를 만들려고 한다면 다른 핵융합과정으로 그것을 실행해야만 한다. 탄소 사이클로는 제대로 되지 않는다. 탄소, 질소, 산소를 단지 매개체로서 사용할 뿐으로 나중에는 아무런 새로운 원소를 남기지 않기 때문이다. 별의 핵융합의 복잡함을 완전히 재현하려면 어떤 절묘한 핵물리학을 필요로 한다는 게 확실했다. 첫 번째 문제에 밀접한 관련성을 지닌 두 번째 문제는 별이 유일한 혹은 중요한 원소의 제조원인지의 여부다. 이에 대항하는 가설이 있고, 그에 따르면 대부분의 원소는 별 내부가 아닌 빅뱅이 일어날 때, 융합한다고 한다. 빅뱅에서 핵융합을 행하려면 팽창을 시작하려는 우주는 뜨거워져야만 한다. 그랬다는 가설이 물질을 압축하면 뜨거워진다는 기본적인 열역학의 법칙에서 도출되었다. 가령, 은하를 오래된 폐차를 작은 금속 덩어리로 변하게 하는데 사용될 법한 거대한 압축기에 넣고 겨우 30세제곱센티미터의 용적까지 꽉꽉 집어넣는다고 치자.(이는 우주의 탄생으로부터 1초의 수십 분의 일밖에 시간이 흐르지 않았을 때의 상태라고 생각하면 된다.) 압축되는 동안에 별과 행성은 녹아서 분해를 시작한다. 모든 물체가 소립자로부터 만들어지는 뜨겁고 진한 가스가 된다.(이 상태를 물리학자는 플라즈마라고 부른다.) 압축기를 느슨하게 하면 플라즈마는 팽창하면서 식는다. 이 과정에서 원자와 분자로 재결합한다. 이는 빅뱅에서 일어난다고 여겨지는 현상의 소규모 모델이다. 우주는 고밀도의 플라즈마로부터 오늘날 우리 주변에서 보이는 핵, 원자, 분자, 별, 행성 같은 구조로 진화했다. 천문학자는 최초에, 뜨거운 빅뱅 모델을 유보했을지도 모르지만 핵물리학자는 보다 솔직했다. 핵폭탄의 연쇄반응에 관한 연구 탓인지 그들에게는 고온, 고밀도의 상태를 상상할 기회가 갈수록 늘어갔다. 특히 가모프는 오늘날의 우주를 구성하는 화학물질을 빅뱅의 뜨거운 불 속에서 만들어질 수 있는지의 여부에 흥미를 가졌다. 그는 대담히 추측했다. 보다 무거운 원소를 만들려면 보다 많은 에너지가 필요하다. 빅뱅 내부만큼 에너지가 풍부하게 존재할 곳이 있을까? 그래서 가모프는 그의 물리학

연구방법을 특징짓는 연필과 갖가지 색채로 세부를 그리는 작업을 시작했다. 그런데 그는 바로 벽에 부딪쳤다. 그와 공동연구자는 수소원자핵이 어떻게 융합해서 헬륨원자를 만드는지를 정확히 알 수 있었지만(폰 바이츠제커Carl Friedrich von Weizsacker 등은 이전부터 헬륨은 빅뱅에서 만들어진다고 언급했다.) 그 후에 그들의 계산은 길을 잃고 말았다. 물리학자 엔리코 페르미Enrico Fermi, 안소니 터크비치Anthony Turkevich가 잘 알고 있었듯이 급속히 팽창하는 불덩어리 속에서 헬륨원자핵보다 무거운 원자핵을 조금이라도 만들 수 있는 게 불가능했기 때문이다. 상황이 좋지 않았다. 헬륨이 합성될 때쯤이면 원시적인 물질이 너무 얇아져서 핵융합반응을 계속해서 행할 수가 없다.(가모프는 원시적인 물질을 형태의 진화에 앞선 우주의 물질을 뜻하는 고대 그리스어에서 따온 '아일럼ylem'이라고 불렀다) 헝가리계 미국인 물리학자 유진 위그너 Eugene Wigner는 헬륨과 그다음으로 안정된 원자핵 리튬을 분리하는, 가모프가 '질량5의 크레바스mass five crevasse'라고 부르는 것을 빠져나갈 방법을 찾아보았다. 자신의 책에 삽화를 그려 넣기를 좋아한 가모프는 등산하는 사람의 모습으로 "살려주세요!"라고 소리치면서 틈이 벌어진 크레바스를 뛰어넘는 유진 위그너의 모습을 그린 스케치를 발표했다. 하지만 위그너는 크레바스를 뛰어넘지 못했다. 그럼에도 많은 빅뱅 신봉자는 빅뱅이 원소가 태어난 곳이라는 가모프의 생각이 맞다는 희망을 버리지 않았고, 가모프가 처한 곤경은 천체물리학의 쿨롱 장벽의 문제처럼 결국 극복되리라고 믿었다. 빅뱅이론에 회의적인 연구자들은 다른 견해를 갖고 있었다. 그들 중에도 가장 강력한 인물은 영국의 천체물리학자인 프레드 호일Fred Hoyle이었다. 뛰어난 지력으로 북잉글랜드의 우중충한 계곡에서 태어나 케임브리지대학 교수의 경력을 쌓은 그는 천성적인 이단아로 우상파괴주의라고 말해도 좋을 만큼 개인주의자였고 국가에서 수여한 작위를 말 위에서 받은 기사처럼 투쟁심을 그대로 드러내는 인물이었다. 그는 노동자계급이 쓰는 말투로 카리스마 넘치는 강의를 했는데, 이 말투는 학자로서 인정받게 될수록 더 강해졌다. 그는 글쓰기에도 재능이 많았는데, 날카로운 전문적 논문, 사람들을 열광시키는 과학 계몽서, 권위가 넘치는 사이언스 픽션을 쉬지 않고 써댔다. 그가 내뱉는 경멸은 섬뜩했고, 빅뱅이론에 대한 비판은 말할 것도 없었다. 프레드 호일은 빅뱅이론을 과학이 물을 수 없는 시간을 설정하려는 것으로 생각된다고 인식론적으로 무효라고 신랄하게 비판했다. 빅뱅은 불의 벽이다. 그래서 그 전의 상황에 대해 조사하는 방법을 과학은 갖고 있지 않다. 호일은 그것이 "물리학의 법칙이 어느 순간 이전에 무엇이 일어났는지를 계산하는 것을 금지하는 상황으로 몰고 가는 것은 아주 불쾌하다."고 느꼈다. 그는 이 이론의 천지창조적인 뉘앙스를 비웃었다. "그 이론은 목사인 르메트르Lemaître가 제안했을걸…" 그리고 1951년 11월 22일, 폰티피컬 과학 아카데미 회의 첫머리에서 "교황인 비우스 12세가 그것이 가톨릭의 창조의 개념과 일치한다고 선언하지 않았나… 이 승인으로 인해 '의심할 수 없는 진실'이라는 것이 증명되었다."라고 가모프는 농담 삼아 말했다. 경험에 근거를 두는 호일은 빅뱅이론의 최대의 약점, 시간척도의 문제에 사람들의 주목을 거침없이 끌어모았다. 많은 실수로 인해 허블과 휴메이슨은 팽창하는 우주의 규모를 대단히 과소평가했고, 그 연령도 마찬가지로 과소평가했다.(최대의 실수는 은하간 거리의 지표로서 사용한 세페이드 변광성의 절대광도를 옳게 이해하지 못한 점이다.) 허블의 최초의 발표에 따르면 팽창지수(H, 허블정수라고 부른다)는 메가파섹megaparsec 당 초속 550킬로미터와 동일하다. 이는 우주공간을 보면 1메가파섹(326만 광년)마다 은하가 매초 550킬로미터의 속도로 멀어져 가는 게 보인다는 뜻이다. 곤란하게도 이 허블정수로는 빅뱅으로부터 불과 20억 년밖에 지나지 않았다는 결론이 나온다. 이 값은 태양이나 지구의 연령보다 젊다. 우주가 그 안에 포함한 별이나 행성보다 젊을 수는 없기에 분명히 잘못된 점이 있다. 호일의 의견으로 잘못된 점은 빅뱅의 개념 그 자체였다. 그 대체 안으로서 그와 두 명의 공동연구자 헤르만 본디Hermann Bondi와 토마스 골드 Thomas Gold는 1948년에 그들이 정상모델이라고 부르는 것을 발표했다. 그들의 이론에 따르면 우주는 무한히 오래되었고, 거의 변하지 않는다. 창조도 없었고, 거기서 우주가 진화한 고밀도의 유년기도 없었다.[50]

하지만 정상이론은 성공으로 가는 운명을 타지 못했다. 그 후 허블의 거리에 대한 값이 수정되고 나서는 그 존재 이유가 없어졌기 때문이다. 이 이론은 일부의 은하가 다른 것보다 훨씬 오래된 것이라고 예측했지만, 그 증거는 발견하지 못했다. 하지만 중원소가 어디서 왔는지에 대해 집중적으로 연구함으로써 유익한 결과를 얻었다. 빅뱅의

---

50 무한한 나이를 먹은 팽창하는 우주 속에서 왜 은하는 뿔뿔이 흩어지지 않는지를 설명하려고 이 이론은 수소원자가 텅빈 공간에서 자연적으로 발생하고 새로운 별이나 은하로 응축된다고 가정했다. 당시 웃음거리가 된 이 가설은 그렇다고 아예 있을 수 없는 일로 치부할 수는 없다. 양자의 불확정성 덕분에 비록 수명은 짧지만 '가상' 입자가 늘 공간에 태어난다. 빅뱅이론의 하나로 보통 '급팽창 우주' 모델이라고 부르는 것은 모든 물질은 멀고 먼 과거에, 진공으로부터 한번에 생겨났다고 언급하고 있다.

존재를 부정한 정상우주론자들은 가모프처럼 원소가 빅뱅에서 합성되었다고 생각할 수 없었다. 그래서 철, 알루미늄, 주석과 같은 놀랄만한 복잡한 원자를 요리하는 별도의 용광로를 발견해야만 했다. 그유력한 후보는 별이었다. 동시대의 천문학자 중에는 필적할 상대가없을 만큼 물리학에 정통한 보일은 1940년대 중반에 별의 핵융합반응의 문제를 연구하기 시작했다. 하지만 그는 거의 발표하지 않았다. 그이유는 '레프리referees'와의 논쟁에 정신이 없었기 때문이다. 레프리(심판)은 논문을 읽고 그게 정확한지의 여부를 검토하는 익명의 동료를일컫는데, 그들이 보일의 혁신적인 개념을 이해하려고 하지 않았기에, 보일은 자신의 연구를 잡지에 게재하기를 그만두었다. 하지만 보일은 자신의 완고함에 대한 대가를 치르게 된다. 1951년 그가 여전히완고함으로 중무장을 했을 때, 에른스트 외픽Ernst Opik, 에드윈 샐피터Edwin Salpeter 가 베릴륨에서 탄소까지의 원자가 별 내부에서 합성된다는 것을 확인했다. 기회를 놓친 것이 분했던지 호일은 침묵을 깨고 1954년의 논문에서 어떻게 적색거성이 탄소에서 산소-16 을 만드는지 논증해 보였다. 그 이후에도 넘을 수 없을 것 같은 철이라는 장벽이 가로막고 있었다. 철은 모든 원소 중에서도 가장 안정되어 있고철의 원자핵을 보다 무거운 원자핵으로 융합하려면 에너지를 방출하는 게 아닌, 오히려 에너지가 필요했다. 그렇다면 철을 융합시키는 별이 여전히 빛날 수 있는 이유가 무엇일까? 호일은 초신성이 그 일을하지 않을까, 생각했다. 일반적인 별은 불가능해도 폭발하는 별의 엄청난 열이 철보다 무거운 원소를 만드는 역할을 할지도 모른다. 하지만 호일은 그것을 증명할 수 없었다. 1956년 미국의 천문학자인 폴 메릴Paul Merrill이 S형 별(S stars)의 스펙트럼 중에서 테크네튬-99의 선을 확인함으로써 별이 원소를 제조한다는 설에 무게가 실렸다. 테크테늄-99는 철보다 무거운 동시에 반감기가 불과 20만 년이라는 불안정한 원소다. 폴 메릴이 발견한 테크테늄의 원자가 수십억 년 전의 빅뱅 시기에 생성되었다면 그 이후에 계속 붕괴하면서 그 수가 줄어들기에 S형 별뿐 아니라 그 모습을 오늘날에도 어디선가 발견하리라고는 생각할 수 없다. 그런데도 존재하고 있다. 천체물리학자는 몰라도 별은 어떻게 철에서 다른 원소를 만드는지를 알고 있다. 메릴의 발견에 힘을 얻은 호일은 별의 원자핵의 기원에 대한 조사를 재개했다. 그는 대단한 열정으로 이 조사에 임했다. 그가 어렸을 때였다. 어느날 밤 숨바꼭질 놀이를 하면서 돌벽 위에 숨었다가, 하늘의 별을 바라보면서 어른이 되면 저 별의 정체를 밝히겠다고 결심했다. 어른이 된 이 천체물리학자는 어린 시절의 맹세를 결코 잊지 않았다. 캘리포니아 공과대학을 방문한 호일은 핵물리학의 살아 있는 사전과 같은 인물인 윌리엄 파울러Willy Fowler와 영국인으로 호일처럼 빅뱅에 회의적인 시선을 가진 유능한 부부인 제프리Jeoffrey, 마거릿 버비지Margaret Burbidge와 함께 연구를 시작했다. 제프리 부부가 그 무렵 기밀정보가 풀려 일반에게 공개된 비키니 환초의 수폭실험의 데이터를 상세히 조사하면서 폭발에 의해 만들어진 방사성원소의 하나인 캘리포늄-254의 반감기가 55일이라는 것을 알게 되면서 그들 연구의 전환점이 찾아왔다. 드디어 원하던 벨이 울린 것이다. 55일이라는 것은 발터 바데 Walter Baade가 연구한 초신성의 광도가 내려가는데 걸리는 바로 그 주기였다. 캘리포늄은 모든 원소 중에서도 가장 무거운 원소 중 하나다.

만일 캘리포늄이 폭발하는 별의 엄청난 열 속에서 만들어진다면 철과 캘리포늄의 사이에 있는 원소도 당연히 만들어질 것이다.(이들 원소는 주기율표의 대부분을 차지한다.) 하지만 어떻게?

다행히 호일과 공동연구자들은 자신의 생각을 시험해볼 수 있는 비문rosetta stone을 우주의 원소의 상호의존량을 나타내는 커브의 형태로 자연이 제공해주었다. 이는 각종 원자(알려진 동위체까지 포함하면 원자핵은 1200종류가 된다.)의 무게는 우주의 그들의 상호의존량과 관련이 있다. 상호의존량은 지구의 암석, 우주에서 지구로 떨어진 운석, 태양이나 별의 스펙트럼 연구에 의해 측정되었다. 맨해튼 계획과 그 후로 이어진 수폭실험에 관여한 물리학자들은 폭발 후에 남겨진 잔해 중에서 발견된 각종 동위체의 상호의존량을 연구함으로써 그에 관련된 연쇄반응을 해독하는 데 익숙했다. 가모프는 우주의 원소의 상호의존량을 나타내는 커브를 '우리 우주의 역사에 어울리는 가장 오래된 문서'라고 불렀다. 하지만 가모프에게 역사는 주로 빅뱅의 이야기였고 호일과 그의 공동연구자들에게 중요한 것은 수십억, 수조 개라는 별 속에서 일어나는 일이었다. "원소합성의 문제는 별의 진화의 문제와 밀접히 관련되어 있다."라고 그는 썼다. 별의 차이점은 컸다. 가령, 은하에는 4개의 은 원자, 50개의 텅스텐 원자에 대해 200만 개의 니켈 원자가 있었다. 그 결과 원소의 상호의존량의 커브는 안데스 산맥보다 요철이 많고, 일련의 뾰죽뾰죽한 산의 형태를 그렸다. 가장 높은 산은 빅뱅으로 인해 만들어진 원자, 수소와 헬륨이다. 우주에 있는 눈에 보이는 물질의 96 % 이상은 수소 아니면 헬륨으로 구성되어 있다. 그리고 보다 낮은 곳에 있지만 확실이 알아볼 수 있는 탄소, 산소, 철, 납

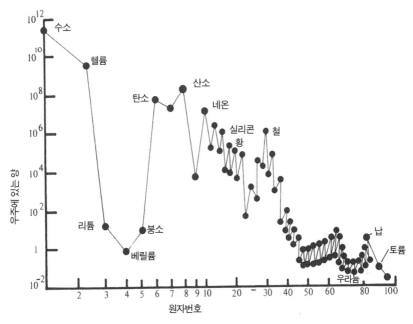

우주의 원소량의 곡선이 우주 전체에 보이는 다양한 종류의 원자의 상대적 수를 나타내고 있다. 이에 의해 원소가 어떻게 형성되었는지에 대한 이론에 제약이 가해졌다.(1982년, 타우베(Taube))

의 산이 그려져 있다. 커브가 나타내는 명백한 정의에 의해 별 내부의 원소합성이론에 환영할만한 제약이 추가되었다. 하지 않으면 안 될 것은 별이 어떤 원소를 다른 원소보다 훨씬 많이 우선적으로 만드는 과정을 확인하는 것이다. 아직 해독되지 않은 상형문자처럼 여기에는 원자의 계열이 새겨져 있다. "물질의 역사는… 원소의 존재량의 분포 속에 감추어져 있다."라고 호일, 파울러, 버비지 부부는 썼다. 이들의 연구는 1957년에 발표된 103페이지에 달하는 획기적인 논문으로 최고점에 달했다. 이 논문은 베테의 양자−양자반응과 탄소 사이클과 더불어 어떤 핵융합과정으로 중원소가 만들어지는지 나타내고 있다.(천체물리학용어로 중원소는 헬륨보다 무거운 모든 것을 의미한다.)

이 논문의 중심은 '시간이 화살'이었다. 원자의 진화는 별의 진화와 관련이 있고 오늘날 우주에서 보이는 원소의 혼합은 그 대부분이 별의 과거 행위의 결과라고 밝혀졌다. 별은 먼저 수소원자핵을 융합시켜 헬륨을 만드는 '수소의 연소'에 의해 동력을 얻는다. 그것이 베테가 발견한 양자−양자반응으로 맹렬하게 타오르는 거성의 약 100만 년부터 태양처럼 온도가 낮은 별의 100억 년 이상까지 이 반응은 장기간에 걸쳐 계속된다. 하지만 호일, 파울러, 버비지 부부가 썼듯이 "영원히 지속되는 핵연료는 없다." 최종적으로 수소의 공급이 바닥을 치면 별의 핵(core)은 수축한다. 수축에의해 핵이 뜨거워지고 보다 뜨거운 환경 속에서 헬륨연소가 시작된다. 헬륨원자핵의 융합으로 탄소, 산소, 네온의 원자핵이 만들어진다. 하지만 리튬, 헬륨, 붕소는 만들어지지 않는다. 탄소 등이 우주의 원소의 존재량의 커브에서 높은 산이 된 데 비해 리튬 등이 계곡이 된 것은 그 때문이다. 이 과정에 문제가 생기면 핵이 수축하면서 더 뜨겁게 되고 헬륨원자핵과 네온의 원자핵을 융합시켜 마그네슘, 실리콘, 황, 칼슘을 만든다. 별은 이중성을 갖는다는 이전의 이미지를 다중성이라는 이미지로 바꾸지 않으면 안 된다. 계속 진화한 별은 양파처럼 층상이 되어, 가스형태의 철의 핵심 주위를 실리콘, 산소, 네온, 탄소, 헬륨, 그리고 가장 바깥에는 수소라는 동심(同心)의 껍질이 둘러싼다. 이전에는 몰랐던 별의 연금술이 보여주는 묘기다.

철은 죽음을, 죽음은 해방을 부른다. 철의 핵심은 별의 중심에서 암처럼 성장하는데, 여기 닿는 모든 핵반응을 약하게 만든다. 별은 대단히 불안정해지고 전반적인 붕괴를 일으킨다. 핵심의 질량이 태양의 10분의 1에서 2, 3배가 되면 핵심은 급속히 딱딱한 구인 '중성자별'로 응결된다.(이는 가모프George Gamow, 바데Walter Baade, 로버트 오펜하이머Robert Oppenheimer, 프리츠 츠비키Fritz Zwicky의 연구로 밝혀졌다.) 볼 베어링처럼 부드럽고 마을보다는 작지만 태양과 비슷한 질량을 가진 중성자별은 그 축 주위를 급속히 회전하고, 회전하면서 전파, X선 등의 펄스(pulse, 짧은 동안만 흐르는 전류 - 옮긴이)를 방출한다. 그리고 예전에 폭발한 일부의 초신성의 위치를 가르쳐 주는 등대 역할을 해 준다. 중성자별은 거대한 원자핵과 흡사하다. 마치 원자핵을 만들어 내는 별이 하는 최대의 일이 거대한 핵의 묘석이라는 형태로 기념비가 된 것이다. 한편, 별의 폭발로 철보다 무거운 다양한 원자를 합성하는데 충분한 에너지를 만들어낸다. 철의 핵심이 붕괴할 때, 한 차례 쾅, 거대한 소리가 난다. 이 최후의 벨이 울리면 주위에 남아 있던 별의 물질로 만들어진 외층에서 떨어지는 가스를 긁어모으듯 음파가 표면으로 상승한다. 급속히 바깥으로 향하는 음파가 떨어지는 가스의 파도와 만나는데 그 결과, 우주의 어디에서도 볼 수 없을 것 같은 강한 충격이 발생한다. 순식간에 몇 톤의 금, 은, 수은, 철, 납, 요오드, 주석, 동이 마치 불타듯 충돌지대에서 만들어진다. 폭발로 인해 별의 외층은 성간 공간으로 날아가고 새롭게 만들어진 많은 원소를 포함한 구름은 팽창하는데, 오랜 시간을 들여 주위의 성간운에 녹아들어간다. 나중에 별이, 이들 구름을 응축하면 그 별은 예전의 별이 만든 원소를 계승해서 태어난다. 지구는 이 같은 과정을 거친 행성 중 하나이고 그러한 원소가 인간들이 서로 싸울 때 사용하는 청동 방패와 철로 만든 칼, 인간들이 갖길 원하는 금이나 은, 그리고 쿡 선장의 부하가 타히티 아가씨의 관심을 끌려고 이용했던 철로 만든 못의 선조들이다. 작은 별은 우주의 화학진화에 그만큼 극적인 공헌은 하지 않지만, 나름의 역할을 완수한다. 중원소를 항성풍stellar winds에 의해 우주 공간에 떠돌게 하거나 그 외층을 행성 형태의 성운으로서 변모시키거나 신성이라고 불리는 그리 파괴적은 아니지만 압도적인 폭발로 외층을 우주 공간으로 날리기도 한다. 이들 별의 작용을 은하표면에 나타나는 화학물질의 경사면에서 볼 수 있다. 은하 중심 근처 별의 스펙트럼에는 중원소가 거의 보이지 않는다. 거기서는 초기에 만들어진 이후 대부분의 별이 형성되지 않기 때문이다. 한편 별이 차례로 형성되는 소용돌이 팔에 속한 별들은 이들 중원소를 풍부히 갖고 있다. 우리는 원자와 별의 진화의 산물을 보고, 만지는 것에 더해 우리 자신이 바로 그 산물이다. 죽어가는 별과 그 화학적 유산에 대해서는 배울 점이 아직 많다. 이 미완성 이야기를 소련(지금의 러시아) 과학자인 야코프 젤도비치Yakov Zel'dovich, 이고르 노비코프Igor Novikov 의 연구를 참고로 버클리대학의 천문학자인 프랭크 슈Frank H. Shu가 쓴 내용으로 이 장을 마치겠다.

"별은 그 일생을 그 대부분이 수소원자핵과 표면에서 그러 모은 전자로 구성된 가스 상태에서 시작된다. 커다란 별이 빛나는 시대를 보내는 동안에 양자는 다양하고 복잡한 반응에 의해 차례로 무거운 원소로 결합된다. 이때 해방된 핵의 결합 에너지가 천문학자에게는 즐거움과 일거리를 선사한다. 하지만 최후의 초신성폭발로 이 원자핵 진화의 대부분이 설명된다. 최종적으로 핵은 중성자 덩어리를 형성한다. 최후의 단계인 중성자는 그 토대의 상태인 양자 그리고 전자보다 핵의 결합에너지가 약하다. 그러면 몇 백만 년 동안에 별을 계속 빛나게 한 에너지는 대체 어디서 온 것일까? 초신성폭발이 되는 소리와 격렬함을 태동시킨 에너지는 어디에서 왔을까? 에너지는 보존된다. 그러면 최후에 빚을 갚는 것은 누굴까? 답은 바로 중력! 최후에 만들어진 중성자별의 중력의 잠재력 에너지는 주계열별의 중력의 잠재적 에너지보다 훨씬 크다.(부정적으로 말하면 빚인 셈이다.) 따라서 원자핵물리학이 흥미 깊게 관련되었는데도 결국 켈빈과 헬름홀츠가 옳았다는 결과가 된다! 최대량의 에너지를 만들어내는 별 내부의 궁극적인 에너지 원천은 바로 중력이다."

금이나 다이아몬드를 볼 때마다 미래의 세계와 정신을 만들어내는 길로 돌진했다가 죽음을 맞는 별의 최후를 떠올리면 된다. 그것을 인간의 이미지에 비유하면 금세기 초의 어느 날, 러더퍼드를 위협하고, 노려보려고 애써 졸음을 떨쳐낸 그리고 웃었던 그 나이든 켈빈 경의 얼굴과 비슷할 것 같다.

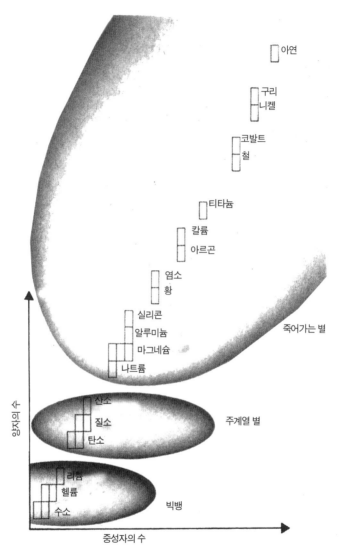

아연

구리
니켈

코발트
철

티타늄

칼륨
아르곤

염소
황

실리콘
알루미늄
마그네슘
나트륨

죽어가는 별

산소
질소
탄소

주계열 별

리튬
헬륨
수소

빅뱅

양자의 수

중성자의 수

우주의 원소는 빅뱅에 의해 가벼운 원자핵이 창조되었고, 그 이후 별의 내부에서 이들 가벼운 원자핵이 보다 무겁고 복잡한 원자핵으로 핵융합됨으로써 진화한다.(1984년, 리브스Reeves)

375

3장

창조 CREATION

땅도 하늘도 없는 허공이여,
불명료하고 목적도 없는 곳이니.
영원하고 처음도 끝도 없어라.
세상이 되어 널리 퍼져다오!

- 타히티의 창조 이야기

내가 진정으로 흥미를 갖는 건
신이 세상을 창조할 때, 선택의 여지가 있었는지의
여부다.

- 아인슈타인

길이란 무엇이냐고? 길은 없다.

- 닐스 보어, 괴테를 인용해서

물리학의 진보는 늘 직관적인 것에서
추상적인 것으로 진화되었다.

- 막스 보른

15. 양자의 불만

    탐험이라는 행동은 탐험가의 미래를 바꾼다. 오디세우스도 마르코 폴로, 콜럼버스도 집에 돌아왔을 때는 다른 사람이 되어 있었다. 광활한 우주론적 공간에서 비좁고 제정신이 아닌 것 같은 소립자의 세계까지 극대와 극소의 과학조사도 그와 마찬가지였다. 이러한 여행은 우리가 소중히 여겨왔던 많은 과학적 철학적 개념을 재고하게 만들어 우리를 바꾸었다. 사막을 횡단하는 여행자가 차례로 소지품을 버리듯, 버려야만 할 게 있고, 본디의 자취를 알 수 없을 만큼 변형된 것도 있었다. 은하 영역의 탐험으로 인간의 시야는 10^{26}까지 넓어졌고 상대성이론과 연결된 혁명이 이루어졌으며 뉴턴의 세계관은 휘어진 공간, 유연한 시간으로 구성되는 광활한 우주의 극히 일부분밖에 적용되지 않는다는 사실이 밝혀졌다. 한편, 소립자 영역의 탐험으로 보통 크기의 10^{-15}의 크기밖에 없는 작은 영역까지 볼 수 있게 되었고, 거기서

재차 혁명이 일어났다. 바로 양자물리학으로 손에 닿는 모든 것을 변화시켰다.

양자이론은 1900년에 막스 플랑크Max Planck가 에너지는 연속적으로 방출된다는 고전적인 가정을 버리고 에너지는 불연속의 단위로 방출된다는 전례가 없는 가설로 바꾸기만 하면 '흑체 복사 곡선'이라고 불리는 것을 설명할 수 있다는 것을 깨달으면서 탄생했다. 흑체 복사 곡선은 최대한으로 빛을 방사하는 물체에 의해 만들어지는 에너지의 스펙트럼을 말한다. 플랑크는 이러한 단위를(양을) '얼마how much'를 의미하는 라틴어에서 따서 양자quantum라고 부르고 h로 표시하는 작용양자quantum of action로 정의했다. 플랑크는 혁명주의자는 아니었지만 양자이론이 그때까지 그가 줄곧 연구했던 고전물리학 대부분을 분쇄하고 만다는 것을 주저 않고 인정했다.(그는 42살로 수학 세계의 기본으로 따지면 나이 많은 축에 속했고, 게다가 19세기 독일의 문화 융성기의 중심 인물이었다.) 그는 다음처럼 썼다. "어렵기 때문에 그렇기에 더욱… 점점 중요해지고, 마침내 물리학에 관한 모든 지식을 보다 확장시키고 보다 심오하게 만들 것이다." 그의 말은 현실이 되었다. 늘 변화하고 발전하며 비누거품처럼 예상도 하지 않았던 색을 창조하면서 양자물리학은 머지않아 사실상 물리학의 모든 영역으로 퍼져나갔다. 그리고 플랑크의 h는 아이슈타인의 C(광속)처럼 자연의 기본 정수의 하나로 간주되었다.

양자의 원리는 아주 기묘해서(한 잔의 맥주를 마실까 아니면 아예 안 마실까의 선택은 있지만 제로와 한잔 사이의 중간이 되는 양의 맥주를 마시는 것은 자연법칙에 의해 금지된 것 같다고 가모프는 말했다.) 발전할수록 더욱 기묘해졌다. 고전물리학과 완전히 결별한 것은 1927년 독일의 젊은 물리학자 베르너 하이젠베르크Werner Karl Heisenberg가 불확정성원리에 도달했을 때였다.

알려진 우주의 척도

반경(m)	특징적인 물체
10^{26}	관측 가능한 우주
10^{24}	초은하단
10^{23}	은하단
10^{22}	은하군(예, 국부은하군)
10^{21}	은하
10^{18}	거대성운, 분자운
10^{12}	태양계
10^{11}	적색거성의 외층
10^{9}	태양
10^{8}	거대행성(예, 목성)
10^{7}	왜성, 지구같은 행성
10^{5}	소행성, 혜성의 핵
10^{4}	중성자별
1	인간
10^{-2}	DNA 분자(단축 short axis)
10^{-5}	살아 있는 세포
10^{-9}	DNA 분자
10^{-10}	원자
10^{-14}	중원소의 원자핵
10^{-15}	양자, 중성자
10^{-35}	막스 플랑크의 길이: 공간의 양자; 초끈이론의 '크기가 없는' 입자의 반경

하이젠베르크는 어떤 입자의 정확한 위치 또는 그 정확한 운동량

중 어느 쪽은 알 수 있지만 그 양쪽을 다 알 수는 없다는 사실을 발견했다. 가령(플래시를 터트려 사진을 찍듯이) 양자에 빛을 비추고 어떤 특정한 순간의 정확한 위치를 측정할 수 있다. 하지만 빛에서 에너지를 받음으로써 양자의 운동량은 변화한다. 따라서 소립자 세계의 지식은 저절로 한정되고, 부분적인 답밖에 얻질 못한다. 또한 그 답의 성질은 질문이 뭔지에 따라 어느 정도는 결정된다. 하이젠베르크는 미크로의 세계에 늘 불확정성이 존재하고, 그 불확정성을 정의하는 것이 다름 아닌 플랑크의 작용양자인 h임을 계산으로 증명했다. 양자의 불확실성은 관측 장치의 탓이 아니다. 절대적인 한계가 있기에 아무리 과학이 진보해도 어떡할 도리가 없는 게 있다. 고전원자물리학은 이론상 수십억에 달하는 입자(가령, 양자)의 정확한 위치와 운동량을 측정하고 거기에서 얻은 데이터로 미래의 어떤 시기에 양자가 어디에 있는지를 정확히 측정할 수 있다고 가정했다. 하이젠베르크는 이 가정이 잘못되었음을 증명했다. 우리는 무수한 입자는커녕 단 한 개의 입자의 행동에 대해서조차 모든 것을 알 수 없다. 그러니 모든 자세한 점에서 완전히 정확한 미래의 예측은 결코 불가능하다. 이는 물리학의 세계관에 근본적인 변화를 일으켰다. 물질이나 에너지뿐 아니라 지식 그 자체가 양자화된다는 것이다. 물리학자가 소립자의 세계를 상세히 조사할수록 보다 큰 불확정성이 나타났다. 광자가 원자에 부딪혀 전자에게 에너지를 부여하면 전자는 궤도와 궤도 사이에 머무르지 않고 보다 에너지가 높은 궤도로 점프한다. 궤도의 반경은 양자화되고, 전자는 어떤 점에서 모습을 감추자마자 별도의 장소에 나타난다. 이것이 악명 높은 '양자 비약'으로 단지 철학적인 난제가 아니다. 그것을 빼고는 원자의 행동을 정확히 예측할 수 없기 때문이다. 별의 중심에서 양자가 쿨롱 장벽을 넘어 핵융합이 일어나는 것도 양자의 불확정성이 존재해서다. 무슨 말인지 모르겠다는 사람이 있어도 전혀 이상하지는 않다. 코펜하겐에서 양자역학 탓에 현기증이 난다는 학생이 불평했을 때, 닐스 보어는 이렇게 대답했다. "양자의 문제를 현기증을 일으키지 않고 생각할 수 있다면 그 사람은 초보적인 것도 이해하지 못하고 있음이 틀림없다." 하지만 현기증 현상은 단지 육안으로 보이는 세계에서 자란 우리 인간이 육안으로 보이는 것에 비유해서 사물을 생각하기 때문이다.(소립자를 산탄으로, 빛의 파도를 해양의 파도로, 원자를 작은 태양계로, 등등.)

우리가 가진 이미지는 우리를 둘러싼 세상을 시각적으로 인지함으로써 만들어진다. 하지만 눈이 지각한 세상 그 자체가 미크로의 척도로 자세하게 조사하면, 환상에 지나지 않는다. 고체 그 자체인 골드바조차 그 안은 거의 비어있다. 각각의 원자의 원자핵은 아주 작고, 하나의 원자를 1000조 배로 확대해서 그 가장 바깥의 전자의 껍질을 대도시 로스앤젤레스만큼의 크기로 만든다 해도 그 원자핵의 크기는 중심가에 주차되어 있는 소형차밖에 되지 않는다.(전자껍질은 각각 1.6킬로미터 정도의 두께로 수 킬로미터의 공간에 의해 분리된 중요치 않은 무성전광heat lightning 영역이다.) 소립자의 척도로 따지면, 당구공은 은하처럼 듬성듬성한데, 만일 원자핵이 전기를 띠지 않으면 은하처럼 서로 손해를 끼치지 않고 빠져나갈 수 있을 것이다.

양자 혁명은 고난이 따랐지만 그 덕분에 고전적인 세계관을 고민에 빠뜨린 몇 가지 환상에서 벗어났다. 인간은 자연으로부터 독립해서 관측이라는 행위를 객관적으로 행할 수 있다는 가정은 망상이지만 독립성을 띤다. 그때까지 과학자는 자신이 적극적으로 관여하지 않는 관찰자이고 연구소의 창문 혹은 망원경의 렌즈에 의해, 조사하고 있는 바깥의 세계와 격리되어 있다고 생각했다. 하지만 미크로의 수준에서는 관측의 모든 행위가 파괴적이고(별에서 온 무수한 광자는 우리의 눈에서 죽고, 양자는 가속기의 표적에 충돌한다.) 어떤 관측 방법을 선택하느냐에 따라(천체물리학자가 말하듯 '파동함수의 수렴') 그 상호작용에 영향이 나타난다. 소립자는 조사하는 방법에 따라 입자도 되고 파도wave도 된다. 소립자는 어느 한쪽을 따르지 않고 관측이라는 이벤트의 참가자이며 이벤트에 따라 모습을 바꾸기도 한다. 우리는 사물 그 자체를 보는 게 아닌 사물의 국면을 보고 있는데 지나지 않는다. 관측자가 관측이라는 이벤트에서 어떤 역할을 하는지를 명확히 함으로써 양자역학은 물리학에 커다란 변혁을 가져왔다. 벽을 부수고 마음과 광활한 우주를 다시 연결시켜 주었다. 그리고 엄밀한 인과관계의 딜레마에서도 벗어났다. 고전물리학은 결정론적이다. A라면 B가 되어야 한다. 가령, 창문을 향해 발사된 총알은 유리를 부순다. 양자의 척도로는 이는 '아마도 진실'이라는데 지나지 않는다. 총알 내부의 입자의 대부분은 창문 유리 내부의 입자와 만나지만, 일부는 다른 곳으로 가버린다. 그들 입자 하나하나마다의 궤도는 통계적인 확률에 의해서만 예측된다. 아인슈타인은 양자물리학의 이 견해에 꽤 고민했다. "신은 주사위 놀이를 하지 않는다."라고 그는 말했는데, 불확정성원리는 실용적일지는 몰라도 마음과 자연 사이의 기본적인 관계를 나타내지는 않는다고 논하고, 친구이자 동료인 막스 보른에게 다음처럼 편지를 썼다.

> "빛에 쪼여진 전자가 스스로의 자유의지로 날아오를 뿐만
> 아니라 그 방향까지 정한다는 생각은 도무지 받아들일 수가
> 없네. 만일 그렇다면 나는 물리학자가 아닌 구두 수선공이
> 나 도박장 종업원이 되는 게 더 나으니까."

아인슈타인은 양자불확정성이론을 반박할 목적으로 일련의 사고실험을 닐스 보어에게 제시했다. 절정기에 있었던 아인슈타인의 아이디어는 가끔 경탄할만한 독창성과 치밀함으로 넘쳐 있었지만 보어와 그의 제자는 그 모든 것에 결함이 있음을 발견했다. 당시나 지금이나 우주가 엄밀하게 결정론적 토대 위에 건축되어 있다는 것을 나타내는 것은 자연 속에서도 존재하지 않는다. 그리고 관측 불가능한 숨겨진 메커니즘(숨겨진 변수)의 필요성을 증명했던 철학자도 없다. 보어에게 굴복하진 않았지만, 형세가 불리하게 돌아가는 것을 깨달은 아인슈타인은 얼마 동안은 관망자의 자세를 유지했다. "양자역학이 대단한 것임을 인정하겠네."라고 그는 막스 보른Max Born에게 말했다. "하지만 내면의 목소리는 내게 그것이 아직 진짜가 아니라고 말하고 있네. 이론은 많은 것을 말해주지만 악마의 비밀에는 결코 다가가지 않네. 적어도 나는 신은 주사위 놀이를 하지 않는다고 믿고 있네." 최종적으로 자신이 옳았다는 게 증명될 것이라고 아인슈타인은 주장했다. "나는 확률이 아닌 심사숙고한 사실을 법칙화하는 이론을 누군가 최종적으로 발견하기를 믿어 의심치 않네."

아마 그럴지도 모른다. 하지만 그렇게 되지 않기를 우리가 왜 바라는지는 잘 모르겠다. 엄밀한 인과관계는 본디 어지러운 명제다. 프랑스 수학자인 피에르시몽 드 라플라스Pierre Simon Laplace의 정의를 살펴보겠다.

> "어느 순간의, 자연계에 작용하는 모든 힘과 우주를 구성하는 모든 물체의 위치의 데이터를 갖고, 그것을 분석할 수 있는 능력을 가진 자는 세계 최대의 물체를 가장 가벼운 원자의 움직임을 하나의 공식으로 이해할 것이다. 그에게 불확실한 것은 전혀 없고 과거도 미래도 그에게는 일목요연하다."

양자물리학의 명확한 증거를 무시하면서까지 집착할 가치가 있을까? 전지전능의 존재는 신뿐일까? 바륨원자의 방사성붕괴에서 헤이스팅스 전투까지 뭐든지 운명지어진 우주라면 독창성과 놀라움이 결여된 게 아닐까? 이들 질문을 무시하는 것도, 아인슈타인이 양자 해석에 대한 반감을 갖고 라플라스의 결정론적인 견해에서 후퇴하는 것도 자유다.(혹은 그렇게 운명 지어졌거나.) 양자의 불확정성은 인간의 의지와는 무관계일지도 모르나 철학적으로는 세계에서 기본적으로 일어나는 일에 우연히 되돌아온 것을 축복할 이유는 된다. 물론 과학이론은 철학적으로 이러쿵저러쿵하지 않고 그것이 제대로 기능하는지의 여부로 판단이 내려진다. 양자물리학은 제대로 기능하고 있다. 양자물리학은 세상을 활기가 넘친 장(場)으로 그려내고 있다. 장의 방정식은 너무 추상적으로 보이지만 우리에게 익숙한 평범한 비유보다 훨씬 정확히 소립자의 세계를 이야기해주고 있다. 양자론이 태어날 때 고통이 없었던 게 아니다. 미크로의 영역을 탐색하려는 사람들은 예전에 천문학자가 소용돌이 성운이나 태양의 연령에 대한 고민과 마찬가지로 잘못된 생각이나 혼란에 휘말렸다. 프톨레마이오스의 우주론에도 양자수는 실질적이 아닌 추상개념이 난무했고, 암흑시대 그 자체였다. 너무 많은 입자가 등장했고 물리학자는 그것들을 놓치지 않기 위해 '소립자 특성 핸드북'이라는 책을 열심히 뒤져봐야만 했다.

"만일 이들 소립자의 이름을 전부 외웠더라면 지금쯤 식물학자가 되었을 것."이라며 엔리코 페르미Enrico Fermi는 화를 냈고, 물리학자인 마르티뉘스 펠트만Martinus J. G. Veltman은 나중에 "소립자의 수가 늘어날수록 우리의 무지도 늘어났다."라고 썼다. 수십 년간 서로 모순된 많은 이론이 대립했다. 물리학자 중에는 너무 화난 나머지 과학 그 자체에서 손을 뗀 사람도 있었다. 하지만 정신의 성장을 촉진한 것은 부드러움이 아니라 소란과 혼동이었다. 미진하게 밝아오기 시작한 양자물리학은 생동감을 갖고 급속히 발전하는 과학 분야뿐 아니라, 인간 사고방식의 역사 중에서 최대의 지적위업의 하나로서 그 모습을 보여주었다. 불완전하면서도 양자물리학은 광학, 컴퓨터설계에서 별의 반짝임에 이르기까지 여러 분야에서 정확한 예측을 할 수 있게 되었다. 양자물리학이 설명하려고 했던 우주에 걸맞은 아름다움과 광활함을 이미 가지고 있는 것으로 보일 수 있는 이론구조 측면에서 그렇게 할 수 있었다.

1970년대까지 양자물리학을 구성하게 된 여러 이론은, 정리해서 표준모델로 만들어졌다. 그 입장에서 바라보면 세상은 두 가지로 크게 나눌 수 있는 소립자 그룹으로 구성되어 있다. 분수($\frac{1}{2}$)의 스핀을 가진 '페르미온'(엔리코 페르미의 이름을 땄다)과 정수(0, 1, 2)의 스핀을 가진 보손Boson(사트엔드라 나트 보스Satyendra Nath Bose의 이름을 땄다)이다. 보스는 아인슈타인과 더불어 그 행동을 지배하는 통계적 법칙을 개발했다.[51] 페르미온은 물질을 구성하는데 볼프강 파울리Wolfgang Pauli의 '배타율'이라고 부르는 것을 따른다.

1925년 오스트리아의 물리학자인 볼프강 파울리는 동시에 어느 양자상태를 차지하는 페르미온은 하나밖에 없다는 것을 입증했다. 이 페르미온의 특질 때문에 한정된 수의 양자만이 원자의 각각의 껍질을 차지하고, 안정된 원자핵을 형성하는 양자와 중성자의 수에 상한이 정해진다. 양자, 중성자, 전자는 모두 페르미온이다. 보손은 힘을 운반한다. 비유하자면 페르미온은 볼을 서로 주고받는 아이스하키 선수들이고, 볼은 보손에 닿는다. 볼을 던지거나 받을 때 생기는 각각의 선수가 그리는 궤적의 변화가 뉴턴 식의 언어를 빌리면 힘의 존재를 나타낸다.[52]

보손은 배타율에 따르지 않기에 몇 개의 다른 힘이 동시에 똑같은 장소에서 작용할 수 있다. 가령, 이 책 속의 원자는 그 양자와 전자 사

---

51 여기서 말하는 '스핀'은 양자화된 것으로 우리에게 익숙한 기계적인 스핀을 말하는데, 작용양자 h로 관측된다.

52 볼은 동일한 전하를 가진 두 개의 전자 혹은 다른 페르미온 간의 상호작용에서 볼 수 있듯이 순수하게 서로 반발한다.(양자와 전자 간처럼) 서로 끌어당기는 힘을, 아이스하키 선수가 서로 떨어지면 늘어나서 서로를 끌어당기는 고무줄을 보손이라고 상상해보자. 배타율은 충돌하지 않도록 각각의 선수가 후프 스커트를 입고 있다고 생각하면 된다.

이의 전기적 인력과 지구 중력의 양쪽 모두의 대상이 된다. 기본적인 힘(양자용어로는 상호작용의 종류)으로서 중력, 전자기력, 강한 핵(nuclear)의 힘, 약한 핵의 힘의 4종류가 알려져 있는데, 각각 독특한 역할을 맡고 있다. 물질의 모든 입자가 서로 끌어당기는 보편적인 인력인 중력은 별과 행성이 서로 떨어지지 않게 해주고, 행성이 별의 주위 궤도를 돌듯이 별이 은하 내부의 궤도를 돌도록 작용하고 있다. 반대의 전하 혹은 자기를 가진 입자간의 인력인 전자기력은 빛을 비롯해 모든 전자파를 만든다. 전자파에는 전파라고 불리는 긴 파장의 방사부터 X선이나 감마선으로 불리는 짧은 파장의 방사radiation까지 있다. 전자기력은 또한 원자를 결합해서 우리가 알고 있는 물질의 구조의 토대가 되는 분자를 만든다. 강한 힘은 원자핵 내부에서 양자와 중성자(이들은 '핵자'로서 알려져 있다.)를 결합해 쿼크라고 불리는 소립자를 결합해 핵자를 형성한다. 약한 힘은 러더퍼드와 퀴리가 연구한 라듐의 덩어리가 방출하는 에너지의 원천인 방사성원소 붕괴의 과정에 관여한다. 각각의 힘이 서로 다르기에 그들을 운반하는 보손의 성질을 반영한다. 중력과 전자기력은 무한한 거리까지 뻗친다. 왜냐하면 이 두 가지 힘을 운반하는 각각의 중력자와 광자로 알려진 보손은 질량이 없기 때문이다. 힘이 무한히 뻗어나가기에 우리의 은하는 처녀자리 은하단의 인력을 '느끼고' 수십억 광년이나 떨어진 곳에서 오는 별의 빛을 볼 수 있다. 약한 힘은 아주 짧은 거리에서만 작용한다. 약한 보손이라고 불리는 그것을 운반하는 입자가 무겁기 때문이다.

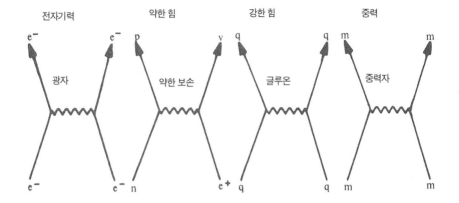

자연 속에서 작용하는 4가지 기본적인 힘을 상호작용의 특징으로 나타낸 것.
전형적인 전자상호작용에서는 전자의 페어pair(e-로 나타냄)가 광자를 교환한다. 약한 힘의 상호
작용은 약한 보손을 교환함으로써 중성자(n)이 양자 (p)로 붕괴한다고 도표에 나타나 있다. 이에
의해 또는 양전자(e+)가 중성미자(v)로 변화한다. 강한 상호작용에서는 쿼크(q)가 글루온을 교환
한다. 중력은 질량을 가진 두 개의 입자(m) 사이에서 중력자를 교환하는 데 관여한다.

　　강한 힘은 글루온이라고 불리는 질량이 없는 입자에 의해 운반
된다. 글루온에는 그것들을 서로 교환하는 입자 쿼크가 떨어져 나가
려고 하면, 힘이 약해지는 게 아니라 되려 힘이 강해지는 기묘하지만
훌륭한 특질을 지니고 있다. 동료들에게서 떨어지려고 하는 쿼크는
고무줄로 연결된 것처럼 머지않아 글루온의 모습으로 되돌아온다. 따
라서 현재의 우주에서 쿼크는 양자와 중성자 사이에 묶여진 채로 아
직 단독적인 쿼크는 관측되지 않고 있다. 사람들은 단독적인 쿼크를
찾으려고, 가속기 내부의 충돌에서 달의 먼지, 먹는 굴(바닷물을 정수해
서 쿼크를 얻을지도 모른다)까지 모든 것을 뒤지고 있다.

물질을 구성하는 페르미온은 악명 높을 정도로 다양하고 종류도 많지만 강한 힘에 반발하는 '쿼크'와 그에 반응하지 않는 '경입자leptons' 등 다른 모든 것으로 분류할 수 있다. 경입자는 가벼운 입자로 그 내부는 원자핵의 주위를 도는 전자도 포함되어 있다. 쿼크는 양자와 중성자를 구성하는 미립자로 3개의 쿼크가 하나의 핵자를 형성한다.[53]

기본적인 상호작용

힘	범위(m)	상대적 강함	역할
강한 핵의 힘	〈 3×10^{-15}	10^{41}	양자와 중성자를 원자핵 내부에서 결합
약한 핵의 힘	〈 10^{-15}	10^{28}	방사성 붕괴에 관련
전자기력	무한	10^{39}	원자를 결합해 분자를 형성. 빛, 전파, 기타 전자기 에너지를 전달
중력	무한	1	별과 행성을 결합, 별을 은하에 결합

쿼크도 경입자도 10^{-18}미터의 크기까지 조사해 봤지만 그것을 구성하는 것은 발견하지 못했다. 이는 원자 한 개를 지구의 크기까지 확대해도 쿼크와 경입자를 구성하는 것은 자몽보다 작다는 것을 뜻한다. 아무튼 쿼크와 경입자가 물질의 근본이 되는 입자라고 말해도 좋을 것이다.

물질의 구성물

입자	기술	예
경입자	'크기가 없다'(즉, 반경이 10^{-35}미터보다 작다)	
	강한 핵의 힘과 무관계	전자, 뮤 입자, 중성미자
쿼크	작다(10^{-18}미터보다 작다) 하지만 크기는 유한하다.	
	강한 핵의 힘과 관계있다	강입자(쿼크 3개)
		중간자(쿼크 2개)

---

53 '쿼크'라는 이름은 이 개념을 생각한 캘리포니아 공과대학의 머리 겔만Murray Gell-Mann이 붙였다. 작가인 제임스 조이스James Joyce의 '피네간의 경야에 나오는 '3개의 쿼크를 마르크 왕에게!'에서 따왔다고 한다. 독자적으로 똑같은 개념에 도달한 캘리포니아 공과대학의 조지 츠바이크George Zweig는 그것을 '에이스aces'라고 불렀지만, 그 말은 겔만이 이름 지은 쿼크에 가려졌다. 아마 트럼프의 에이스가 3매가 아닌 4매이기 때문일 것이다.

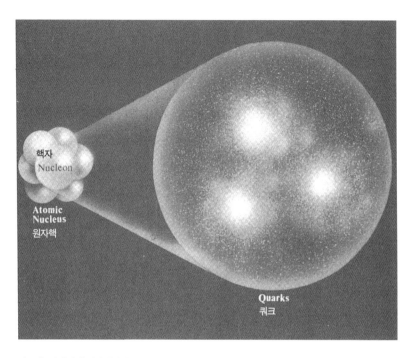

핵자
Nucleon

Atomic
Nucleus
원자핵

Quarks
쿼크

쿼크의 3개의 쌍이 핵자(양자와 중성자)를 구성한다고 여겨진다. 그리고 핵자가 원자핵을 구성한다. 이 모델에 따르면 양자는 +2/3의 전하를 가진 2개의 '업up' 쿼크와 +1/3의 전하를 가진 '다운 down' 쿼크 1개로 형성된다. 따라서 양자의 전하는 4/3 - 1/3 = +1이 된다. 중성자는 2개의 다운 쿼크와 1개의 업 쿼크로 형성되는데, 따라서 전하는 0이 된다.

경입자와 쿼크는 각각 6종류씩 있다고 여겨진다. 우주에서 모든 기본적인(즉 단순한) 현상은 원칙적으로 표준모델이면 해석할 수 있다. 아이가 별을 보고 있으면, 별에서 온 광자가, 아이의 망막에 있는 감각기관의 외측 원자의 전자를 툭툭치고, 거기에 전자의 상호작용을 일으킴으로써 이미지를 뇌로 전달한다.

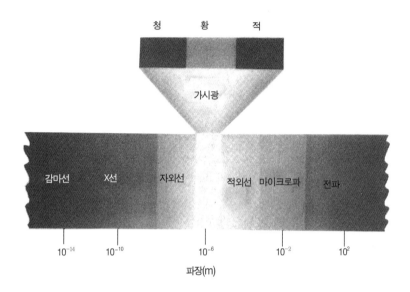

청　　　황　　　적

가시광

감마선　　X선　　　자외선　　적외선　마이크로파　　전파

10^{-14}　　10^{-10}　　　10^{-6}　　　10^{-2}　　　10^{2}

파장(m)

전자기에너지는 넓은 범위의 파장에 걸쳐 자연스러운 과정으로 만들어진다. 이는 블랙홀에 떨어진 가스가 방출하는 감마선이나 X선, 별이 내는 빛, 우주배경방사의 마이크로파, 성간운에서 나오는 전파 등이 있다.

이 모두가 전자기력이 하는 일이다. 별의 빛을 만드는 핵반응은 별 내부에서 작용하는 강한 힘과 약한 힘으로 만들어진다. 그리고 중력은 별을 하나로 유지시키면서 동시에 별을 보고 있는 아이의 발을(간헐적이라도) 지면에 발붙이게 해주는 힘이다.

4가지 중 3가지 힘에 의한 물질을 구성하는 각종 입자가 어떻게 행동하는지에 대한 과학적 설명은 상대론적 양자장의 이론으로서 알려져 있다. 이렇게 부르는 이유는 광속에 가까운 속도로 움직이는 입자의 질량 증가라는 효과를 고려해 양자론과 특수상대성이론의 양쪽을 합쳤기 때문이다. 전자기력은 양자전자역학(QED; Quantum

Electrodynamics)이론에 의해 절묘하고 정확하게 기술된다. 강한 힘은 양자색역학(QCD; Quantum Chromodynamics)이론에 의해 기술된다(여기서 '색'이라고 불리는 양자의 수는 전자에서의 전하의 역할을 쿼크에서 하고 있다.) 약한 힘은 앞으로 서술하듯이 최근의 '전약electroweak' 통일이론의 범위에 포함되었다.

중력은 아직 고립된 채로 있다. 그 작용은 고전이론인 아인슈타인의 일반상대성이론으로 여전히 설명된다. 이는 아직 양자원리와 합쳐지지 않았다는 것을 뜻한다. 대부분은 이로써 별문제가 되지 않지만 블랙홀의 내부라든지, 팽창을 시작하는 순간의 우주라든지, 극단적으로 강한 중력장에서는 상대성이론이 무너지고 만다. 거기서는 공간의 효율이 무한하기 때문에 이론은 어쩔 수 없이 퇴장한다. 1980년대가 끝날 무렵에도 일반상대성이론을 보완하는 중력의 양자이론은 존재하지 않았다. 그 이유 중 하나는 중력이 약해서이다. 각각의 소립자는 일반적으로 다른 소립자로부터 미치는 중력에 거의 영향을 받지 않기에 공간 그 자체의 기하학으로 생긴다고 해석된다. 따라서 중력을 운반한다고 여겨지는 '중력자'는 공간 그 자체의 형태를 지배하고 있는 게 확실하지만, 그것을 어떻게 행하는지 설명하는 이론은 쉽게 만들어지지 않는다. 오늘날의 소립자물리학은 이를테면 분가(分家)이고, 표준모델이 나름대로 결과를 얻고는 있지만, 물질에 대한 모든 것을 밝힌다고 생각하는 사람은 거의 없다. 모델은 얼기설기한 퀼트(누비) 같은 것으로, 만다라는 아니다. 이론을 제대로 달리게 하려면 약 17개의 별도의 파라미터를 도입해야만 한다. 그 값은 실험으로 결정되었지만, 그 기본적인 의미는 아직도 이해가 부족하다. 가령, 우리는 전자에 의해 운반되는 전하가 $1.6021892 \times 10^{-19}$ 쿨롬(coulomb)과 동일하고, 양자의 질량이 938.3 MeV로 중성자 질량의 0.9986 배와 동일하다는 것을 알고 있지만, 왜 그 수라야만 하고 다른 수는 안 되는지에 대해 알고 있는 사람은 누구도 없다. 표준모델에서는 만족하지 못하는 이유를 일리노이주의 페르미 입자가속연구소 소장인 리언 레더먼은 다음처럼 쓰고 있다.

> "현재 우리가 직면한 곤란한 점은 아주 정확하고 아주 강력해서 많은 것을 설명해주는 표준모델이 완전하지 않다는 것이다. 거기에는 몇 가지 결함이 있는데, 그중에서 최악은 감각적인 것이다. 너무 복잡하고 너무 많이 자유롭게 선택할 수 있는 파라미터가 있다. 우주를 창조하면서 왜 창조주는 17개의 손잡이를 비틀어서 17개의 파라미터를 설치했는지, 그 이유를 전혀 모르겠다. 그 형상은 아름답다고 말하기 어렵다. 아름다움과 단순함과 대칭성이야말로 물리학을 이끄는 확실한 길잡이인데도."

20세기 말의 물리학자는 지금까지도 기본적인 상호작용의 보다 간단하고 보다 효율적인 설명을 찾고 있다. 그들의 탐구 대상은 '통일unified이론'이라고 불린다. 이는 일반적으로 현재는 별도의 이론으로 처리되는 두 가지 혹은 그 이상의 힘을 하나의 이론으로 설명하는 것을 뜻한다. 과학자들은 실험 데이터와 눈앞의 주제에 대한 도전으로 이끌린다. 아인슈타인이 언급했듯이 이론가는 '부도덕한 낙천주의자'와 흡사해서, 모든 것을 설명하는 이론을 쓰기보다는 눈앞에 놓인 문제의 특정한 해석을 발견하는데 전념하는 경향을 보인다. 하지만 그들은 레더맨Lederman이 말했듯이 자신들의 자연에 관한 설명은, 자연 그 자체의 우아한 단순함과 최고의 창조성에 보다 가깝게 다가가려는 자발적인 희망으로 이끌린다.

아름다움의 영혼, 너 자신의 색조로,

네가 빛나게 하려는 모든 것을 정화하는,

인간의 사고, 혹은 형태, 특히 예술은 대체 어디로

갔나?

왜 너는 사라지고, 이 희미한, 텅 빈 고독한

슬픔이 많은 인생에, 우리를 버려두고 갔나?

- 지적인 아름다움을 위한 찬가, 셸리Shelley, 영국 시인

우주는 우리가 가진 지성의 내부구조에 존재하는,

심원한 균형미의 토대에서 만들어진다.

- 폴 발레리, 프랑스 시인

16. 완전하다는 거짓말

　이론물리학자의 연구는 예술가처럼 논리적 문제뿐 아니라 아름다움에 의해서도 이끌린다. "어떤 과학연구에서도 순수한 이론 이상의 것이 필요하다."라고 앙리 푸앵카레는 썼는데, 이에 따르는 부가적 요소를 '수학적인 아름다움, 수와 형식의 조화, 그리고 기하학적 우아함을 느끼는' 직관력이라고 생각했다. 하이젠베르크는 "자연이 우리에게 보여주는 수학체계의 단순함과 아름다움"에 관해 언급하면서 아인슈타인에게 "자연이 돌연히 우리에게 보여주는 경탄할만한 단순함과 관계의 아름다움, 그것을 당신도 느끼겠지요."라고 썼다. 영국의 이론물리학자 폴 디랙Paul Dirac은 "방정식이 실험과 일치하는 것보다 방정식의 아름다움이 들어가 있는 게 훨씬 더 중요하다."라고까지 주장했다.[54] (그의 상대론적 혹은 양자역학적 전자에 대한 기술은 아인슈타인, 보어의 최고 걸작과 어깨를 나란히 한다고 알려져 있다.)

아름다움은 대단히 주관적이라서 물리학자가 자신의 이론에서 아름다움을 추구한다는 기술은 아름다움을 정의할 수 있는 경우만 그 의미를 갖는다. 다행히 어느 정도까지는 과학적인 아름다움을 정의할 수 있다. 그 아름다움이라는 것은 대칭성이라는 태양같은 존재에 비춰지기 때문이다. 대칭성Symmetry은 과학적으로도 예술적으로도 많은 의미를 갖는 신성하거나 심오한 개념이다. 장(場)의 대칭성이론을 발전시킨 연구로 노벨상을 수상한 중국계 미국인 양전닝Chen Ning Yang은 수상 후 훨씬 뒤에도 "우리는 아직 대칭성의 개념의 전모를 파악한 게 아니다."(그는 '전모full scope'라는 말을 강조했다.)라고 지적했다. 그리스어에서는 대칭성Symmetry은 '똑같은 양'을 뜻한다.(symphony가 음을 맞춘다는 의미처럼 sym은 함께를 의미하고, metron은 크기나 양을 의미한다.) 따라서 대칭성은 측정할 수 있는 양의 반복과 관계가 있다는 것을 그 어원이 알려준다. 그리스인은 또한 이 언어를 '적절한 비율'의 의미로도 사용했다. 이는 똑같은 반복이 조화가 어우러진 마음이 편한 상태라야만 하는 것을 의미한다. 즉 대칭적인 관계는 보다 고상한 미적 기준에 의해 판단된다.(이 사고방식에 대해서는 이 장의 끝부분에서 설명하

---

54 물론 디랙은 경험적인 결과를 모두 무시하라는 게 아니라, 아름다운 이론은 최초의 실험에서 실패했더라도 꼭 버릴 필요는 없다는 뜻이다. 그의 마음속에는 실험적 데이터와 모순되는 점이 있었기에, 에르빈 슈뢰딩거Erwin Schrodinger는 파동역학의 방정식을 발표하는 것을 주저한 적이 있었다.(디랙과 슈뢰딩거는 노벨물리학상을 공동 수상했다 - 옮긴이) "아름다운 이론을 갖는 게 제일 중요하다."라고 디랙은 과학 저술가인 호레이스 프리랜드 저드슨Horace Freeland Judson에게 말했다. "만일 관측이 그것을 지지하지 않는다 해도 너무 실망하면 안 된다. 당분간 기다리면서 관측 중에서 잘못된 부분이 있는지를 살펴보면 된다."

겠다.) 하지만 20세기의 과학에서는 '동일한 양'이라는 점이 강조되고 대칭성은 측정할 수 있는 양이 변해도 그것이 불변할 때 존재한다고 알려져 있다. 이 정의가 주변의 문제 해결에 더 적합하기에 대칭성의 모든 측면을 논의하는 데 사용하겠다.

우리 대부분은 기하학이나 예술에 나타난 시각적인 요소로, 대칭성과 처음 만난다. 가령, 구(球)는 회전대칭이라고 말할 때, 구를 회전시킴으로써 생기는 변환 중에도 변하지 않는 특성(이 경우, 그 구의 형태의 실루엣)을 갖고 있다는 것을 가리킨다. 구의 경우, 어떤 축을 사용해서 어떻게 회전시켜도 그 실루엣이 변하지 않는다. 그래서 구는 가령, 원통보다 대칭성이 풍부하다고 말할 수 있다. 베네치아의 두칼레 궁전처럼 건물의 정면에 나타나는 병진대칭은 하나의 축을 따라 어떤 거리만큼만 움직여도(이동해도) 형태가 변하지 않을 때 나타난다. 대칭성은 앞이나 뒤에서 보면, 좌우 대칭인(거의) 인간의 나체를 비롯해 조각의 세계에서는 다양하게 볼 수 있다. 중세 대성당처럼 십자형을 한 건축물, 그리고 직물에서 스퀘어 댄스(4쌍의 커플이 1세트가 되어 추는 춤 – 옮긴이)까지 모든 분야에서 대칭성을 찾아볼 수 있다.

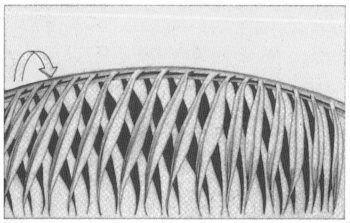

음악도 예외는 아니다. '토카타와 푸가 E 단조'의 소절 중에 바흐 Bach는 마치 텐트의 형태를 띤 셋잇단음표를 올리거나 내린다. 또한 악보의 구성은 병진대칭이다. 하나의 셋잇단음표를 별도의 장소에 놓아도 보기 좋게 일치할 것이다.

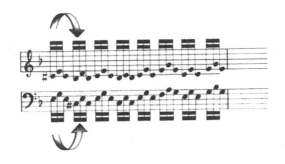

클로드 드뷔시Claude Achille Debussy의 '아라베스크'의 처음 두 소절은, 소절 송에서 각각 좌우대칭일 뿐 아니라, 서로 대칭이 되어 있다. 악보를 세로선으로 접어도, 소절의 한 가운데를 접어도 악보는 정확히 일치할 것이다.

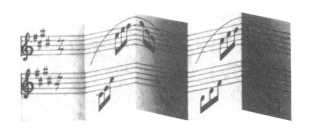

이처럼 눈에 보이고 귀에 들리는 대칭성은 그 안에 보다 심오한 수학적 불변성이 존재한다. 가령, 앵무조개, 해바라기에서 보이는 소용돌이 패턴은 '피보나치 수열'이라고 불러도 괜찮을 것이다. 이는 다음 숫자가 앞의 둘의 수의 합계와 똑같은 수학(1, 1, 2, 3, 5, 8...)을 나열한 것이다. 이 수열 속에서 하나의 숫자를 다음 숫자로 나누어서 구한 비

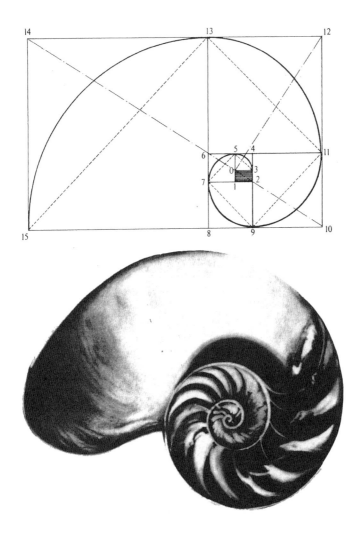

추상적으로 표현된 피보나치 수열(위)은 앵무조개(아래)의 구조 속에서 찾아볼 수 있다.

율은 0.618에 가까워진다.[55]

이야말로 '황금분할'의 공식이다. 황금분할은 기하학적 비율로 파르테논 신전, 다빈치의 '모나리자', 보티첼리의 '비너스의 탄생' 등에서 볼 수 있고, 바흐의 시대보다 서양음악에 더 많이 쓰인 옥타브의 기초이기도 하다. 조개껍데기에서 솔방울, '평균율 클라비어곡집'에 이르기까지 무수한 방법으로 표현되는 대칭성은 이처럼 다양하고 풍부한 표현을 가질 수 있다는 인식에 르네상스의 학자들은 기뻐했으며 그것을 수학의 유효성과 신의 계획의 절묘한 증거로서 인용했다. 하지만 그것은 시작에 불과했다.

20세기 초, 대칭성의 개념을 보다 면밀히 조사하기 시작한 수학자들은 과학이 자연 속에서 우연히 마주치는 법칙이 불변성의 표현이라는 것, 그 때문에 대칭성에 토대를 둘지도 모른다고 생각했다. 이것이 처음으로 밝혀진 사례는 보존의 법칙에 관해서였다.

1918년, 독일의 수학자 에미 뇌터Amalie Emmy Noether는 모든 보존의 법칙에는 대칭성이 관여한다는 걸 증명했다. 똑같은 일이 다른 법칙에도 적용될 수 있다. 헝가리 출신의 물리학자 유진 위그너가 언급했듯이 "자연의 법칙은 불변성의 원리가 없으면 존재할 수 없다."

만일 자연법칙이 대칭성을 나타낸다면 자연에서 대칭적인 관계(불변성)를 찾음으로써, 지금까지 알려지지 않았던 법칙을 발견할 수 있

---

55 이 비율은 피보나치 수열에 의해 만들어진 수가 '무리수irrational'이기 때문에, 대략적인 것이다. 즉, 그것들이 수렴하는 비율을 분수로 정확히 나타낼 수가 없다. 무리수를 발견한 것은 피타고라스학파이지만, 그들은 그것에 너무 불안한 마음이었기에 그 존재를 교육받지 않은 대중에게 밝히는 자가 있다면 죽음이 따를 것이라고 학파의 사람들을 엄금했다고 한다. 히파수스는 그 금지령을 무시했기에 추방되었다. 그는 바다에서 익사했지만 피타고라스학파의 사람들은 그 운명을 신의 형벌이 내린 탓으로 돌렸다.

을 것이다. 아인슈타인은 이 지혜를 천성적으로 갖고 있었는데 새로운 이론을 창조하는 길을 밝히는 등대로서 대칭성을 사용했다. 특수상대성이론(그는 본디 그것을 불변성의 이론이라고 불렀다.)에서, 움직이는 관측자의 입장에서도 맥스웰의 장field의 방정식을 불변으로 하기 위해 로런츠 변환을 사용했다. 일반상대성이론에서는 강한 중력장에 있는 관측자를 위해 마찬가지의 작업을 했다. 1949년에 친구인 위그너가 아인슈타인의 영예를 칭송하는 프린스턴대학의 축하 모임에서 행한 연설처럼 "우리가 자연의 법칙이라고 믿는 것에서 불변성의 법칙을 끌어내기보다는 불변성의 법칙에 의해 자연법칙을 끌어내고, 그 유효성을 실험하는 편이 오히려 자연스러운 일이다."

대칭성의 개념이 상대론에서 힘을 발휘한다면, 입자와 장의 양자물리학에 응용하면 더욱 효과적이다. 이는 동일한 종류의 소립자는 서로 분별이 안 된다는 것을 보면 잘 알 수 있다. 모든 양자는 완전히 똑같고 중성자나 전자도 마찬가지다. 장에 관해서도 똑같이 말할 수 있다. 동일한 양자수의 두 개의 전자장 혹은 중력장이 있고, 우리가 뒤돌아볼 동안에 바뀌어도 그 사실을 우리는 깨닫지 못할 것이다. 장은 완전히 똑같기 때문이다. 본질적으로 불변성을 갖고 있다면 동종의 입자를 모두 포함하는 대칭군의 대표는 어떤 전자 혹은 광자라도 상관없다. 대칭군을 결합하는 보다 커다란 대칭성을 찾는 것도 가능할 수 있다. 이것이 장의 통일이론의 배경에 있는 기본적이 개념이고, 단지 머릿속에서 행하는 체조가 아니다. 한 가지 사례를 들자면, 상대론적 불변성을 양자역학에 응용함으로써 위그너는 알려져있는 모든 소립자를 정지질량과 스핀에 따라서 분류하고, 대칭군으로 조직화했다. 대칭성이 개척능력을 가지고 있다는 더욱 극적인 사례는 1928년에 나타났다. 디랙이 특수상대성이론과 양자역학의 양쪽의 대칭성을 유지하면서 전자의 상대론적 양자역학 방정식을 도출했을 때, 그의 방정식이 플러스 전하를 가진 전자의 존재를 요구하는 것을 발견했다. 이는 반물질이라는 것의 존재를 시사하는 최초의 표식이었다. 반물질은 일반적인 물질과 동일한 질량과 스핀을 가지지만, 전하가 거꾸로인 입자를 일컫는다. 디랙은 골수까지 수학에 물든 인물로 '가능하다면 늘 세어보라.'는 카를 프리드리히 가우스Carl Friedrich Gauss의 주장을 실천했다. 함께 산책하던 동료가 연못에 오리가 14마리 있다고 하니까, 디랙은 "15마리야. 한 마리가 방금 잠수하는 걸 봤거든."이라고 응수했다. 그는 또한 극단적인 경험주의자였다. 케임브리지대학에 새로 부임한 사람이 대화의 계기를 만들어보려고 "바람이 세네요. 교수님." 이라고 말을 건네자, 디랙은 자리에서 일어나더니 문 앞으로 가서, 문을 열고는 바깥을 바라보고, 다시 돌아와 자리에 앉더니 잠시 생각한 후에 "예" 라고 대답했다고 한다. 그래도 반물질의 개념이 너무 파격적이라서 디랙 자신조차 처음에는 자신의 방정식을 부정했다. 애당초 그는 자신의 새로운 입자를 보통의 양자라고 생각했지만, 얼마 지나지 않아 독일의 수학자 헤르만 바일에게 퇴로가 막혔다.(바일도 대칭성에 대한 고전적 논문의 저자였다.) 바일은 디랙의 전자이론이 무의미하지 않다면 반물질이라는 것이 존재할 것임을 증명했다. 이 문제는 1932년에 바람직한 방향으로 해결되었다. 캘리포니아 공과대학의 한 상자 내부에서 디랙의 방정식이 예측한 반전자(양전자라고 불린다)를 칼 데이비드 앤더슨Carl Anderson이 발견했다. 10년도 지나기 전에 디랙과 앤더슨은 노벨상을 수상했다.

미지의 입자를 식별하는 것과 마찬가지로 미지의 장을 탐색하는 힌트로서 대칭성을 사용할 수 있다. '게이지gauge 장의 이론'의 발전과 더불어 처음으로 실현되었다. 이 이론은 혁명적인 것으로 상대론, 양자물리학과 함께 20세기 물리학에 제3의 커다란 이론적 전진을 이루어주었다. 게이지 장의 이론은 1954년에 브룩헤이븐 국립연구소에서 양전닝Yang Chen Ning과 그의 동료인 로버트 밀스Robert Laurence Mills가 만들었다.(전자장도 게이지 장의 하나다). 수학자의 아들인 양전닝은 전쟁 속에서 궁핍한 중국에서 자랐다. 그는 쿤밍 대학에서 통계역학과 양자역학을 배우고, 온기가 전혀 없는 강의실에서 노트를 하고 얼마 안 되는 식량으로 연명했다. 일본군 폭격으로 파괴된 그의 가족이 세들어 살던 집의 잔해에서 교과서를 파낸 적도 있었다.(그의 가족은 피난해서 무사했다.) 학생이었던 그는 전자장의 게이지 불변성이라고 부르는 것에 매료되었다. 그는 '강한 핵의 힘'과 비슷한 불변성을 발견하고 싶었다. 이것이 가능하다는 단서는, 양자가 전하를 갖고, 중성자가 전하를 갖지 않는 것에 관계없이 강한 핵의 힘이 양자와 중성자를 완전히 똑같이 취급한다는(강한 핵의 힘은 전하변환을 해도 불변이라고 말할 수도 있다.) 사실에서 발견할 수 있다. 1930년대에 최초로 발견된 이 대칭성은 하전스핀이라고 불리는 전자수를 다시 쓰게 만들었다. 그에 의해 양자와 중성자는 서로 다른 하전스핀을 갖지만, 핵자라고 불리는 동일한 그룹에 속하는 입자라고 여겨졌다. 그는 몇 년 사이에 강한 핵의 힘에 걸맞은 대칭성을 가진 방정식을 기술함으로써 게이지불변성을 일반화하려고 했지만, 그때마다 실패했다. 그렇지만 그 생각은 그의 머리에서 떠날 줄 몰랐다. 그는 어떤 시간과 장소에서 특정한 시스템만 응용할 수 있는 부분적인 대칭성과 전체적인 대칭성을 연결시키는 것이 무엇일까, 라는 의문을 늘 품었다. 그의 어린시절에 비유하자면 전쟁으로 그의 가족과 이웃이 걸머진 빈곤함은 부분적인 불변성이며 전시 하의 중국의 전체적인 빈곤함이기도 하다는 즉, 전체적인 불변성 속에 포함될 수 있다. 여기서 전달 수단은 교환의 매개체(돈 혹은 물물교환)로, 전체적인 상황을 지방으로 전달했다. 그의 부친의 저금은 전쟁 통에 인플레가 되는 바람에 사라졌지만, 그 이유는 저금이 평가 절하된 중국의 화폐단위인 원($元$)이라는 매개체의 하나의 형태(은행예금된 돈)였기 때문이다. 그는 생각했다. 물리학에서 교환 수단은 뭘까. 보편적인 자연법칙의 뼈대를 형성하는 보다 광범위한 불변성과 부분적인 불변성을 이어주는 것이 대체 무엇일까.

마침내 그는 부분적인 불변성과 전체 불변성의 그 사이를 전달하는 매개체는 힘force 그 자체 외에는 없다는 답에 이르렀다. 이는 완전히 새로운 사고방식이었다. 그와 로버트 밀스 이전에는 힘은 원래 존재하는 것으로 생각되었기 때문이다. 양‒ 밀스의 게이지이론은 힘에 존재의 이유를 부여했다. 대칭성은 광범위에 이르는 원리이고, 힘은 자연이 부분적인 상황에서 전체적인 대칭성을 표현하는 방법이라는 이론을 제창했다. 목적론적으로 말하자면 힘은 자연법칙처럼 사물이 그 덕분에 성립하고, 불변성을 유지하기 위해 존재한다. 양과 밀스가 최초로 쓴 논문은 잘못된 부분도 있는 불완전한 것으로 실험 결과와도 일치하지 않았다. 하지만 그 문제가 명확해지면서 그 잠재적인 아름다움과 힘이 비로소 인식되기 시작했다. 양‒밀스 게이지이론은 이론물리학에 새로운 접근방식을 제공했다. 먼저, 대칭성의 지표인 불변성을 확인하고, 그 불변성을 부분적으로 유지할 수 있는 게이지장을 수학적으로 구축한다. 그리고 이 같은 장을 전달하는 입자의 특성을 끌어내서 이 같은 입자(게이지입자)가 자연계에 존재하는지의 여부를 조사한다.(혹은 실험가에게 조사를 의뢰한다.) 이 시점에서 바라보면 전자기력을 운반하는 아인슈타인의 광자는 대칭성을 전달하는 게이지입자가 된다. 마찬가지로 중력자는 중력을 운반한다고 여겨진다. 그러면 강한 핵의 힘과 약한 핵의 힘의 게이지입자는 대체 뭘까?

이 문제를 양－밀스의 방법이 지닌 아름다움을 최초로 평가한 사람인 미국 물리학자 머리 겔만Murray Gell－Mann이 도전했다. 머리가 뛰어난 과학자 중엔느 디랙, 보어, 그리고 아인슈타인처럼 점잖은 사람들과 성격이 딱딱한 사람들이 있다.(볼프강 파울리의 경우는 게이지불변성에 대한 양전닝의 설명을 너무 자주 중단시켰기에 J.로버트 오펜하이머 Robert Oppenheimer는 참지 못하고 입 다물고 자리에 앉으라고 주의를 주어야만 했다.) 겔만은 대단히 머리가 우수했다. 그의 친구조차 몇 가지 외국어를 하는지 알 수 없을 만큼 많은 외국어를 알았고, 식물학에서 코카서스 인종의 직물 제작까지 모든 분야에 정통했다. 그가 일류 물리학자로 인정받은 것은 물리학에 특별한 재능이 있어서가 아니라 폭넓은 흥밋거리 중에 어쩌다 물리학이 들어가 있었을 뿐이라고까지 일컬어졌다. 그는 대단히 오만해서 세계에서 가장 머리가 뛰어난 남자라는 평가를 당연하게 여겼다. 노벨상을 수상할 때 그는 뉴턴이 말한 "내가 다른 사람보다 멀리 볼 수 있는 까닭은, 거인의 어깨 위에 앉아 있기 때문"을 패러디해서 "내가 다른 사람보다 멀리 볼 수 있는 까닭은 난장이들에게 둘러싸여 있기 때문"이라고 말했다. 그는 자신의 능력을 자만하길 좋아해서 외국인의 이름을 잘못 말하는 사람이 있으면 그 철자와 발음을 고쳐주곤 했는데, 한편으로는 너무 완벽한 액센트로 외국어를 발음했기에 남들은 그가 무엇을 말하고 싶은지를 이해하지 못했다.[56]

겔만과 다른 사람들의 관계는 악화되었지만, 뉴턴과 마찬가지로 본인이 원하던 바였을 것이다. 하지만 겔만의 과학에 대한 안목과 자연에 대한 애정에는 의심할 여지가 없었다. 또한 그가 강한 핵의 힘의 연구에 게이지 장의 이론을 응용했을 때, 결과는 교향곡 그 자체였다. 양−밀스의 개념과 군론group theory(군group은 대칭성에 의해 결합되는 수학적 실체의 앙상블)을 결합함으로써 겔만은 그가 석가의 가르침에서 따온 '팔정도eightfold way'라고 부르는 강입자hardrons(강한 힘에 반응하는 입자)의 대칭적인 배열을 발견했다.(이스라엘의 물리학자 유발 네만도 독자적으로 똑같은 결론에 도달했다.) 팔정도이론이 그 존재를 예측했던 중입자, 오메가 중입자가 1964년에 브룩헤이븐 연구소의 거품 상자bubble chamber 실험에서 처음으로 확인되었고 실험적으로 검증되었다. 이에 관계된 대칭성은 'SU(3)'라고 불린다. 'SU'는 특수유니터리군special unitary group을 의미하는데 대칭성 그룹의 하나로 프랑스 수

---

56 세상에서 제일 머리가 좋지만 타인에게는 오만한 남자라는 평가를 받는 겔만의 최대 라이벌이었던 리처드 파인만은 어느 날, 캘리포니아 공과대학의 복도에서 겔만과 마주쳤는데, 최근에 어디 여행이라도 다녀왔는지 물었다. "MOON−TRAY−ALGH"라고 겔만이 대답했는데, 심한 프랑스 사투리로 마치 목이 졸린 것같이 들렸다. 겔만과 마찬가지로 뉴욕 시에서 태어난 파인만조차 그가 뭘 말하는지 도무지 몰랐다. 겨우 겔만이 "몬트리올Montreal"이라고 말했다는 것을 알아챈 파인만은 겔만에게 "언어의 목적은 대화를 나누자는 것인데, 그렇게 생각하지 않나?"라고 말했다.

학자인 엘리 카르탕Elie Cartan이 발견했다. '(3)'은 그 대칭성이 3차원의 내부 공간에서 작용하는 것을 의미한다.[57]

또한 SU(3)를 조사한 겔만은 양자와 중성자가 더 작은 세 개의 입자로 구성된다는 아이디어를 떠올렸다. 쿼크이론이 대칭성의 최첨단에서 튀어나온 것이다. 양–밀스 방정식은 강한 힘을 운반하는 게이지입자이고, 핵자에서 쿼크를 결합하는 글루온은 광자나 중력자처럼 질량을 가지지 않는다는 것을 시사한다. 그렇다면 왜 빛이나 중력은 무한한 거리까지 뻗치는 데 강한 힘은 짧은 거리에서만 작용하는 걸까. 강한 힘의 새로운 이론인 양자색역학에서 강한 힘은 핵자에서 쿼크가 서로 떨어지려고 하면 전자기력이나 중력처럼 약해지는 게 아니라 오히려 강해진다는 대답을 내놓고 있다. 이는 앞장에서 언급한 쿼크의 봉쇄와 글루온 격자 개념의 기초가 된다. 또한 양자색역학은 약한 힘의 작용에도 광명을 비추었다. 이전에는 수수께끼였던 원자핵의 베타붕괴현상이 현재는 '다운' 쿼크를 '업' 쿼크로 전환해서 중성자를 양자로 바꾸는 것이라고 해석되고 있다. 중성자는 두 개의 다운 쿼크와 하나의 업 쿼크인데, 양자는 두 개의 업 쿼크와 하나의 다운 쿼크로 구성된다. 나중에 언급하겠지만 대칭성은 더욱 발전을 거듭해서 양자장의 이론에 늘 중요한 역할을 맡을 뿐 아니라 통일된 '초대칭'이론으로 가는 이정표마저 제시했다. 이 이론의 방정식으로 모든 입자와 장을

---

57 양자의 상호작용은 습관적으로 거시적인 현상을 위해 극장을 형성하는 일반적인 공간이 아니라 부분적으로 양자파동함수에 의해 기술되는 복잡한 공간의 평가로 이루어지는 듯이 묘사된다. 가령 쿼크가 양자색역학에 의해 기술되는 3차원의 '색' 공간에 존재하듯이 편의상 묘사된다. 색은 전자기력으로 전하가 완수하는 모든 동일한 역할을 강한 힘으로 완수하는 양자수이다. 한편 전자는 보통 정positive과 부negative의 두 방향을 나타내는 1차원 공간을 차지하고 있다.

설명할 수 있을지도 모른다. 양전닝은 다음처럼 썼다.

> "자연은 대칭성 법칙의 단순한 수학적 설명을 이용하는 듯
> 여겨진다. 그에 관한 수학적 추론의 본질적인 우아함과 아
> 름다운 완벽함 그리고 물리학적 결론의 복잡함과 심오함은
> 물리학자를 자극하는 최대의 원천이다. 사람은 자신이 이해
> 하고 싶고 열망하는 질서를 자연이 갖고 있기를 바란다."

하지만 자연이 가진 모든 대칭성이 표면화될 수는 없다. 우리는 불완전한 세계에 살고 있고, 방정식으로 표현되는 많은 대칭성이 부서진 채로 발견된다. 양전닝 그 자신도 리정다오와 함께 연구하면서 일부의 약한 상호작용에서는 우기성parity이 보존되지 않는다는 걸 확인했다. 1956년 양과 리는 이론적 입장에서 베타붕괴가 일어날 때 출현하는 입자의 스핀은 어떤 방향을 다른 방향보다 약간 편애하는 즉 스핀에 관해서 약한 힘은 대칭적으로 기능하지 않는다고 예측했다. 우젠슝을 비롯해 다른 사람들이 행한 실험에 의해 그들의 예측이 확인되었고, 다음 해에 리와 양은 노벨상을 수상했다.(무슨 이유인지 몰라도 우젠슝은 수상하지 못했다.) 그리고 왜 자연은 어떨 때는 대칭이고 다른 때는 비대칭인지의 문제가 새롭게 주목받기 시작했다.

비대칭을 조사함으로써 스티븐 와인버그Steven Weinberg, 셸던 리 글래쇼Sheldon Lee Glashow, 압두스 살람Abdus Salam은 약함 힘과 전자기력이 친척 관계임을 밝히는 전약통일이론을 공식화했다. 와인버그는 자연 속에는 대칭성의 파괴가 많다는 데 몹시 흥미가 끌렸다. 대칭성

의 파괴는 대칭적인 자연법칙의 작용에서 발생한 비대칭의 관계이다. '대칭적인 문제가 왜 비대칭적인 해답을 가질 수 있을까?'에 대해 와인버그는 심사숙고했다. 끝이 뾰족한 연필을 몇 개 쥐고 완벽한 원주형 다발로 만들어 끝을 밑으로 해서 놓는다고 가정해보자. 아주 잠시 동안은 회전대칭인 채로 그 형태가 유지되지만, 이 대칭성은 불안정해서 금세 연필이 쓰러지고 결과적으로 비대칭이 된다. 이 비유로 언급하자면 쓰러진 연필이 엉망진창이 된 상태가 오늘날의 우주로 본디의 연필 다발은 우주가 거기서 시작되었다고 생각되는 대칭의 형태다. 물리학자가 하는 일은 현재 대칭성 파괴의 그늘에 숨겨진 보다 심오한 대칭성을 찾아내는 것이다. 1977년에 와인버그는 다음처럼 썼다. "일상생활에서 볼 수 없는 아주 고도한 대칭성을 이론이 해낼 수 있다는 생각만큼 물리학에서 희망적인 것은 없다고 생각한다."

와인버그, 글래쇼, 살람을 전약통일이론이라는 위업으로 이끈 여러 일 그 자체가 인간의 활동에 생명을 불어넣는 긴장과 대칭성의 파괴를 암시한다. 1933년 브롱스에서 태어난 와인버그는 브롱스 과학고에 진학했는데, 거기서 글래쇼와 친한 사이가 되었다. 둘은 함께 코넬대학에 진학하고, 그 후 와인버그가 프린스턴대학으로, 글래쇼는 하버드대학으로 가면서 헤어지게 된다. 과학과 SF에 끌렸다는 공통점은 차치하고도 둘은 거의 정반대 성격으로, 그 차이는 이론물리학 세계에서도 확연히 커졌다. 와인버그는 대단히 호기심이 강하고 철두철미할 만큼 학문에 힘쓰며 구제 불능의 일벌레였다. 물리학의 모든 분야를 배우겠다고 자신에게 과업을 부과했지만, 그 이유는 그가 가장 관심을 가진 문제에 그 지식을 바로 응용할 수 있다고 생각했다기보다는 물리학자라면 그 정도의 지식을 알아두어야 한다고 생각해서였다. 본디 소립자물리학자로 상대론학자가 아님에도 일반상대성이론과 소립자이론의 틈새를 메우는 역할을 했으면 좋겠다는 일념으로 상대론에 관한 교과서를 한 권 저술하기도 했다. 그의 자기 수양은 물리학 이외에도 미쳤다.

그가 텍사스대학의 교수가 되었을 때, 오스틴의 가구 딸린 세든 집에 미국의 남북전쟁에 관한 책으로 가득 찬 서재가 있었다. 그는 서재에 있는 책을 전부 읽고 남북전쟁에 관한 전문가가 되었다. 엄격한 개인주의자였지만 그는 웅변적인 강연자, 일반과학서적의 베스트셀러가 된 '최초의 3분' 저자가 됨으로써 자기 나름의 전달방법을 몸에 익혔다. 한편, 글래쇼는 타고난 사교적 성격으로 태만이라고 말할 정도로 느긋한, 치열한 연구와는 무관계의 인물이었다. 와인버그는 코넬대학에서 두각을 나타냈지만(체육이 신통찮아서 우수생 모임의 회원은 되지 못했다.) 글래쇼는 저공비행이었다. 노벨상을 수상할 때 그는 "내게 많은 것을 빨리 가르쳐준 고등학교 친구들, 게리 파인버그와 스티븐 와인버그에게 감사합니다. 나 혼자였으면 못 배웠을 테니까요."라고 말했다. 그는 어휘가 빈약해 문장도 형편없는 말로 속삭이듯 말하며 뭔가 재밌는 것이라도 떠올린 듯 웃고 있었다. 물리학이 특별한 노력 없이도 자연스럽게 그에게 따라붙은 것 같았다. 글래쇼는 하버드대학에서 기품 넘치고 모험을 좋아하는 줄리언 슈윙거Julian Schwinger의 지도를 받으며 연구했다. 줄리언은 천부적인 재능과 호탕한 성격으로 '물리학계의 모차르트'라고 불렸다. 그는 언제까지고 물리학이 분산된 상태를 참지 못하고 제자나 동료에게 가장 간결한 원칙으로 훨씬 광범위한 현상을 설명할 수 있는 통일이론에 도달할 때까지 긴장을 늦추지 말라는 게 입버릇이었다. 그가 창안한 양자전자역학이 양자장이론의 떠오르는 태양이었던 1950년대에 그는 다음처럼 썼다.

> "완전한 이해는… 소립자의 이론이 현재는 상상도 못 할 만큼 완전한 단계에 도달했을 때, 비로소 얻을 수 있다… 물리학이 극단의 세계 구조를 이해한다는 영웅적 시도를 달성할 때까지 최종적인 해결은 기대할 수 없다."

글래쇼는 슈윙거에게서 약한 힘과 전자기력의 상호작용은 하나의 통일게이지이론에 의해 설명할 수 있을 것이라는 신념을 받아들였다.[58]

글래쇼는 박사 논문에서 슈윙거의 말을 흉내내 이렇게 썼다. "이 두 개의 힘에 충분히 만족할 수 있는 이론은… 그것을 함께 취급할 때 이루어질 것이다."

박사 논문을 완성하고, 글래쇼는 닐스 보어와 함께 연구하려고 코펜하겐으로 향했다. 거기서 그는 약한 힘과 전자기력을 통일 양-밀스 이론에 결합시켰다. 이 이론의 눈에 거슬리는 과제는 나중에 와인버그와 다른 사람이 직면한 것처럼 그 방정식이 무의미한 무한대를 형성한다는 것이었다. 글래쇼는 이 문제를 방정식을 '재규격화'함으로써

---

58 약한 힘과 전자기력의 상호작용 간의 관계는 이전부터 낌새가 있었다. 1933년 페르미가 전자기력으로부터 유추함으로써 약한 힘의 최초의 모델을 공식화했다. 하지만 물리학의 역사에는 이처럼 얽힌 실타래가 아주 많기에, 본서에도 그 일부분 밖에 언급하지 못한다.

해결하려고 했다. 재규격화는 방해가 되는 무한대를 다른 무한대를 도입해서 없애려는 것을 말하는 수학상의 조치다. 수학적 트릭 같은 것이지만, 교묘하게 조작함으로써 원하는 유한의 결과를 얻을 수 있다. 재규격화는 양자전자역학의 완성에 대단히 중요한 역할을 했다. 양자전자역학은 그때까지 실험으로 확인된 것 중에서 가장 정확한 예측 몇 가지를 실행함으로써 양자장의 이론이 어떤 방향으로 갈지를 알려주는 지표가 되었다.[59]

1958년까지 글래쇼는 자신이 통일이론을 재규격화한 것에 만족했고, 다음 해 봄에 런던에서 그러한 취지의 논문을 발표했다. 청중 속에는 파키스탄의 물리학자 압두스 살람도 있었다. 그는 글래쇼보다 7살이 많지만, 위엄이나 침착함으로 보자면 훨씬 연장자처럼 보였다. 대양처럼 부드러운 외모지만 그 내면엔 강렬한 지적 파도가 넘실대는 인물이었다.

살람은 1926년 고교의 영어 교사의 아들로 태어났다. 그의 부친은 매일 밤, 아들이 뛰어난 지성을 갖추도록 알라신에게 기도했다고 한다. 살람은 14살 때, 펀자부대학의 창립 이후 제일 뛰어난 성적으로 대학 입학시험을 통과했다. 이는 현재 파키스탄의 장Jhang이라는 작은 마을에 그가 자전거를 타고 돌아오자 기뻐한 마을 사람들이 환영해줄 만큼 대단한 경사였다. 박사 학위 취득을 위해 연구하던 중에는 중간자에 응용된 양자전자역학의 재규격화 가능성을 증명해 보였다. 이

---

59 예를 들면, 양자전자기학의 이론에서 예측된 것과 실험적으로 확인된 g(전자의 자기회전비)의 값을 비교해보자.
이론 g =1.00115965241
실험 g = 1.00115965238 ± 0.00000000026

결과 그는 재규격화의 권위로 불리게 되었다. 그 이후 그와 동료인 존 워드는 전자기력과 약한 힘의 상호작용의 통일이론을 재규격화하려고 꽤 노력했지만 성공하지 못했다. 그래서 글래쇼가 그 문제를 풀었다고 주장했을 때, 살람은 그에게 주목했다. "이럴 수가! 이 청년은 그 이론을 재규격화할 수 있다고 주장하네요!" 살람은 1984년도에 로버트 크리즈, 찰스 만과의 인터뷰에서 다음처럼 회상했다.

> "내 몸의 세포마저 놀랐다. 우리 두 사람은 우리가 재규격화의 제 일인자라고 자부했고 몇 개월씩이나 이 문제와 씨름했다. 여기 모든 것을 재규격화할 수 있다고 주장하는 연약한 젊은이가 있다. 당연히 나는 그가 잘못되었다고 지적하고 싶었다. 내 생각이 맞았다. 그는 완전히 틀렸다. 그 결과 나는 글래쇼가 쓴 논문을 두 번 다시 읽지 않았다. 그것이야말로 잘못된 것임을 비록 나중에 알았지만."

하지만 글래쇼는 쉽게 굽히지 않았다. 재규격화의 문제를 해결했다는 틀린 주장을 했을 때 느꼈음직한 개운치 않은 뒷맛에도 불구하고 그는 전자기력과 약한 힘을 결합시킬 수 있는 게 뭔지를 계속 탐구했다. 다른 사람은 어떨지 몰라도 그의 노력을 격려해준 것은 바로 겔만이었다.("당신이 하고 있는 일은 잘못된 게 아니다."라고 파리에서 점심으로 시푸드를 먹으면서 글래쇼에게 말했다고 겔만은 회상하고 있다. '다른 사람은 모를 뿐이니까) 1961년에 글래쇼는 '약한 상호작용의 부분대칭성'이라는 제목의 논문을 썼다. 전자기력과 약한 힘의 사이의 '놀라울만한 유사점'에 주목해 그것을 대칭성의 파괴에 의해 연결된다고 묘사하고 W와 Z라는 힘을 운반하는 입자의 존재를 예측했다. 이들 입자는 나중에 W^+, W^-, Z^0로 알려지게 된다. 아직 발견되지 않은 이들 입자는 전약통일이론의 실험적 테스트에서 중요한 역할을 띠게 되는데, 글래쇼는 그 질량을 예측할 수 없었고, 실험가도 마찬가지로 아무 것도 할 수 없었다. 그로부터 글래쇼와 겔만은 비가환군 혹은 카르탕군에서 나타나는 모든 대칭성은 양–밀스의 게이지장에 버금간다는 것을 증명하는 논문을 썼다. 하지만 글래쇼의 원시적인 전약통일의 힘과 강한 힘의 양쪽을 포함하는 게이지대칭군을 확인하려는 그들의 노력은 성과 없이 끝났다. 의기소침한 글래쇼는 전약통일이론에 대한 자신의 연구를 거두어들였다. 한편 1959년에 살람과 워드는 약한 힘과 전자기력의 결합에 대해 글래쇼와 마찬가지 견해에 이르렀지만, 글래쇼처럼 과학사회의 냉담한 반응에 부딪혀 낙담하고 있었다. "대칭성의 파괴는 마음도 파괴한다."라고 살람은 썼다. 이러한 상황에 변화가 찾아온 것은 난부 요이치로, 제프리 골드스톤이 최초로 제시한 대칭성의 자발적 파괴의 메커니즘에 관한 새로운 통찰 덕분이었는데, 1964년과 1966년에 피터 힉스가 공표한 연구로 최고조에 달했다. 이 연구는 대칭성이 파괴됨으로써 새로운 종류의 힘을 운반하는 입자가 만들어진다는 것, 그리고 거기서 질량을 갖는 것이 있다는 것을 증명했다 (양–밀스 게이지이론에 의해 묘사된 입자는 질량이 없었다). 만일 약한 힘과 전자기력을 운반하는 입자가 대칭성의 파괴에 관계된다면 이러한 새로운 도구가 W입자와 Z입자의 질량을 알아낼 수 있을지도 모른다. 특히 와인버그는 대칭성의 자발적 파괴에 매료되었다. "나는 그 발상과 사랑에 빠졌다."는 그는 1979년도 노벨상 강연에서 말했다. "하지만 사랑에서 가끔 생기듯 처음에 나는 어떡하면 좋을지 잘 몰랐다." 처음에 그는 그 새로운 대칭성의 파괴라는 도구를 강한 힘에 응용하려고 했다. 이는 전체적으로는 대칭성에 관해서 그런대로 잘 풀렸다.(와인버그는 특히 파이 중간자의 분산을 제대로 예측할 수 있음을 발견했다.) 하지만 이 테크닉을 국소대칭성으로 확대하려니 결과가 바람직하지 않았다. "그 이론은 전혀 상호작용처럼 보이지 않고, 무의미한 예측만 했다."라고 와인버그는 1985년의 인터뷰에서 회상했다. "그것을 손을 좀 봐서 결과가 옳게 나오게 만들 수는 있었지만 차마 견딜 수 없을 만큼 보기 흉했다."

더 안 좋은 문제는 와인버그가 생각하던, 대칭군의 파괴에 의해 예측되는 입자의 질량이 강한 상호작용에 관련하는 입자의 질량과 맞지 않는다는 점이었다. 하지만 그로부터 와인버그의 회상에 따르면 "1967년 가을 어느 날, MIT의 사무실로 차를 몰고 가는 도중으로 기억하는데 올바른 생각을 잘못된 문제에 응용했다는 것을 깨달았다." 그의 방정식에서 계속 나타나는 입자의 설명(질량이 있는 것과 없는 것)은 강한 힘이 있는 것과 전혀 닮지 않았지만, 약한 힘과 전자기력을 운반하는 입자와는 완전히 일치했다. 질량이 없는 입자는 광자로, 전자기력을 운반하고, 무거운 입자는 W입자와 Z입자였다. 게다가 W입자와 Z입자의 대략적인 질량을 계산할 수 있다는 것도 와인버그는 깨달았다. 검증 가능한 예측을 하는 전약통일이론이 마침내 나온 것이다. 살람은 다음 해, 독자적으로 비슷한 결론에 도달했다. "이론 전체가 자연"의 증명이라고 와인버그는 말했다. 이로써 1979년도 노벨물리학상의 빛난 연구는 완성되었다. 그렇지만 처음에는 거의 주목을 끌지 못했다. 전약이론을 최초로 완전하게 기술한 와인버그의 논문은 발표되고 나서 4년 동안 과학 문헌에 한 번도 인용되지 않았다. 큰 이유로는 그 이론이 재규격화가 가능한지의 여부가 제시되지 않았기 때문이었다. 1971년에 네덜란드 물리학자인 헤라르뒤스 엇호프트의 영웅적인 노력으로 그 보기 싫었던 무한대가 끝장나면서 전약이론에 대한 관심이 높아졌다. 그리고 모든 사람의 주목은 이론을 실험으로 테스트 가능한지의 문제로 향했다. 이렇게 빅 사이언스가 구현되었고, 따라서 입자가속기가 필요해졌다.

소립자물리학자에게 가속기는 천체물리학자의 망원경이나 분광기에 버금간다. 모두 새로운 것을 발견하려는 탐사 도구이고 현존하는 이론을 실험하는 최고재판소이다. 가속기의 조작원리는 아인슈타인의 $E=mc^2$에 토대를 두고 있다. 진동하는 전자기에 의해 만들어진 전자파면을 따라 진행시킴으로써 전하를 가진 입자를 광속에 가깝게 가속하고, 목표에 부딪히게 해서 비록 작지만, 힘이 집중된 폭발을 일으킨다. 비구름 속에서 물방울이 응결하듯 작은 불덩이에서 새로운 입자가 응축되어, 느릿느릿 출현한 지점을 주위에 있는 검출기로 기록한다. 처음에 이러한 검출기에는 사진 건판이 사용되었지만, 나중에 컴퓨터와 연결된 전자 센서로 바뀌었다.

전약이론을 실험하는 레이스에 참가한 것은 세상에서 가장 강력한 가속기를 보유한 두 곳의 연구소에 근무하는 연구자들이었다. 제네바 근처에 있는 유럽 핵 연구의 중심지인 세른CERN과 시카고의 서쪽 일리노이주의 평원에 있는 페르미랩Fermilab(박물학자인 엔리코 페르미의

이름을 땄다.)으로 두 곳 모두 양자가속기를 보유하고 있었다.[60]

양자는 등에 짊어질 정도의 병에 들어간 수소가스에서 추출한다.(이 병에는 1년분의 원자가 들어 있다.) 컴퓨터로 제어하는 밸브가 갓난아기의 한숨 소리보다 희박한 극히 소량의 가스를 방출하지만, 이 안에 포함된 양자의 수는 은하에 있는 별보다 그 수가 많다. 가스는 콕크로프트–월턴 제너레이터라고 부르는 전기가 통하는 충전된 공간으로 보내진다.[61] 장(場)이 수소원자에서 전자를 벗겨내고, 양자는 가속되면서 터널을 통과해 어마어마한 크기의 원을 그리는 호스 정도 두께의 파이프로 보내진다. 이 원은 페르미랩의 경우, 원둘레가 4.8킬로미터나 된다. 둘러싼 전자기를 통해 보내지는 밸브에 의해 양자를 가속하는 한편, 자기를 사용해 양자를 집중시키고, 연필심보다 얇은 빔으로 만든다. 그것이 광속에 가까운 속도에 도달하면, 링ring에서 옆으로 꺼내서 검출기 내부의 정지한 목표에 충돌시킨다. 이 때 특수상대성이론의 효과로 양자의 질량은 약 300배로 증가한다. 디자인은 비슷하지만 세른CERN과 페르미랩의 가속도는 빅 사이언스를 어떻게 추진하는지에 대해 대조적인 스타일을 나타낸다. 미국의 물리학자이자 조각가인 로버트 윌슨Robert Wilson의 주도 아래 만들어진 페르미랩은 예술작품, 과학의 미학이 구현되어야 한다고 생각했고, 그

---

60 전하를 갖고 있기에 전하를 사용할 수 있다. 결과로서 발생한 폭발은 보다 분명해서 연구하기 쉽지만, 전자는 양자보다 질량이 작아서 충돌의 힘이 약하다. 그래서 전자가속기는 에너지를 소비한 것에 비해 보다 약한 충돌밖에 일으키지 않는다.

61 1932년 어느 화창한 날, 케임브리지의 길거리에서 생판 모르는 사람들을 불러세워 "우리가 원자를 분해했어요! 우리가 해냈다고요!라고 흥분해서 설명하는 광경이 목격된 아일랜드 물리학자 어니스트 월턴과 영국의 물리학자인 존 콕크로프트의 이름에서 땄다.

의도대로 창설되었다. 정면 현관에는 크게 우뚝 선 철강 아치형의 '대칭성의 파괴Broken Symmetry'라고 이름 붙여진 윌슨 조각이 놓여 있다. 지하에 파묻힌 가속기의 터널 위에는 순수하게 미적인 목적으로 링형상의 흙이 쌓여 있고, 거기에는 야생소가 방목되어 있으며, 전자기를 식히는 데 사용되는 물에는 백조가 헤엄치고 있다. 렌즈를 맞춘 형태의 본부의 탑은 결혼반지에 박힌 다이아몬드처럼 쌓인 흙 바깥 면에 붙어있다. 윌슨은 프랑스의 보베 대성당의 비율을 모델로 삼았다. 왜 그런 결정을 내렸는지에 대해 그는 다음처럼 말했다.

> "성당 건설에 관계된 사람들과 가속기 건설에 관계된 사람들 사이에 놀랄만한 유사성을 발견했어요. 그들은 모두 대담한 개혁자이자, 국가 간의 치열한 경쟁 속에 있었지만, 모두 기본적으로는 세계인이었지요… 그들의 슬로건 중 하나는 'Ars sine scientia nibil est! – 과학 없는 예술은 무의미하다'였거든요."

나아가 윌슨은 예술과 과학의 유사성을 시사함으로써 스스로 창조의 미학을 옹호했다.(그의 창조는 예산 안에서 연구소가 완성된 것을 추가하지 않으면 안 된다.)

> "과학이 자연을 말하는 방법은 심미적인 결정에 그 토대를 둔다. 작은 척도로 자연을 음미하면 그 안의 다양성, 대칭성, 대단히 훌륭한 형태가 보인다는 의미에서 물리학은 예

술과 대단히 흡사하다. 사람들은 결국 조각이나 예술에서
보듯이 이처럼 위대하고 명쾌한 사실을 보기 시작할 것
이다."

세른CERN은 볼셰비키의 보일러 공장 이미지다. 그 본부 건물은 조
립식 플라스틱 패널과 알루미늄 섀시로 만들어졌고, 비에 포함된 부
식제 때문에 더러워졌는데, 보베의 대성당은 커녕 고리키시 교외의
공공주택을 연상시킨다. 이 연구소는 트럭 사고로 주위에 흩어진 잔
해처럼 제네바시 교외의 프랑스와 스위스의 국경에 걸친 넓은 지역에
점점이 흩어져 있다. 과학자는 마치 바벨탑 같은 곳의 연구소 카페테
리아에서 식사하면서 프랑스어를 비롯해 독일어, 영어로 언어를 바꾸
어가면서 대화를 나누고 있다. 두 곳의 카페테리아 중 한 곳은 프랑
스, 다른 한 곳은 스위스 화폐만 통용된다. 이처럼 무질서한 분위기에
도 세른CERN은 페르미랩과 마찬가지로 모든 점에서 훌륭히 작동하
고 있으며, 1970년대 초에는 페르미랩을 추월했다. 이처럼 가열된 상
황 속에서 두 곳의 연구소는 전약이론의 예측을 확실히 하려는 경쟁
을 했다. 전약이론이 요구하는 새로운 힘을 운반하는 입자인 W^+,
W^-, Z^0는 질량이 크고, 그것들을 가속기에 의한 충돌로 만들려면 방
대한 에너지가 필요하다는 것을 의미했다. 1971년에는 W입자와 Z입
자가 존재했다 해도, 그것을 만들어낼 수 있을만한 에너지를 이끌어
내는 가속기가 없었다. 하지만 실험자들은 가속기에 의한 충돌 시 '중
성 흐름neutral currents' 효과를 확인함으로써 Z입자의 존재도 간접적으
로 확인하고 싶어 했다. 이는 Z^0입자가 역할을 완수하는 중성흐름 상

호작용의 증거를 찾아서 수천 가지에 이르는 가속기에서 생긴 현상(이벤트)을 조사하는 것을 의미했다. 이처럼 이벤트는 '관측 가능한 아슬아슬한 지점에 있다.'는 와인버그의 계산에 용기를 얻어 세른CERN의 실험물리학자 폴 드 뮈세Paul de Musset가 이끄는 팀이 입자의 상호작용을 찍은 수천 매의 사진을 철야 작업으로 조사하기 시작했다. 일 년 후, 그들의 노력은 마침내 보상을 받았다. 근시인 뮈세가 사진에 코를 들이박고 입자의 궤적을 철저하게 조사하다가, 그 정체가 뮤 입자muon가 아니라 파이 중간자pion 임을 시사하는 뒤틀림을 입자가 지나가는 길의 기록에서 발견했다. 그 뒤틀림은 중성 흐름반응에서 생긴 것임을 시사했다. 살람은 이 결과를 물리학 회의에 출석하려고 방문한 엑상프로방스에 도착한 직후에 알게 되었다. 슈트케이스를 끌고 역 근처의 기숙사로 가는 그의 옆에 자동차가 다가오더니 멈췄다. 뮈세는 자동차 창문으로 얼굴을 내밀고는 "살람 씨?"라고 물었다. 살람이 그렇다고 대답하자, "차에 타세요."라고 뮈세가 말했다. "알려줄 소식이 있어요. 우리가 중성흐름을 발견했어요!"

이는 살람, 글래쇼, 와인버그에게 좋은 소식이었다. 또한 다른 이론도 중성 흐름의 존재를 예측했기에 전약이론이 완전히 증명된 것은 아니었다. 와인버그-살람 이론은 그 이전의 이론보다 전약의 힘을 운반하는 입자의 질량을 정확히 예측했다.(W입자는 약 80 GeV, Z입자는 약 90 GeV로, 1 GeV는 10억 전자볼트에 해당한다. 여기서는 질량을 에너지로 나타내는 편이 이해하기 쉽다.)

W입자와 Z입자는 통틀어서 전달 벡터 보손이라고 알려져 있는데, 검출할 수 있을 만큼의 수의 전달 벡터 보손을 만들려면 최저 에너지

가 500 GeV에서 1000 GeV의 입자가속기가 필요하다. 두 곳의 연구소에 있는 가속기도 이 수준에는 못 미쳤다. 정지한 표적 대신에 역방향으로 흘러오는 반양자의 흐름에 양자를 충돌시킨다는 새롭고 대담한 기술에 의해 급히 성능을 그 수준에 가깝게 맞추었다. 우리가 알고 있는 한, 우주는 아주 조금뿐인 반물질밖에 포함하지 않는다.(이 자체가 꽤 흥미를 불러일으키는 대칭성의 파괴 중 하나다.) 하지만 반물질은 가속기의 충돌로 만들 수 있다. 1970년대까지는 가속기 기술자는 자신이 만들어낸 반물질을 모아서, 그것을 역방향으로 흘러오는 양자에 충돌시키는 가능성에 대해 이야기하기 시작했다. 물질과 반물질이 조우하면 서로 소멸하기에 가속기의 유효 파워(effective power)가 대단히 높아질 수 있다고 생각했다.

페르미랩은 이 문제에 체계적으로 돌입했다. 가속기의 파워를 1000 GeV(1조 광자 볼트 또는 1 TeV에 해당한다.)까지 올리려고 새로운 자석을 설치했고, 나중에는 처음으로 반물질을 만들어 저장한다는 보다 위험한 작업에 들어갔다. 한편 세른CERN은 즉시 물질, 반물질 충돌기에 돌입한다는 더욱 대담한 방식으로 밀어붙였다. 항상 기품이 넘쳤던 윌슨은 그들의 성공을 기원하면서 "의미가 있는 발광체에 도달했고, 지금까지 못 했던 전달보손을 발견한다면 더 이상 기쁜 일이 없을 것"이라고 썼다. 세른CERN에서 일하는 사람들도 마찬가지 심정으로 페르미랩의 계획은 "용기와 정열을 갖고 착수한 선견지명의 계획"이라고 말했다. 하지만 겉과는 달리 뒤에서는 세상에서 가장 총명하고 가장 자기중심적인 과학자와 기술자들의 라이벌 팀 간에 치열한 경쟁이 벌어졌다. 그들 중에는 세른CERN의 계획을 중심으로 진행한 카를로 루비아Carlo Rubbia보다 머리가 뛰어난 사람이 있었을지도 모르지만, 그만큼 자기중심적인 사람은 없었다. 1934년 양친이 모두 오스트리아인이며 북이탈리아에서 태어난 루비아는 태어날 때부터 세계인("어떤 언어를 말해도 사투리처럼 다른 언어의 습관이 나온다."라고 말했다.)으로 자신의 거대한 연구 팀을 구성하는 수십 명의 과학자를 달래거나 겁박하는데 익숙했다.(팀은 이탈리아인, 프랑스인, 영국인, 독일인, 중국인, 핀란드인, 시실리아인, 웨일즈인으로 구성되었다.) 팀의 추진역할을 맡은 루비아는 거의 쉬지도 않고 세른CERN에서 하버드대, 버클리대, 패일리랩, 로마를 바삐 돌아다녔다.

그의 행동을 줄곧 봐왔던 친구들은 그의 인생의 평균속도는 시속 64킬로미터 이상이라고 계산했다.(아~, 어느 날 아침, 의자에 앉으면서 그가 말했다. 오늘 처음 탈 비행기야.) 몸집이 크고 정력적이며 쉴새없이 움직이는 그는 인간 양자같은 느낌이 든다. 양복 맞춤점에 "매년 내 몸통 둘레가 늘어나네요. 지능도 그렇지만."이라고 말한 러더퍼드처럼 루비아는 1984년에 자신의 체형이 플라톤의 완전한 구에 가까워졌다고 자랑삼아 말할 정도였다. 노벨상을 획득하려는 그의 야망은 시몬 반 데르 메르라는 아주 성실한 세른CERN의 기술자가 만든 개념에 의존하고 있었다. 반 데르 메르는 반양자를 만들 수 있었고(하루에 1000억분의 1그램의 비율이지만), 양자와 충돌시킬 수 있을 만큼 대량으로 축적될 때까지, 그것을 저장할 수 있다고 확신했다.

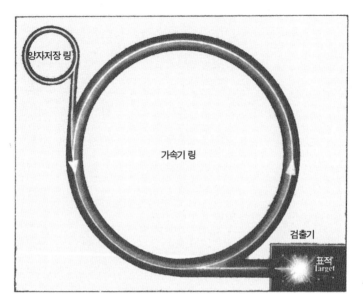

가속기는 소립자(이 경우는 양자)를 링의 주위에서 가속하고, 거기에서 그것을 검출기 내부의 표적으로 향하게 한다.

반물질의 저장은 뭐든지 녹일 수 있는 용제를 어떻게 병 속에 집어넣는냐가 예전부터의 난문으로 철저한 궁리가 필요한 작업이었다. 만일 반양자가 보통의 물질의 입자와 접촉했다면 양쪽은 즉시 서로 소멸할 것이다. 반 데르 메르van der Meer는 그 문제를 반양자저장 링의 건설로 처리할 수 있다고 제안했다. 이 장치는 진공의 전자장 속에 둥둥 뜨게 하는 상태로 반양자를 며칠이고 회전시킬 수 있는 작은 링이다. 반양자를 확실히 모으려고 반 데르 메르는 확률냉각이라고 부르는 테크닉을 제안했다.(확률은 통계학을, 냉각은 입자 간의 마구잡이인

428

움직임을 감소시키는 것을 의미한다.) 저장 링의 내부를 반양자의 작은 덩어리가 빙글빙글 돌 때, 센서가 어리둥절한 반양자의 흐름을 검출하고, 그 방향을 수정하기 위해 컴퓨터가 반대방향의 자석을 조정하는 메시지를 링의 건너편에 보낸다. 반양자는 광속에 가까운 속도로 움직이기에 계산은 아주 빨리 이루어져야 한다. 반양자의 한 무리가 링을 빙그르 회전하는 동안에 메시지는 저장 링을 횡단하듯 보내지고, 한 무리가 도착하는 그 순간에 자석의 배열을 바꾼다. 충분한 양의 반양자가 만들어지면서, 집중시키게 되면, 그것들을 메인 링에 풀

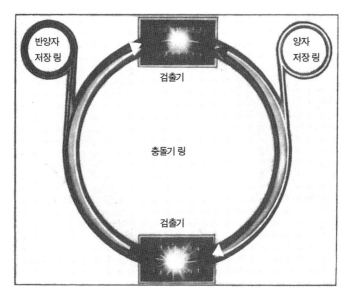

충돌기는 물질의 입자를 한편의 방향으로 가속하고, 반물질 입자를 반대 방향으로 가속, 이들을 서로 광선이 교차하는 지점에 위치하는 검출기로 충돌시킨다.

어두고 최종속도까지 가속해 반대 방향에서 오는 양자의 한 무리와 정면충돌시킨다.[62]

확률냉각을 사용한 양자-반양자 충돌기의 건설은 하이테크 시대의 가장 대담한 시도 중 하나였다. 반 데르 메르 그 자신도 이 개념을 너무 파격적이라고 생각했기에 처음에는 발표하기를 주저했다. 가속기 전문가들은 확률냉각이 제대로 작동하지 않을 것이라고 예상했다. 만일 제대로 작동하더라도 물질의 한 무리와 반물질의 한 무리가 충돌한 순간에 모든 것이 서로 소멸하기에 전달 벡터 보손이 솟구치는데 필요한 충돌의 반복(1초 당 약 5만 회)은 발생하지 않을 것이라고.(가속기는 충돌의 반복에 의해 비로소 전달 벡터 보손의 에너지 범위에 손쉽게 도달한다. 물리학자는 이벤트를 검출가능한지의 여부를 양자 확률에 의존하지 않으면 안 된다.) 루비아가 처음에 반물질 충돌기의 건설을 제안했을 때, 청중들 속에서 몰래 웃는 소리가 들렸다. 그가 이 아이디어를 페르미랩에 제안했을 때도 사직을 권고 받았을 정도였다. 그와 두 사람의 동료가 그것에 대한 논문을 제출했을 때도 영향력 있는 잡지 '피지컬 리뷰 레터스'의 편집자는 게재를 거부했다. 하지만 루비아는 위험한 도박임을 알고서도 지속적으로 주장했다.(반물질 저장 링을 건설하고 가속기를 개축하는데 1억 달러, 거기에 검출기를 건설하는데 3천만 달러가 들어간다.) 그는 걱정거리는 마음속에 접어둔 채, 강한 확신을 가진 것처럼 보이는 언행을 습관화했다. 그는 나중에 말했다. "진지한 대화, 계

---

62 반양자는 반대의 전하를 갖고 있기에 양자를 시계 방향으로 링의 주위를 회전시키는 것과 똑같이 자기 펄스의 연속은 반양자를 시계 반대 방향으로 회전시킬 수 있다. 그 이전에 파인만이 제안한 그 상황을 바라보는 견해는 더욱 파격적이었는데, 반물질 입자는 시간을 반대 방향으로 움직인다는 것이었다.

획이 착수되기 전에 의문을 하나하나 언급한다면, 누구도 돈을 내 줄 생각을 안 한다… 속으로는 빔이 제대로 작동하지 않으면 어떡하나, 라고 조마조마했다."

마침내 세른CERN이 그의 제안에 도박을 걸었다. 반양자 링이 건설되는 3년 간, 루비아는 검출기의 건설에 힘썼다. 이 장치는 길이 10미터, 폭 5미터, 무게 2만 톤으로, 월가의 은행 금고실과 동일한 크기와 무게로 지하에 건설되었다. 그는 필사적으로 일했고, 두 차례나 위험한 전기 사고로 죽을뻔했지만, 굽히지 않고 전진했다. 거대한 검출기가 완성되었을 때, "잘 보라고!"라며 자랑스러워했다. "난 여기 있는 모든 것의 스위치 기능을 알고 있다고!"

양자—반양자 충돌기 테스트는 1982년에 개시되었는데, 모두가 놀랍게도 술술 풀렸다. 양자와 반양자는 예측대로 충돌했고 약소하지만 격렬한 에너지 방출을 만들어냈고, 폭발에서 엉금엉금 기어 나온 소립자가 검출기의 양파 껍질 같은 층을 연타했다. 10억 회의 이러한 상호작용에서 W입자의 존재를 확실히 시사하는 이벤트가 5개 발견되었다. 1983년 1월 20일, 수천 회 이상 수식이 써지고 또한 지워지는 바람에 하얗게 된 세른CERN의 대강당의 긴 칠판 앞에서 루비아는 그의 동료들에게 'W입자가 검출되었다', 즉 '전약이론이 확인되었다'고 발표했다. Z입자도 머지않아 검출되면서 양쪽의 보손의 질량은 전약통일이론에 의해 예측된 값과 일치했다. 와인버그, 글래쇼, 살람은 옳았다. 우리는 대칭성이 파괴된 세계에 살고 있고, 거기서는 자연의 4가지 기본적인 힘 중에서 적어도 전자기력과 약한 힘 두 가지가, 하나의 보다 대칭적인 힘에서 갈라져 나오는 것이다.

거대가속기와의 씨름은 그 후로도 계속되었다. 거대한 보링 머신 boring machines이 전자와 그 반물질인 양전자를 충돌시키는 세른CERN 의 가속기를 건설하려고 프랑스의 시골에 원둘레 27킬로미터의 터널 을 팠다. 또한 양자가속기도 성장을 계속했는데, 세른CERN 최초의 양자-반양자장치는 640GeV의 에너지도 달성했다. 미국에서는 1985 년에 운전을 개시한 페르미랩의 양자-반양자 충돌기가 머지않아 1TeV을 넘는 에너지에 도달했다. 그로부터 2년 후, 미국은 20TeV의 에너지를 달성할 수 있는 '초전도 슈퍼 충돌기'를 계획하기 시작했다. 이 장치로는 그때까지 검출된 입자의 40배나 질량이 큰 입자를 만들 수 있다고 한다. 원둘레가 80킬로미터 이상의 링을 가진 슈퍼 충돌기 는 지금까지 건설된 것 중에서 최대의 장치가 될 것이다.

한편, 이론 전문가는 숨겨진 대칭성을 찾아 '입자의 동물원'을 면밀 히 계속 조사했다. 장대한 '대통일이론grand unified theory, GUT'이라고 불리는 이론이 많이 나왔고, 전약의 힘의 강한 핵의 힘을 하나의 파괴 된 게이지대칭군의 부류로서 취급할 수 있다고 주장했다. 대통일이론 GUT은 늘 안정되었다고 여겨진 양자가 붕괴하는 것을 의미하는 흥미 깊은 예측을 했다. 그 반감기는 10^{32}년이라고 대략 계산되었다. 이는 우주 연령의 1조 배라는 길고 긴 시간에 상당하는데, 10^{32}개의 양자를 감시하면 이 예측을 실험할 수 있다. 평균 잡아 일 년에 1개의 양자가 붕괴하기 때문이다. 대통일이론을 실험하려면 클리블랜드 근처의 암 염광산과 일본의 가미오카 납광산에서는 수천 톤의 순수한 물을 탱크 에 저장하는 형태로, 미네소타의 철광산에서는 35톤의 콘크리트 덩어 리의 형태로, 인도의 금광산에서는 철의 판이라는 형태로, 몽블랑 터널에서는 묶여진 철의 봉이라는 형태로, 모여진 양자가(실험은 우주선 cosmic rays에 의한 오염을 최소화하기 위해 지하 깊은 곳에서 행해진다.) 자연붕괴할 때 내보내는 비밀을 밝히는 빛을 기록하도록 프로그래밍 된 광센서가 컴퓨터에 연결되었다. 납광산이나 염광산에서 몇 년이고 기다리는 것은 아주 큰일이다.(실험물리학자가 되는 것은 그러한 것이라고 어떤 무정한 이론 전문가는 농담삼아 말했다.) 지금까지의 결과는 제로이고 세월이 흘러도 양자의 붕괴는 관측되지 않고 있다. 대통일이론자들이 잘못된 대칭성의 파괴를 선택하지는 않았는지, 의심을 받기 시작했다. 한편, 기다리는 동안에 뭘 해야 할지를 찾던 이론 전문가들은 그들의 장치에서 중성미자를 검출할 수 있게 개량했다. 양자 붕괴의 현장을 발견하려고 모은 탱크 속의 물과 콘크리트, 금속 덩어리 속의 원자에 충돌시켜 그 존재를 밝히는 몇 개의 중성미자를 포착하려고 했다. 이것이 1987년에 도움이 되었다. 대마젤란은하에서 초신성이 빛나면서 즉시 중성미자의 파도가 전해졌는데, 그때 가미오카와 이리호(湖)의 양자붕괴검출장치가 중성미자를 검출했기 때문이다. 이 관측으로 초신성이 방대한 양의 중성미자를 방출한다는 이론(이 이론의 일부는 피곤함을 모르는 별의 연구자 베테가 썼다.)이 확인되고, 관측적 중성미자 천문학이라는 새로운 과학의 분야도 탄생했다. GUT의 쇠퇴를 슬프게 여기는 사람은 거의 없었다. GUT는 본디 통일이론의 근본이 되어야 할 단일성이 결여되었기 때문이다. 표준모델과 마찬가지로 임의의 파라미터로 채워 넣은 데다 중력을 제외했다. 이론전문가들이 진실로 바란 것은 4가지 힘 모두 간의 대칭적 친족관계를 시사하는 '초통일'이론이었다. 이 같은 이론의 구성요소가 1970년대에 먼저

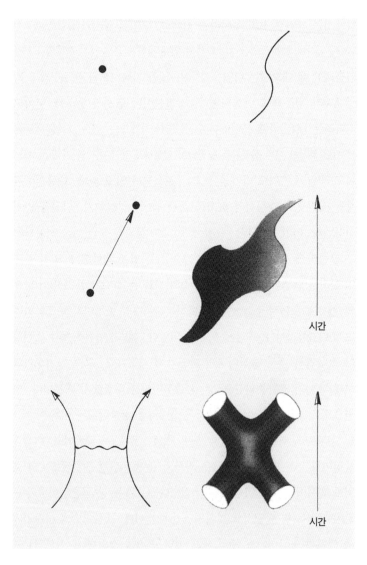

전통적으로 점이라고 여겨졌던 소립자는 끈이론에서는 늘어난 물체로서 그려진다.(위) 움직이는 입자는 세계선world lines을 그리지만, 끈에서는 세계 시트world sheets가 된다.(중앙) 점과 같은 입자상호작용의 '파인만 도형'은 선으로 구성된다. 한편 막힌(즉 고리 형태의) 끈의 파인만 도형은 파이프 형태가 된다.(아래)

소련에서 그리고 서양에서 독자적으로 나타나기 시작했다. 총칭해서 '초대칭'이라고 불리는 이들 새로운 이론은 힘을 운반하는 보손과 물질의 소재인 페르미온을 결합하는 대칭성을 확인했다.

1976년에 중력이 이 이론에 참가하면서 널리 흥분을 일으켰다. 하지만 1980년대 초에 초대칭은 옴짝달싹 못 하기 시작했다. 그 자체로는 모든 게 알려진 쿼크, 경입자, 게이지입자를 만들 수가 없고 대통일이론GTU이나 표준모델보다 더 설명이 수반되지 않은 용어를 도입했기 때문이다. 뭔가 부족했다.

몇 명의 젊은 이론 전문가들이 그 뭔가 부족한 것이 '끈strings'이라고 제안했다. 전통적으로 전자처럼 소립자는 크기가 없는 점이라고 생각되었다. 끈이론에서는 대신에 입자는 폭이 아닌 길이를 가진 물질 즉 '끈'으로서 묘사된다. 그것들은 너무 작아서(길이는 1 플랑크Planck 단위 정도로 이 이상 작은 것은 없을 정도다.) 무한소의 물질이라고 잘못 여겨졌을 가능성이 있다. 하지만 입자가 점이 아니라 끈이라면 그 움직임을 해석하는 데 커다란 잘못이 생긴다. 끈은 진동할 수 있고 진동 속도에 따라 알려진 모든 것의 입자의 특성을 만들어낼 수도 있고, 마찬가지로 무한한 종류의 다른 입자를 만들 수도 있다. 놀랄 만큼 다양한 입자가 순식간에 간단히 통일될 가능성이 생긴다. 모든 것은 끈의 조화harmonies의 다름에 불과하다고 이 이론은 주장했다. 끈이론은 통일성에 몰두하는 이론 전문가들이 직면하는 가장 골치 아픈 문제의 몇 가지에 가능한 답을 제공했다. 지금까지의 양자장이론이 왜 빈번히 '재규격화하지 않으면 안 되는' 무한대를 발생하는지? 왜냐하면 그러한 이론이 소립자는 크기가 없다고 생각했기 때문이다. 이는 소립자가 무한소까지 근접할 수 있고, 그 경우에 상호 간에 교환되는 힘의 에너지 수준이 무한으로 올라갈 수 있다는 것을 의미한다. 끈에는 길이가 있기에 끈이론에는 무한한 문제가 생기지 않는다. 중력자의 스핀이 2이고 다른 힘을 운반하는 입자의 스핀이 1인 이유는 뭘까? 왜냐하면 끈이 열려 있는 즉, 2의 끝자락ends을 지닌 경우와 닫혀 있는 즉 끝자락이 연결되어 루프loop를 형성하는 경우처럼 2가지 경우가 있기 때문이라고 이론은 말하고 있다. 열려 있는 끈이 스핀 1로, 닫혀 있는 끈이 스핀 2일지도 모른다. 양-밀스 게이지장의 개념이 힘을 이해하는데, 이처럼 넓은 응용성을 갖는 이유는 뭘까? 왜냐하면 가장 에너지가 낮은 즉, 똑바로 회전하지 않는 상태의 경우에 끈은 질량이 없는 스핀 1의 입자처럼 움직인다. 이는 양-밀스장을 전달하는 게이지 입자의 기술description이다. 끈이론은 상대론과 양자역학 간의 개념적인 틈새를 이해하는 것조차 가능하게 했다. 실제로 끈이론은 중력을 포함하지 않으면 의미를 갖지 못한다. 본질적으로 통일적인 개념인 것이다. 본디, 끈의 개념은 고속으로 회전하는 강입자의 움직임을 가장 큰 끈의 조화로 설명할 수 있을지도 모른다고 상상한 이론전문가들에 의해 1960년대에 만들어졌다. 그 목적에는 도움이 되지 못했기에 머지않아 대부분의 물리학자는 그 아이디어를 버렸다. 그 가능성을 올바르게 평가한 소수의 사람 중 한 명이(재차 등장하지만) 선견지명이 있는 머리 겔만이었다. 그는 끈이론이 현재는 결과를 나타내지 않아도 "언젠가 어느 곳에서 어떡하든 도움이 될 것"이라고 미국의 물리학자인 존 헤리 슈워츠를 격려했다. 1974년에 큰 진보가 있었다. 슈워츠와 젊은 프랑스의 물리학자인 조엘 셰르크Joel Scherk 가 그들의 끈 방정식에 모습을 계속 드러내는 환영받을 만한 입자(질량 제로이며 스핀은 2)가 중력을 운반하는 보손으로 다름 아닌 중력자일지도 모른다는 사실을 알았다. 슈워츠와 셰르크는 그로부터 끈의 길이는 불과 10^{-35}미터의 '플랑크 길이Planck length'로 이 경우는 중력이 다른 힘과 동일한 강함이 되고 확실히 양자화되는 형태로 작용하기 시작할 것이라고 생각했다. 이러한 개념은 처음에 과학사회에서 거의 주목을 받지 못했지만 슈워츠는 집요하게 끈의 개념의 출발점으로 되돌아와, 캘리포니아 공과대학을 방문한 런던대학의 마이클 그린과 함께 그것에 대해 연구했다. 끈의 개념은 유행과는 전혀 무관했고 당시에 끈의 연구를 했던 사람은 세상에서 슈워츠와 그린뿐이었다. 하지만 둘의 노력은 마침내 결실을 맺기 시작했고, 1984년 여름, 다른 통일장이론을 골치 아프게 했던 현상이 끈이론에서는 사라진다는 것을 시사했다. 이로서 주목을 받게 되었고 1987년까지 끈이론은 소립자물리학에서 가장 인기 있는 화제가 되었다.

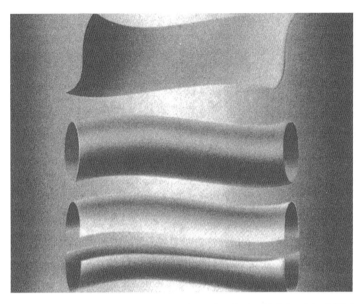

끈이론은 양자역학과 일반상대성이론의 통일이라는 오래된 난문을 극복하려고 한다. 상대론에서 설명되는 중력이 열린 끈(위)에 의해 만들어지고, 다른 양자는 닫힌 끈(중앙)에서 만들어진다. 닫힌 끈을 자르면 두 개의 열린 끈(아래)이 만들어지지만, 이는 2종류의 힘 사이에서의 자연의 유사성을 시사한다.

통일이론을 쓰는 것은 아주 번거롭다. 아인슈타인의 상대성이론은 그때까지의 공간과 시간의 개념을 버릴 것을 요구했고, 양자역학은 고전적 인과관계를 제외할 것을 요구했다. 끈이론의 기묘한 점은, 실제로 대단히 기묘한데, 우주가 적어도 10차원인 것을 요구했다. 우리는 공간의 3차원과 시간의 1차원이라는 4차원의 우주에서 살고 있기에, 이 이론은 다른 차원을 '간결화compactified'했다고 가정한다. 즉, 그러한 차원이 구조 속에서 붕괴되고 말아, 너무 작아졌기에 우리는 그것을 깨닫지 못한다는 것이다. 와인버그는 이 개념에 도전했다. 대통일이론GUT의 연구로 알려진 하워드 조자이Howard Mason Georgi Ⅲ는 그 사실을 놀리며 와인버그Steven Weinberg가 1984년에서 하버드대학에서 강의했을 때, 다음처럼 운문형태의 시를 칠판에 써서 그를 소개했다.

> 텍사스에서 돌아온 스티브 와인버그
>
> 많은 차원을 데리고 왔네요.
>
> 귀찮은 차원은,
>
> 아주 작게 둥그렇게 말아
>
> 사람들에게 피해 없게 하도록.

차원을 초월하는 즉 초차원은 1919년에 독일의 테오도어 칼루차Theodor Franz Eduard Kaluza에 의해 처음으로 통일이론에 도입되었다. 칼루차는 중력과 전자기력의 통일이론을 발견하려는 당신의 꿈은 5차원의 시공의 방정식을 연구한다면 알 수 있을지도 모른다고 제안한 편지를 아인슈타인에게 썼다. 아인슈타인은 처음에 그 제안을 대수롭지 않게 생각했지만 나중에 생각을 고쳐먹고 칼루차의 논문 발표를 도왔다. 몇 년 후, 스웨덴의 물리학자 오스카르 클레인Oskar Benjamin Klein이 칼루차의 연구의 양자 버전을 발표했다. 그 결과인 칼루차-클레인이론은 대단히 흥미로워보였지만 1970년대가 되기까지는 그것을 어떻게 다루어야 좋을지 누구도 알지 못했다. 이 무렵에, 그것이 초대칭성의 연구를 하는 데 도움이 된다는 것이 알려졌다. 이윽고 칼루차-클레인을 누구나 입에 올리게 되었다.(언어의 파수꾼인 겔만은 그것을 'Ka-woo-sah-Klein'이라고 발음하지 못하는 동료에게 잔소리를 했다.)
초대칭성 특히 끈이론은 많은 차원을 끌어내지만, 끈이론에 필요한
차원의 수를 선택하는 독특한 방법이 있다. 머지않아 밝혀지듯이 끈
이론은 2차원, 10차원 혹은 11차원의 어느 쪽에서만 작용할 뿐으로,
$SO(32)$ 혹은 $E_8 \times E_8$의 단지 두 가지 가능한 대칭군 밖에 없다. 이론이
그만큼 단정적인 부분을 시사하며 과학자들의 주목을 끌기에, 1980년
대의 끝 무렵에는 많은 과학자들이 끈 연구를 했다. 그 앞에는 많은
어려움이 놓여 있지만 전망은 어둡지 않았다. "앞으로 수십 년 간, 지
적모험이 활발히 이루어질 것"이라고 슈워츠는 초끈의 공동연구자인
그린과 에드워드 위튼에게 썼다.

　물론 이 같은 낙관론은 잘못된 것이 증명될지도 모른다. 20세기의
물리학자 역사에는 최종적으로 대답을 제공할 거라고 생각된 이론이
사멸되면서 여기저기 흩어져 있었다. 아인슈타인은 자신의 인생 후반
기의 대부분을 중력과 전자기의 통일장이론을 발견하는 데 힘썼다.
그에 대한 일반인의 기대는 대단히 높아서, 그의 연구에서 발췌한 방
정식이 뉴욕 5번지의 건물 창에 내걸릴 정도였다. 이해할 수는 없지만
호기심을 가진 대중이 그 방정식을 자주 쳐다보곤 했다. 그렇지만 아
무것도 나오지 않았다.(아인슈타인은 양자의 원리를 무시했다.) 볼프강 파
울리는 얼마간 통일이론에 대해 하이젠베르크Werner Karl Heisenberg와
함께 공동연구를 했지만 하이젠베르크가 라디오 방송에 나와 통일 파
울리-하이젠베르크 이론의 완성에 가까워졌으며 남은 것은 기교적이
고 사소한 부분만 몇 가지 연구하면 된다는 말에 깜짝 놀랐다. 하이젠
베르크의 과장에 화가 난 파울리는 이마만 그려서 가모프를 비롯해

다른 과학자들에게 보냈다. 그는 그 그림에 "이것은 세상 사람들이, 내가 티치아노(르네상스 시대의 화가 – 옮긴이)처럼 그릴 수 있다는 것을 보여주는 것이다. 기교적이고 사소한 부분이 빠졌을 뿐"이라는 설명을 붙였다.

초끈 개념을 비판하는 사람들은 그것이 옳다는 주장의 토대는 그 내부의 아름다움뿐이라고 지적했다. 이 이론은 아직 표준모델만큼의 성공을 거둔 것도 아니고, 실험으로 테스트해 볼 수 있는 예측이 단 하나도 없다. 초대칭은 우주에는 많은 종류의 미발견 입자가 있고, 그 중에는 '셀렉트론selectrons'(전자의 초대칭적 대응물)이나 '포티노 photinos'(광자의 대응물)이 포함될 것을 요구하지만, 가설입자의 질량에 대해서는 아무것도 논하지 않는다. 따라서 스탠포드의 PEP 가속기나 함부르크의 PETRA 가속기에서 예비적으로 실행된 초대칭입자의 탐사에서 증거를 시사하지 못했어도 그것은 어떤 증거도 되지 않는다. 이들 장치에서는(앞으로 새롭게 만들어질 더욱 강력한 장치라도) 만들어낼 수 없을 만큼 입자의 질량이 크다고 말할 수 있기 때문이다. 끈이론에 대한 실험을 행할 가능성은 없다고 봐도 무방하다. 추정된 끈의 이론적 질량이 현존하는 가속기로 달성될 수 있는 질량의 10^{21}배나 되고, 현재의 기술로 그것을 검출하려면 태양계보다 더 큰 가속기를 만들어야만 한다. 초대칭과 끈이론은 격조가 높지만 그것들을 연구하는 이론전문가들이 와인버그가 "보통의 실험이 가져다주는 훌륭한 풍요로움"이라고 부르는 것의 은혜를 입지 못하고 막연하게 연구를 계속해야 한다면, 그들은 현실에서 벗어나 순수하게 추상적인 사고방식에 휩쓸려 갔을지도 모른다. 만일 그렇다면 "초끈 연구는 화학과 소립자물리학의 차이와 마찬가지로 현재의 소립자물리학에서 훨씬 벗어나게 되고, 머지않아 중세의 신학자 같은 사람들에 의해 신학교에서 이루어질지도 모른다."라고 글래쇼와 하버드대학의 동료인 폴 긴스파그 Paul Ginsparg는 비꼬아서 말했다.

그들은 냉담한 말을 이어갔다. "과학을 다시 종교로 바꿈으로써 암흑시대 이후 처음으로 우리의 고귀한 탐사가 어떻게 종말을 맞는지, 볼 수 있을 것이다." 그럼에도 입자나 힘을 만들어내는 기본적으로 아름답고 대칭적인 자연의 원리가 있고, 인간의 마음은 그것을 들여다볼 수 있다는 희망을 많은 사람들이 품고 있다. "그것은 진실이 아닐지도 모른다."라고 와인버그는 인정하고 있다. "자연은 기본적으로 추악하고 혼돈하며 복잡한 것일지도 모른다. 하지만 만일 그렇다면 나는 손을 떼고 싶다."

그리스어로 '대칭성'은 또 하나의 '적절한 비율'이라는 뜻이 있다. 그리스인에게 대칭성은 단지 불변성이 아닌 심미적으로 바람직한 부류의 불변성을 의미했다. 이는 보다 높은 수준의 완성이고 보다 완전한 세계가 있다는 것, 대칭성과 대칭성이론의 우아함을 평가하는 것에 의해 제공되는 창을 통해 우리가 세계를 보고 있음을 의미한다. 초대칭은 이 궁극적인 완성을 초차원우주로서 묘사하고 우리의 빈약하고 불완전한 우주는 그 시원찮은 그림자에 지나지 않는다고 한다. 그것은 약한 힘과 전자기력이 보다 대칭인 전약의 파괴로부터 생긴다는 것을 입증하려고 하거나, 강한 힘이 작용하는 갑갑한 핵의 주변에 응축되어 숨겨진 대칭성을 발견하려는 물리학자는 완전한 세계라는 도자기의 부서진 파편을 이으려는 것을 의미한다. 실제로 이 이론은 그

같은 잔해가 무수히 존재하고 초대칭입자가 검출되지 않는 것은 그것 들이 우리를 구성하는 입자와 거의 약하거나 혹은 전혀 상호작용을 하지 않기에 알 도리가 없음을 시사한다. 그러면 완전히 대칭적인 초 차원우주를 어디서 발견하면 좋을까? 여기에도 없고, 지금도 없다. 우 리가 사는 세계에는 대칭성의 파괴가 충만하고, 4개의 차원밖에 알려 져있지 않기 때문이다. 답은 우주론에서 찾아온다. 우주론은 만일 존 재한다고 쳐도 초대칭우주가 과거의 것임을 우리에게 알려준다. 이는 우주는 완전히 대칭적인 상태에서 시작되었고, 우리가 살고있는 대칭 성이 적은 우주로 진화했음을 의미한다. 만일 그렇다면 완전한 대칭 성의 탐사는 우주 기원의 비밀의 탐사가 된다. 우리의 관심이 새벽에 피는 꽃잎처럼 우주창조의 새하얀 빛으로 향하는 것도 당연할 것 이다.

어떠한 단 하나의 실체라도 현재 속에 과거와 미래를 포함한다.

- 라이프니츠

현재를 보는 자는 모든 것을 본다. 지금까지 생긴 모든 사물, 지금부터 무한정으로 생길 모든 사물, 그 양쪽 모두다.
왜냐하면 모든 사물은 동일한 부류이고, 동일한 형태이기 때문이다.

- 마르쿠스 아우렐리우스

17 역사의 중심축

　과학의 역사 속에서 20세기 말은 자연 속에서도 가장 작은 구조를 연구하는 소립자물리학이 우주 전체를 연구하는 학문인 우주론과 힘을 합치려고 했던 시기인지도 모른다. 이 두 가지 학문 분야가 함께 우주 역사의 개요를 묘사하고 원자핵에서 은하성단까지 어마어마한 스케일로 자연의 구조의 첫 창조를 연구하기 시작했기 때문이다. 전혀 다른 두 가지 학문 분야의 말하자면 서둘러 치른 결혼이었다. 우주론학자는 고독한 경우가 많은데, 그 시선을 공간과 시간의 먼 지평선에 두고, 조금씩 다가오는 고대의 별빛에서 신중히 데이터를 수집한다. 누구도 별을 만질 순 없다. 이와는 대조적으로 소립자물리학자는 구체적이고, 굳이 말한다면 집단을 선호한다. 그럴 수밖에 없기 때문이다. 아인슈타인조차 혼자서 연구가 가능할 만큼 물리학 전반에 걸쳐 정통한 게 아니었다. 소립자물리학자들은 눈앞의 어떤 것을 끄

집어내고, 구부리고, 폭파시키고 분해하는 경향이 있다.[63]

　물리학자들은 40살이 넘으면 이미 노장이기에 새롭고 유용한 개념을 떠올리기 어렵다는 통념에 사로잡힌 듯 열심히 급하게 일한다. 한편 우주론학자는 멀리 보는 관점에 서서 생각하기에 인생 후반에 활약이 돋보이는 사람이 많다. 머리카락이 하얗게 되어도 여전히 생산적인 연구를 할 수 있다고 생각한다. 그럼에도 1970년대 말에는 소립자물리학자는 은하와 퀘이사를 주제로 하는 우주론 세미나에 참가하게 되었고, 우주론학자는 별이 보이지 않는 지하에 설치된 고에너지물리학을 연구 하려고 세른이나 페르미랩에 고용되었다. 1985년 머리 겔만Murray Gell-Mann은 "자연과학의 가장 기본적인 두 가지 분야, 소립자물리학과 극히 초기 우주의 연구가 본질적으로 합쳤다."라고 선언했다.

　양쪽 분야의 공통은 빅뱅이었다. 앞장에서 설명했듯이 현재는 파괴되었지만 고에너지의 환경에서는 손실을 입지 않은 자연의 대칭성을 물리학자가 확인했다. 우주론학자들은 빅뱅의 초기 단계에 우주는 마치 그처럼 고에너지 상태였다고 발표했다. 이 두 분야를 합치면 우주가 팽창해서 식어감에 따라 그 대칭성이 파괴되고 현재 우리의 주위에서 보이는 물질과 에너지를 창조하고, 소립자 내부에 그 계통도를 남긴 대칭성에 거의 가까운 우주의 모습이 나타난다. 이 새로운 동맹의 추진자 중 한 사람인 와인버그는 전약통일이론을 초기의 우주와의

---

63 물론 예외가 있다. 특히 실험과학을 거의 모르고 물리학에 몸을 던지는 수학자들이다. 하지만 일반적으로 최고의 이론물리학자는 학생 신분일 때뿐이라도 자신의 손으로 실험하길 원한다. 젊은 아인슈타인이 그 때문에 팔을 잃을 뻔 했다는 것을 떠올리기 바란다.

관계로 기술했다.

"전약이론의 가장 특이한 점은(힘을 운반하는) 입자가 강하게 연결된 집단family을 형성한다는 점이다. 그 구성원은 4가지로, W^+, 그리고 반대의 전하를 가진W^-, 전하를 갖지 않는 Z, 그리고 이전부터 익숙한 전자기를 운반하는 광자다. 이것들은 서로 형제간으로 대칭성의 원리에 의해 강하게 결합되어 있다. 대칭성의 원리는 이들 4가지 입자가 실제로는 같은 것이라고 말하고 있지만 그 대칭성은 파괴되어 있다. 이론의 토대가 된 방정식에는 대칭성이 있지만, 입자 그 자체 내부에서는 확실하지 않다. 그것이 W입자와 Z입자가 광자보다 훨씬 무거운 이유다. 하지만 온도가 극단적으로 높고, 대칭성이 여전히 파괴되지 않았으며, 약한 힘과 전자기력이 수학적으로 동일할 뿐 아니라, 실제로 동일했던 시기가 우주의 극히 초기에는 존재했다. 만일 그 곳에 물리학자가 있었다 해도 2종류의 W입자, Z입자, 그리고 광자라는 4가지 입자의 교환으로 만들어진 힘에서 뭔가 다른 점을 찾을 수 없을 것이다."

마찬가지로 그리 확실하지는 않지만 최근 발표된 초대칭성이론이 빅뱅 초기보다 앞선 시기를 특징짓는 보다 높은 에너지 수준에서 나타나는 대칭성에 의해 4가지 힘 모두가 연결되어 있었을지도 모른다는 점을 시사했다. 우주론과 소립자물리학에 역사적 시간 축을 도입함으로써, 양쪽 분야가 이익을 봤다. 물리학자는 우주론학자에게, 초기의 우주가 어떻게 발전했는지를 연결시키게 해주는 유용한 도구를 여러 가지 제공했다. 빅뱅은 프레드 호일이 비웃으며 말했듯이 넘기가 불가능한 불의 벽이 아니라, 상대론적인 양자장의 이론으로 이해할 수 있는 고에너지 현상의 무대다. 우주론의 힘은 통일이론에 역사적 현실의 색채를 제공했다. 대통일이론, 초대칭이론이 요구하는 방대한 에너지를 실현 가능한 가속기로 달성하지는 못하지만 현재의 우주에 있는 여러 가지 많은 입자와 이들 이론이 암시하는 초기의 역사에 존재한 입자가 일치하는지의 여부를 조사함으로써 이러한 파격적인 개념을 실험할 수 있을지도 모른다. 겔만이 말했듯이 "소립자는 분명히 초기의 우주론에서 보이는 기본적인 수수께끼 중 몇 가지를 풀 열쇠를 제공한다… 그리고 우주론은 소립자물리학 중 몇 가지에 어떤 종류의 실험장을 제공한다."

이 새로운 역사적인 전망에 돌입함으로써 물리학자를 의기소침하게 한 소립자 종류의 급증은(페르미에게 자신은 식물학자가 되는 게 좋을 뻔했다고 생각하게 만들 정도였다.) 중압감보다는 은총처럼 여겨지기 시작했다. 우주의 진화 과정에서 모든 소립자가 출현했고, 그것의 증명이 분명해지자, 소립자의 다양성은 우주 역사의 풍부한 증거라고 생각되었다. 물리학자는 고대의 헤르쿨라네움 유적지에서 오래된 길거리의 흔적을 발굴한 고고학자가 실망할 일이 없듯이 소립자의 다양성에 대해 낙담할 필요는 이제 없어졌다. 그 대신에 그들은 자연이 복잡하고 불완전한 것은 과거가 있기 때문이라고 생각하게 되었다.(미국의 물리학자 토마스 골드Thomas Gold가 지금의 자연은 과거의 자연이 있기 때문이라고 말했듯이) 실제로 자연의 기본적인 구조의 크기, 결합에너지 그리고 연령을 잇는 직접적인 관계의 지표를 볼 수 있다. 분자는 원자보다 크고 분해가 간단하다. 원자와 원자핵, 원자핵과 그것을 구성하는 쿼크에도 똑같이 말할 수 있다. 우주론은 이 관계가 우주역사의 이치에서 생겼음을 시사한다. 쿼크가 먼저 빅뱅 초기의 극단적으로 높은 에너지로 결합되고, 우주가 팽창하고 냉각함에 따라 쿼크로 구성되는 양자와 중성자가 서로 결합해서 원자핵을 형성하고, 그 후에 전자를 끌어당겨 완전한 원자로서 체재를 갖추며, 그것이 결합해서 분자를 형성했다. 만일 그렇다면 자연을 엄밀히 조사할수록 우리는 과거를 더욱 잘 들여다보게 된다. 가령, 손등처럼 익숙한 것을 보면서, 원하는 배율까지 확대 가능하다고 상상해보자. 비교적 낮은 배율에서는 피부 속의 각각 세포를 식별 가능하고 각각의 세포는 세포막에 의해 경계가 쳐진 마치 길거리처럼 크고 복잡한 것으로 흐릿하게 보일 것이다. 배율을 높이면 그 세포 속에 꾸불꾸불한 리보솜이나 기복이 있는 미토콘드리아, 구(球)형태의 리소좀, 별처럼 빛나는 중심소체가 뒤섞여 있는 것을 보게 될 것이다.

이 모두는 세포를 유지하기 위한 호흡, 위생, 에너지 제조기능을 완수하는 복잡한 기관이다. 우리는 여기서 역사를 시사하는 많은 증거를 볼 수 있다. 이 세포는 만들어진 지 몇 년밖에 되지 않지만, 그 구조는 지상에서 최초로 진화한 것과 비슷한 진핵세포의 시대, 10억 년 이전까지 거슬러 올라갈 수 있다. 이제 어떻게 그것들을 형성할지를 알려주는 청사진을 세포가 어디서 얻었는지를 확인할 핵으로 들어가, 그 유전자에 담겨 있는 가늘고 긴 DNA분자의 윤곽을 살펴보자. 각각

449

의 DNA에는 40억 년의 진화 동안 축적된 풍부한 유전자가 담겨 있다. 4개의 '문자letters'로 이루어진 뉴클레오타이드 알파벳 중에는 피부나 뼈, 뇌세포에 이르기까지 어떻게 인체를 형성하는지에 대한 메시지가 축적되어 있다.(뉴클레오타이드 알파벳은 당과 인산염의 분자로 만들어져 있다.) 또한 배율을 높이면 DNA분자가 많은 원자로 구성되었다는 것이 보일 것이다. 원자 외측의 전자의 껍질이 뒤엉켜 모래시계나 가늘고 긴 용수철처럼 올라가는 코일, 방패처럼 두꺼운 타원형, 양 끝을 자른 시가cigar 같은 모양의 실 등, 많은 불가사의한 형태가 혼재한다. 이들 전자 중에는 가깝게 있는 원자가 강제로 빼앗아서 새롭게 온 것도 있다. 다른 전자는 50억 년 이상 전에 지구가 형성된 성운 내부에서 그 원자핵과 결합했다.

배율을 더 높여서 10만 배로 해보자. 그러면 한 개의 탄소 원자핵이 시야 가득 펼쳐질 것이다. 이처럼 원자핵은 태양이 태어나기 훨씬 전에 폭발한 별 내부에서 형성되고, 그 연령은 50억 년 전에서 150억 년 전후다. 여기서 배율을 더 높이면 원자핵 내부의 각각의 양자와 중성자를 3개의 쿼크가 형성하고 있는 게 보일 것이다. 쿼크는 우주 탄생의 몇 초 후부터 계속해서 결합된 채이다. 보다 작은 스케일의 탐험이야말로 보다 강한 결합 에너지의 영역에 들어가는 것이다.

원자에서 그 전자의 껍질을 제거하려면 수천의 전자볼트(eV)에너지로 충분하지만, 원자핵을 구성하는 핵자를 분해하려면 수백만 전자볼트 나아가 각각의 핵자를 형성하는 쿼크를 해방하려면 그 수백 배의 에너지가 필요하다. 역사 축을 도입하면 이 관계가 소립자의 과거의

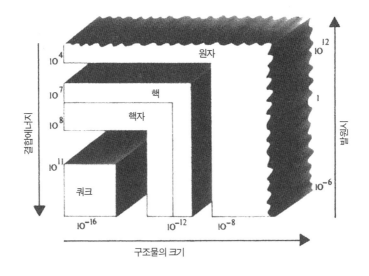

기본적인 자연 구조의 크기와 그것을 결합하는 에너지(즉 그것을 분해하는 데 필요로 하는 힘)의 관계는 그것이 우주 역사의 서로 다른 단계에서 기원을 갖는다는 것을 반영한다고 여겨진다. 가령, 쿼크가 핵자(양자나 중성자) 보다 작고, 보다 높은 결합력을 지니게 된 것은 우주 역사 중에서도 빠른 시기에 형성되었다고 알려져 있다. 이때, 우주 그 자체는 작지만, 에너지가 가장 넘쳤다.

증거가 된다. 보다 작고 보다 기본적인 구조는 그 자체가 빅뱅의 열 속에서 만들어진 구조이기에 보다 높은 수준의 에너지에 의해 결합된다. 이는 가속기도 망원경처럼 타임머신으로서 기능하는 것을 의미한다. 망원경은 빛이 별 사이를 여행하는데 시간이 걸리는 바람에 과거를 들여다볼 수 있다. 가속기는 초기 우주의 상황을 극히 잠깐이지만 재현한다. 1920년대에 코크로프트Cockroft와 월턴Walton이 고안한 200 KeV의 가속기는 빅뱅의 시작부터 1일 후에 일어난 현상의 몇 가지를 재현했다. 1940년대와 50년대에 건설된 가속기는 1초 후의 경계를 왔다 갔다 했다. 페르미랩의 '테바트론Tevatron'은 그 경계를 빅뱅의 시작에서 10억분의 1초까지 제어했다. 계획 중인 초전도 슈퍼 충돌기는 우주의 연령이 1조분의 1초 살일 때의 우주환경을 볼 수 있을 것이다. 이는 극히 짧은 시간이다. 그렇지만 기묘하게도 우주 진화의 연구는 그 탄생 직후 아주 짧은 사이에 많은 사건이 일어났음을 시사하고 있다. 때문에 이론 전문가들은 우주 역사의 최초의 순간에 대해 이치가 닿는 설명을 해 보려고 애쓰고 있다. 그들의 생각은 물론 대략적이고 불완전하며 추측이 난무한 곡해가 많았다. 혹은 단지 틀렸음을 분명히 알 수 있을 것이다. 하지만 불과 10년 전만 해도 그런 생각들은 상상도 못했다. 초기 우주의 명쾌한 이야기를 묘사하고 더 진화한 이론이 산출되면, 그 이론의 뛰어난 아름다움과 해석상의 힘이 기대된다.

초기 우주의 이론으로 묘사된 우주 역사 이야기를 복습하기 위해 과거로 이끄는 계단을 상상해보자. 우리는 그 제일 밑바닥 즉, 현재에 위치하고, 우주가 시작된 이후 100억 년에서 200억 년이 흘렀다.(관측적 증거의 많은 부분이 우주의 연령은 150억 년에서 180억 년임을 시사하고 있다.) 최초의 계단을 올라가면 우리는 우주가 10억 살일 때로 돌아가는데 계단 하나를 올라갈 때마다 시간은 10분의 1이 된다.(다음은 1억 년, 그다음은 1000만 년, 100만 년…)

이 계단을 올라가 보자. 한 단계 오르면 시간이 시작된 이후(after the beginning of time, 줄여서 ABT) 10억 년이 된다. 우주는 완전히 달라 보인다. 젊은 은하의 중심은 화려하게 불타고 있고, 어두운 원반에 퍼지

지수함수적으로 시간을 거슬러 올라가는 계단으로 묘사된 우주의 역사는 쿼크에서 원자핵, 원자, 별로 구성된 은하까지, 자연 구조의 진화를 나타낸다.

듯 은하입도운의 그림자를 떨구고, 그 중심에는 푸르스름한 퀘이사가 빛나고 있다. 아직 형성과정에 있는 원반은 두껍고 먼지와 가스로 혼잡하다. 그에 의해 2등분 된 현재는 어스름한 구 형태의 헤일로halo는 이 시점에서는 뜨거운 제1세대의 별이 빛나는 상들리에로 은하를 꽃다발처럼 둘러싸고 있다.

처녀궁자리 은하단에 속한 근처의 은하들은 비교적 가까이 떠돌고 있다. 우주의 팽창으로 그것들은 멀리 운반되지는 않고, 평균해서 1,000만 광년 거리에 있는데, 은하끼리의 조우가 빈번히 일어난다. 우주에는 방사능이 넘치고, 우주선의 방출이 밀리미터 초당의 속도로 우리를 비켜 지나간다. 이때 생물이 있다면 눈 깜박할 새에 돌연변이하고 말 것이다. 대부분의 일이 일어나는 속도는 몹시 빠르다. 2번째 계단에 오르면 암흑에 돌입한다. 우리는 ABT 1억 년에 도달했다. 이때는 가장 조숙한 별이 형성되어 있을 뿐, 아주 가끔 그 어스름한 빛이 보이는 것 이외에 우주는 수소와 헬륨의 가스로 구성된 어두운 수프로 은하를 형성하려고 여기저기서 소용돌이를 일으킨다. 여기서 다시 2단을 오르면 암흑은 눈이 부실만큼 하얀빛으로 바뀐다. 시기는 ABT 100만 년으로 전문용어로 말하자면 광자의 탈 결합, 우주의 맑음이 발생한다. 편재하는 우주의 가스가 충분히 옅어진 덕분에 빛의 입자(광자)는 물질의 입자와 충돌하거나 흡수되지 않고 꽤 멀리까지 갈 수 있다.(광자는 많다. 왜냐하면, 광자는 전자기의 양자이고, 우주에는 전자기 에너지를 만들어내는 전하를 가진 입자가 많기 때문이다.)

수십억 년 후에 인간이 전파망원경으로 검출하고 우주의 마이크로파 배경방사라고 부르게 된다. 빛의 대분출은 이로써, 그리고 그 후의 우주 팽창에 의해 현재는 크게 적색이동을 하고 있다. 이 '빛이 있기를!'이라는 시대는 물질의 구조에 커다란 영향을 끼쳤다.

광자가 늘 골칫덩이였던 전자는 해방되고 원자핵 주위의 궤도에 안착할 수 있게 되면서 수소원자와 헬륨원자를 형성했다. 그 덕분에 화학작용이 촉진되고, 성간운에서 알코올이나 포름알데히드를 형성하고, 원시지구의 대양에서는 생명분자의 형성으로 이어진다. 우리가 계단을 올라감에 따라 우주의 온도는 급속히 올라간다. 제일 밑의 계단에서는 절대온도에서 3도 이하였는데 3계단에서는 실온이 되었고, 6계단에서는 절대온도로 1만도 즉, 태양 표면보다 뜨거워진다. 우주 연령이 1개월보다 조금 젊은 2계단에서는 전체 온도가 태양의 중심온도를 넘어서면서 15계단(ABT 5분에 해당)에서는 절대온도로 10억 도가 된다. 이만큼 에너지가 넘치는데도 탄생부터 5분 후의 우주 온도는 핵자의 결합온도보다 낮아지기에 원자핵의 형성은 이미 끝난다. 그 이전에 우리는 양자와 중성자가 결합해서 중수소(수소의 한 가지 형태)의 원자핵을 만들고, 중수소의 원자핵이 두 개 모여서 헬륨의 원자핵(2개의 양자와 2개의 중성자)을 형성하는 것을 보게 된다. 이 방법으로 우주의 모든 물질의 4분의 1이 급속히 헬륨원자핵으로 결합한다. 그와 더불어 중수소, 헬륨-3(2개의 양자와 1개의 중성자), 리튬도 만들어지는데, 모든 과정은 3분 10초로 종료된다. 이보다 이전(ABT 1분 40초 이전)에는 안정된 원자핵은 존재하지 않았다. 주위의 에너지 수준이 핵의 결합에너지를 웃돌았기 때문이다. 그 결과, 원자핵이 형성되어도 즉시 분해되고 만다. 17계단과 18계단의 사이, 시간으로 따지면

ABT 약 1초 후에, 우리는 중성미자의 탈결합에 조우한다. 이때 우주는 바위보다 밀도가 높지만(그리고 수소폭탄의 폭발처럼 뜨겁다.) 이미 중성미자의 입장에서는 거의 텅 빈 공간 상태가 되기 시작한다. 중성미자가 반응하는 것은 아주 짧은 범위에서만 작용하는 약한 핵의 힘뿐이라서, 그 영향력에서 빠져나오면 어디든 갈 수 있게 된다. 풀려난 중성미자는 이 이후 대개의 물체를, 그것이 존재하지 않는 듯 통과하고 점점 팽창하는 우주에서 자유롭게 돌아다닌다.(이 문장을 읽고 있는 와중에도 우리의 머리나 몸을 1,000경 개의 중성미자가 아무런 영향을 끼치지 않으면서 통과하고 있다. 이 문장이 끝날 즈음에는 달보다 더 멀리 갔을 것이다.)

ABT 1초에 해방된 중성미자의 홍수는 그 후에도 살아남아, 광자의 탈결합에 의해 만들어진 마이크로파 배경방사에 필적하는 우주 중성미자배경방사를 형성했다. 만일 이러한 '우주' 중성미자(이렇게 불리는 것은 초신성에 의해 나중에 방사되는 중성미자와 구별하기 위해서다.)를 뭔가의 중성미자 망원경으로 관측할 수 있다면 탄생후 불과 1초밖에 경과하지 않은 우주의 직접적인 광경을 보여줄 것이다. 위로 올라갈수록 우주는 점점 뜨거워지고 밀도가 진해지면서 존재할 수 있는 구조는 점점 근본적인 것으로 되어간다. 이만큼 빠른 시기에는 물론 분자나 원자, 원자핵도 존재하지 않고 ABT 약 0.000001초 후에 해당하는 제20계단 부근에서는 양자도 중성자도 존재하지 않는다. 우주는 자유로운 쿼크와 다른 소립자의 바다가 된다. 번거로움을 감수하고 세어보면, 10억 개의 반(anti)쿼크에 대해 10억 개와 1개의 쿼크가 있다는 것을 발견할 것이다. 이 불균형이 중요하다. 쿼크와 반쿼크가 서로 소멸하면서 살아남도록 운명 지어진 쿼크의 극소수 초과가 나중에 우주에서 물질의 원자 모두를 형성한다. 이 불균형의 이유는 모른다. 아마 그 전 단계에서의 물질과 반물질의 대칭성 파괴와 관련 있을 것이다.

우리는 입자와 장의 자연법칙뿐 아니라 자연법칙의 기본구조 그 자체가 우주의 진화에 따라 변하는 시기에 다가가고 있다. 이 같은 변화의 첫 신호는 ABT 10^{-11}초인 제27계단에서 일어난다. 이때, 약한 힘과 전자기력의 기능은 하나의 힘, 즉 전약의 힘에 의해 좌우된다. 여기에는 많은 W보손과 Z보손을 창조하고 유지하기 위해 필요한 에너지가 존재한다. 전약이론을 실증한 세른CERN의 가속기에 의해 나타난 것과 동일한 종류의 이들 입자는 전자기력과 약한 힘의 상호작용을 교환 가능하게 하면서 두 가지 힘의 구별을 없앤다. 27계단보다 위의 우주는 중력, 강한 핵의 힘, 전약의 힘 3가지 힘만으로 지배된다. 그 전의 24계단은 불가사의한 상태다. '사막'을 횡단하는 것처럼 중요한 현상이 일어나지 않는 불모지대의 시간이었다고 말하는 사람도 있다. 하지만 실제로 사막이었는지의 여부를 증명하려면 가속기 실험을 하고, 가장 세련된 이론을 개발할 필요가 있다. 다음 장에서 자세히 언급할 '급팽창 우주'이론에 따르면 40계단 보다 위에는, 그 이후보다 훨씬 빠르게 우주가 팽창한 짧은 시기가 있다고 한다. 이 급팽창 시대에 우주는 빈 공간이 되었다고 한다. 그 물질과 에너지 전부가 급속히 팽창하는 진공에 빨려 들어갔기에 볼 수가 없다. 진공 그 자체 이외에 말할 수 있는 게 아무것도 없다.(물질의 구조가 전혀 없다!). 그렇게 계속 퍼져가는 장은 잠재적으로 비옥하지만 유형의 물질을 아무것도 포함하지 않았다. ABT 10^{-35}초 후, 51계단 부근에서 급팽창 시대가 시작되기 전의 우주 상태에 대해서는 더욱 이해가 되지 않는다. 만일 대통일이론이 올바르다면 통일된 핵전기력이 전약의 힘과 강한 힘으로 나눠진다. 대칭성의 파괴는 여기서 일어난다. 만일 초대칭이론이 맞다면 전이는 더 빠른 단계에서 일어나고, 중력이 관계한 것이 된다. 완전한 통일이론을 쓰는 것은, 원래의 우주의 특징이라고 생각되는 완전한 대칭성이 현재 우리의 주위에서 보이는 파괴된 대칭성으로 산산이 분해된 이처럼 빠른 단계에서 무슨 일이 일어났는지를 이해하려는 것과 똑같다. 하지만 이 같은 이론이 얻어질 때까지 우리는 우주의 유아기에 무슨 일이 일어났는지를 이해할 수 없다. 우리는 우주의 탄생에서 10^{-43}초 후에 해당하는 제60계단에서 현재 추측의 한계에 도달한다. 여기서 우리는 자물쇠가 달린 문에 조우한다. 이 문의 건너편에는 각각의 입자에 의해 영향을 받는 중력이 약한 힘에 필적할 만큼 강했던 플랑크 시대planck epoch가 있다.[64]

이 문을 열 수 있는 이론적인 열쇠는 중력을 포함한 통일이론일 것이다. 이 이론에 도달하는 인물은 시간의 새벽에서 더 깊은 곳까지 들여다볼 수 있을 것이다. 과연 무엇이 보일까? 한 가지 가능성은 다른 문을 발견하는 것이다. 몇 명의 연구자가 이 가능성을 제기하고 있다. 그중 한 사람이 페르미랩과 시카고대학에서 초기우주 이론을 연구하는 미국의 우주론학자인 마이클 터너Michael Turner이다. "늘 우리는 그 상황에 있는 것을 발견하지 않을까, 라고 생각한다. 시간을 약간이라

---

[64] 이 시점에서 중력을 운반하는 중력자는 다른 입자와 갈라지고 나중의 중성미자와 광자분열에 의해 형성된 것처럼 중력배경방사를 만들었다. 하지만 우주중력배경방사의 오늘날의 온도는 불과 1K로, 중력 검출기의 감도를 훨씬 밑돈다. 그래도 그것은 거기에 있고, 그것을 관측하는 방법을 발견한다면 플랑크 시대까지 모든 것을 볼 수 있다.

도 거슬러 올라가려면 아직은 모르는 미래의 지식이 필요할 것"이라고 그는 1985년의 인터뷰에서 말했다. "만일 그렇다면 모두가 알고 싶다고 생각하는, 그러니까 무엇이 창조의 원인일까, 라는 질문에 대한 대답을 얻을 때까지는 영원히는 아니겠지만 아주 긴 시간이 걸릴지도 모른다." 별도의 가능성으로서 플랑크의 문 저편 혹은 그다음 문의 저편에서 대답을 찾을 수 있다고도 생각된다. 1985년 미국의 물리학자 존 아치볼드 휠러John Archibald Wheeler는 이 같은 결론이 가능하다는 확신에 대해 다음처럼 적었다.

> "내 생각에는 그 모든 근간에는 방정식이 아닌 아주 간단한 개념이 있다는데 걸겠다. 그리고 마침내 발견되었을 때, 그 개념이 너무 강제적이고 너무 필연적이라서 우리는 서로 '오, 무척 아름다워. 더 이상 다른 것은 생각할 수가 없어.' 라는 말을 주고받을 것이다."

앞으로 1년 후 혹은 100년 후에 설마 이 같은 초자연적인 완벽함을 기술 가능한 통일이론이 구축되었다고 치자. 어떡해야 우리는 그것을 믿어도 좋을지 확신할 수 있을까? 플라톤 입체의 구 형태 우주에 몇 년이나 시간을 허비한 끝에 케플러가 깨달았듯 이론에는 우아함뿐 아니라 실험 혹은 관측에 의한 판단이 필요하다. 완전한 통일이론은 전체의 에너지 수준이 10^{19} GeV보다 높은 ABT 10^{-43}초 이전의 우주를 기술할 것이라고 한다. 이 같은 상황을 재현하려면 계획 중인 초전도 슈퍼 충돌기보다 100만 배의 1조 배나 강력한 가속기가 필요할 것이다. 이것은 도저히 달성할 수 있는 기술이라고 여겨지지 않는다. 이 같은 이론의 실험적 입증은 영원히 손이 닿지 않을지도 모른다. 하지만 빅뱅 그 자체가 하나의 거대한 가속기 실험으로 우리가 살고 있는 우주는 그 결과라고 생각할 수 있다. 이 관점에서 마이크로파 전파망원경은 세른CERN의 카를로 루비아의 검출기 같은 것으로, 그것이 포착하는 입자는 역사가 시작된 최초의(그리고 현재로서는 최대의) 실험에 의해 방출된 것이 된다. 적절한 통일이론은 현재의 우주에 존재하는 모든 입자를 예측함으로써 그 실험 결과가 어떻게 되는지를 상세히 구술해야만 한다. 아마 이들 입자의 일부는 아직 검출되지 않았을 것이다. 그래서 그 같은 '유물relic' 입자를 찾음으로써 그 이론을 실험할 수 있다. 앞 장에서 언급했듯이 초대칭이론은 초기 우주의 흔적으로 아직 검출되지 않은 방대한 수의 입자의 존재를 예측하고 있다.[65]

만일 이 이론이 이들 입자의 질량을 특정할 수 있을 때까지 성숙한다면 그들 입자를 찾음으로써 그것을 실험할 수 있을지도 모른다. 이처럼 검출되지 않은 물질이 지금의 우주에 있을지도 모른다는 막연한 힌트는 천문학자가 '암흑물질dark matter' 문제라고 부르는 것에 의해 제공된다. 은하나 은하단의 질량은 은하 중심을 돌고 있는 별의 속도를 측량하고, 은하단의 중심을 돌고 있는 은하의 속도를 측량해서

---

[65] 끈이론은 오직 한 종류의 입자밖에 존재하지 않았다고 가정하고 있다. 하지만 이 입자는 무수한 방법으로 표현된다. 피타고라스의 리라lyre의 한 줄 현으로 무수한 선율이 작곡될지도 모르듯이. 따라서 입자의 하나의 초대칭의 변형이 중력자와 중력미자, 쿼크와 스쿼크, 광자와 포티노 등, 여러 가지 조화로 나타난다. 겔만이 언급했듯이 "이러한 무수한 입자가 모두, 하나의 대단히 아름다운 주요한 방정식에 따르고 있기에" 이 이론은 최고의 단순함에서 최고의 복잡함이 어떻게 생겼는지를 시사한다.

추측할 수 있다.[66]

조사할 때마다 눈에 보이는 모든 별이나 성운의 질량보다는 5배에서 10배의 질량이 있다는 것을 알게 되었다. 이는 하늘에서 우리가 보고, 사진으로 찍은 것은 우주의 우리가 사는 부근에서 중력을 통해 상호작용하는 물질의 극히 일부에 지나지 않는다는 놀라운 의미가 있다. 물론 눈에 보이지 않는 물질은 갈색왜성이나 작은 블랙홀이라는 비교적 큰 물체일지도 모른다. 하지만 그것은 또한 대부분이 고에너지 시대의 초기우주의 흔적인 소립자라는 것도 생각해볼 수 있다. 이 경우, 입자의 정체를 파악함으로써 초대칭 혹은 그에 필적하는 초기 우주의 모든 통일이론을 관측적으로 실험할 수 있게 된다. 초대칭 이론이 우리가 원하는 대로 신격화되는 것을 기다리는 동안에 우주 역사 중에서 대칭성이 연기한 역할에 대해 생각해보자. 그럼으로써 우리는 이론적으로는 아름답지만 완전한 대칭성도 불모지임을 알게 된다. 이를테면 만약 우주의 진화 시작에 존재했다고 생각되는 물질과 반물질의 대칭성이 유지되었다고 치면, 물질의 입자와 반물질의 입자는 빅뱅 속에서 서로 소멸하고 마는데, 나중에 별, 행성, 인간을 만들 어떤 종류의 물질도 남아 있지 않게 될 것이다. 추측되는 원시의 힘이 4가지 힘으로 나눠지지 않았다면, 현재의 우주는 대단히 달라졌겠고, 생명도 살 수 없었을 것이다. 우리 자신이나 하늘의 별은 대칭성의 파괴에 의해 생겨난 불완전함에 그 존재를 의존하고 있을지도

---

66 뉴턴이 발견했듯이 어떤 물체의 중력도 그 중심으로부터 방사되는 듯 보여진다는 점을 떠올리기 바란다. 은하 안에서 각각의 별은 어디까지나 중력이 은하 중심의 어떤 지점에서 비롯된 듯이 그것이 돌고 있는 은하의 질량의 총중력에 반응한다. 따라서 은하의 끄트머리 근처에 있는 별의 회전속도는 은하의 총질량의 지침이 되고 있다.

모른다. 그래서 창조의 불가사의를 조사한다는 것은, 완전한 대칭이지만, 살 수는 없는 우주를 상상하고, 그 불모지의 초기 상태에서 지금 우리가 살고있는 완전함에는 결여되지만, 더욱 다양하고 풍요로운 우주로 어떻게 변해가는지를 조사하는 것이 될 것이다.

내가 땅의 기초를 놓을 때에 네가 어디 있었느냐
네가 깨달아 알았거든 말할지니라.

- 욥기 38장 4절

진짜 알고 있는 사람이 과연 있을까?

- 리그베다

18. 우주의 기원

인간은 옛날부터 우주의 기원에 대해 이래저래 모색해왔다. 인간이라는 종의 출생증명서가 없기 때문이라고 나는 생각한다. 우리는 자신의 출생을 찾도록 만들어졌고, 그런 과정에서 자신이 그 일부인 더욱 광활한 세계의 기원을 찾아야만 된다는 사실을 깨닫는다. 하지만 우리가 생각해낸 우주창조설은 그것이 기술했어야 하는 우주보다도 우리 자신에 대해 더욱 많은 것을 말해준다. 정도의 차이는 있지만 모든 추론이 심리 상태를 반영하고 있고, 잭 오 랜턴(Jack-O-Lantern, 할로윈을 상징하는 대표적인 등 - 옮긴이)에 비춰진 춤추는 그림자처럼 정신에서 하늘로, 말하자면 외부를 향해 투영된 패턴이다. 과학 이전의 창조 신화는 관측 데이터와 일치하는 것보다(어느 쪽이든 대단한 데이터는 없었다.) 얼마나 만족감을 주는지, 얼마나 희망을 주는지, 얼마나 시적인지에 그 존재가 좌우되었다. 소중히 여겨지는 그러한 이야기는 그것을 유지하는 사회의 최대의 관심사를 강조한다. 강의 합류점에 살던 수메르인은 창조를 신들의 진흙탕 레슬링의 결과라고 생각했다.(던져진 진흙 덩어리에서 지구가 응결했다.) 타히티의 어부는 낚시를 좋아하는 신이 섬을 해저에서 끌어올렸다고 말한다. 일본은 천신이 조금씩 떨어뜨려 준 소금이 쌓여서 섬이 되었다고 한다. 논리를 사랑하는 그리스인에게는 창조는 땅, 불, 물, 바람의 4대 원소였다. 고대 그리스 철학자인 탈레스Thales에게 우주는 본디 물이고, 마찬가지로 아낙시메네스Anaximenes에게는 그것이 공기, 헤라클레이토스Heraclitus of Ephesus에게는 불이었다. 아이를 많이 낳는 하와이인의 섬들에서 창조는 태생학에 조예가 깊은 신이 이루었다고 전해진다. 아프리카의 부시맨은 불 주위에 모여 밤하늘로 올라가는 불꽃을 바라보며 다음 같은 언어를 낭송했다.

처녀는 일어나, 나무의 재를 손에 쥐고 하늘에 흩뿌렸다.
처녀는 말했다. 나무의 재는 하늘의 강이 되리라.
하늘에 새하얗고 길게 가로질러,
별들은 하늘의 강 바깥에 늘어서리라.
이전에는 나무의 재였던 하늘의 강이었건만,
이처럼 하늘의 강이 되리라.

과학과 기술의 출현으로 우주 창조의 이론은 꽤 세련되었다. 하지만 과학은 인간의 예상이나 욕망에 이끌려 창조의 문제를 해방시킨

게 아니었다. 어떻게 우주가 시작되었는지의 문제는 잘 봐줘도 이해하기 어렵다는 점이 있다. 쿼크, 휘어진 공간, 경입자, 양자의 확률 등의 언어로 무장하고, 그 문제를 탐구하는 우리 이론의 힘이 신이 낚싯줄을 드리웠을 때, 물고기가 아닌 에메랄드색을 띤 작은 섬이 낚였다는 타히티인들의 공상보다 정확하다고 딱 부러지게 말할 수 있을 만큼의 이유는 없다. 많은 과학자는 이 점을 잘 이해하고 있기에, 그 대부분은 우주 기원의 연구인 '우주생성론'에 손을 대려고 하지 않았다. 그중에는 그것에 임하는 실제적인 방법을 발견하지 못하기에 방치한 사람도 있었다. 천문학자 앨런 샌디지Allan Sandage가 말했듯이.

"만일 창조의 순간이 있다면, 원인이 될 뭔가가 있어야 한다. 이는 토마스 아퀴나스Thomas Aquinas의 모든 의문이자, 그가 신의 존재를 확립한 다섯 가지 방법 중 하나이다. 만일 최초의 결과를 찾을 수 있다면 적어도 최초의 원인에 다가갈 수 있다. 그리고 최초의 원인을 발견했다면 그것은 그에게 신이었다. 천문학자는 뭐라고 말할까? 천문학자로서는 거의 초자연, 기적이라고 말해도 좋을 현상으로 빅뱅에 의해 지평선에서 떠올라, 과학의 영역에 들어왔다고 밖에 말할 수 없다. 지평선 아래로 잠수하면 무(無)가 아닌 왜 유(有)일까라는 의문의 대답을 찾을 수 있을까? 과학의 세계 속에는 불가능할 것이다. 하지만 그래도 그것은 굉장한 불가사의다. 왜 무가 아닌 유일까?"

이 같은 제약이 있는데도 소수의 과학자는 와인버그가 조심스럽게 언급했듯이 스스로의 노력이 아마 '시기상조'라는 점을 인정하면서 어떻게 우주가 창조되었는지, 라는 문제를 연구하려고 애썼다. 좋은 쪽으로 해석하면 그들의 연구가 창조의 다음 현상을 비추어주는 것처럼 보였다고 말할 수도 있다. 그들이 거기에 비춘 것은 대단히 기묘한 것이지만, 어쨌든 전도유망했다. 창조의 원천에 우리가 알고 있는 것이 있다고 기대하는 것은 무리일 것이다. 하나는 진공창조, 또 하나는 양자창조라고 불리는 두 가지 가설이 우주의 기원에 관해 가까운 미래에 알지도 모르는 것을 가장 잘 시사하는 듯 보였다.

먼저 진공창조에 대해서다. 우주생성론의 중심 문제는 어떻게 무에서 유가 태어났는지를 설명하는 것이다. '유something'는 물질과 에너지, 공간과 시간의 모든 것 즉 우리가 살고있는 우주를 의미한다. 하지만 '무nothing'는 뭘 의미하는지에 대한 물음이 더 난해하다. 고전 과학에서 '무'는 진공을 일컫는데 물질의 입자 사이에 존재하는 빈 공간이다. 하지만 이 생각에는 늘 문제가 제기되었다. 공간에는 에테르가 충만할까, 라는 연구가 오랫동안 이루어졌다는 것만으로도 그걸 알수 있다. 여하튼 이 생각은 양자물리학의 출현으로 살아남지 못했다. 양자진공은 실제로는 허공이 아닌 '가상virtual'입자에 의해 혼란스럽다. 가상입자는 '실재real' 입자가 있는 시간과 장소에 도달하는 확률(하이젠베르크Werner Karl Heisenberg의 불확정성원리에 의해 서술되는)을 나타내는 것으로 생각해도 좋을 것이다. 그것들은 '~이다' 뿐 아니라 '~ 일 수도 있다'는 상태를 나타낸다. 양자물리학이 예상하듯이 어떤 실재입자도 진공에서 끓어오르는 가상입자와 그 반anti입자의 코로나(corona,

주위에서 빛나는 플라즈마 – 옮긴이)에 의해 둘러싸여 있다. 가상입자와 그 반입자는 서로 작용하고, 하이젠베르크 시간Heisenberg time의 사이 만 생존한 후에 모습을 감춘다.(창조되고 서로 소멸하고, 또 창조되고 서 로 소멸한다. 그저 시간의 낭비일 뿐이라고 파인만은 말했다.). 이를테면 자 유로운 양자는 자신만 움직이는 게 아니라 가상양자의 코로나에 의해 서도 둘러싸여 있다. 그 존재를 관측할 수 있을뿐더러 알려져있는 양 자의 상호작용의 기초이며, 양자의 움직임에 영향을 끼친다. 가상입 자의 존재를 나타내는 하나의 예를 별이 빛나는 사실에서 살펴볼 수 있다. 이전에 언급한 쿨롱 장벽Coulomb barrier에 대해 생각해보면, 별 중심에서 핵융합을 유지할 수 있을 만큼 자주 양자가 서로의 전기장 electric field을 터널 효과로 빠져나갈 수 있는 것은 양자를 둘러싼 가상 입자의 구름의 구조 덕분이다. 양자진공은 파도가 넘실대는 바다고, 거기서 가상입자가 끊임없이 나타나서는 밑으로 가라앉는다. 이는 단 지 추상개념이 아니라 엄연한 현실이다. 미국의 물리학자 찰스 미즈 너Charles Misner가 썼듯이.

"10억 달러 규모인 텔레비전 산업은 빈공간에 전자를 위한 잠재력을 만드는데 지나지 않는다. 전자는 거기에 삽입되고 뭔가의 운동을 한다. 인기 제품이 될 만큼 잠재력이 풍부한 진공을 허공이라고 부르는 것은 적절하지 않다. 실제로는 에테르이기 때문이다."

가상입자의 짧은 시간의 존재를 지배하는 법칙은 불확정성원리와 물질과 에너지 보존의 법칙으로 정해진다. 어떤 물질의 가상입자가 제조되는 확률 회수와 각각의 가상입자가 무의 존재로 되돌아갈 때까지 여기저기 뛰어다닐 수 있는 시간의 길이는 진공의 에너지 잠재력 energy potential에 의해 결정된다고 이들 법칙은 설명한다.

저에너지 상태에서는 W보손, Z보손처럼 무거운 입자는 비록 한 개라도, 아주 극히 짧은 시간이라도, 존재에 필요한 에너지를 빌릴 수 없다. 이는 오늘날 우리가 자연 속에서 이들 보손을 볼 수 없는 이유이며 카를로 루비아의 검출기의 방아쇠를 당겨 W입자를 몇 개 출현시켜 충분히 오래 존재시키려고 진공에 충분한 에너지를 주입할 수 있게 될 때까지 세른CERN의 가속기를 활성화하는데 수백만 달러나 들 이유이기도 하다. 하지만 초기 우주에서는 W보손, Z보손이 빈번히 여기저기 날아다닐 만큼 진공 속에 에너지가 흘러넘쳤다. 이는 우주가 젊었을 때는 이러한 보손이 대량으로 날아다니고 통일된 전약의 힘 사이를 잘 조정했다는 전약이론의 주장의 역사적인 기초를 형성한다. 이와 우주의 기원과는 무슨 관계가 있을까? 아마 거의 있거나 혹은 아예 없을 것이다. 가상입자의 제조를 관리하는 사양서는 화가 날 만큼 대충이고, 진공에서 창조되는 입자의 질량이나 수명에 대해 절대적인 상한선을 전혀 정해놓지 않는다. 입자의 제조 속도를 관측해서 진공의 에너지 잠재력을 추론하는 게 기존의 과학 법칙으로 가능하다. 하지만 과학 법칙은 어떤 진공이 포함할 수 있는 에너지에 전혀 상한선을 정해놓지 않는다. 어떤 변화도 없는 듯 보이는 진공이 갑자기 행성과 마찬가지의 질량을 가진 입자를 만들어낼지도 모른다. 이 같은 현상은 도무지 있을 법하지 않지만 불가능하지는 않다. 물론 창조도 전혀 있을 법 하지 않다.(한 번 일어나면 그것으로 족하다.) 진공 창조가설이 과학 세계에 들어온 것도 이 열쇠 구멍을 통해서다. 우주 전체가 수십억 년 전에 진공에서 나홀로 나타난, 굉장히 질량이 큰 하나의 가상입자로부터 만들어졌다고 추론하고 있다. 진공창조에 대해 생각한 최초의 물리학자는 에드워드 트라이언Edward Tryon이었다. 그는 놀라운 가설의 메신저치고는 수수한 인물이었다. 코넬대학을 최우수 성적으로 졸업하고, 버클리대학의 와인버그Weinberg의 지도 아래 박사 학위를 취득했는데, 컬럼비아대학의 조교수일 뿐, 그 외모는 과학에 혁명을 일으킬 사람처럼 보이지 않았다. 1969년 가을 학기의 어느 날 오후, 트라이언 조교수는 우주론의 선각자인 영국의 데니스 시아마Dennis Sciama의 세미나를 듣고 있었다. 누구나 그런 경험이 있겠지만, 트라이언은 강의를 들으면서 저도 모르게 환상에 빠져 있었다. 끓어오르는 양자진공과 거기서 나타나는 가상입자에 대한 생각이었다. 갑자기 어떤 생각이 떠올라 본의 아니게 시아마의 강의를 방해하고 말았다. 그는 "아마, 우주는 진공의 파동fluctuation일 것"이라고 밑도 끝도 없이 말했다. 트라이언의 동료들이 웃었다. 농담이라고 생각했기 때문이다. "그들은 아주 좋아했다."라고 트라이언은 그로부터 10년 이상 지났는데도 그 일을 기억하면 상처가 도진다는 심정을 섞어 말했다.

"나는 아주 당황했지요… 농담이 아니라는 것을, 결코 말하지 않았으니까요."

낙담한 트라이언은 그 개념을 머릿속에서 내몰려고 애썼지만, 3년 후 자택에서 조용히 앉아 있던 저녁에, 그것이 노도처럼 그의 마음속으로 밀고 들어왔다. "하늘의 계시를 얻었지요."라고 그는 얼굴을 붉히면서 말했다. "나는 양자의 파동으로서 무에서 분출된 우주의 모습을 그렸고, 그것이 가능하며 우주의 임계밀도를 설명한다는 것을 깨달았어요. 이 모든 것을 한순간에 이해했지요. 그러자 싸늘한 기운이 온몸을 휩쓸고 가더군요."

트라이언의 추측의 출발점에는 우주의 모든 에너지양은 제로일지도 모른다는 인식이 있었다. 빅뱅이나 별에 의해 해방된 에너지, 거기에 별이나 행성 내부에서 결합된 우리가 물질이라고 부르는 동결된 에너지를 합하면, 그 합계는 어마어마한 플러스 값이 된다. 하지만 우주에는 중력이 있고, 중력은 순수한 인력이기에 장부의 마이너스 기입란에 속한다.(중력은 트라이언의 전문분야였다.) 재밌는 것은 지구 혹은 다른 물체의 중력 에너지 잠재력은 $E=mc^2$에 의해 계산되는 그 물체의 전체 에너지양과 거의 같다는 점이다. 만일 이것을 우주 전체에 적용할 수 있다면 우주에는 플러스 에너지라고 부르는 것이 없어지고 에너지 보존 법칙을 훼손하지 않고도 진공에서 우주가 출현하는 것도 가능해진다. 하지만 우주의 에너지가 최종적으로는 제로가 될 수 있을까? 이 대답을 우주의 팽창 속도의 감소에서 찾아낼 수 있다고 트라이언은 깨달았다. 우주는 빅뱅의 세찬 힘으로 팽창을 계속하지만, 팽창 속도는 은하가 서로 영향을 끼치는 상호의 중력에 의해 시간과 더불어 감소한다. 따라서 감속의 비율이 우주의 전체 질량의 밀도를 밝혀줄 것이다. 이 값을 우주론학자는 그리스 문자인 오메가로 나타낸다. 오메가가 1 혹은 그보다 작으면 질량 밀도는 팽창을 멈추기에 충분하지 않고 우주는 영원히 팽창할 것이다. 기하학적으로 이 같은 우주는 '열린다open'라고 불리는데, 공간의 전체적인 굴곡이 쌍곡선 형태임을 의미한다. 만일 오메가가 1이상이라면 팽창은 최종적으로 정지하도록 운명 지어지고, 그 후 우주는 다시 불덩어리가 되어 붕괴할 것이다. 만일 오메가가 정확히 1이라면 팽창은 영원히 계속될 것이다. 속도는 영원히 느려지지만 결코 멈추지는 않는다. 트라이언의 추측은 오메가가 정확히 1 혹은 그 이하일 경우를 요구한다. 기묘하게도 오메가는 그야말로(혹은 거의) 1과 동등하게 보인다. 실제로 앨런 샌디지Allan Rex Sandage, 탐만Tammann 같은 관측우주론적 학자는 우주가 열리는지 혹은 닫히는지를 결정하지 못하는 이유가 오메가의 값이 1(거의)로 유지되기 때문이라고 말한다. 다른 표현을 빌자면 우주 공간은 극적으로 열린 것도 아니고 극적으로 닫힌 것도 아닌(거의) 완전히 평평하다. 그렇다면 그야말로 놀랄 일이다. 오늘날의 우주의 전체 이미지는 초기 우주의 작은 변동에 크게 의존한다. 가령 볼이 배트에 맞는 극히 수 밀리미터의 각도의 차이가 볼이 떨어지는 외야에서는 수십 미터의 차이가 나는 것과 마찬가지다. 표준 빅뱅 모델에서는 우주가 오늘날처럼 평평하려면 그 시작 또한 믿기 어렵겠지만 평평해야 한다. ABT 1초에는 우주 물질의 밀도가 임계값의 1조 분의 1이내라야만 한다. 10^{-35}초에서 허용되는 일탈은 더욱 작고, 10^{49}분의 1이하가 된다. 만일 그것이 완전히 우연에 의해 일어난다면 아주 행운이다. 그 확률은 없다고 말해도 좋을 만큼 작기 때문이다. 물론 이처럼 요구되는 물질밀도를 '초기 상태'로 설정함으로써 방정식이 정답을 낼 수 있도록 할 수는 있지만, 신의 손에 모든 것을 맡기는 것과 마찬가지여서

과학이라고는 말할 수 없게 된다.[67]

혹은 인간이 존재하기 위한 필수조건으로서 인정함으로써 우주의 평평함을 '설명' 할 수도 있다. 인류의 원리Anthropic principle라고 부르는 이 논의는 다음처럼 된다. 우주의 물질 밀도가 아주 조금 높아지면 우주는 팽창을 멈추고 별이나 행성, 생명을 형성하는 데 필요한 시간이 경과하기 이전에 붕괴하고 말 것이다. 또한 밀도가 아주 조금 낮아지면 우주의 급속한 팽창 때문에 점점 엷어지는 원시의 가스에서 별이나 행성은 응축할 수 없게 된다. 따라서 우리가 여기 있다는 사실이 오메가의 값을 포함해 몇 가지 우주론적 파라미터에 제한을 두고 있다며 이 논의는 계속된다. 많은 우주가 창조되지만 생명이 출현하기 위해 필요로 하는 값을 지닌 것은 극히 일부에 불과하다고 생각한다면 인류의 원리는 평평한 우주의 기적을 '설명' 하고 있는 게 맞다. 하지만 다른 우주의 창조가 입증되지 않는 한(확실히 불가능) 이 설명의 실험은 불가능하다. 이러한 의미에서 인류 원리는 꽉 막힌 길로 비유할 수 있다. 자신의 연구가 이 원리의 공식화에 공헌했다고 일컬어지는 영국의 물리학자 스티븐 호킹Stephen William Hawking조차 그것을 '절망적인 충고'라고 불렀다.

하지만 불가사의가 있는 곳은 여전히 발견의 여지가 있다. 모순은 우리가 어떤 문제를 고찰하는 방법이 부적절하다는 것을 나타내는데,

---

67 우주론에서 '초기Intial' 조건이 절대적인 초기인 것은 없다. 왜냐하면 ABT 약 10^{-43}초에 최고점에 도달하는 플랑크 시간 이전의, 물질과 시공의 상태를 어떻게 계산할지를 아는 사람은 아무도 없기 때문이다. 그 대신에 플랑크 시대Planck epoch 후의 어느 시점을 '초기'로 선정하고 있다. 대부분의 목적 때문에 이는 충분히 초기라고 여겨지고 있다.

그 문제에 임하는 더욱 실리가 많고 새로운 방법을 시사할지도 모른다. 이는 "모순과 조우하는 것이 얼마나 훌륭한가. 약간은 진보할 희망이 태동하는 것이다."라고 외쳤을 때, 보어가 의미한 것이라고 생각한다. 그리고 새로운 우주론적 가설, 급팽창 우주이론의 발명으로 이 평평함의 문제가 해결된 것은 그러한 정신의 혜택이다. 급팽창가설을 제안한 인물은 앨런 구스Alan Harvey Guth라는 젊은 미국인 물리학자였다. 그는 평평함의 문제를 1978년 11월 어느 날 오후에, 코넬대학에서 로버트 딕Robert Dicke의 강의에서 알게 되었다.(딕은 기지가 풍부한 프린스턴대학의 상대론자로 우주의 배경방사에 대한 그의 고찰 덕분에 가모프Gamow가 이전에 그것을 생각했다는 것을 떠올리게 해주었다.) 물리학자로서 교육을 받은 구스는 그때, 거의 우주론에 대해 몰랐다. 그래서 젊은이 특유의 보수성으로 우주의 초기 진화에 대한 개념을 '너무 추론적'이라며 옆으로 제쳐두었다. 오메가가 1과 동일하다는 것이 기묘하다는 딕의 지적이 '놀랄만한 일'이라는 인상을 주었다고 구스는 회상하지만, 그 당시 그는 그것에 대해 이렇다 할 견해도 갖고 있지 않았다. 하지만 물리학계는 그 당시 우주론과 더불어 댄스를 추기 시작할 무렵으로, 구스는 머지않아 초기 우주에서 어떻게 자기홀극Magnetic monopoles이 만들어지는지에 대한 문제와 마주대했다. 구스는 자기홀극에 흥미가 솟았다. 1931년 디랙Dirac의 상상력에 의해 최초로 소개된 자기홀극은 한쪽의 자극밖에 갖고 있지 않고, 질량이 무거운 입자라고 일컬어졌다. 대통일이론은 전약의 힘과 강한 핵의 힘을 산산이 분해한 것과 마찬가지의 대칭성의 파괴에 의해 시간과 공간의 연결점에서 자기홀극이 창조되었음을 시사했다. 과연 어떤 자기홀극에도 W보손과 Z보손이 포착되면서 또한 그 중심의 극히 작은 영역에서는 통일된 전핵력이 여전히 기능하고 있는 걸까. 구스와 코넬대학의 동료인 헨리 타이Henry Tye의 관심을 끈 것은 대통일이론이 원자의 수의 거의 100배라는 너무 많은 자기홀극의 제조를 예측한다는 점이었다. 우주의 대부분의 물질이 보이지 않는다는('암흑물질'의 문제) 점에서 우주론학자는 보통 질량이 큰 소립자가 그 부족한 만큼을 보충해준다는 제안을 환영하지만, 이는 너무 양이 많다. 자기홀극의 탐사에서는 아무런 결과도 얻지 못했다. 1982년의 발렌타인데이에 스탠포드대학의 지하연구소에 블라스 카브레라Blas Cabrera가 설치한 장치가 그 비슷한 것을 1회 기록한 적이 있지만, 카브레라의 결과는 스탠포드대학이든 다른 곳이든 재현되지 않았다. 이 결과와 다른 몇 가지 탐구에서 우주에 존재하는 자기홀극의 수는 무시할 수 있을 만큼 작거나 제로임을 시사했다. 많은 자기홀극을 예측하는 이론과 거의 없는 관측과의 불일치는 만일 대통일상전이grand unified phase transition의 시기에 시공의 구조가 예상보다 훨씬 부드럽다면 해결될 수 있다는 것을 구스와 타이가 발견했다. 부드러운 시공이란 시공의 결합부위의 수가 적은 그러니까 자기홀극이 적은 것, 오메가가 1이든지 그에 가까운 상태를 의미한다. 1979년 12월 6일 밤, 구스는 아직 아무것도 쓰지 않은 노트의 첫머리에 '우주의 진화'라고 적고는 방정식으로 그 페이지를 채워나갔다. 그의 가설은 우주의 팽창율이 최초에는 현재에 보이는 선형적인 비율보다 훨씬 빨랐다는 것이다. 즉, 나중에 구스가 명명했듯이 우주가 지수함수적으로 팽창하는 '급팽창 시대'가 있었다. 이는 대통일상전이grand unified phase transition의 시기까지는 우주는 보다 평평하고 보다 부드러워서, 훨씬 작은 수의 자기홀극밖에 만들어지지 않았음을 의미한다. 여기에 또한 딕이 언급한 평평함의 문제의 해답도 있다. 우주가 오래된 선형적 팽창모델로 상상되기보다는 급팽창 시대의 종말에는 훨씬 커지기에 공간은 계속 평평할 것이다. 지구 표면상의 1에이커가 직경이 불과 16킬로미터밖에 되지 않는 구 형태의 소행성의 1에이커보다 평평한 것과 마찬가지다. 다음날 젊은 이 구스는 '훌륭한 인식'이라고 노트에 적고는 그 문장 주위에 네모난 칸을 둘렀다. 실은 이 가설을 생각해낸 것은 그만이 아니었다. 상전이의 새로운 해석에 일본의 사토 가쓰히코Katsuhiko Sato와 미국의 마틴 아인혼Martin Einhorn이 독자적으로 도달했고, 대칭성의 파괴의 메커니즘에 의해 팽창속도를 지수함수적인 속도까지 '올리는' 방법이

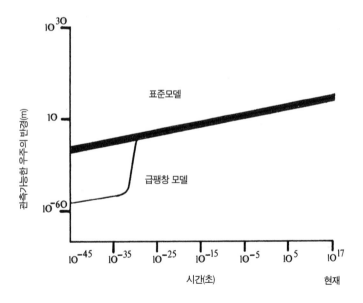

급팽창 모델은 우주의 극히 초기에 급격히 팽창한 시기가 있었고, 직선적인 팽창으로 귀결되었다고 가정한다.

NASA의 데모스테네스 카자나스Demosthhenes Kazanas에 의해 제안되었기 때문이다. 그 또한 원형인 채로는 그다지 작용하지 않아서 모스크바의 A. D. 린데Linde와 펜실버니아대학의 안드레아스 알브레히트Andreas Albrecht와 폴 스타인하르트Paul Steinhardt에 의해 개량되어야만 했다. 하지만 구스는 스스로 그 개념에 도달했고, 그 완성된 개념에 의해 극히 초기의 우주의 연구가 진전되고, 빛을 보기에 이르렀다.

급팽창 시나리오에 따르면 최초의 10^{-30}초 기간에 양자보다 작았던 우주의 반경은 소프트볼보다 크게 되고, 거의 10^{50}배나 부풀었다. 이 짧지만 결정적인 기간에 우주는 진공이었다. 그 잠재적인 질량과 에너지는 입자로서 스스로를 나타낼 수 없었다. 왜냐하면 진공 내부에서 입자가 응축하기에는 공간의 팽창이 너무 빨랐기 때문이다. 물을 급격히 빙점까지 차갑게 만들어도 물은 즉시 얼음이 되지 않고 한동안 액체의 상태인 채로다. 마찬가지로 보통의 경우라면 입자의 제조가 시작되는 온도 이하로 내려가도 우주의 진공은 빈 공간인 채라고 급팽창이론은 설명한다. 잠재 에너지는 제로 값의 힉스 장Higgs field이라고 불리는 것의 내부에 갇히고, 그 장은 플라톤의 구형이 완벽히 떠 있는 우주 공간을 급팽창시키는 기동력으로서 작용한다.[68]

머지않아(그로부터 10^{-30}초 후) 그 상태의 양자의 불안정성이 그에 따라붙으면서 팽창은 갑자기 선형적인 비율까지 떨어진다. 그렇게 되면 진공에 숨겨진 에너지는 입자와 반입자로 응결하는(따라서 진공에서 원자가 응결한다고 해서 무수한 조롱거리가 된 정상우주의 개념에 새로운 생

---

68 구sphere는 여러 차원에서 존재할 가능성이 있다. 이는 별도의 문제이고, 초대칭성이론에 의해 다루어지지만 젊은 우주가 그 10차원을 3개의 공간과 1의 시간으로 붕괴시킨다는 시기를 설명할 시간표는 아직 규정하지 못했다.

명이 불어넣어진다.) 입자는 서로 소멸하고 그 결과 생긴 에너지의 홍수에 의해 빅뱅이 시작된다. 힉스장에 주의를 환기시킴으로써 성립하는 대통일이론은 급팽창 시대의 최후에 일어나는 대칭성 파괴가 어떻게 물질과 반물질의 사소한 차이를 만들어낼 수 있었는지를 보여주었다. 불꽃놀이가 끝난 후, 이 잔여분에서 물질세계가 건설된다. 급팽창은 왜 오메가가 거의 1인지를 밝힘으로써 평평함의 문제를 해결했을 뿐 아니라 별도의 커다란 우주론적 불가사의인 지평선horizon 문제도 해결했다. 전체로서 관측되는 우주는 놀랄 만큼 한결같다. 모든 별, 모든 방향으로 우리는 동일한 물리학의 법칙에 따라 기능하는 동일한 원자를 발견하고, 또한 우주배경방사도 어디서든 동일하다. 이상하게도 이것이 표준빅뱅 모델에 의해 설명되지는 않았다. 문제는 선형적으로 팽창하는 오래된 모델의 우주에서는 극히 초기의 우주의 모든 양자가 서로 인과관계를 맺으려면 너무 빠르게 팽창한다는 점이었다. 오래된 모델에서는 어느 관측자에 의해서도 우주의 90%가 인과관계의 지평선 너머로 가로지르게 된다. 즉, 가령 광속으로 여행을 했어도 정보가 우주에 가닿는 만큼의 시간이 없다. 이 결함이 자연법칙의 보편성을 업신여겼다. 만일 그것들이 서로 전달을 주고받지 않았다면 어떡해야 우주의 한편에 있는 원자나 빛이 다른 한 편에 있는 원자나 빛과 똑같은 움직임을 보일까. 문제를 시각화해보면 좋을 것 같다. 이를테면 마칭밴드가 잔디밭에 모여 드럼 파트가 시작되면 바로 연주를 시작한다고 상상해보자. 시간이 시작되면, 밴드의 멤버들은 거의 음속에 맞춰 모든 방향으로 퍼져나가며 순식간에 행진한다. 그 결과는 혼돈일 것이다. 소수의 멤버만이 다운비트(downbeat 강하고 약한 박자의 지시 - 옮긴이)를 들을 것이다. 나머지는 너무 서두르기에 들을 수도 없고 언제 연주를 개시할지, 무엇을 연주할지도 모른다. 우주론적 시간에서는, 음속은 정보를 교환할 수 있는 최고 빠른 광속으로 대체해 볼 수 있다. 표준모델은 초기의 입자가 서로 연락을 주고받지 않고 그곳을 떠난다는 조건이 요구되었다.

그렇다면 최초의 쿼크는 어떻게 쿼크인 것을 '알고know' 모든 광자는 어떻게 광자를 지배하는 법칙을 배울까? 이 같은 것이 실제로 일어났다면 각각의 은하단은 서로 다른 물질로 만들어지고, 서로 다른 법칙에 따를 것이다. 그런데 관측되는 우주는 깔끔하게 맞아떨어진다. 어떻게 그것이 가능할까? 얼핏 급팽창은 더욱 빠른 우주의 팽창속도를 요구하는 점에서 사태를 보다 악화시키는 것처럼 보인다. 하지만 실제로는 그것이 딜레마를 해결해준다. 극히 초기 우주의 물질은 급팽창이 시작하기 전에 상당히 장기간에 걸쳐 인과관계를 가질 수 있었기 때문이다. 마칭밴드의 멤버들은 이제 다운비트를 들을 시간을 갖는다. 거기서 물질은 급팽창 특급에 타지만, 너무 속도가 빨라서 금세 선형적인 팽창 속도를 따라붙는다. 이제 멤버들은 행진하면서 자신만의 연주 지시를 갖게 된다. 따라서 똑같은 곡을 연주할 수 있다. 모든 물질이 최초에 인과관계였기에 동일한 움직임이 가능하기 때문이다. 따라서 급팽창은 왜 우주배경방사가 등방성isotropic인지, 왜 지구의 쿼크와 전자가 머리털자리 은하단의 쿼크, 전자와 완전히 똑같은지를 설명하고 있다.[69]

---

[69] 급팽창이론은 오래된 빅뱅 모델로 대략 계산되었다기보다는 우주의 용적이 수십억 배나 된다는 것을 나타낸다. 하지만 관측 가능한 우주는 우주 전체의 극히 일부에 지나지 않는다고 여겨진다. 그 한계는 공간보다 시간에 의해 결정된다. 우리는 빛이 지구에 도달할 만큼의 시간이 있는 현상밖에 볼 수 없다. 가령, 만일 최초의 별이 180억 년 전에 빛나기 시작했다면 우주 전체의 크기가 어느 정도인지에 상관없이 180억 광년보다 멀리 있는 관측자는 그 별을 볼 수 없다.

이 모든 것들이 에드 트라이언과 지극히 소수밖에 없었던 진공창조 지지자를 격려해주었다. 급팽창가설은 우주는 비교적 적당히 차가운 상태에서 시작했지만, 급팽창의 시대가 끝나면서 숨겨져 있던 진공의 에너지가 불처럼 작렬하면서 해방되고, 빅뱅의 열이 되었다는 가능성을 인정함으로써 진공창조를 더욱 그럴듯하게 보이게 했다. 급팽창은 진공을 새롭고 더욱 활기로 가득찬 색으로 물들였다. 우주의 모든 물질과 에너지는 우주가 탄생한 후에 짧게 한정된 시간 내에 진공으로부터 출현했다는 개념을 받아들이면 모든 것이 진공에서 시작되었을지도 모른다고 상상하는 것도 부자연스럽지가 않게 된다.

구스는 진공은 허공이 아니라 풍요로운 것이라고 생각했고 진공의 열렬한 팬이 되었다. 그는 만일 충분히 응축되기만 한다면 극히 작은 진공의 움직임만으로도 급팽창을 일으킬 수 있다고 계산했다. 우리의 우주가 원시의 진공 내부의 양자 움직임(일종의 거품)에서 비롯되었다면 다른 우주도 다른 거품에서 형성되었다고 상상하기가 쉽다. 게다가 창조를 단지 과거의 것으로 할 필요성이 없고 미래 또한 일어날지도 모른다고 구스는 추론했다. 우리 우주의 진공의 불안정성이 다른 우주를 형성하는 형태로 기포를 만들었어도 우리는 그것을 깨닫지 못한다. 예상하건대, 새로운 창조를 시사하는 유일한 흔적은 공간이 무한히 휘어진 핀의 끄트머리pinpoint 같을 것이다. 현재, 블랙홀을 둘러싸고 무한히 휘어지는 공간의 영역에는 여기저기에 이 같은 장소가 있는 것처럼 보인다. 거성이 초신성이 되고 붕괴한 블랙홀을 형성할 때마다 시공의 반대편에서 새로운 우주를 탄생시키고 있는지도 모른다. 만일 그렇다면 선진기술을 응용해 블랙홀을 인공적으로 형성함으로써 별도의 우주를 창조할 수 있다고 구스는 추측했다. 이처럼 인공 블랙홀은 그만큼 무거울 필요가 없다. "1~2킬로그램 무게의 물질에 상당하는 에너지를 사용해 새로운 우주를 시작하는 것도 가능할지 모른다."라고 구스는 1987년의 인터뷰에서 말했다. "만일 그것을 1세제곱센티미터 당 약 10^{75}그램의 밀도까지 압축하는 방법을 발견할 수 있고, 제대로 유발할 수 있다면, 급팽창이 찾아올 것이다." 그리고 만일 우리에게 그것이 가능하면 아마 누군가 훨씬 전에 그것을 할 수 있었을 텐데, 라고 생각할 것이다. 혁명적인 생각을 간결한 언어로 나타내는 재능이 뛰어난 구스는 "우리의 우주가 누군가의 지하실에서 시작되었다는 가능성을 부정할 수 없다."라고 썼다.

현실로 이야기를 돌려서 급팽창 우주에도 진공창조에도 문제가 있다는 것을 언급해보겠다. 급팽창이 초기 우주를 부드럽게 한 것은 좋았지만 너무 철저하게 했기에 이론 전문가들은 거기에서 탄생하는 은하나 은하단(그리고 초은하단)을 형성하는데 필요한 덩어리를 방정식에서 어떻게 끌어낼지가 고민이었다. 한편 진공창조는 너무 순진 담백한 게 아닌가, 라고 오랫동안 여겨져 왔다. 양자진공은 우리가 살고 있는 우주의 특징이지만(가상입자는 오늘날, 실재입자 사이의 공간에서 끓고 있다.) 우주의 팽창 이전에 있었다는 '진공'에서도 그랬다고 누군가 말할 수 있을까? 즉 그 진공은 현재의 우주에서 우리가 조우하는 것과는 대단히 달랐음에 틀림없다. 그 상대론적인 휘어짐은 무한하고 그 물질용량은 아마 제로였다고 생각되지만, 그 어느 쪽도 오늘날의 우주 공간과는 다르다.

일부 이론 전문가들은 그 대신에, 물론 더 기묘하지만, 그와 비슷한 쓸모 있는 가설을 내놓았다. 그런 것들은 통틀어 '양자창조'라는 이름으로 불린다. 그들의 방식은 양자 흔들림의 마구잡이 성질을 중심에 가져와서, 아주 초기의 우주를 지배하는 법칙으로서 그것을 생각하는 것이다. 이 분야의 개척자는 케임브리지대학의 루커스 수학 석좌 교수인(이전에 뉴턴도 이 직위에 있었다) 스티븐 호킹Stephen William Hawking이다. 그의 동료가 "살아 있는 아인슈타인"이라고 평가하는 호킹은 중추신경계를 덮친 치명적인 질병인 ALS(근위축성 측색 경화증, 루게릭 병)을 앓았음에도 물리학에서 생산적인 활동을 해왔다. 그는 휠체어 위에서 연구를 했고, 손가락 하나로 조작 가능한 레버로 제어하는 컴퓨터로 쓰거나 전달했다. 그는 자신의 불행보다는, 자신을 영웅으로 떠받들거나, 자신을 병자라고 안쓰러워하거나, 자신을 다른 천재와 전혀 다르게 취급하면 화를 냈다. 박사과정을 수료한 후, 호킹은 동료인 로저 펜로즈Roger Penrose와 더불어 일반상대성이론은 상대론의 법칙이 작용하지 않게 되는 무한히 휘어진 공간의 상태인 '특이점'에서 우주가 시작되었음을 시사한다고 논증했다. 이는 호킹이 언급했듯이 "상대론이 스스로의 파멸을 예측하고 있는" 것이었다.

하지만 양자이론은 상대론이 기능하지 않는 곳에서 작용할지도 모른다. 나중에 호킹은 양자적 확률로 우주의 기원을 이해할 가능성을 탐구하기 시작했다. 그가 가진 도구 중에는 허수(가령, 2제곱하면 마이너스 1이 되는 수)에 의해 측정될 수 있는 일종의 시간인 '허수시간 imaginary time'과 리처드 파인만이 양자역학을 연구하기 위해 사용한 '경로적분법'이 포함되어 있었다. 허수는 통상적인 수학 법칙 중에서 전혀 의미를 갖지 않는다. 이를테면 마이너스 1의 제곱근을 전자계산기로 계산하려고 해도 '에러'라는 표시가 나올 것이다. 하지만 허수는 스스로의 법칙에 따른 경우는 제대로 작동한다. 가령, 허수는 유체역학에서 훌륭한 결과를 냈다. 파인만의 '경로적분법'은 입자의 가능한 과거의 궤적을 모두 계산해서, 양자적확률로 그 입자가 관측된 상태에 도달하는 가장 확실한 경로를 구하는 방법이다. 캘리포니아대학 샌타바버라 캠퍼스에 있는 미국의 우주론학자 제임스 하틀James Burkett Hartle과의 공동연구에서 호킹은 통역사를 통해 우주 전체의 양자파동함수를 도출했다고 발표했다. "오늘날의 우주를 고전적인 일반상대성이론으로 정확히 기술할 수 있다."라고 그는 말했다.

> "하지만 고전적인 상대론은 과거에 특이점이 있었고, 특이점의 부근에는(공간의) 휘어짐이 대단히 커서 고전적인 상대론은 절멸하게 되고, 양자효과를 고려하지 않으면 안 된다고 예측하고 있다. 우주의 초기 상태를 이해하려면 우리는 양자역학에 의지해야만 하고, 우주의 양자 상태가 고전적인 우주의 초기 상태를 결정할 것이다. 그래서 오늘. 우리는 우주의 양자 상태에 대해 제안하려고 생각한다."

그가 제안한 것은 기묘하고 이질적인 아름다움을 지닌 우주 진화의 이야기였다. 모든 세계선world lines은 지구의 북극으로부터 멀어져가는 경도의 선처럼, 창조의 특이점에서 분리된다고 호킹은 말했다. 세계선을 따라서 여행을 하게 되면 어떤 경도에 따라서 남쪽으로 항해를 하는 경우와 마찬가지로 다른 선이 자신에게서 떨어져 나가듯 움직인다는 것을 알 것이다. 이는 우주의 팽창이다. 팽창이 멈추고 나서 수백억 년 후에 우주는 수축하고 시간이 끝나면 늘 새로운 불덩어리가 된다. 하지만 시간이 언제 시작되었는지 혹은 언제 끝나는 지에 대한 질문은 의미가 없다. "설사 시공이 유한하지만 경계는 없다고 시사하는 것이 옳다면, 빅뱅은 지구의 북극 같을 것이다."라고 호킹은 말했다. "빅뱅 전에 무엇이 일어났는지를 묻는 것은 북극의 1킬로미터의 북쪽 지표에서 무엇이 일어났는지를 묻는 것과 비슷하다. 그것은 의미가 없는 질문이다."

호킹의 생각으로는 허수시간은 과거이고 미래이며, 우리가 말하는 시간은 대칭성의 파괴로 생긴 본디의 시간의 그림자일 뿐이다. 마이너스 1의 제곱근의 값을 입력하면 전자계산기가 '에러'라고 외칠 때, 전자계산기는 그 나름의 방법으로 자신이 이 우주에 속하고, 창조의 순간, 이전의 우주에 대해서 어떻게 조사해야 될지를 모른다고 우리에게 말하고 있는 셈이다. 그리고 시간의 시작과 전혀 다른 상태를 탐험하는 도구를 우리가 손에 넣을 때까지 그것이 모든 과학의 현재 상태가 된다.

존 휠러John Wheeler가 지지하는 양자를 사용한 창조의 다른 이론은 공간 그 자체를 양자화할 것을 강조한다. 물질과 에너지가 양자로 만들어지듯이 공간 그 자체도 기본적으로 양자화할 수 있음이 틀림없다는 추론이 진행 중이다. 휠러는 양자공간을 자주 바다에 비유해 설명했다. 우주에서 보면 바다의 표면은 부드럽게 보이지만, 보트를 저어서 바다로 나가면 '거품이나 기포가 부서지는 파도가 보일 것이다. 그리고 그 거품이나 기포는 가장 작은 규모까지 파내려 갔을 때에 묘사되는 공간의 구조다.' 오늘날의 우주에서는 공간의 거품 같은 구조는 늘 피었다 지고 마는 가상입자로서 그 모습을 나타낸다. 극히 초기의 우주(플랑크 시간 이전이라는 의미)에서는 공간은 대단히 거친 바다로, 그 폭풍우 같은 양자적 흔들림이 모든 입자의 상호작용을 지배했을지도 모른다. 여기서 우리는 어떻게 자신의 위치를 찾아야 좋을까?

과학을 아인슈타인이나 보어에게서 배우고 자신도 많은 세대의 물리학자를 가르쳐온 연장자 휠러는 그 대답은 시공의 기하학에 있다고 생각했다. "기하학 그 자체 이외에 입자를 만들 수 있는 게 어디 달리 있나요?"라고 그는 물었다. 휠러는 초기 우주의 양자적 흔들림과 정신이 헷갈릴 만큼 얽힌 것처럼 보이는 뱃사람의 로프 묶기를 비교했다. 그 로프는 풀기가 불가능하게 보일만큼 이리저리 얽혀있지만, 끝 부분을 찾아서 정확한 방향으로 당기면 로프가 풀린다. 로프 묶기는 본디 우주의 초(超)차원기하학이고, 풀린 로프는 우리가 현재 살고 있는 우주다. 펜로즈가 이전에 다음처럼 말했다. "소립자의 성질은 동시에 시공 그 자체의 성질이 보다 깊게 이해되지 않으면 진짜 이해된 게 아니라고 생각한다." 휠러에게 이는 우주전체에 관해서도 진실이다.

"'우주는 연속체다' 과거 수십 년 간 '왜 공간은 3차원일까?'라고 물었을 때는 그것이 전제가 되었다. 오늘날 우리는 대신에 '세계는 어떻게 그것이 3차원 같은 인상을 줄 수 있는 게 가능할까?'라고 묻고 있다. 책books 속이 아닌 다른 곳에서 시공의 연속체 같은 것이 어떻게 존재할 수 있을까? '공

간'과 '차원'을 지주, 기초, '기하학이전'이라는 차원으로서
특성을 갖지 않는, 애매한 언어 이외로 생각하는 게 어떻게
가능할까?"

　이 같은 물음에 대답하려면 과학은 '법칙 없는 법칙'의 세계라는 새
로운 영역에 어떡하든 스스로 나서야만 한다고 휠러는 주장했다. 이
세계에서는 양자의 불확정성원리가 가르치듯이 질문에 따라 답이 달
라진다. 휠러는 '스무고개'라는 게임을 떠올렸다. 그는 다른 사람들이
정답을 정할 때까지 방을 떠났고, 다시 되돌아와 질문을 개시했다. 다
른 사람들의 답변을 하나씩 들으면서 마지막으로 휠러는 '구름'이라고
추론하자, 모두 웃으면서 '정답'이라고 말했다. 웃음이 그치자 그들은
휠러에게 트릭이 있었다고 말해주었다. 본디 정답은 없었다는 것
이다. 그들은 정답을 나중에 만들기로 하고, 각자의 대답은 앞의 질문
에 주어진 대답과 모순되지 않도록 했다. "이 이야기의 상징적인 의미
는 무엇이라고 생각하나요?"라고 휠러는 물었다.

　"이전에 우리가 믿었던 세계는 어떤 관측행위에서도 독립한
　'거기에out there' 존재한다. 우리는 이전에 원자 속의 전자는
　각각의 순간에 결정되는 위치와 결정되는 운동을 갖고 있다
　고 생각했다. 나는 방에 들어가면서 미리 정해진 답이 있다
　고 생각했다. 실제로는 그 답은 내가 했던 질문을 통해 서서
　히 만들어진 것이다. 관측자가 그렇게 하기로 선택한 실험
　에 의해 즉 어떤 장치를 두느냐에 따라 전자에 대한 정보가

주어지듯이. 만일 다른 질문을 한다면 혹은 동일한 질문을
다른 순서대로 한다면 실험자가 전자의 움직임에 대해 다른
결론에 도달하듯이, 다른 대답에 도달할 것이다… 그 게임
에서는 질문한 물음의 선택과 주어진 대답에 의해 현실적으
로 될 때까지, 정답은 정해지지 않았다. 양자물리학의 현실
적인 세계에서는 그것이 현상으로서 기록될 때까지 단일한
현상은 현상이 아니다."

그러면 우리는 자신이 보고 싶은 것만을 보고, 자신의 목소리만 듣
고, 조용하고 실질적이 아닌 성castle이라는 창조의 이미지와 더불어
뒤에 떨어져 남게 된다. 스스로 이끌어나가고 경건한 심정으로 꾸준
히 과학에 임하고, 질문을 가능한 한 궁리해서 어떻게 창조가 일어났
는지, 라고 묻는다. 정신과 우주가 만나는 둥근 천장의 방에 울리듯이
대답이 들려온다. 하지만 그것은 메아리에 불과하다.

생명은 많은 색의 유리로 채색된 돔처럼,

영원하고 새하얀 광채에 채색을 더한다.

- 셸리, 영국의 낭만파 시인

슬픈 광경.

만일 다른 천체에 생명이 있다면, 거기에서도 불행

과 어리석은 짓이 되풀이될까.

없다면, 그야말로 공간의 허비가 아닐런지.

- 토머스 칼라일, 영국의 역사가

19. 정신과 물질

　지금까지 본서에서 논한 과학적 발전은 그 결과로서 우리 인간을 더 넓은 우주로 연결시키고, 관련을 맺게 해주었다. 천문학은 달보다 위에 있는 우주의 세계와 지구를 떨어뜨려 놓은 투명한 구를 파괴함으로써 우리를 우주 속으로 끌어들였다. 양자물리학은 관측자와 관측되는 세계를 분리하는 유리의 틀을 부수고, 우리는 자신의 연구대상에 무리하게 휩쓸려 가는 모습을 발견했다. 천체물리학은 물질은 어느 곳이든 똑같고 어디든 똑같은 법칙에 따른다는 것을 관측, 별의 핵융합에서 생명과학까지 우주의 일관성을 밝혀냈다. 다윈의 진화론은 지구 생명의 모든 종이 관련되어 있고 보통의 물질에서 태어났다고 시사함으로써 우리와 지구상의 다른 생물을 떼어놓을 건 아무 것도 없다는 것을 확실히 해 주었다.(우리 인간은 세계의 구성 재료이다.)

　우리는 우주와 일체라는 신념은 다른 사고의 영역에서도 지금까지 자주 언급되어왔다. 여호와는 흙을 빚어 아담을 만들었다. 그리스의 헤라클레이토스는 "모든 것은 하나"라고 썼다. 중국의 노자는 사람과 자연은 하나의 원리로 지배되기에 이 두 가지는 똑같다고 언급했다.(노자는 그것을 도(道)라고 부른다). 인류와 우주가 일체라는 신념은 문자를 갖지 않았던 시대의 사람들에게도 널리 퍼져 있었다. 죽음의 병상에서 수쿠아미쉬족의 추장인 시애틀Seattle은 "모든 것이 이어져 있다. 마치 피가 하나의 가족을 결속시키듯이, 모든 것은 하나의 가족이다."라고 말한 것이 좋은 예다. 하지만 동일한 보편적 견해가 객관적이고 경험적인 사실을 뛰어난 두뇌로 추구하는 것을 자랑하는 과학에 의해 제기되는 것은 대단히 인상 깊다. 염색체의 지도, 지구상의 모든 생물의 상호관계를 나타내는 화석의 기록에서 우주의 화학원소량과 지구 생물의 화학원소량의 유사점까지 우리는 자신이 진짜로 우주의 일부라는 징표를 여기저기서 발견한다. 과학의 입장에서 우리가 우주의 행위에 깊게 관련되어 있다고 증명되는 것에는 물론 많은 의미가 있다. 여기 19장의 주제는 그중 하나로, 만일 지적 생명이 이 행성에서 진화했다면, 어딘가 다른 장소에서도 똑같은 일이 생길지도 모른다는 것이다.[70]

다윈의 진화론은 왜 생명이라는 게 있을까, 라는 오래전부터의 수수께끼를 설명하지는 않지만, 생명이 보통의 물질에서 발생하고 적어도 태양 같은 별의 주위를 도는 지구 같은 행성에서는 '지적인' 형태로 진화할 수 있음을 밝혀주었다. 태양 같은 별이 많고(은하에만 100억 개

---

[70] 내가 '지적이다'라는 말을 언급할 때는 우리가 보여주는 자기만족이나 별의 일반적인 환경에 응용될 때의 그 말이 지닌 많은 의미에 대해서는 상세히 언급하지 않는다. 이 논의의 목적을 위해서는 '지적인' 생물은 전자파(전파)에 의해 성간통신을 하는 방법과 의사를 가진 것으로, 단순히 정의된다.

있다) 지구 같은 행성도 꽤 있다고 여겨지기에 우리 인간이 지금까지는 우주에 대해 연구하고 그 속에서 자신의 역할에 대해 생각한 유일한 종이 아닐까, 라고 추측할 수 있다. 정신과 우주와의 관계를 얼마나 이해할 수 있는지는 우리 자신과 비교할 수 있는 다른 지적인 종과 접촉할 수 있는지의 여부에 달렸을지도 모른다. 과학은 단지 하나의 예밖에 얻을 수 없는 현상을 잘 해명할 수 있는 시도라는 게 없다. 뉴턴이나 아인슈타인의 법칙은 그것을 실험할 수 있는 행성이 단 하나뿐이었다면 공식화하는 것이 훨씬 어려웠을 것이다.(아마 불가능했다.) 그래서 자주 회자 되지만, 우주론 그 자체의 큰 문제는 우리가 조사 가능한 우주가 단지 하나뿐이라는 것이다.(우주 진화의 발견은 우주 진화의 시작 때는 우주 상태가 아주 달랐다고 제안함으로써 이 어려운 질문을 부드럽게 한다.) 그러면 지구 외 생명의 문제는 우리는 우주에서 홀로 있는 종족인지, 우주적인 교섭을 희망하는지, 우주인의 침략을 두려워할 필요가 있는지 따위의 문제 그 이상이 된다. 그것은 스스로를 알면서 동시에 자연의 남은 부분과 우리의 관계를 아는 방법이다. 최근에 지구 외 생명에 흥미가 집중되는 것은 다른 새로운 이유가 몇 가지 있지만, 특히 정신이라는 비현실적인 개념에 의지하지 않고 현상을 물질과의 상호작용만으로 설명 가능하다는 철학적 교의, 유물론이 번성하면서 근년에 대세를 이룬 결과라고 볼 수 있다. 다윈의 이론은 보통의 물질의 새로운 가능성을 열어주었다. 비가 고여서 만들어진 물웅덩이 속의 진흙 덩어리는 그와 비슷한 것에서 그 진흙에 대해 생각하는 자신을 포함해 지구상의 모든 생명이 만들어진다고 생각하면 아주 불가사의하게 보인다. 자신의 선조가 포유동물을 넘어서, 물고기를 넘어서, 생물 이전의 아미노산이나 당류까지 널리 퍼져 있다는 것을 아는 사람은 지구는 "불결하고 불건전하다"는 마르틴 루터의 말이나 "물질 속에는 생명도 진실도 내용도 지성도 없다."는 크리스천 사이언스(19세기 중반 미국에서 창설된 기독교 일파)의 사람들의 판단에 쉽게 동의할 수 없을 것이다. 역사적으로 봐도 유물론자는 다른 세계에 생물이 있다고 상상하기를 좋아했다. 원자론자인 메트로도루스Metrodorus는 기원전 4세기에 "무한한 공간 속에서 지구만 인간이 존재한다고 생각하는 것은 수수의 종을 뿌린 밭 전체에 곡물이 한 알밖에 자라지 않는다고 단언하는 것과 마찬가지로 어리석다."라고 썼다. 500년 후, 에피쿠로스학파의 루크레티우스Titus Lucretius Carus는 "우리 세계와 같은 것, 그렇지 않은 것, 무수한 세계가 있다."라고 언급했다. 인간은 본질적으로 실체를 갖지 않은 정신이라고 믿는 로마 가톨릭교회는 이 유물론적 견해에 위협을 느꼈다. 르네상스의 대중신비주의의 일인자인 조르다노 브루노Giordano Bruno는 물질이 "진실한 자연의 모든 것이고 모든 생명의 어머니"라고 단언했다. 신은 "단지 하나가 아닌 무수한 태양에, 단지 하나의 지구뿐 아니라 1000개의 지구에 즉 무한의 세계까지 찬미 받고 있다."라고 선언했기에 1600년 2월 19일 로마의 캄포디피오리 광장에서 철봉에 묶여 화형에 처해졌다.

그럼에도 과학의 발전과 더불어 유물론도 발전하면서, 다른 곳에도 사람이 있는 세계가 많다는 신념이 널리 퍼졌다. 1638년 영국에서 개신교 목사인 존 윌킨스John Wilkins는 달에 사람이 살 수 있다고 주장하는 책을 출판했다. 우주의 소용돌이이론으로 뉴턴의 만유인력 법칙보다 먼저 우주의 소용돌이이론을 발표한 데카르트Descartes는 "우리

보다 진보한 생물이 어딘가 셀 수 없을 만큼 있을 것"이라고 생각했다. 하지만 젊은 프랑스의 데카르트 철학자인 베르나르 퐁트넬 Bernard Le Bovier de Fontenelle만큼 다양하고 풍부한 우주의 개념에 환희의 감각을 쏟아부은 작가는 없었다. 그가 쓴 "세계의 복수성(複數性)에 관한 대화"는 1686년에 출판된 이후 독자를 매료시키고 있다. 이책은 매일 황혼 때에 정원을 걸으면서 어두워지는 하늘에서 반짝거리기 시작하는 별에 대해 퐁트넬과 아름다운 백작 부인이 대화를 하는 형식으로 적혀 있다. "아름다운 여성과 함께 있는데도 달이나 별을 더오래 생각하는 사람이 과연 있을까요!"라고 퐁트넬은 고양된 목소리로 말하지만 금세 화제는 별과 달로 바뀐다. "지구는 살아 있는 것들로 넘쳐요."라고 그는 백작부인에게 말한다. "그렇다면 여기에는 과도할 만큼 풍부한 자연이 다른 행성에는 전혀 없다고 생각할 이유가 있을까요?" 그는 달에는 누군가 살지도 모른다고 생각하지만, 그것이어떤 존재인지는 모른다. "우리 자신이 달에 살고, 인간이 아닌 다른이성적인 존재라고 생각해보지요. 그러한 우리가 지구상에 인류라는다소 괴상한 존재가 있다는 걸 상상이나 하겠어요?"

백작부인은 의문을 품고 있다. "당신이 세계를 너무 크게 잡는 바람에 내 자신이 어디에 있는지, 어떻게 되는지 알 수가 없네요. 그런 무서운 말, 나는 싫어요."

"무섭다고요?"라고 퐁트넬은 묻는다. "나는 아주 즐거운걸요. 하늘이 작고 푸른 아치이고 거기에 별이 매달려 있기만 하다면 우주는 너무 좁고 닫혀 있는 것 같아 질식할 지경이에요. 그렇지만 지금은 높고넓고 커지고 있지요… 더욱 자유롭게 숨 쉴 수 있고, 이전과 비교가 안 될 만큼 우주는 장엄하다고 생각하지요."

20세기 후반이 될 때까지 다른 세계의 생명 찾기를 실제로 시작하지는 못했다. 이를 실행하는 하나의 방법은 태양계의 다른 행성에 우주선을 보내는 것이었다. 이 노력은 1960년대에 금성에 보내진 미국의 파이어니어 계획과 소비에트(지금의 러시아 – 옮긴이)의 베네라 계획으로 시작되었고, 그에 이어서 화성, 목성, 토성, 천왕성, 해왕성에 미국의 무인탐사기가 보내졌다. 이들 계획의 결과와 다른 예비적인 정찰의 결과는 부정적이었다. 소비에트의 무인 착륙기가 촬영한 사진에서는 금성에 생물의 증거를 찾지 못했다. 금성의 대기는 두텁고 단테 Alighieri Dante의 지옥보다 뜨거웠기 때문이었다. 미국의 바이킹 계획으로 화성의 표면에 보내진 2대의 착륙선도 화성에서 생명의 확실한 증거를 기록하지 못했다. 물론 이것뿐인 정보로 불충분하고 지구 외 생명의 존재 일반에 대한 결과를 끌어낼 근거는 되지 못한다. 왜냐하면 태양계에 있는 행성의 수는 우리 은하에 존재한다고 알려진 행성의 수의 100억분의 1이하이기 때문이다. 다른 별로 여행함으로써 태양계 외에 생명을 찾으려는 사람이 있을지도 모르지만 알맞은 시간 안에 그 임무를 수행하려면 무리다. 별은 너무 멀다. 시속 160만 킬로미터로 여행 가능한 우주선이라도(이는 믿을 수 없을 만큼 빠르다. 지구에서 화성까지 이틀도 걸리지 않는다.) 가장 가까운 켄타우르스자리의 별인 알파까지 가는데 3000년 가까이 걸린다. 만일 원정대가 다음으로 유망한 별(F8의 스펙트럼형을 지닌 공작자리의 별인 델타가 합리적인 후보라고 생각된다.)에 가서, 거기서 가령 물뱀자리의 별인 베타까지 가고, 여행을 마치기 전에 큰부리새자리의 별인 제타까지 갔다고 해도 은하

내 별의 약 1000억분의 1을 방문한 것에 불과하다. 이래서는 셰익스피어가 쓴 소네트의 두 글자만 조사해 그의 전 작품을 이해하려는 시도보다 통계적인 샘플이 적다. 게다가 이 여행에는 3만 년 이상이라는 길고 긴 시간이 걸린다. 3만 년 전이라면 구석기시대에 해당하는데 우리의 선조는 세계 최초로 나무로 된 북을 만들었다. 태양계 외의 지적 생명을 찾는데 보다 좋은 방법이 있다. 지구 외 문명이 공간에 발신한 전자신호(라디오나 텔레비전의 송신)를 전파망원경으로 듣는 것이다. 몇 십 원(a few cents) 정도의 전기료로 보낼 수 있는 이러한 신호는 빛과 동일한 속도로 여행하는데, 수천 광년이나 떨어진 곳의 신호를 지구의 전파망원경으로 수신할 수도 있다. 이는 세티SETI(외계지적생명체탐사)라고 불리는 것이다. 세티SEIT는 1959년에 두 명의 과학자인 필립 모리슨Philip Morrison과 주세페 코코니Giuseppe Cocconi가 최초로 제안했다. "성공할 확률은 계산하기는 어렵지만, 만일 우리가 찾지 않으면 성공 확률은 제로"라고 그는 썼다. 세티SETI의 최초 실험인 오즈마 프로젝트는 1970년대 초에 미국의 천문학자 프랭크 드레이크Frank Drake에 의해 실시되었다. 드레이크는 3년 동안 합계 659개의 별을 관측했고, 직경 90미터와 42미터의 전파 파라볼라 안테나로 하나의 주파수만 사용해 귀를 기울였다. 그는 인공적인 지구 외 신호를 검출하지 못했지만 실망하지는 않았다. 은하에 있는 별의 수가 너무 많았기 때문이다. 그가 귀를 기울인 그 주파수로 우리를 향해 신호를 보낸 문명이 가령 1,000개 있다고 해도 오즈마 프로젝트에서 그중 하나를 검출할 수 있는 확률은 거의 100만분의 1이다. 많은 다른 불확정성 중 하나라도 고려한다면(주파수가 맞는다고 해도 태양과 지구의 움직임으로 생기는 도플러 현상을 계산에 넣어야만 하는 등등) 확률은 더욱 적어진다. 세티 SEIT가 성공하려면 장기간에 걸친 노력을 지속해야만 한다. 그 한편 으로 조심스럽게 미국과 소비에트에 몇 가지의 세티SEIT 프로젝트가 있다는 것 그 자체가 지구 외 생명 가설에 대해 지금까지 없었던 반응 을 자극하고 있다. 전파망원경의 시간의 극히 일부를 세티SEIT로 향 하게 하려고 NASA가 연간 200만 달러의 예산을 편성하자, 위스콘신 의 상원의원인 윌리엄 프록스마이어는 그 프로젝트를 저지하려고 국 민 세금을 낭비한 행위에 보내는 '황금 양모Golden Fleece' 상을 보내면 서 지구 외 문명은 "설사 그것이 존재해도, 지금은 죽어서 사라졌다." 라고 단언했다. 겨우 그 정도의 비웃음에 세티SEIT는 어쩌다 가끔밖 에 프로젝트를 실행하지 못했고, 1980년대 중반까지 대(大)전파망원 경을 사용해 귀를 기울인 것은 겨우 수천시간에 지나지 않았다. 세티 SEIT 반대의 주된 이유는 두 가지 논의를 들 수 있다. 첫 번째는 자연 의 확률의 문제로 많은 통계적 논의처럼 늘 혼란이 뒤따른다. 두 번째 는 페르미의 의문이라고 불리는 것으로 세티SEIT는 탐사전략으로 볼 때 흥미 깊은 의미를 갖는 중요한 문제를 제기하고 있다. 확률적 논의 는 지구상에서 지적생명이 진화하는데 필요하다고 여겨지는 모든 상 황을 고려할 때, 그것과 동일한 것이 어디선가 다른 곳에서도 일어 났다고 도무지 생각할 수 없다는 계산결과가 나온다고 주장한다. 그 지지자는 지구 궤도의 크기에서 비롯된(지구가 조금이라도 태양에 가까 웠다면 모든 물은 증발하고, 조금이라도 멀었다면 모든 물은 얼어붙는다.) '호 모 사피엔스'의 출현으로 이끌었다고 생각되는 진화의 모든 역사의 우 여곡절을 열거한다. 이들 모두의 변수가 우연에 의한 것이라면(양쪽 모두 그렇다고 생각한다) 지적생명이 어딘가에 나타나는 작은 가능성조차 사라진다. 오늘날 지구상에는 100만 종 이상의 생물이 서식하는데, 각각의 진화는 막다른 길로 이끄는 아마 1000회의 실패로 끝난 돌연변이 끝에 달성된 것이라고 추정되고 있다. 따라서 다른 행성에서 비슷한 생물 현상으로 진화할 확률은 10억분의 1이 된다. 인류와 그 문명의 출현에 관계된 모든 문화적, 생물학적 변수를 고려하면, 확률은 아마 10^{15}에서 10^{18}분의 1이 될 것이다. 이 숫자는 은하에 있는 모든 행성의 수를 넘는다. 그렇기에 우리가 고독하다는 것은 거의 틀림없다는 논의가 계속된다.

이 사고방식은 버트런드 러셀Bertrand Russell이 간결하게 정리한 예전부터 있었던 '목적론argument from design'과 유사하다. "여러분 누구나 목적론에 대해 알고 있겠지요. 이 세상의 모든 것은 우리가 이 세상에서 살아갈 수 있도록 만들어져 있습니다. 그리고 만일 세상이 아주 조금이나마 달랐다면 우리는 이 세상에서 살아갈 수 없습니다. 이것이 바로 목적론입니다." 이 논의의 약점은 어떤 특별한 것이 일어날 확률을 그 과정을 이해하거나(즉 관련된 모든 변수를 적절히 확인해서 양으로 나타낼 수 있는), 그에 대한 현상학적 정보를 도출할 수 있는 적절한 실험 데이터베이스를 갖고 있지 않으면 확실히 계산할 수 없다. 이를테면 대륙간 탄도미사일이 목표에서 얼마나 벗어난 곳에 착지하는지를 예측하고 싶다면 우리는 모든 변수를 계산하던지(미사일의 비행특징, 그 항행 시스템에 끼치는 환경의 영향 등) 그것들이 어떻게 날아가는지에 대한 데이터베이스를 얻기 위해 가능한 한 많은 미사일을 발사해보는 게 좋다. 실제 문제로서 어느 방법이든 에러가 발생할지 모르기에 양쪽을 시험해본다. 하지만 다른 행성의 지적 생명의 출현이라면 관련된 변수에 대해 거의 모르고 지금까지 이렇다 할 통계도 없었기에 어느 쪽이든 확신을 못 갖는다. 그것들 없이 확률을 추론하면 잘못된 생각에 빠질 것이다. 그 관점에서 바라보면 대부분의 현상이 특별한 게 될지도 모르기 때문이다.

가령, 당신이 이 페이지를 이 순간에 읽을 확률은? 이라고 물었다고 해보자. 당신과 나의 지금까지의 삶의 우여곡절을 탄생할 때부터 합치면 내가 이 책을 쓰고, 당신이 읽으려면 10억의 변수가 존재하게 되고. 그런 일이 일어나는 것은 거의 불가능해서 이 우주의 어디서도 있을 법하지 않다는 결론이 나온다. 그런데 당신은 이 책을 읽고 있다. 공평한 시선으로 바라보면, 직관은 실제로 일어날법하지 않은 현상일지도 모른다. 그 경우 빈약한 전파망원경을 가진 우리 인간이 이 우주에서 최고의 지적 형태를 나타내는 것이 된다. 1회의 세티SEIT 프로젝트로 그것을 증명할 수는 없지만 수십 년 동안 귀를 기울였는데도 아무것도 발견되지 않으면 그 의미는 우주에는 지구의 동포가 거의 없다는 게 분명할 것이다. 하지만 그때까지는 희망을 갖도록 해주고 싶다. 또 하나의 논의는 페르미의 이름이 붙어 있다. 그는 1940년대 말의 어느 날, 로스앨러모스에서 "그들은 어디에 있나?"라고 물었다고 전해진다. 그는 다음처럼 추론했다. 만일 기술적으로 진화한 지구 외 문명이 여기저기 있다면 다른 별로 이주해서 그곳의 행성에 새로운 식민지를 만들어도 괜찮을 것이다. 또한 식민지 지배자는 계속해서 성간 공간에 새롭게 우주선을 보내고, 그러다보면 은하 내의 모든 별이 지배될 것이다. 그런데 그들은 여기에 없다. 따라서 그들은 존재하지 않는다. 얼핏 페르미의 질문에 대답하기는 쉬워 보인다. 진화된 지구 외 생명은 어떤 이유로 여기에 오지 못하거나 오고 싶지 않기에 여기에 없다. 아마 성간여행은 시간과 돈이 너무 많이 들어서 그들은 다른 별로 여행할 수고를 들이고 싶지 않겠지. 적어도 은하의 변경에서 독성 산소 가스에 오염된 대기를 가진 작고 푸른 우리의 별에는 찾아오지 않을 거야. 혹은 그들은 우리가 여기에 있다는 것은 알지만 우리의 발전에 간섭하기를 주저할지도 몰라(동물원가설), 이 같은 설명을 많이 생각해낼 수 있다. 중요한 것은 증거의 부재는 부재의 증거가 아니라는 것이다. 하지만 페르미의 의문은 많은 용맹무쌍한 ET를 태운 거대한 방주가 아닌 자동적으로 스스로를 복제하도록 설계된 탐사기가 태양계를 방문하는지 어떤지의 질문에 응용되면 훨씬 쓸만하다. 인간이 아닌 진화된 문명이 이 같은 기계를 10개의 별에 보냈다고 하자. 각각의 별에 도착하면 원료와 연료 조달을 위해 그곳의 소행성 혹은 행성을 샅샅이 뒤져, 10개 혹은 10개 이상의 탐사기를 만들어 발전시키고 원래의 탐사기는 주위에 빛을 비춰주려고 뒤에 남는다고 치자. 이 방법으로 진화된 문명은 많은 별에 원격 센서를 설치할 수 있을 것이다. 가령, 탐사기가 새로운 별에 도착해서 자체 복사하고 새로운 10개의 탐사기를 보내는데 걸리는 평균 시간을 1만 년이라고 치면, 은하계 내의 절반의 별 주위에 탐사기가 있으려면 프로젝트를 시작하고 10만 년밖에 걸리지 않는다. 은하계의 연령은 100억 년 이상이라서 아마 누군가 이 같은 것을 시도해볼 만큼의 시간은 있다고 생각할 수 있다. 비용은 고만고만하고 얻은 데이터는 방대하다. 그렇다면 어디에 탐사기가 있는 걸까? 확실한 답 중 하나는 "그들은 이미 지구에 와 있다."는 것이다. 성간 공간 비행의 최초 원칙은 연료를 절약하려고 모든 것을 되도록 가볍게 만드는 것이다. 따라서 다른 별에서 태양계로 보내진 탐사선 크기는 작다고 예상할 수 있다. 얼마나 작을까? 1980년에 NASA의 제트추진연구소에서 이루어진 연구에 따르면 근 미래의 기술을 사용하면 센서가 부착되고, 모성(母星)과 통신 가능한 안테나를 가진 성간 여행선을 135킬로그램 이하의 무게로 할 수 있다고 한다. 인간의 뇌를 참고하면 센서와 데이터 처리능력의 상당한 부분을 더욱 작은 것, 그러니까 아마 수 킬로그램 밖에 되지 않는 자몽 정도의 크기까지 작게 할 수 있을 것이다. 그만큼 작은 탐사기가 지금 우주성간을 돌아다니거나 수백만에 달하는 소행성의 하나 혹은 화성, 목성, 토성의 위성 위에 올라타 태양 주위를 돌면서 조용히 관찰하고 그 발견을 모성에 보내지만 우리는 그 사실을 모를 수도 있다. 자신의 정체를 나타내도록 프로그래밍이 되지 않는 이상, 현재 우리는 그 같은 탐사기를 검출할 방법을 갖고 있지 않다. 반면에 그것이 스스로 주의를 끌지 않도록 하고 있다고 생각하는 편이 타당하다. 그 존재가 발견되면 우리가 사로잡아서 산산이 분해할 것이라고 생각하기 때문이다. 그러니 우리가 더욱 태양계를 탐사하면, 최종적으로 지구 외 지적 생명의 증거가 얻어질지도 모른다. 이것이 아서 클라크의 SF '2001 스페이스 오딧세이'의 테마다. 이 책에는 태양계 최대의 행성인 목성의 주위를 도는 게 발견된 우주인의 탐사기를 우주비행사가 조사하는 내용이 나온다.

또한 자동화의 가능성은 지적 성간 전파신호의 탐사에 관한 호기심을 불러일으키게 만든다. 세티SETI의 수신기가 포착하는 최초의 신호가 다른 행성에서 살고 있는 생명체에 의한 것이 아닌 지적인 기계에 의해 발신될 가능성도 있다. 어떻게 가능한지를 이해하기 위해 성간 통신 비즈니스에 착수한 진화된 문명이 조우하는 실질적이고 급한 임무에 대해 생각해보자. 어떤 문명이 서로 전파통신을 확립한 은하 내의 101의 세계의 하나라고 생각해보자. 수천 광년이나 떨어진 다른 행성과 각각 접촉을 계속하려면 적어도 100의 안테나를 가동시켜야만 한다. 이 방법에는 두 가지 결점이 있다. 첫째는 효율적이 아니란 점이다. 경제적으로 생각하면 되도록 안테나 수를 줄이고 싶다고 생각할 것이다. 둘째는 더 심각하지만 Q&A에 걸리는 시간이다. 질문한다고 해도 답을 얻는 데 수천 년이 걸린다. 이 두 가지 문제를 줄이려면 시스템을 네트워크화하는 것이다. 우주에 모든 전파통신을 처리할 자동화된 스테이션을 하나 만들고, 하나의 안테나 시스템을 통해 자신의 행성과 그것을 연결한다. 그 같은 자동 스테이션 설치에 어울리는 별도의 장소를 결정해서 이들 지점에 있는 세계를 향해 스테이션을 만들도록 요청한다. 머지않아(수천만 년을 의미한다) 누군가 국지적인 연락 스테이션(자신이 속한 계(系) 아니면 다른 계일지도 모른다)을 통해 다른 모든 세계와 데이터 교환을 하게 될 것이다. 이 방법을 사용하면 통신을 하는데 각각의 행성을 위해 별도의 안테나를 사용할 필요가 없어진다. 마치 지구인이 전화할 상대 한 사람마다를 위해 별도의 전화기가 필요 없듯이. 일단 설립되면 네트워크에 많은 유익한 기능을 추가 장착할 수 있다. 그 중 하나가 네트워크에 새로운 세계에서 오는 신호를 포착해서 그것을 선으로 잇는 일을 할당하는 것이다. 실제로 그 스테이션은 비교적 발달하지 않은 행성의 주의를 끌 목적으

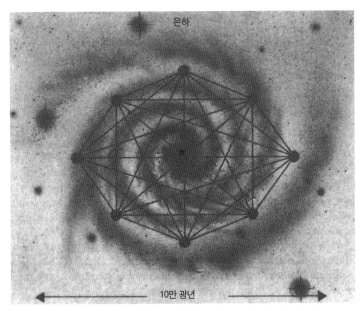

은하

10만 광년

지적인 종 사이의 직접적 전파통신은 비교적 늦고, 비효율적이다. 위 도표에서는 은하계 주위의 생명체가 사는 8곳의 세계가 직접 서로 통신하고 있다. Q&A에 걸리는 평균 시간은 10만 년이다.

로 신호를 발신할지도 모른다.

만일 그렇다면 세티SETI의 전파망원경이 최초로 포획하는 신호는 지적생명체가 살고 있는 행성에서 훨씬 멀리 떨어진 곳에 있는 자동 스테이션에게 온 것일지도 모른다. 이것을 비롯해 다른 업무도 효율적으로 수행하려고 네트워크는 자가 수리가 가능할 뿐아니라 늘어가는 데이터의 요구에 응해 확대 가능해야 한다. 여기서 자기복제 탐사기의 기술이 도움이 된다. 이 네트워크는 은하계 내의 여기가 적당하다고 생각되는 별의 계에 탐사기를 보낼 수 있고, 거기서 스스로 새로운 연락 스테이션을 만들고 다른 네트워크와 자동적으로 연결한다.

더 중요한 것은 네트워크가 자기확장이 가능한 큰 메모리를 장착하는 것이다.

이 메모리는 복사되고, 어떤 스테이션에서도 정기적으로 새롭게 갱신된다. 이렇게 큰 이점은 Q&A의 문제를 완화해줄 것이다. 성간 통신에서 바람직한 것은 시간이 너무 걸리는 대화가 아닌 정보다. 알고 싶은 것은 또 다른 누군가가 은하계에 살고 있는지, 어떤 외형을 하고 있는지, 어떤 생각을 하고 있는지, 그들의 역사와 그들의 이전에 어떤 종이 있었는지이다. 이런 것들과 다른 모든 정보를 흥미를 가진 모든 자에게 제공할 수 있으려면 메시지 전부를 기억하는 네트워크를 구축해야만 한다. 그러면 이 네트워크는 전화나 텔레비전의 시스템뿐 아니라, 가장 가까운 스테이션에서 액세스 가능한 컴퓨터이고 도서관이 될 것이다. 은하계의 한쪽에 사는 지적 조류가 은허계의 반대편에 사는 지적 파충류의 생물학에 흥미를 가지고 있다면, 그들은 직접 메시지를 보내기에 그 대답을 20만 광년이나 기다릴 필요가 없다. 그 정보는 네트워크의 메모리 뱅크에 이미 저장되어 있고, Q&A에 걸리는 시간은 가장 가까운 네트워크의 연락 스테이션까지 빛이 갔다 오는데 걸리는 시간에 조금 플러스하면 된다. 또한 정보는 어떤 특별한 세계의 운명과 더불어 사라질 까닭이 없다. 한번 네트워크에 등록되면 영구 보존되기 때문이다. 우리는 여기서 참가하길 선택한 모든 세계의 정보를 늘 받아서 저장하고, 상시로 확대하는 불멸의 시스템의 가능성에 도달한다. 긴 안목으로 바라보면 네트워크 그 자체가 은하계 내에서 가장 지식을 보유한 하나의 존재로 진화할 것이라고 쉽게 예상할 수 있다. 그 네트워크만으로 은하계의 역사 전체를 조정하고 별의 계의 수준에서 지식의 발전을 경험할 수 있을 것이다. 시간이 흐르면서 지식도 늘어가고, 보다 복잡해진 네트워크는 은하의 중추신경계처럼 될 것이 틀림없다.

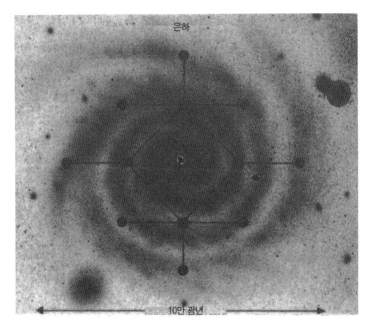

성간 통신 네트워크는 시스템 효율을 크게 개선한다. 4개의 접합점밖에 갖지 않는 이 초보적인 네트워크에서는 Q&A의 시간(터미널의 메모리 뱅크와의 통신)이 5만 년의 절반이 된다. 네트워크에 접합점을 늘리면 Q&A의 시간은 100년 혹은 그 이하로 줄어들 수 있다.

만일 생명과 지성이 목적을 가졌다고 말할 수 있다면 아마도 그것이 지성의 최종목적일 것이다. 가끔 우리는 가장 강력하게 열망하는 것이 자신의 일보다는 보다 광범위한 사물에 관계된다는 것을 깨달는다.(세상을 움직이는 원동력인 사랑은 대단히 개인적이지만 그 최종적인 기능은 종을 영원히 보존시키고 발전시키는 것이다.)

아마 이것은 우리가 은하계에서 고독한지 어떤지를 알고 싶다는 언뜻 불가사의하고 깊은 욕구에 근거한다고 말할 수 있을 것이다. 생명은 뇌를 진화시키는 은하의 방편일지도 모른다. 위에 언급한 네트워크를 통해 다른 은하와 접촉함으로써 이 방법을 은하계의 바깥으로 확대할 수도 있다. 은하 간의 Q&A에는 수백만 년의 시간이 걸린다. 미국의 사막에 살고 있는 죠슈아 트리Joshua Trees처럼 오랜 생명으로 성간 네트워크를 충분히 유지한다 해도 수명이 있는 신체에 이는 너무 길다. 네트워크는 거대한 안테나를 만들고 안도로메다 은하, 센타우루스자리 A, 6000만 광년이나 떨어진 곳에 있는 처녀자리 초은하단이 혼재된 중심에 향할 때조차 강력한 신호를 보내고, 그리고 답신을 기다린다. 모든 네트워크에 참가하는 모든 세계가 은하에 차례로 접촉해옴으로써 이익을 얻을 것이다. 팽창하는 우주 전체에 전자망을 구축하고, 은하도서관의 부(富)를 교환할 수 있기 때문이다. 인류는 출현하고 나서 약 200만 년이 되질 않았고, 이는 안드로메다에 일방통행적인 메시지를 보내는 데 걸리는 시간과 거의 비슷하다. 우리가 안드로메다에 있는 세계와 유의미한 대화를 시작할 수 있다고는 도무지 상상할 수 없다. 하지만 만일 안드로메다에 대한 정보와 거기에 속한 세계의 역사가 이미 우리 은하의 네트워크에 축적되어 있다면 접촉하고 나서 수십 년 이내에 그 세계와 액세스가 가능할지도 모른다. 이 모두는 꿈일 수도 있다. 말하자면 추측 이상의 것도 아닌 유물론자의 추측이다. 죽은 소행성의 잿빛 바위에서 스스로가 만들어낸 통신 컴퓨터로 구성되는 은하 '지성' 이상으로 유물론적인 것이 있을까?

하지만 그것은 순수한 사고에 바쳐진 은하 간 메커니즘에 의해 연결된, 어떤 것은 새롭고, 또 어떤 것은 사라져가는 수천의 세계로 이루어진 유토피아를 가리키기도 한다. 또한 지성과 기술의 조합으로 인해 우주를 스스로의 생명, 사고, 역사에 눈뜨게 해주는 우주에서의 지성의 역할을 시사하고 있다. 그에 의해 우리 모두는 우주정신의 구성 요소가 될 것이다.

독창적인 자연이 창조한 각양각색의 기묘한 모습을 보고 싶다는 열망을 이기지 못해, 나는 가끔 그림자를 드리운 절벽을 헤맨 끝에 커다란 동굴 입구에 다다랐다. 이 같은 동굴의 존재를 몰랐던 나는 잠시 등을 구부리고 왼손을 무릎 위에 올리고는 오른손을 눈 위로 들어 올려 눈을 가늘게 뜨면서 동굴 안에 뭔가 식별할 수 있는 게 있는지를 보려고 그 앞에 섰다. 동굴 안은 캄캄해서 아무것도 보이지 않았다. 한동안 그렇게 있자니 두 가지 감정이 갑자기 내 마음속에서 솟아올랐다. 두려움과 욕망이었다. 위협하는 듯한 어두운 동굴에 대한 두려움과 그 안에 뭔가 기묘한 것이 있는지 없는지 보고 싶다는 욕망이 생겼던 것이다.

- 레오나르도 다빈치

위대한 진실이란,
그 정반대 또한 위대한 진실이라는 진실이다.

- 닐스 보어

20 . 끝없는 미스터리

이 책을 통해 나는 지구라는 아담한 세계의 주민인 우리가(훨씬) 더 큰 우주의 분명한 모습을 어떻게 모자이크처럼 이리저리 맞추어왔는 가를 설명했다. 나는 이 과정을 '사춘기coming of age'라고 표현했는데, 몇 세기에 거쳐 이어졌다 끊어졌다 하면서도 나름대로의 노력으로 우리가 우주에 대한 기본적인 사실 몇 가지를 마침내 이해하기 시작했다는 것을 뜻한다. 이 지식 덕분에 아직 미숙하지만 우주론이 성인식을 맞게 되었다고 말할 수 있다. 이를테면 우리는 현재, 자신이 어디에 있는지를 알고 있다. 우리는 소용돌이 은하의 한쪽 끝에 치우친 곳에 있는 별의 주위를 도는 행성에 살고 있고, 그 은하는 어떤 초은하단의 중심에서 떨어진 부근에 있고, 그 초은하단의 위치는 근처에 있는 몇 개의 초은하단(1000의 1만조 세제곱 광년으로 퍼져나가는 공간 속에서 전부 약 4만 개의 은하가 속해 있다.)과 비교함으로써 결정된다. 또한 우리는 자신이 언제 등장했느냐에 대해 얼마쯤은 알고 있다. 우주 속에서 태양과 그 행성이 창조되고 나서 약 50억 년, 그리고 팽창하는 우주의 연령은 아마 2배에서 4배이다. 우리는 지구상의 생명에 진화를 부여한 기본적인 메커니즘을 이해하고, 마찬가지로 우주 규모의 화학진화의 증거를 발견했으며, 쿼크의 스윙댄스에서 은하가 춤추는 왈츠까지 여러 규모에서 자연을 조사하기에 필요한 물리학을 배웠다. 이 모두는 인류가 자부심을 가져도 좋을 일이다. 고대 그리스인이 서양에서 최초로 과학의 길을 걷기 시작한 이후로 과거의 길이는 수천 년에서 100억 년 이상으로 길어졌고 공간은 달까지의 거리와 그리 차이 없는 천장이 낮은 하늘에서 관측가능한 반경 100억 광년 이상의 우주로 확대되었다. 우리의 시대는 어떤 사회가 되었든 최고의 지적재산인 우주의 전체 이미지에 대한 공헌으로 기록될 것이다.(그것을 기억하는 사람이 여전히 존재한다는 전제에 따르지만) 그래도 우리 인간이 우주에 대해 알면 알수록 얼마나 자신의 지식이 한정적인지를 알게 된다. 하늘은 천장, 대지는 바닥, 그 사이에서 정해진대로 역사가 전개한다고 여겨졌던 시기에는 언젠가 우주의 구조와 그 상세한 점이 이해될 것이라고 상상할 수 있었다. 그 환상은 이미 사라졌다. 언젠가 우주의 구조를 어떤 형태로든 근본적으로 이해할 수 있을지 모르지만, 우주의 상세한 점까지 이해하기는 어려울 것이다. 우주는 너무 크고, 이해하기엔 너무 다양하기 때문이다. 은하에 있는 하나하나마다의 별의 계(系)를 한 페이지에 정리한(태양과 그 모든 행성이 한 페이지에 들어가 있다) 은하의 지도책을 갖고 있다고 해도 각 권의 페이지수를 1만 페이지로 한들 1000만 권 이상이 된다. 이 지도책을 채우려면 하버드대학 도서관과 동일한 크기가 필요하고, 한 페이지를 1초의 속도로 읽는다 쳐도 전부 읽는데 1만 년 이상이 걸린다. 게다가 행성계의 상세한 지도, 지구 외 생명체의 생물학, 관련된 과학원리, 변화한 역사의 영역까지 아우르면 우리 은하 그 자체에 대해서조차 극히 일부분밖에 배우지 못한다. 또한 우주에는 1,000억 개 이상의 은하가 있다. 의사인 루이스 토마스Lewis Thomas가 적었듯이 "20세기의 과학의 최대 업적은 인간의 무지하다는 발견이다."

물론 우리는 늘 무지하고, 앞으로도 그럴 것이다. 새로운 것은 우리가 그 사실을 깨닫고 무지가 측량할 수 없는 범위까지 널리 이른다는 것을 깨닫는 것이다. 이것이 무엇보다 우리 인간의 종의 성숙함을 시사한다. 공간에는 지평선이 있고, 가끔은 끝이 있을지도 모르지만, 학문의 모험은 끝이 없다. 과학철학자인 칼 포퍼Karl Popper가 다음처럼 썼듯이.

"세계에 대해 배우고, 학문이 깊어진다는 것은, 우리가 아무것도 모르든지 아니면 얼마나 무지한지를 의식적으로 명확하게 인식하는 것이다. 우리의 지식은 유한하기에 우리의 무지는 어디까지나 무한하다. 이 사실이야말로 우리의 무지의 주된 원천이다."

과학으로 모든 것이 설명 가능하므로, 설명이 불가능한 현상은 그들을 지배하는 세계관을 위협하기에 과학자를 화나게 한다는 잘못된 생각이 널리 퍼져 있다. 저예산 영화에서 실험실에서 입는 듯한 하얀 가운을 걸친 기술자가 뭔가 새로운 것에 맞닥뜨리면, 손바닥으로 이

마를 힘껏 치면서 "하지만… 이건 도무지 설명할 길이 없네."라고 탄식하듯 말한다. 실제로는 존경받는 과학자라면 그 설명이 불가능하다는 것을 대환영할 것이다. 왜냐하면, 그것 없이는 과학자는 발전할 수 없기 때문이다. 잘못되었다고 단정하기엔 너무 모호한 말로 표현된 총괄적이고 신비적인 사고방식 체계는 모든 것을 설명하고, 게다가 거의 잘못을 범하지 않겠지만, 거기에 성장은 없다. 과학은 본질적으로 끝이 없는 탐험 같은 것으로 매일 잘못을 범한다. 쿠르트 괴델Kurt Godel의 제2 불완전성정리의 간결한 이론에 따르면 늘 과학은 그런 운명이다. 괴델의 정리는 과학적인 것도 포함해 어떤 시스템이라도 그 완전성을 시스템 그 자체의 내부에서는 나타낼 수 없다는 것을 증명하고 있다. 달리 말하자면 어떤 이론을 이해할 수 있는지의 여부는 그 틀 외에 뭔가 있어서 그것을 실험할 수 없다면 입증되지 않는다는 것이다. 열역학의 방정식, 양자파동함수의 붕괴, 다른 이론이나 법칙에 의해 정의된 경계 너머로 뭔가 있어야만 한다. 그리고 이처럼 보다 넓은 체계가 있다고 치면 그 이론은 이미 모든 것을 설명할 수 없게 된다. 즉, 그것이 유효하다고 증명 가능한 완전하고 포괄적인 우주의 과학적 설명은 지금까지도 없었고, 앞으로도 없게 된다. 그것을 우리에게 부여해준 점을 생각해보면 창조주는 불확실성을 좋아하는 모양이다. 그것은 유익한 발견이고 오히려 기뻐해야 할 것이라고 나는 말하고 싶다. 우리가 모든 것을 탐험하고 완전히 이해 가능한 작은 우주에 머무르는 게 오히려 지옥이다. 알렉산더 대왕은 무한의 세계가 있다는 말을 듣고 탄식했을지도 모르지만(아직 하나도 정복하지 못했거늘, 이라며 그는 눈물을 머금었다), 자연의 불가사의한 문제를 떼어버리기 보다는 그 문제를 풀어가려는 자세만 갖춘다면 상황은 결코 나쁘지 않다. 사려 깊은 사람은 모든 것을 굳이 알려고 들지 않는다. 지식과 그 분석이 완성될 때는 그와 동시에 사고가 멈추고 마는 때이기 때문이다. 르네 마그리트Rene Magritte(벨기에의 초현실적 화가 - 옮긴이)는 1926년에 '이미지의 배반'이라는 파이프의 그림을 그렸는데, 캠버스 밑 부분에 꼼꼼한 어린이의 필적으로 "이것은 파이프가 아니다."라고 썼다. 그의 그림은 과학적우주론의 상징에 안성맞춤이다. '우주'라는 말은 우주가 아니다. 초대칭이론의 방정식도 허블의 법칙도 프리드만-르메트르-로버트슨-워커 계량Friedmann – Lemaître – Robertson – Walker metric 도 마찬가지다.[71]

본디 과학은 우주 전체는 물론이고, 어떤 것이라도 그것이 무엇인지를 설명하는데 서툴다. 과학은 현상을 기술하고 예측하는 힘을 갖고 있지만 그렇게 함으로써 실체를 잃어버리고 만다. 그렇다면 왜 과학은 제대로 작동하는 걸까?

이 답을 아는 사람은 아무도 없다. 어떻게 인간의 지성이 보다 광활한 우주에 대해 이해할 수 있는지는 완전한 불가사의다. 아인슈타인이 자주 말했듯이 "우주에 대해서 정말 이해할 수 없다면, 그것은 이해할 수 있다는 것이다." 아마 그것은 우리의 뇌가 자연법칙의 작용에 의해 자연법칙과 공명하면서 발달했기 때문이 아닐까. 자연은 많은

---

71 수(數)는 언어보다 이성적으로 이해할 수 있는 현실에 보다 가깝게 있다. ("원자에 관해서는 언어는 시(詩) 속에서만 쓸 수 있다."라고 보어가 말하듯). 하지만 수학이 단지 보통 언어에 비해 보다 명료하고 그 구조가 보다 논리적이기 때문일 뿐이다. 과학연구에서 수학의 유효성은 그 자체 속에서, 신이 기하학자(이 같은 기술이 뭔가 의미를 띤다면)이든가 아니면 우주는 수학적 불가사의이든가, 어느 쪽도 확립되지 않았다.

자기유사성self-similaries을 보여주고 있다. 자기유사성은 다른 규모로 일어나는 유사한 작용 패턴이고 그것을 사용하면 보존 법칙처럼 보편적인 원리를 확인할 수 있다. 그리고 그에 의해 인간의 두개골 내부와 외부에서 일어나는 것의 연결점이 제공되는지도 모른다. 하지만 진짜로 불가사의한 것은 우리가 우주와 일체가 아니라 우주와 상반한 다른 측면을 갖고 있는데도 우주에 대해 뭔가를 이해할 수 있다는 점이다. 어떻게 그게 가능할까.

그 답을 찾는데, 목의 갈증을 해소하기 위해 마지막으로 한 번 더 대칭성이 용솟음치는 원천에서 휴식을 취하도록 하자. 대칭성은 모든 자연법칙의 기초가 되는 변환의 원천으로서의 불변성의 존재를 의미할 뿐 아니라, 주위의 불변성과 가장 크고 가장 포괄적인 체계에서의 불변성 사이의 '적절한 비율'도 의미한다. 이 관계에서 과학사고의 과정과의 유사점이 발견될지도 모른다. 고유의 한계를 가진 정신은 우리가 자유롭게 생각할 수 있는 틀을 형성하고 있다. 가장 발전적인 이론이라도 특별한 수학적, 용어적, 시각적 어휘로 '제한되어' 있다. 우리는 자신의 생각을 바깥 세계의 어떤 부분에 대해 실험하지만, 그 자체가 그 주위에 틀을 갖게 된다. 이 과정은 틀이 없고 제한이 없는 곳에 도달할 때까지는 제대로 작동할 것이다. 괴델의 정리는 우리가 결코 거기에 도달하지 못한다는 것을 시사한다. 이론은 본디 그것을 입증하려고 보다 큰 체계의 존재 혹은 그에 대해 생각할 것을 요구한다. 그것이 경계조건이고 정신과 우주의 본질적인 구별을 제공한다. 사고와 현상은 설사 전체가 그렇지 않더라도 구별되어 있다.[72]

---

[72] 비슷한 생각이 예전부터 줄곧 그리스의 사상에도 나타나 있다. 기원전 460년 무렵에 타란토의 필롤라오스는 이렇게 썼다. "우주 속의 자연은 무한과 유한의 양쪽으로 모든 질서와 그 내부의 모든 것과 일치한다."

그 경계는 어디서 비롯될까. 창조의 순간에 우주 대칭성의 파괴에서 비롯되었을지도 모른다. 우리는 대칭성 파괴의 프랙탈 라인fractal lines에 의해 분열된 우주의 모습을 멀리서 바라보며 그 패턴에서 그것들이 기술하려는 우주와 동일하게 창조적이기를 바란다는 비유를 끌어냈다. 그러면, 우주를 이해할 수 있는 것은 그것이 불완전이기 때문일지도 모른다. 왜냐하면 우주는 무존재의 완벽함을 버리고 존재의 혼란을 선택했기 때문이다. 그 덕분에 우리는 존재할 수 있고, 혼란하고 불완전한 현실을 깨달아 그것을 예전에 존재했다고 생각되는 원시의 대칭성의 그림자처럼 망령과 비교함으로써 실험할 수 있다. 나는 생각한다. 고로 존재한다.(혹은 루이스 보르헤스Jorge Luis Borges가 말했듯 '저도 모르게 사람은 생각한다.') 과학은 완성이 아닌 과정으로 성장함에 따라 낡은 개념을 버린다. "이론은 한동안 과학이라는 생물에 숨을 불어넣어 주고는 흩어진다. 낙엽 같은 것이다."라고 에른스트 마흐 Ernst Mach(오스트리아 물리학자 – 옮긴이)는 말했다. 과정은 잘못에 의존한다. 마치 우주의 불완전함의 편재와 효능을 증명하듯이. "잘못은 자주 비옥한 땅이지만, 완성은 늘 불모지다."라고 역사가인 A.J.P. 테일러Taylor는 썼다. 전체로서 바라보면 과학적 노력은 팽창하는 우주처럼 끝이 없다. 병상에서 닐스 보어가 "뭔가를 배운다는 것은 중요하고, 우리는 배우기 위한 준비를 갖추어야만 한다는 사실을 모르고 있는" 경우가 많다고 투덜댔을 때, 그의 마음속에는 이런 것이 있었을 것이다. 답이 나올 때마다 새로운 질문이 태어난다고. 히포메네스 Hippomenes와 경쟁하면서 황금사과를 주울 때마다 아탈란테Atalante가 허리를 굽혔듯이, 우리는 새로운 발견이 있을 때마다 경이로움 때문에 멈춰서고 경주에 늦어진 것을 깨닫고 다음번 코너로 서둘러 달려가야 한다고 생각하지만, 코너를 돌아선 지점에 또 다른 황금사과가 기다리고 있다. 자연에 대한 우리의 설명은 만일 그 개념을 가능하게 하는 것이 그 개념과 현실의 차이점뿐이라면 늘 부적절할 것이다. 자연은 그 무수한 반짝임과 우리의 비유의 한계의 대비에서 생기는 신비하고 불가사의한 것이라고 영원히 기대할지도 모른다. 휠러가 다음처럼 썼듯이.

"방정식만큼 무의미한 것도 없다. 이 방의 카펫을 치우고, 바닥에 큰 종이를 깔고, 사방 30센티미터 크기의 모눈을 그렸다고 상상해보자. 거기서 나는 털썩 주저앉아 한 개의 모눈에 우주에 대해 내가 아는 최고의 방정식의 수를 적고, 당신은 모눈에 당신의 방정식을 적고, 우리가 존경하는 사람들에게 그들의 모눈에 각각 방정식을 쓰게 하고, 그것을 모두의 모눈이 채워질 때까지 계속한다. 그리고는 마법의 지팡이를 흔들어 이들 방정식에 날개가 돋쳐 날아가도록 명령한다. 단 하나라도 날지 못할 것이다. 그래도 이 우주 속에는 뭔가 마법이 존재해서 새, 꽃, 나무, 하늘과 더불어 우주가 날아간다. 우주의 배후에 있는 방정식의 특징에, 그것들에게 날개를 돋치게 해 날아가게끔 하는 것은 대체 뭘까?… 만일 우리를 몰래 기다리고 있는 탐사를 위한 슬로건을 떠올려야만 한다면 다음처럼 될 것이다. 우주가 얼마나 기묘한지를 깨달았을 때, 우주가 얼마나 단순한지를 처음으로 이해할 것이다."

과학은 젊다. 나이를 먹을 때까지 장수할지의 여부는 우리의 건전
함과 용기와 패기에 달려 있다.(이 핵시대에 늘 부언해야 하지만, 우리 자
신을 날려버리지 않는 것에도 달려있다.) 소포클레스가 말했듯이 "거대한
것은 삶에 재앙을 가져온다."

어떻게 별이 빛나는지에 대한 지식은 아주 중요하지만, 그 그림자
의 부분은 아주 어둡다. 두말 하면 잔소리겠지만 과학 그 자체는 그
지식으로 우리가 처할 위험에서 우리를 지켜주는 게 아니다. "사실이
나 관계에 대한 과학적 기술은 윤리적인 지침을 창출하지 못한다."라
고 아인슈타인은 썼다. 원래 그는 "논리적인 사고와 경험적인 지식으
로 윤리적인 지침은 합리적이고 이치가 닿는 것이 될 수 있다."라고
인정하고 있지만.

냉정한 시점에서 바라보면 우리는 스스로를 소중히 여기지 않는지
도 모르지만, 어둠과 빛의 생명체로서 생명과 마찬가지로 죽음을 사
랑하고, 창조와 마찬가지로 파멸을 원하는 존재로서 스스로를 보다
잘 알게 될 것이다. 우리의 삶은 지구처럼 반은 빛 속에서 나머지 반
은 어둠 속이라는 이중성에 의해 우주에 떠 있다. 자연을 설득하려고
해도 소용없을 것이다. 자연은 우리의 운명에 철저히 무관심하고 늘
모든 것을 시도하며, 무력한 것에는 냉혹하다. 지구상에 살았던 모든
종의 99%가 죽음을 맞고, 우리의 어리석은 행위로 인해 그것들에 편
승한들, 애도하는 마음으로 빛나는 별은 하나도 없을 것이다. 노예였
던 에픽테토스Epictetus는 다음처럼 말했다.

"모든 것에는 두 가지 측면이 있다. 하나는 도움이 되지만, 다른 하나는 도움이 되지 않는다. 네 형제가 네게 죄를 지어도, 그 저지른 죄로 판단해서는 안 된다. 도움이 되지 않는 측면이기 때문이다. 다른 하나의 측면은 그는 네 형제고, 동포라는 측면에서 생각하는 것이다. 그러면 어떡하면 좋을지 저절로 알게 될 것이다."

살아있는 자로서, 생각하는 자로서, 불을 가진 자로서 우리는 말한다.

생명을 선택하라고.

개정판에 부치며

우주론 과학은 지난 15년간 눈부신 발전을 이루었다. 그중에는 경탄할 만한 것도 있다 특히 암흑에너지dark energy라고 불리는 기묘한 힘에 의해 우주의 팽창이 가속한다는 것이다. 그 외의 것들은 기존의 이론을 확인하면서 그 위에 착착 세워지고 있다. 그런 결과들이 신문의 헤드라인을 조금 잡아먹을 수도 있지만, 이론을 제대로 확인하는 관찰은 그것들과 모순되는 것과 마찬가지로 주목받을 가능성이 있다는 사실을 알아 둘 필요가 있다. 그 결과, 우주에 대한 인류의 지식의 총량은 늘어났고, 우리의 우주론적 질문의 질을 개선시켰다. 1990년에 쏘아 올려진 허블우주망원경은 메인 렌즈가 부서진 것으로 판명되었는데, 3년 후의 스페이스 셔틀 팀이 수리한 후, 우주의 비전을 실질적으로 분명히 해주는 관측을 해주었다. 천문학자들은 그것을 사용해 세페이드형 변광성이나 다른 유용한 거리 측정의 지표를 그래프화 함으로써 우주 팽창 속도에 관한 그들의 추론을 세련되게 만들었다. 그 결과 지금의 우주는 생각했던 것보다 조금은 젊어 보인다.(140억 년이 조금 안 된다). 허블망원경이 촬영한 퀘이사의 고해상도 사진들은 그것들이 실제로는 은하의 핵심에 있으며 거의 블랙홀의 영향을 받았음을 분명히 보여준다. 또한 허블이 촬영한 광활한 은하는 우주 진화의 증거를 시사하고 있다. 예전의 은하는 일반적이었지만, 시간이 흐르면서 많은 부분이 서로 충돌함으로써 성간 가스가 제거되고 머리가 벗겨진 듯한 타원형 은하로 변했다. 허블 딥 필드(Hubble Deep Field, 큰곰자리에 있는 100억 광년 이상 떨어진 은하들이 있는 영역 – 옮긴이)는 망원경이 꼬박 열흘간에 걸친 아주 긴 노출로 촬영한 것인데, 관측 가능한 우주의 절반 이상의 은하를 보여줌으로써, 다른 많은 관측가들이 자신의 비교 관찰을 위해 모여들법한 일종의 과학적인 사랑방 구실을 하고 있다. 우주마이크로파배경(CMB)이라고 불리는 우주배경복사의 연구는 원시 중성미자, 중력파, 머지않아 검출될 가능성이 있는 다른 종류의 유용한 빅뱅물질과 구별하려는 우주론 학자의 입장에서는 중요한 통찰을 안겨주었다. 1989년 11월 18일에 쏘아 올려진 COBE(우주배경탐사선) 위성은 CMB를 지도화하고 빅뱅이론의 두 가지 중요한 예측을 확인했다. 첫째는, 이론전문가가 예측했듯이 배경복사선은 분명히 흑체black-body 스펙트럼을 나타낸다. 실제로 데이터의 예측 적합성은 아주 정확해서 과학자가 예측된 곡선상에 데이터를 집어넣으면 어느 쪽이 어딘지 알 수가 없을 정도다. 마치 로빈홋이 활 시합에서 대전 상대의 활을 날려버리는 것에 비유할 수 있다. 둘째는, CMB는 예상대로 균질하고 비등방성임이 증명되었다. 즉, 한방향의 작은 핫스팟과 일부 은하계에 속하는 지구의 움직임에 의한 우주 반대편의 쿨스팟을 제외하고는 모든 방향으로 균등하게 분포하고 동일한 것임이 밝혀졌다. 이러한 글로벌적인 움직임 속에서 COBE는 별과 은하의 진화 중에 생긴 원시적인 스프 모양의 이물질도 확인했다. 그럼으로써 이때까지 우주론의 로제타 스톤Rosetta Stone이라고 불렸던 CMB에 대해 더 배워야한다는 커다란 관심을 불러일으켰다. 마이크로파 배경복사는 50만 년 미만의 우주에 대해 플레시를 터뜨려 촬영한 사진이라고 말할 수 있다. COBE위성은 흑체 스펙트럼을 기록하고, 몇 가지의 막연한 형태(불균일성)를 만들어낼 수 있는 카메라와 비슷하지만 초점이 다소 빗나갔다. 따라서 각종 파장과 분해능의 각도에서 다른 방법으로 CMB를 연구하려고 다수의 실험이 이루어졌다. 따뜻한 공기는 CMB마이크로파를 난산시키기 때문에 이들 관측의 대부분은 공기가 차갑고 건조한 남극 부근에서 거의 남극 상공을 고도 120,000피트로 비행하면서 원시적인 스프 속을 이동하는 음파를 탐사했다. 그 후 2001년에 NASA는 전례가 없을 만큼 상세하게 CMB를 정밀조사하려고 장착된 위성 MAP(지금은 WMAP로 이름이 변경되었는데, 이는 2002년 9월에 타계한 우주론학자인 데이비드 윌킨슨David Wilkinson의 이름을 따온 것)을 쏘아 올렸다.

2003년에 발표된 그 발견은 우주의 모습이 '평평함'에 가깝다는 것을 확인해주었다. 즉, 급팽창가설에 의해 예측되었듯이 닫힌 모델과 열린 모델을 분리하는 경계에서 평형을 유지하고 있는 것이다. 이전의 조사에 따르면, 우주의 물질(에너지)의 대부분은 아직 그 실체가 밝혀지진 않았지만, 다크 에너지라고 불린 영역의 형태를 취하고 있다.

또한 MAP에 의해 지도화mapped된 우주배경복사선의 불균일성은 그것이 초기 우주의 양자 플럭스 이벤트flux events로서 발생했다는 이론에 적합하다. 그래서 오늘날의 확장 우주에서 우리 주위에 보이는 은하와 은하단의 광활한 구조를 소립자 현상이 만들어냈다는 것은 사실에 가깝다. 어떤 의미에서 빅뱅의 우주는 고에너지의 물리학 실험이며, 우주가 어떤 식으로 진화했는지를 이해하기 위해 역사의 여러 가지 시점으로 연구할 수 있다.

말 그대로 보편적인 실험의 분석은 대부분 눈에 보이지 않는 우주(가령, 암흑 물질dark matter에 관한 문제)를 확인하는 것이다. 그리고 이러한 눈에 보이지 않은 것의 대부분은 행성이나 별처럼 일반적인 물질일 수는 없지만, 몇 가지는 이를테면 끈이론에 의해 예측된 입자처럼 기묘한 형태일 것이다.(끈이론, 끈을 막(膜)으로 표현하는 M이론과 더불어 통일된 양자중력이론을 지속적으로 구축하고 있지만 미완성인 상태). 암흑물질의 성질에 대한 중요한 단서는 초신성을 연구하는 천문학자에 의해 발견되었다. 폭발하는 별들의 일부, Ia형 초신성은 대부분이 동일한 최대의 밝기에 도달한 것 같다.(니켈이나 다른 원소의 양의 차이 같은 특이성을 수정한 경우.) 이에 의해 서로 떨어진 은하의 거리를 측정, 우주의 팽창률을 그래프화하기에 뛰어난 '표준광원'이 된다. 그래서 전문가와 아마추어 천문가들은 야심적인 프로젝트를 계획했다. 수백 개의 초신성을 발견해서, 최대의 밝기까지 그래프화했다. 이 데이터를 분석해보니 천문학자들은 우주의 팽창률에 대해 놀라움을 감추지 못했다. 예측과는 다르게 감속하는 게 아닌 가속하는 듯이 보였다. 알고 보니 반중력 같은 게 있었다.(아인슈타인의 일반상대성이론에서 언급되었지만, 실제로 자연 속에서 발견된 적은 없다.)

이처럼 새롭게 발견된 반중력장은 가끔 암흑 에너지로 불리는데, 본디 우주의 급팽창을 일으킨 것과 동일한 힘일 가능성이 있고, 현재 팽창률을 가속함으로써 그 자체가 다시 부각되고 있다. 또는 현실 세계에서 아직 명확히 특정되지는 않지만 이론물리학자에 의해 오랫동안 가정되어온 스칼라장scalar fields의 하나일 가능성도 있다. 여하튼 진공과 거기에 포함된 양자장에 대해 배워야 할 점이 분명히 많다. 물질과 에너지가 동등하다고 생각하면(아인슈타인의 e=mc²이 밝히듯) 우주에 널리 퍼지는 반중력장은 우주 장부에 기재된 물질로서 셈할 수 있다. 2003년에 천문학자들은 암흑에너지가 우주 질량의 3분의 2를 구성하고 암흑물질(그 성질도 밝혀지지 않았다)이 나머지 3분의 1의 대부분을 구성하는데, 행성이나 별, 성간 가스와 먼지(밝은 물질bright matter은 그 중량으로 따져서 우주의 1%에도 미치지 못한다고 말한다. 본서의 초판을 썼을 무렵에 과학자들은 자물쇠가 달린 금고의 무게를 재고, 거기에 들어간 귀금속의 양을 추정할 수 있는 회계사의 입장이었지만, 그것이 금괴인지 아니면 은화인지는 알 도리가 없었다. 그런데 금고에 금이 갔다. 그래서 그 틈으로 몇 개의 코인−눈에 보이는 물질)과 '암흑물질'과 '암흑에너지'의 라벨이 붙은 다른 두 가지의 자물쇠가 달린 박스lockbox가 포함된 것을 알게 되었다. 우리의 과제는 이제 자물쇠가 달린 박스를 선택하는 것이다. 암흑물질에 의해 제시됨으로써 주목할 만한(다소 불안한 경우라도) 한 가지 점은 우주 팽창률이 그 운명에 영향을 주지 않을지도 모른다는 것이다. 예전부터 우주는 계속해서 확대된다고 여겨져 왔다. 아마 앞으로도 그럴 것이다. 하지만 우주 팽창을 가속화시키는

'암흑물질'은 다른 계획을 가지고 있는지도 모른다. 그것은 주어진 것이고 동시에 빼앗길 수도 있다. 전문이론가들은 특정한 종류의 스칼라 장이 얼마간 팽창을 가속할 수 있음을 발견했다. 그 결과, 우주는 영원처럼 보이지만, 그러고 나서는 브레이크를 걸어 우주붕괴를 일으킬 것이다. 이들 모델의 몇 가지는 오늘날 가속하는 우주는 이미 중년 시기이며, 100억 년쯤이면 불타면서 최후를 맞아 축소될 운명에 처해진다고 시사한다. 100억 년이면 길고도 긴 시간이다.(태양과 지구 연령의 두 배) 하지만 한편으로는 너무 긴 시간이라 인류로서는 한 숨 돌리게 해준다.

요약하자면 우주론자들은 오늘날의 우주에 대해 다음처럼 자신을 갖고 말할 수 있다.

* 대단히 급속한 팽창의 초기 기간(급팽창 기간)을 통과했다.
* 그 후 뜨겁게 되었고 오늘날의 우주 마이크로파 배경복사로서 관찰되는 광자를 생성했다. 그리고 우주 공간이 확대되면서 냉각하기 시작했다.
* 본디 가벼운 원소(주로 수소와 헬륨, 뜨거운 빅뱅에서 주조된 것)로 구성되어 있고, 그 후 별의 내부에서 무거운 원소가 만들어졌다.
* 기하학적인 '평평함flat' 즉, 우주 공간에는 관측 가능한 곡률이 거의 혹은 전혀 없다.
* 주로 암흑에너지(3분의 2)와 암흑물질(3분의 1)에 더해 약간 밝은 물질(천문학자가 아직 본 적이 없는 모든 것)로 구성되어 있다.
* 암흑에너지장의 영향으로 가속적으로 확대되고 있다. 암흑에너지

장은(어떤 종류의 물질인가에 따라) 그처럼 계속 작용하던지, 대신에 미래의 우주를 붕괴시킬 가능성이 있다.

위는 물론 전체를 아우른 것은 아니지만, 지금까지 배운 것은 그 양이 방대할뿐더러 미래의 연구를 구축하기 위해 튼튼한 기초를 제공한다. 우주의 기원은 여전히 커다란 불가사의이고 아마 늘 그럴 테지만, 본서의 18장에서 언급한 진공창조의 아이디어는 그 열매를 맺고 있는 중이다. 몇 명의 주목할 만한 우주론을 선도하는 인물 중에서 특히 스탠포드대학의 안드레이 린데Andrei Dmitriyevich Linde는 아마 무한하겠지만, 그 무한한 우주 중 하나인 우리의 우주에 관해 일관성이 있으며 거기에 물리적이고 합리적인 모델을 구축했다. 이러한 모델에서는 '새로운' 우주가 기존 우주의 진공 위에서 활발하게 끓어오르며 진행된다. 많은 별들은 생명이 존재 가능한 상태가 아니다.(일부는 금세 붕괴했고 다른 것은 광속보다 더 빨리 영원히 확장되기에 결코 물질을 만들지 않을 것이다.) 하지만 일부는 우리처럼 생명을 살게 해줄 것이다. 인류의 기준은 주어진 우주에 출현한 생명체에 필요한 우주론적 조건과 그 생명체의 존재가 지능을 가진 관측자에 의해 기록됨으로써, 그것을 설명하려는(혹은 설명하고 애쓰는) 그러한 모델에서 구체성을 띤다. 이들 모델은 우리의 우주가 어떻게 시작되었는지를 이해하는 데 도움이 될 수도 있다. 하지만 아마 도달 불가능한 거리까지 기원의 궁극적인 문제를 지속적으로 안고 가야 할 것이다.

린데는 거품 우주론(bubble universe, 새로운 우주 모델, 여러 거품 같은 우주들이 팽창한다고 함 – 옮긴이)을 나무 위의 사과처럼 상상하길 좋아하는데, 그는 몇 가지를 계산해보려고 했다. 사과가 존재할 가능성이 있고, 시공의 아득한 곳에 우주의 창조 시기(나무의 주요 뿌리)가 존재할 가능성이 있다. 물론 이 같은 계산은 많은 추측에 의한 가정에 기초하는데, 린데는 늘 사과가 무한하고, 평균적인 우주로부터 나무의 주요 뿌리에 이르는 무한한 거리의 수를 얻는다. 만일 그렇다면 메타우주(다중 우주)는 공간과 역사적 시간의 양쪽에서 무한하게 보이고, 그것이 기원을 갖는지의 여부는 답할 수 없다. 우리의 우주에서 생명의 탐구는 해결책이 보이지 않는 채 계속되고 있다. 민간자금의 적정한 규모로 운영되는 세티SETI 프로젝트는 아직 지구 외 문명으로부터 오는 신호를 검출하지 못하고 있고, 화성이나 태양계 같은 다른 장소에 생명체가 존재하는지(혹은 존재했던 것인지의 여부)는 여전히 모른다. 하지만 다른 별의 주위를 회전하는 행성이 있는지, 라는 오랫동안 논의되어온 질문에는 대답할 수 있게 되었다.(아주 많다는 것을 알게 되었다). 별의 움직임을 주의 깊게 연구해서 행성의 인력을 검출하는 새로운 방법을 이용하면 마치 개를 데리고 걷는 사람이 묶어놓은 끈에 의해 개에게 끌려가듯 천문학자는 100개가 넘는 행성을 발견했다. 이 방법은 대형 개에 알맞기에 이 글을 쓰는 시점에서는 아직 거대한 행성밖에 검출되지 않았지만, 지구 크기의 행성이 풍부하지 않다고 생각할 이유는 없다.

또 하나의 접근방식으로는 많은 별을 꾸준히 감시함으로써, 행성이 그것들과 우리 사이를 통과할 때 보여주는 밝기의 근소한 감소를 측정하는 것이다. 이러한 미니일식(월식)mini—eclipses은 산꼭대기의 천문대에 있는 전문가뿐 아니라 뒷마당에서 망원경에 디지털카메라를 장착한 아마추어에게서도 검출될 수 있다. 윌리엄 허셜이 천왕성을 발견한 1781년 이후로 아마추어 천문가들이 최초로 행성을 발견할 수 있는 무대가 갖추어졌다. 아마추어 천문학자 혹은 과학 청소년이 지구의 너머에 생명체가 존재하는 최초의 행성을 발견할 가능성마저 있다.

우리는 매력적인 시대에 살고 있다. 기대하시길…

우주의 간략한 역사

시간	특별히 언급해야 할 것[73]
0	시간, 공간, 에너지(우리가 알고 있는 우주)
10^{-43}초 ABT[74]	플랑크 시간의 끝. 중력파가 우주의 다른 부분과의 열평형상태로부터 방사된다.
10^{-34}초	진공상태의 우주가 '급팽창'을 시작한다. 즉, 현재의 팽창 속도의 약 10^{50}배라는 지수함수적인 속도로 팽창했다.
10^{-30}초	급팽창 시기가 끝난다. 소립자가 진공에서 응결된다.
10^{-11}초	대칭성의 파괴에 의한 상전이가 전약의 힘을 전자기력과 약한 핵의 힘인 두 가지로 분리된다.
$10^{-6} \sim 10^{-5}$초	쿼크와 반쿼크의 서로 소멸이 멈춘다. 살아남은 것은 3그룹이 되어 양자와 중성자를 형성한다. 양자와 중성자는 미래의 모든 원자핵의 구성 요소다.
10^{-4}초	우주가 탄생하고 1만분의 1초 후. 전자와 양전자를 포획함으로써 양자와 중성자가 서로를 교환한다. 중성자를 만드는 쪽이 양자를 만드는 것보다 약간은 더 에너지를 필요로 하기에 우주에는 중성자의 5배의 양자가 남게 된다.

---

73 대부분의 시간, 물질, 일어난 일은 대략적이다.

74 ABT= 시간이 시작된 후부터

10^{-2}초	물질과 에너지가 열평형 상태에서 상호작용한다.
1초	그때까지 다른 소립자와 작용한 중성미자가 분리되면서 자신만의 길을 간다.
3분 42초	양자와 중성자가 결합해서 헬륨원자핵을 형성한다. 여기서 우주는 약 20%의 헬륨원자핵과 약 80%의 수소원자핵으로 구성된다.
1시간	대부분의 핵반응이 멈출 만큼 우주가 식는다.
1년	우주의 온도는 별의 중심 온도 정도까지 낮아진다.
10^6년	우주배경방사가 방출된다. 광자가 분리되고 자유롭게 된 전자는 원자핵과 결합해서 안정된 원자를 형성한다. 이후 물질은 은하나 별로 응결을 시작한다.
~10^9년 ABT(약 130억 년 전BP[75])	원시은하, 구상성단의 형성, 퀘이사의 시대가 시작된다.
45억 년 전	태양과 행성이 은하의 팔 중 하나 속에서 가스와 먼지의 구름에서 응결된다.
38억 년 전	지구가 딱딱한 지각을 형성할 때까지 식는다. 최고 오래된 바위의 연령.
35~32억 년 전	극도로 미세한 살아 있는 세포가 지상에서 진화한다.
18~13억 년 전	식물의 출현. 산소가 지구의 대기를 오염시키고, 호기성(aerobic, 산소를 좋아하는)의 생물이 번식.

---

75 BP= 현재 이전(Before Present)

9~7억 년 전	성(性)의 출현이. 생물 진화의 속도를 가속.
7억 년 전	동물(대개는 편형동물과 해파리)이 출현.
6억 년 전	최초의 갑각류.
5억 년 전	최초의 척추동물.
4억 2500만 년 전	생물이 메마른 토지로 이주.
3억 9500만 년 전	최초의 곤충.
2억 년 전	최초의 포유동물.
1억 8000만 년 전	북미가 아프리카에서 분리되고, 대서양이 만들어진다.
1억 년 전	0.5은하 년 전galatic year. 지구는 우주의 반대편에 있었다.
7000만 년 전	전(前)영장류의 진화.
5500만 년 전	말의 선조가 출현.
3500만 년 전	고양이와 개의 선조가 출현.
2400만 년 전	벼과 식물 출현.
2100만 년 전	유인원과 원숭이가 진화의 길에서 갈라짐.
2000만 년 전	대기의 구성물이 현재의 것에 가까워짐.
1500만 년 전	남극대륙이 동결.
1100만 년 전	초식동물이 번식.
500만 년 전	유인원이 침팬지 과에서 분리.
370만 년 전	유인원이 직립하다.
350만 년 전	최후의 빙하기가 시작.
180~170만	호모 에렉투스(최초의 진짜 인류)가 중국에 출현.
60만 년 전	호모 사피엔스 출현.
36만 년 전	인류가 일상적으로 불을 사용하게 되다.
15만 년 전	털로 뒤덮인 맘모스가 돌아다니다.
10만 년 전	현대의 별자리의 토대가 되는 형태로 별이 연결되다.
4만 년 전	복잡한 언어의 발명. 현대인이 활약을 시작하다.
3만 5000년 전	네안데르탈인의 출현. 최초의 악기가 만들어지다.
2만~1만5000년 전	농업의 발명.

1만 9000년 전	미국에 사람이 살기 시작하다.
1만 8000년 전	인류가 동물을 기르기 시작하다.
1만 4000년 전	낚싯바늘의 발명.
1만 3000년 전	토기의 발명.
1만 년 전	밀가루와 쌀의 재배가 시작되다.
6700년 전	초기 바빌로니아 달력이 사용되다.
6500년 전	구리의 정련.
6200년 전	개량된 태양력이 사용되다.
5600년 전	최초의 세금.
5500년 전(BC 3500년)	문자의 발달.
BC 3600~3400년	페루와 멕시코에서 면의 재배.
BC 2500년	스톤헨지 건설.
BC 2200년	이집트, 바빌로니아, 인도, 중국에서 계통적인 천문학.
BC 1500년	이집트에서 해시계가 발명되다.
BC 1000년	호메로스가 '오디세이아'를 낭독하다.
BC 800년	멕시코에 올멕 문명.
BC 700년	헤시오도스 '일과 날Works and Days'
BC 650년	과테말라에 마야 문명.
BC 600년	노자, 장자, 석가, 조로아스터, 헤브라이어의 구약성서.
BC 540년	피타고라스가 '모든 것은 수다' 그리고 자연은 조화롭다고 가르치다.
BC 450년	레우키포스와 데모크리토스가 물질은 분리할 수 없는 실재이며, 원자에 의해 구성된다고 추론했다. 제논의 역설이 무한소의 개념에 의문을 제기.
BC 400년	플라톤이 물질세계는 기하학적으로 완전한 실재의 그림자라고 가르치다. 아리스토텔레스, 에우독소스가 우주는 지구를 중심으로 한 투명한 구로 구성된다고 이론화.

BC 300년	유클리드 기하학이 수학적인 완전함과 경험적 세계를 통합시키다.
BC 260년	사모스의 아리스타르코스가 거대한 우주 속에서 지구가 태양의 주위를 돌고 있다고 제창.
BC 100년	중국의 선원들이 인도의 동해안에 도착.
BC 60년	루크레티우스가 '사물의 본성에 관하여'를 저술, 에피쿠로스파의 우주론을 지지하다.
AD 100년	프톨레마이오스는 '현상을 구하는' 복잡한 지구 중심 우주 모델을 구축, 즉 물리적 현실을 나타낸다는 주장을 철회함으로써 꽤 정확한 예측을 하다.
400년	중세의 시작. 서양에서 과학이 잠정기 상태가 되다.
455년	반달족이 로마를 약탈.
963년	저서 '별자리'에서 알수피가 성운에 대해 언급.
1001년	레이프 에이릭손, 뉴잉글랜드에 도착..
1276~1292년	마르코 폴로, 중국 항주에 체재.
1400년	학문의 르네상스가 유럽에서 시작.
1492년	콜럼버스, 미국을 (재)발견.
1521년	코르테즈가 멕시코를 점령.
1522년	마젤란의 최후의 항해에서 살아남은 사람들이 지구 일주 항해를 달성.
1523년	피사로가 페루를 점령.
1543년	코페르니쿠스의 '천구의 회전에 관하여'가 출판됨.
1572년	튀코가 하늘에서 신성을 보다. 이는 지상과는 다른 별의 영역에서는 변화가 일어나지 않는다는 아리스토텔레스 이론의 반증이 되었다.
1576년	영국의 토마스 디거스가 별은 무한한 공간에 분포하고 있다고 묘사, 코페르니쿠스의 우주론을 옹호하는 의견을 발표.
1604년	갈릴레오가 물체는 일정한 가속운동으로 낙하한다고 제시. 이는 최초의 고전역학 법칙의 발표. 케플러와 갈릴레오가 초신성을 관측.

1609년	갈릴레오가 망원경으로 밤하늘을 처음으로 관측. 케플러가 행성의 궤도는 타원이라고 언급.
1611년	킹 제임스 성경이 출판되고, 아마의 대주교인 제임스 어셔가 '시간의 시작은… BC 4004년 10월 23일 전날 밤'이라고 대략 계산했다.
1616년	로마 가톨릭 교회는 지동설을 지지하는 모든 책을 금서 목록에 올린다.
1639년	금성의 태양면 통과를 두 사람의 영국인 아마추어 천문가가 관측.
1662년	왕립협회가 런던에서 창립.
1665~1666년	대학에서 집으로 돌아온 32세의 뉴턴이 역제곱 법칙에 따른 중력에 의해, 지상의 낙하하는 물체와 궤도상의 달의 움직임의 양쪽을 설명할 수 있다는 것을 깨닫다.
1666년	뉴턴이 태양광이 프리즘을 통하면 스펙트럼을 발생한다는 것을 관측.
1672년	화성 충(Mars opposition, 태양-지구-화성이 일직선으로 놓이는 현상 - 옮긴이)이 관측되고 카이엔에서 리세Richer가, 파리에서는 특히 카시니에 의해 널리 관측되었는데, 지구와 태양의 거리가 1억 3,000만 킬로미터에서 1억 4,000만 킬로미터라고 대략 계산되었다. 이는 실제 값의 90%에 해당한다.
1675년	올레 뢰머가 목성의 위성을 연구하고, 빛의 속도가 유한하다는 것을 측정.
1684년	에드먼드 핼리가 트리니티대학으로 뉴턴을 방문. 뉴턴의 '자연철학의 수학적 원리, 프린키피아'의 집필로 이어지는 연구를 부활시키다.
1686년	베르나르 퐁트넬의 '세계의 복수성에 관한 대담'으로 우주에는 사람이 사는 많은 세계가 존재한다는 생각이 퍼져나갔다.
1687년	뉴턴의 '프린키피아'가 출판되다.
1716년	핼리는 행성 간의 거리를 삼각법으로 측정하려면 미래에 일어날 금성의 태양면 통과를 관측하고, 통과에 걸리는 시간을 측정해야 한다고 열심히 주장했다.

1718년	핼리는 프톨레마이오스의 '알마게스트'가 편집되면서 밝은 별인 시리우스, 알데바란, 베텔게우스, 아크투루스의 위치가 하늘에서 이동한다는 것을 발견. 이는 별의 '고유운동'의 최초 증거였다.
1719년	영국의 존 스트레이치는 석탄이 풍부히 포함된 서머싯Somerset 지역의 지층에 대해 기록했다. 지질학 확립의 첫 걸음.
1728년	제임스 브레들리가 지구의 움직임으로 생기는 별빛의 광행차aberration를 발견
1750~1784년	프랑스의 아마추어 천문가인 샤를 메시에가 혜성과 착각하기 쉬운 희미한 수십 개의 천체를 분류, 정리하다. 그중 많은 것이 나중에 구상성단, 성간가스운, 다른 은하임이 밝혀졌다.
1755년	칸트는 소용돌이 성운이 별들로 구성되는 은하라고 제안.
1761, 1769년	금성의 태양면 통과가 세계 각지에서 이루어진 과학원 정대에 의해 관측되고 지구와 태양의 거리인 '천문단위'의 새로운 측정값이 나왔다.
1765년	영국의 경도위원회Board of Longitude가 존 해리슨이 개발한 해양정밀경도측정용 시계를 공인. 그에 의해 해상에서 정확히 시계를 맞추고, 경도를 측정할 수 있게 되었다.
1766년	헨리 캐번디시가 우주에서 가장 풍부한 원소인 수소를 확인.
1781년	윌리엄 허셜이 천왕성 발견.
1783년	허셜은 13개의 밝은 별의 고유운동을 연구함으로써 공간에서 태양계가 어느 방향으로 움직이는지를 추론.
1793년	서머셋셔Somersetshire 석탄 운하를 개척할 때, 운하측량 기사 혹은 기술고문이었던 윌리엄 스미스는 영국 전 지역에서 지층이 동일한 순서로 나열되어 있다는 증거를 발견.

1795년	제임스 허턴은 '지구의 이론'에서 지질학적 변화는 오랜 과거를 통해 천천히 일어났다는 동일과정설을 주장.
1800년	윌리엄 허셜이 적외선을 검출.
1801년	요한 빌헬름 리터가 자외선을 검출. 조르주 퀴비에가 화석에서 23종류의 절멸한 동물을 확인. 모든 종은 동시에 창조되고 불멸이라는 종교적 주장에 의문을 던졌다.
1802년	윌리엄 월라스튼이 태양의 스펙트럼에서 스펙트럼선을 발견.
1814년	요제프 폰 프라운호퍼가 최초의 해석분광기로 태양의 스펙트럼선을 재발견했고, 그것을 도표로 그렸다. 천체물리학의 분광학 기초가 구축되다.
1820년	한스 크리스티안 외르스테드가 전류가 자장을 일으킨다는 것을 발견. 전자기력 연구의 선구자가 되다.
1823년	존 허셜이 프라운호퍼선은 태양에 금속이 존재한다는 것을 시사할지도 모른다고 제의.
1830년	찰스 라이엘이 저서 '지질학의 원리' 중 제1권을 출판. 지질학적 기록은 오랜 시간에 걸쳐, 오늘날의 세계에서도 면면히 이어진다는 운동 과정으로 설명할 수 있다는 동일과정설의 증거를 제출.
1831년	라이엘의 책을 읽은 찰스 다윈이 5년에 걸친 세계 일주를 위해 비글호를 타고 출발하다.
1837년	다윈이 자연도태에 의한 그의 진화론의 중요한 원리를 예를 들어 증명. 하지만 그 후 20년간 이 이론을 발표하지 않았다.
1838년	시차parallx를 이용한 별까지의 거리가 최초로 정확히 측정되다.
1842년	크리스티안 도플러가 움직이는 물체에서 나는 소리 혹은 다른 방사의 파장이 정지한 관측자에 의해 물체가 다가올 때는 짧고, 멀어져 가면 길어지는 '도플러 효과'를 언급.

1847년	헤르만 폰 헬름홀츠가 에너지 보존 법칙을 제안.
1849년	장 레옹 푸코가 스펙트럼의 방사선을 검출.
1850년	하버드대학의 W.C. 본드가 최초의 천체사진(달의 은 판사진)을 촬영.
1855~1863년	로베르트 분젠과 구스타프 키르히호프가 스펙트럼 분석의 기초를 다지다. 실험실의 물질의 스펙트럼과 태양과 별의 스펙트럼을 비교할 수 있게 되다.
1859년	다윈의 '종의 기원'이 출판.
1862년	푸코가 빛의 속도의 대략적 계산을 개선.
1864년	윌리엄 허긴스가 최초의 성운의 스펙트럼을 획득, 그것이 가스로 구성되어 있음을 발견. 제임스 클러크 맥스웰이 전기와 자기의 통일이론을 발표. 그 양쪽을 전자기력의 일면으로서 묘사.
1865년	그레고어 멘델이 유전학의 연구 결과를 발표. 다윈의 이론에서 빠져있는 중요한 요소인 생물의 변화하지 않는 특징에서 보이는 지속성의 열쇠를 밝혔다.
1874, 1882년	새롭고 보다 정밀한 장치로 금성의 태양면 통과를 관측. 천문단위의 대략적 계산이 개선되다.
1877년	데이비드 길이 화성 관측 중에 화성의 시차를 측정하고, 태양까지의 거리를 1억 4880만 킬로미터라고 추론.
1879년	푸코의 원리를 사용해 앨버트 에이브러햄 마이컬슨이 빛의 속도를 측정.
1883년	헨리 롤런드의 회절격자diffraction grating가 분광기의 성능을 크게 개선.
1884년	요한 발머가 조화가 이루어진 일련의 수소의 선을 측정. 이에 의해 원자의 전자껍질 조사로 이어지는 연구가 시작되다.
1887년	앨버트 마이컬슨과 에드워드 몰리가 빛을 운반하는 것으로 생각된 에테르가 공간에 꽉 차 있지는 않다는 것을 시사하는 마지막이면서 가장 정확한 일련의 실험을 실시. 그들의 연구가 로렌츠 수축Lorentz contraction이 제시되는 토대가 되었다.

1892년	로렌츠와 조지 피츠제랄드가 독립적으로 마이컬슨—몰리 실험의 결과를 설명하는 속도로 측정기의 길이가 수축된다고 제의. 이는 특수상대성이론에 빠질 수 없는 개념.
1895년	E. E. 바너드가 은하를 촬영. 어두운 부분은 아무것도 없는 공간치고는 너무 거대해서 성간물질의 어두운 구름임에 틀림없다고 기록하다.
1897년	J. J. 톰슨이 전자를 발견.
1898년	마리 퀴리와 피에르 퀴리가 방사성원소인 라듐과 폴로늄을 분리.
1900년	막스 플랑크가 양자물리학의 기초인 방사의 양자이론 제창.
1904년	어니스트 러더퍼드가 바위 내부의 광물의 방사성붕괴로 만들어진 헬륨의 양으로 지구의 연령을 측정할 수 있다고 시사.
1905년	알버트 아인슈타인이 특수상대성이론을 발표. 공간과 시간의 측정이 최고속도가 되면 휘어진다는 것을 시사했고, 질량과 에너지는 동일하다고 언급하다. 별도의 논문에서 그는 빛이 양자로 구성된다고 시사했다. 2,400개의 별의 고유 운동을 연구한 야코뷔스 캅테인은 그가 '별의 스트리밍star streaming'(우리 근처의 별은 어떤 특정한 방향으로 움직인다)이라고 부른 것의 증거를 발견. 이는 우리의 은하가 회전한다는 초기의 힌트.
1911년	러더퍼드가 원자의 질량의 대부분은 그 작은 원자핵 내부에 포함된다는 것을 측정.
1912년	헨리에타 스완 리빗은 1911년에 세페이드형 변광성의 절대광도와 변화 주기 간의 관계를 발견. 세페이드형 변광성을 은하 간 거리의 지표로써 사용할 길을 개척.
1913년	닐스 보어가 원자 구조의 이론을 개발. 그중에서 전자는 행성이 태양 주위를 도는 것과 비슷한 방법으로 원자핵의 주위를 돈다고 서술했다.

헨리 노리스 러셀은 1911년에 아이나르 헤르츠스프룽이 한 연구를 확대해서 별의 밝기와 색을 도표로 그려 보았다. 그 결과인 헤르츠스프룽–러셀 도표는 별의 진화를 이해하는 기초가 되었다.

1914년	월터 아담스와 아놀드 콜 슈터가 스펙트럼만으로 별의 절대광도를 측정. 그에 의해 수백만 단위인 먼 곳의 별의 거리를 대략 계산하게 되었다.
1915년	애니 점프 캐넌이 스펙트럼형에 따라 별을 분류. 별의 다양성의 토대가 되는 종류를 식별하는 커다란 기회를 제공.
1916년	아인슈타인이 일반상대성이론 발표. 중력을 휘게 하는 공간의 효과라고 묘사하고, 유한의 우주와 무한의 우주라는 예전부터의 딜레마에서 우주론을 해방시키다.
1916~1917년	아서 스탠리 에딩턴이 별은 가스의 구라고 이론적으로 시사. 그의 연구는 중력수축이 별의 에너지원일 리가 없다는 나중에 그가 단정하는 기초가 된다.
1917년	히버 커티스와 조지 리치가 안드로메다의 소용돌이에서 신성을 발견했다고 발표. 이것이 안드로메다가 별로 구성된 은하임을 의미하는지 아니면 응축함으로써 새로운 별이 태어나려는 가스 형태 성운을 의미하는지 의견이 나누어졌다.
	베스토 슬라이퍼가 소용돌이의 스펙트럼에서 커다란 도플러 현상을 발견. 나중에 그것은 팽창하는 우주 속에서 소용돌이 은하의 움직임 때문인 것으로 밝혀졌다.
1918년	할로 새플리가 구상성단의 거리를 연구하고. 태양이 별로 구성된 은하의 끄트머리에 있다고 측정.
	윌슨산의 당시 최고였던 100인치(약 2.5미터) 망원경이 가동 개시
1919년	일식을 측정하려고 출발한 영국의 원정대가 중력장에서는 공간이 크게 휘어진다는 아인슈타인의 예측을 확인.

1920년	소용돌이 성운이 가스구름인지 아니면 섬우주(즉, 은하)인지의 여부를 따지는 것이 히버 커티스와 할로 새플리의 논의에서 주제가 되다.
1922년	에른스트 외픽이 안드로메다 소용돌이의 회전속도와 질량, 광도의 비율에서 그것이 은하임을 추론.
	알렉산드르 프리드만이 일반상대성이론이 팽창우주론과 모순되지 않는다는 점을 시사.
1923년	세실리아 페인이 태양의 스펙트럼에서 태양 내의 상대적인 원소량이 지각의 것과 거의 동일함을 증명.
1924년	루이 드 브로이가 물질파이론을 개발.
1925년	막스 보른, 파스쿠알 요르단, 베르너 하이젠베르크가 양자역학을 개발. 울프강 파울리가 별과 성운의 스펙트럼선을 이해하는데 필수적인 배타원리를 발표.
	베르틸 린드블라드가 1905년에 캅테인이 '별의 스트리밍'이라고 부른 별의 움직임을 은하의 회전에 의해 설명할 수 있음을 증명.
	에드윈 허블이 안드로메다은하에서 세페이드형 변광성을 확인했다고 발표. 안드로메다가 가스 상태의 성운이 아닌 별로 구성된 은하임을 확인, 그 거리를 측정할 수 있게 했다.
1926년	에르빈 슈뢰딩거가 원자의 파동역학이론을 제창.
	린드블라드가 은하의 회전이론을 시사.
1927년	얀 오르트가 별의 시선속도radial를 조사함으로써 은하가 회전한다는 증거를 검출.
	조르주 르메트르가 팽창하는 우주의 우주론을 발표.
	하이젠베르크가 양자의 불확정성원리를 발견.
1927~1929년	상대론적 양자전기역학이론의 개발.

1928년	조지 가모프가 별 내부에서 원자핵을 구성하기 위해 어떻게 양자가 결합하는지의 문제에 불확정성원리를 응용. 별의 에너지가 핵융합에 의해 공급된다는 것을 확립하는 주목할 만한 도전.
	아이라 보웬이 별의 스펙트럼은 이중으로 이온화된 산소로 만들어져 있고, 그때까지 알려져 왔던 미지의 원소 '네뷸륨'에 의한 것이 아님을 측정. 이것이 우주의 다른 부분도 마찬가지 원소에 의해 만들어졌고, 지구와 동일한 자연법칙에 따른다는 천체물리학자의 기대감을 높였다.
	디랙이 전자기의 상대론적 양자이론인 '디랙 방정식'을 발표.
1929년	허블이 은하의 스펙트럼에서 적색편이와 그 거리의 관계를 발표. 이는 우주가 팽창하고 있음을 시사했다.
1930년	산개성단open star clusters의 연구를 한 로버트 트럼플러가 성간운이 얼마나 별빛을 어둡고 빨갛게 하는지를 측정할 방법을 발견. 이로 인해 별의 거리 추정이 크게 개선되었다.
1931년	디랙이 전자의 반물질에 해당하는 양전자의 존재를 예측.
	베타붕괴를 연구한 올프강 파울리가 중성미자의 존재를 예측.
	쿠르트 괴델의 제2 불완전성 정리가 과학시스템을 포함한 모든 시스템의 일관성이 시스템 내부에서는 증명할 수 없음을 시사. 즉, 수학과 과학의 시스템은 본질적으로 개방형이다.
1932년	제임스 채드윅이 중성자를 발견.
	칼 잰스키가 은하가 전파를 방출한다는 것을 발견. 전파천문학의 길을 열다.
1935년	유카와 히데키가 중간자의 존재를 예언.
1939년	닐 보어와 존 아치볼드 휠러가 핵분열의 이론을 개발.
	한스 베테와 카를 프리드리히 폰 바이츠제커가 독립적으로 별 내부의 탄소 사이클과 양자-양자 반응의 이론에 도달.

1940년	그로트 레버가 뒤 정원에 전파망원경을 설치. 은하의 최초 전파지도를 작성.
1943년	칼 세이퍼트가 세페이드은하를 확인. 기묘할 정도의 대량 에너지를 방사하는 밝은 핵을 가진 듯한 종류로서 은하의 최초의 것.
1944년	발터 바데가 안드로메다은하의 중심영역을 별로 분해. 소용돌이은하의 중심에 있는 보다 나이를 먹은 빨간 별의 특징과 소용돌이 팔에서 발견되는 보다 어리고 파란 별의 특징 간의 기본적인 차이점을 확립.
1945년	헨드릭 반 드 헐스트가 성간 수소운이 21센티미터의 파장으로 전파에너지를 방사한다고 예측.
1946년	제임스 헤이 S.J. 파손과 J.W. 필립스가 백조자리에서 강력한 전파원을 확인. 이것이 전파파장으로 대량의 에너지를 방사하는 은하의 발견으로 이어지는 연구의 단초가 되었다.
1948년	팔로마 산의 200인치(약 5미터) 망원경의 개관식. 랠프 앨퍼와 가모프가 초기 우주에 관한 이론을 발표. 앨퍼와 로버트 허먼은 가모프의 계산을 수정하고, 빅뱅으로 우주배경방사가 방출된 게 틀림없다고 예측.
1948~1949년	양자전기역학의 '재규격화'가 방정식에서 바람직하지 않은 무한대를 제거.
1948~1950년	윌러드 프랭크 리비가 방사성탄소에 의한 연대측정법을 개발.
1949년	존 볼튼, 고든 스탠리, O.B. 슬리가 전파간섭계로 가시광으로 보이는 천체의 전파원을 3개 확인. 그 중 2개는 은하로, 예전에 전파 별로 생각되었지만 실제는 우주의 훨씬 먼 곳에 있는 천체임을 시사.
1951년	해롤드 이웰과 에드워드 퍼셀이, 그리고 그 직후에 C. 알렉스 뮐러와 얀 오르트가 성간운이 방출되는 21센티미터의 전파방사를 검출.
1952년	바데가 우주 거리에 관한 심각한 모순을 해결. 은하 간 공간거리를 측정하는데 사용된 세페이드형 변광성에는 실제로 서로 다른 광도와 주기의 관계를 가진 두 개의 종류가 있음을 발견.

1953년	머리 겔만이 '기묘도strangeness'라고 불리는 새로운 양자수를 제안. 그것이 강한 상호작용 속에서 보존됨을 시사.
1954년	바데와 루돌프 민코프스키가 전파원인 백조자리 A 은하가 멀리 있는 은하임을 확인.
	양전닝과 로버트 밀스가 게이지대칭장이론을 개발. 우주초기의 진화에서 대칭성이 파괴되었다는 시점에서 우주를 바라보는 첫걸음.
1956년	양과 리정다오가 약한 상호작용에서는 반전성parity이 보존되지 않는 것을 이론화. 즉, 약한 힘은 대칭적으로 작용하지 않는다. 우젠슝과 공동연구자가 같은 해에 실시한 실험으로 그들의 예측이 확인되었다.
1957년	줄리언 슈윙거가 전자기력과 약한 힘은 하나의 상호작용이 달리 나타나는 것이라고 제안.
1958년	오르트와 공동연구자는 전파망원경으로 은하의 소용돌이 팔을 지도화.
1960년	앨런 샌디지와 토마스 매튜스가 퀘이사를 발견.
1961년	겔만과 유발 네만이 독립적으로 강한 힘에 반응하는 소립자를 분류하는 '팔정도설'에 도달.
1963년	마르틴 슈미트가 퀘이사의 스펙트럼에서 적색편이를 발견. 이는 퀘이사가 우주에서 가장 먼 천체임을 시사한다.
1964년	겔만과 조지 츠바이크가 독립적으로 양자, 중성자, 다른 강입자hardron가 더 작은 소립자로 구성된다고 제창. 겔만은 이들 소립자를 '쿼크'라고 명명했다.
	오메가 마이너스 입자가 브룩헤이븐 국립연구소에서 검출되다. 이에 의해 겔만과 네만의 '팔정도설'의 예측이 확인되다.
1965년	아노 펜지어스와 로버트 윌슨이 빅뱅 후에 남은 빛에서 우주 마이크로파 배경 반사를 발견하다.
1967년	치아오 린과 프랭크 슈가 은하의 소용돌이 팔은 은하원반galactic disk 전체에 전달되는 밀도파에 의해 만들어질지도 모른다고 시사.
	조셀린 벨과 앤서니 휴이시가 펄사pulsars를 발견. 극도로 밀도가 높은 '중성자별'의 존재의 증명으로 이어지다.

1968년   스탠포드대학의 선형가속기 센터의 실험으로 강입자가 쿼크로 구성된다는 이론이 지지받음.

1981년   앨런 구스가 초기 우주에는 지수함수적인 팽창을 한 '급팽창 inflationary'이 있다고 제창.

1983년   전약통일이론이 세른CERN의 충돌기collider 실험으로 확인되다. 4가지의 모든 힘을 통일하는 이론에 도달하려는 시도가 가속화됨.

1987년   미국과 일본의 양자 붕괴 실험 장치가 대마젤란은하에 출현한 초신성에서 방출된 중성미자를 검출. 관측적 중성미자 천문학이라는 새로운 과학의 막을 열다.

1988년   관측 가능한 우주의 끝 부근에서 퀘이사가 검출되다. 그 적색편이가 이 퀘이사에서 방사된 빛이 약 170억 년이나 우주 공간을 여행했다는 것을 시사한다.

1990년   코비COBE(우주배경탐사선 위성)이 우주 마이크로파 배경 방사를 측정하다.
         빅뱅 모델에 의해 예측된 흑체black-body 스펙트럼이 나타난 것을 확인.

1992년   코비COBE 위성 데이터는 우주 마이크로파 배경복사의 비등방성anisotropy 결정lumps을 시사, 그 같은 결정은 은하나 다른 대규모 우주 구조의 씨앗이라는 빅뱅의 예측을 뒷받침해 주고 있다.

1998년   초신성을 연구하는 천문학자들이 우주의 팽창이 그동안 추정된 것처럼 감소하는 게 아닌 가속한다는 증거를 찾다.

2000년   우주 마이크로파 배경복사의 측정은, 빅뱅이론의 급팽창에 의해 예측된 것처럼 우주 시공이 평평함 혹은 거의 평평함을 시사.

2003년   WMAP(더블유맵, 윌킨슨 마이크로파 비등방성 탐색기) 위성이, 우주의 마이크로파 배경의 고정밀도인 지도를 작성함으로써 초기의 우주배경복사CMB 연구를 지원, 137억 년이라는 우주의 연령을 산출하다.